高等职业教育机电类教材
信息化数字资源配套教材

机械设计基础

李芸 主编

JIXIE SHEJI JICHU

化学工业出版社
·北京·

内 容 简 介

《机械设计基础》内容包括平面机构的自由度、平面连杆机构、凸轮机构、齿轮机构、机械传动系统及其传动比、其他常用机构、带传动设计、齿轮传动设计、连接、轴承、轴的设计和弹簧等。本书注重理论与实践相结合，有大量典型实例。为方便教学，配套视频动画，可扫描二维码观看；提供电子课件，每个项目后设置了大量练习题，并配套习题参考答案，便于学生检测学习内容，可到 QQ 群 410301985 下载。

本教材可作为职业院校机械类、近机械类相关专业的教材，也可作为相关工程技术人员的培训用书和参考书。

图书在版编目（CIP）数据

机械设计基础/李芸主编．—北京：化学工业出版社，2022.1（2023.10 重印）
ISBN 978-7-122-40090-1

Ⅰ.①机… Ⅱ.①李… Ⅲ.①机械设计-高等学校-教材 Ⅳ.①TH122

中国版本图书馆 CIP 数据核字（2021）第 207591 号

责任编辑：韩庆利　　文字编辑：吴开亮
责任校对：王　静　　装帧设计：史利平

出版发行：化学工业出版社（北京市东城区青年湖南街 13 号　邮政编码 100011）
印　　装：北京科印技术咨询服务有限公司数码印刷分部
787mm×1092mm　1/16　印张 16¾　字数 409 千字　2023 年10月北京第 1 版第 2 次印刷

购书咨询：010-64518888　　售后服务：010-64518899
网　　址：http://www.cip.com.cn
凡购买本书，如有缺损质量问题，本社销售中心负责调换。

定　　价：49.00 元

前　言

随着高等职业教育教学改革的不断深入，教材的改革也在深入进行。本教材就是依据高等职业教育人才培养要求、企业产品设计流程、岗位能力要求和学生认知规律而编写的。根据多年教学经验，编者发现高等职业院校的学生不应过多专注于复杂的公式推导，而应注重理论与实践相结合，因此，本书在内容处理上，以“必需”“够用”为原则，以“应用为目的”，以“讲清概念、强化应用为重点”，最大限度地整合教学内容。本书在内容的编排上，以能力培养目标为主线，采用项目化教学方式，通过任务导入，激发学生的学习兴趣，力图使学生从单科性的学习方式，转变为强调综合性、重解决机械工程实际问题的学习方式，突出理论为应用服务。

本书可作为机械类和近机械类高等职业院校的教材，也可以作为相关专业技术人员的参考用书。教学时数可根据不同专业学时数要求，对书中的内容进行适当取舍，以适应各类专业课程体系的教学要求。

本书包括平面机构的自由度、平面连杆机构、凸轮机构、齿轮机构、机械传动系统及其传动比、其他常用机构、带传动设计、齿轮传动设计、连接、轴承、轴的设计和弹簧等12个项目，主要特点如下。

(1) 采用任务驱动方式撰写，在每个项目的开始设置了该项目的知识目标和技能目标，并且增加了任务导入。通过这些内容，使读者或者学生了解本项目能够和将要解决的主要实际问题，明确自己的学习目的。

(2) 在每一项目的最后，有项目练习，使学生能通过训练掌握该项目的内容。

(3) 弱化了不适于高职院校学生的理论部分。本书所阐述的内容是具有典型性的，也是应该掌握的。

参加本书编写的有兰州石化职业技术大学李芸（绪论、项目四、项目五、项目八）、杨玺庆（项目一、项目二、项目三、项目六）、马延斌（项目九、项目十、项目十二）、李彦军（项目十一、附录），江汉大学张玉敏（项目七）。全书由李芸主编并负责统稿，张玉敏任副主编。

由于编者水平有限，不妥之处在所难免，殷切希望广大读者在使用本书的过程中予以批评指正并提出宝贵的修改意见。

编　者

目　录

绪论

知识目标

1. 了解课程的研究对象、目的及学习方法；
2. 熟悉机械零件的失效形式和设计准则；
3. 掌握机器和机构、构件和零件的区别和联系。

技能目标

1. 能够正确区分机器和机构、构件和零件；
2. 能够正确选择机械零件的设计准则。

机械是人类进行生产、生活的重要工具，也是社会生产力发展水平的重要标志。早在古代，人类就应用杠杆和绞盘等原始的简单机械从事建筑和运输。

我国是世界上发明和利用机械最早的国家之一，有些发明对人类发展有重大影响，在机械原理、结构设计和动力应用等方面都取得了较高成就。晋朝时的水碾应用了凸轮原理，西汉时的指南车和记里鼓车采用了齿轮系，杜诗发明的用水作为动力带动水排运转驱动风箱炼铁的连杆机械装置，都是现代机械的雏形。

笔记

人们在长期的生产实践中，创造发明了各种机器，并通过机器的不断改进，减轻人类的体力劳动，提高生产效率，而且有些还能满足人类自身无法满足的某些生产要求。而现代化的缝纫机、内燃机（一般分为汽油机和柴油机）、起重机、普通机床、数控机床等机器的发明和使用，给我们的生产和生活带来了极大的方便，人们的生活越来越离不开机器。

0.1 本课程的地位与作用

机械设计基础是工科相关专业的一门重要的技术基础课程。

本课程是一门设计性质的课程，既需要综合运用许多先修课程（机械制图、工程力学、机械工程材料、互换性与技术测量等）的知识，又是后续专业课学习的基础，起着重要的承上启下的作用。

同时，本课程又是一门实践性比较强的课程，不仅涉及的知识面广，而且偏重于应用。因此，在学习的过程中，应注重理论联系实际和基本技能的训练，力求运用本课程所学的知识解决具体的机构及其零部件的设计问题。

0.2 本课程的研究对象和内容

在进入本课程学习以前，首先需要了解一些基本概念，然后才能具体讨论本课程所研究的对象和内容，从而进一步明确学习目的及在学习过程中应注意的事项。

0.2.1 研究对象

0.2.1.1 机器与机构

虽然各种不同的机器具有不同的形式、结构和用途，然而通过分析可以看到，这些不同的机器也有一些相同的特征，主要有以下三点。

（1）任何机器都是由许多实物组合而成的。例如，图 0-1 所示的单缸内燃机，就是由汽缸、活塞、连杆、曲轴、齿轮、凸轮轴等一系列实物组成的。

（2）组成机器的各实物之间都有确定的相对运动。例如，图 0-1 所示的单缸内燃机中，曲轴与箱体之间、连杆与曲轴之间、活塞与连杆之间等，都具有确定的相对运动。

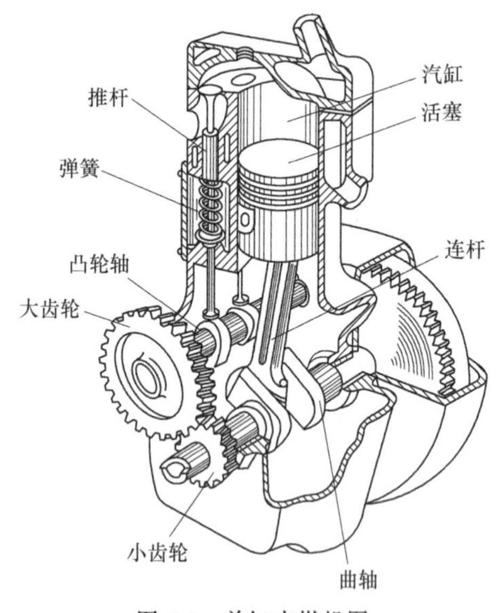

图 0-1 单缸内燃机图

内燃机

笔记

（3）各种机器都能代替或减轻人的劳动强度，并能完成有益的机械功或完成能量、物料与信息的转换和传递。例如，图 0-1 所示的单缸内燃机能将热能转换为机械能。

由此分析可知，凡是具有以上三个特征的人为的实物的组合体，称为“机器”；而具有以上前两个特征的人为的实物的组合体，称为“机构”。如图 0-1 所示的单缸内燃机中，曲轴、连杆、活塞这三个实物的组合体，就只具有以上前两个特征，所以组成了一个机构，即常称的曲柄滑块机构。内燃机里还有齿轮机构和凸轮机构。

一部机器包含一个或若干个机构，不同的机器也可能包括相同的机构。如果不考虑做功或实现能量转换，只从结构和运动的观点来看，机器和机构之间是没有区别的。因此，为了简化叙述，有时也用“机械”一词作为机器和机构的总称。

0.2.1.2 零件与构件

零件是机器中不可再拆卸的最小单元，从制造工艺角度来看，也是加工的最小单元，因此，零件是机器的最小制造单元体，机器就是由若干不同的零件组装而成的。

各种机器经常用到的零件称为通用零件，如齿轮、轴、轴承、螺纹连接件等，如图 0-2 所示。

特定的机器中用到的零件称为专用零件，如内燃机的曲轴（图 0-3）、汽轮机叶片等。

构件一般由若干个零件刚性连接而成，如内燃机连杆（图 0-4），它是由连杆体、连杆盖、衬套、定位销、轴瓦、螺栓和垫片等零件组成。这些零件刚性地连接在一起组成一个刚性系统而整体运动，因此，构件是机器中的最小运动单元体。

图 0-2 通用零件

图 0-3 内燃机曲轴

构件和零件的区别：如图 0-3 所示的内燃机曲轴就是单一的整体，既是制造单元，又是运动单元，因而既是一个零件，也是一个构件。而图 0-4 所示的内燃机连杆是由若干个零件连接组合而成的，在机器运动过程中，它们的组合体作为一个整体运动，因此，连杆只能是一个构件。

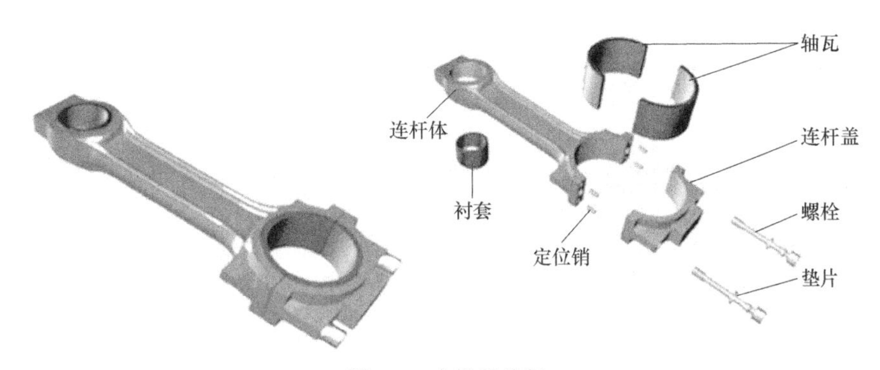

图 0-4 内燃机连杆

0.2.2 机器的功能组成

笔记

作为一部完整的机器，仅具有上述的机械部分是不够的，并不能完成预期的工作。从功能和系统的角度来看，机器一般主要由五部分组成，如图 0-5 所示。

（1）动力系统　机器的动力来源，也就是原动机，包括动力机及其配套装置，它的功能主要是向机器提供运动和动力。

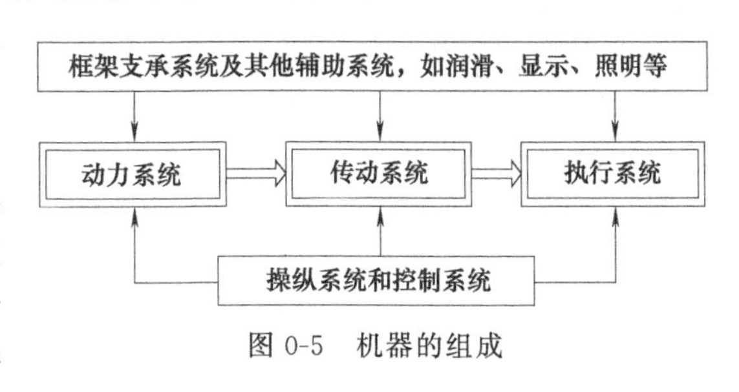

图 0-5 机器的组成

（2）执行系统　执行系统包括若干执行机构，它的功能是驱动执行构件按给定的运动规律运动，实现预期的工作。执行系统一般处于机械系统的末端，执行构件直接与工作对象接触。

（3）传动系统　传动系统是把动力系统的运动和力传递给执行系统的中间装置。

（4）操纵系统和控制系统　操纵系统和控制系统都是为了使动力系统、传动系统、执行系统彼此协调工作，并准确可靠地完成整机功能的装置，多指通过人工操作以实现上述要求的装置。

（5）框架支承系统及其他辅助系统　包括基础件（如床身、底座、立柱等）和支承构件

（如支架、箱体等）。它用于安装和支承动力系统、传动系统和操纵系统等，机器各部分的位置精度、运动精度及机器的承载能力等主要依靠框架支承系统来保证，该系统是机械系统中必不可少的部分。

0.2.3 课程内容

机械设计研究的主要内容包括以下两个部分：

（1）常用传动机构设计

① 机构的组成原理　研究构件组成机构的原理以及各构件间具有确定运动的条件。

② 常用机构的分析和设计　对常用机构的运动和工作特点进行分析，并根据一定的运动要求和工作条件来设计机构。

（2）通用零件设计　根据使用范围的不同，机械零件可分为两类：一类为广泛用于各种机械的通用零件，如螺钉、齿轮、轴、轴承、键等；另一类则是某些机械中的专用零件，如洗衣机的波轮、内燃机的曲轴等。本书只研究通用零件的设计和选用问题。

0.3 本课程的基本要求和一般过程

0.3.1 机械设计的基本要求

机械设计是机械生产的第一步，是影响机械产品的性能、经济性等方面的重要环节。虽然机械的种类繁多，其功能、结构形式、零件材料、外形各不相同，但它们设计的基本要求大体是相同的。

机械设计应满足的基本要求可归纳为以下几个方面。

（1）使用要求　所设计的机械既能保证执行机构实现所需的运动，又能保证各零部件满足其工作能力，而且使用、维护方便，安全可靠。

笔记

（2）安全可靠性要求

① 使整个技术系统和零件在规定的外载荷和规定的工作时间内，能正常工作而不发生断裂、过度变形、过度磨损，不丧失稳定性。

② 能实现对操作人员的防护，保证人身安全和身体健康。

③ 对于技术系统的周围环境和人不致造成危害和污染，同时要保证对环境的适应性。

（3）经济性要求　机械的经济性是一个综合指标，它体现在机械设计、制造、使用、维修、管理等多个环节。设计零部件时，应从选材、合理的结构、“三化”（标准化、系列化、通用化）等多方面综合考虑，以降低产品的成本。

（4）其他要求　机械系统外形美观，便于操作和维修。此外还必须考虑有些机械由于工作环境和要求不同，而对设计提出的某些特殊要求，如食品卫生条件、耐腐蚀、高精度要求，飞机有减轻质量的要求等。

0.3.2 机械设计的一般程序

机械设计是一项复杂而细致的工作，必须有一套科学的工作程序。机械设计的程序应视具体情况而定，但通常是按下列程序进行的。

（1）提出设计任务，拟定设计计划。根据生产和市场的需求，在调查研究的基础上，提出设计任务，编写较详细的设计任务书，明确所设计机械的功能要求、性能指标、主要技术参数、工作环境、生产批量、预期成本、设计完成期限等。然后，进行深入调查研究，确定所需机械的工作原理，并拟定切实可行的总体设计计划。

（2）方案设计。方案设计也称原理设计、概念设计，是机械产品创新的重要阶段，也会直接影响产品的结构、性能、工艺和成本。它是在功能分析的基础上，通过创新构思、搜索探求、优化筛选，从多种方案中，优化选取最佳方案的过程。

（3）技术设计。技术设计又称结构设计，就是将方案设计具体化为机械各部分的合理结构。同时还要考虑加工条件、现有材料、各种标准零部件、相近机器的通用件。技术设计也是保证质量、提高可靠性、降低成本的重要工作。

（4）施工设计。绘制总装配图、部件装配图和零件图，完成全部生产图样并编写设计计算说明书和使用说明书等技术文件。

0.3.3 机械零件的失效形式

在进行机械零件设计时，必须要了解零件的失效形式，只有分析零件发生失效的原因，才能提出防止或减轻失效的措施，提出合理的设计计算准则。

机械零件最常见的失效形式主要有以下几种：

（1）断裂　机械零件的断裂通常分两种。一种称为脆性断裂，是零件在外载荷的作用下，危险截面上的应力超过零件的强度极限时发生的断裂，这种断裂方式在断裂前无宏观塑性变形，并且与材料的冲击韧性、载荷大小、变形速度、应力的性质及环境条件等因素有关。另一种是零件在循环变应力的作用下，危险截面上的应力超过零件的疲劳极限而发生的疲劳断裂，此种断裂是机械零件的主要失效形式。

（2）过量变形　当零件所受的载荷过大或零件的刚度不足时，会造成零件的尺寸和形状改变而超过许用值，零件的尺寸和形状发生了永久变形，也就是塑性变形，从而使零件丧失正常工作的能力。

（3）表面失效　机械零件的表面失效主要有疲劳点蚀、磨损和腐蚀等形式。

① 疲劳点蚀是零件表面受到接触变应力的长期作用产生裂纹或微粒剥落的现象。

② 两个表面相互接触的零件，在做相对运动的过程中，其表面物质丧失或转移时就会产生磨损。

③ 腐蚀是当金属零件处在弱腐蚀性介质中时，在金属表面产生一种电化学或化学侵蚀的现象，其结果是使金属表面产生锈蚀，从而使零件表面遭到破坏。

笔记

0.3.4 机械零件的计算准则

同一零件对于不同失效形式的承载能力是各不相同的，根据不同的失效形式建立出不同的设计准则，才能正确选择出零件所需的材料，以及使零件具有足够的承载能力。下面介绍常用的设计计算准则。

（1）寿命准则　机械零件应有足够的寿命。影响零件寿命的主要因素有腐蚀、磨损、疲劳、断裂和塑性变形等，目前沿用的计算准则使用控制表面接触应力和可靠度的办法来进行计算。

（2）强度准则　强度是指零件在载荷作用下抵抗断裂或塑性变形的能力，强度准则是零件必须满足的基本计算准则。

（3）刚度准则　刚度是指零件在载荷作用下抵抗弹性变形的能力。若零件在载荷作用下产生的弹性变形量超过机器工作性能允许的极限变形量，会影响机械的正常工作。因此刚度准则也是一种重要的计算准则。

（4）可靠性准则　满足强度和刚度要求的一批相同的零件，由于零件的工作应力是随机变量，故在规定的工作条件下和规定的使用期限内，并非所有的零件都能实现规定的功能。零件在规定的工作条件下和规定的使用时间内实现规定功能的概率称为该零件的可靠度。可靠度是衡量零件工作可靠性的一个特征量。不同零件的可靠度要求是不同的，设计时应根据具体零件的重要程度选择适当的可靠度。

0.3.5　机械零件设计的一般步骤

机械零件设计的一般步骤可以概括为：

（1）根据机器的具体运转情况和简化的计算方案确定零件的载荷。

（2）根据零件工作情况的分析，判定零件的失效形式，从而确定其设计计算准则。

（3）进行主要参数的选择，选定材料，根据计算准则求出零件的主要尺寸，考虑热处理及结构工艺性要求等。

（4）进行结构设计。

（5）绘制零件工作图，制订技术要求，编写计算说明书及有关技术文件。

0.4　本课程的特点、学习方法和目标

0.4.1　本课程在教学中的特点

本课程内容多、概念多、符号多、公式多，且各模块内容虽然是彼此独立的，但彼此之间又相互关联。本课程是综合性比较强的专业基础课，要综合应用已学过的知识，如工程力学、零件图、装配图和公差配合等有关知识。因此，本课程是多学科理论的综合运用。同时，本课程又是一门实践性很强的技术基础课，其研究对象是在实际中广泛应用的机械，所要解决的问题大多数是工程中的实际问题，因此，通过本课程的学习，可使学生初步具有设计简单机械传动装置的能力，为日后从事技术革新工作创造条件。

0.4.2　本课程的学习目的

通过本课程的学习，机械类和机电类专业的学生应达到以下基本要求：

（1）掌握常用机构和通用零部件的工作原理、结构特点以及基本的设计理论和计算方法。

（2）具有分析、选择和设计常见机构的能力。

（3）具有设计在普通条件下工作的、一般参数的通用零部件的能力。

（4）具有运用标准、规范、手册和图册等技术资料的能力。

0.4.3　本课程的学习方法

本课程是从理论性、系统性很强的基础课和专业基础课向实践性较强的专业课过渡的一个重要转折点。

（1）学会综合运用所学知识　本课程是一门综合性课程，综合运用本课程和其他课程所学知识解决机械设计问题是本课程的教学目标，也是设计能力的重要标志。

（2）学会知识技能的实际应用　本课程又是一门能够应用于工程实际的设计性课程，除完成教学大纲安排的实验、实训、设计训练外，还应注意设计公式的应用条件，公式中系数的选择范围，设计结果的处理，特别是结构设计和工艺性问题，因此计算步骤和计算结果不像基础课那样具有唯一性。

（3）学会总结归纳　本课程的研究对象多、内容繁杂，所以必须对每一个研究对象的基本知识、基本原理、基本设计思路（方法）进行归纳总结，并与其他研究对象进行比较，掌握其共性与个性，只有这样才能有效提高分析和解决设计问题的能力。

（4）学会运用经验公式、查阅图表以及简化计算等　由于实践中所发生的问题很复杂，很难用纯理论的方法来解决，因此常采用很多经验公式、查阅大量图表以及使用简化计算（条件性计算）等，这样往往会给学生造成“不讲道理”“没有理论”等错觉，这点必须在学习过程中逐步适应。

（5）学会创新　学习机械设计不仅在于继承，更重要的是应用创新。机械科学产生与发展的历程，就是不断创新的历程，只有学会创新，才能把知识变成分析问题与解决问题的能力。

项目练习

选择题

（1）内燃机中连杆是（　　）。

A. 机构　　B. 零件　　C. 部件　　D. 构件

（2）一部机器一般由原动机、传动部分、工作机、控制系统及框架支承系统和辅助系统部分组成，本课程主要研究的是（　　）。

A. 原动机　　B. 传动部分　　C. 工作机　　D. 控制部分

判断题

（1）构件都是可动的。（　　）

（2）机器的传动部分都是机构。（　　）

（3）互相之间能做相对运动的物件是构件。（　　）

（4）只从运动方面讲，机构是具有确定相对运动构件的组合。（　　）

（5）机构的作用，只是传递或转换运动的形式。（　　）

（6）机器是构件之间具有确定的相对运动，并能完成有用的机械功或实现能量转换的构件的组合。（　　）

简答题

（1）机器应具有什么特征？机器通常由哪几部分组成？各部分的功能是什么？

（2）什么叫构件？什么叫零件？什么叫通用零件和专用零件？试各举两个实例。

（3）设计机器时应满足哪些基本要求？

（4）机械零件常见的失效形式有哪几种？

笔记

项目一

平面机构的自由度

知识目标

1. 理解运动副及其分类；
2. 掌握机构运动简图的绘制方法；
3. 掌握平面机构自由度的计算方法；
4. 掌握机构具有确定运动的条件。

技能目标

1. 能够正确绘制机构的运动简图；
2. 能够分析机构运动简图，并计算其自由度，同时能够分析判断机构是否具有确定运动。

任务导入

图 1-1 所示为一组机构示意图。已知原动件数目 $W=1$。试计算各机构的自由度，并判断其是否为机构。

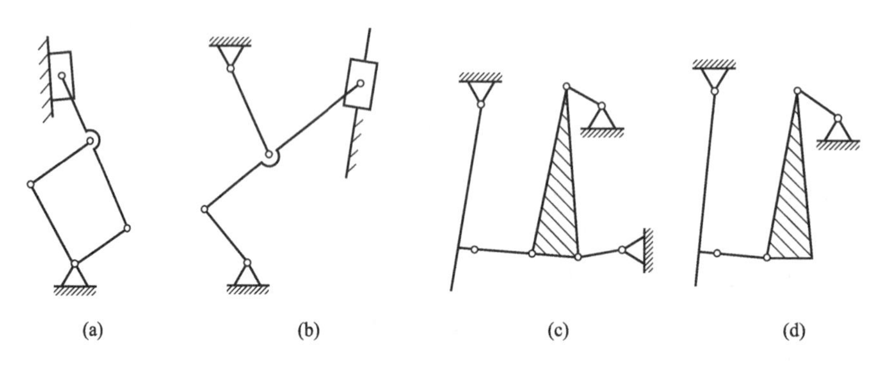

图 1-1　一组机构示意图

知识链接

机构是机器的主要组成部分，它是用运动副连接起来的构件系统，用于传递运动和力。机构还可以用来改变运动形式，机构各构件之间必须有确定的相对运动。然而，构件任意拼凑起来是不一定具有确定运动的。那么构件究竟应如何组合，才具有确定的相对运动呢？这个问题对分析现有机构或机构的创新设计是很重要的。

1.1 平面机构的组成

组成机构的构件都在一个平面内或相互平行的平面内运动的机构称为平面机构，否则称为空间机构。目前，工程上常见的机构大多属于平面机构，本项目只讲述平面机构的有关问题。

1.1.1 运动副的概念

平面机构中每个构件都不是自由构件，而是以一定的方式与其他构件组成动连接，这种使两构件直接接触并能产生一运动的连接，称为运动副。在图 1-2 中轴承的滚动体与内外圈的滚道、啮合中的一对齿廓、滑块与导轨等均保持直接接触，并能产生一定的相对运动，因而它们都构成了运动副。两构件组成运动副后，就限制了构件的独立运动。两构件组成运动副时构件上参加接触的点［见图 1-2（a）］、线［见图 1-2（b）］、面［见图 1-2（c）］称为运动副元素。

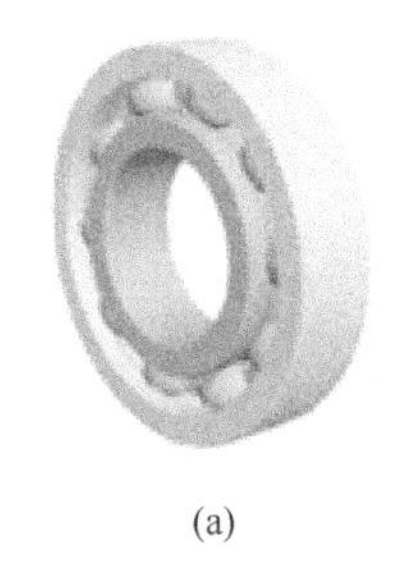
(a)

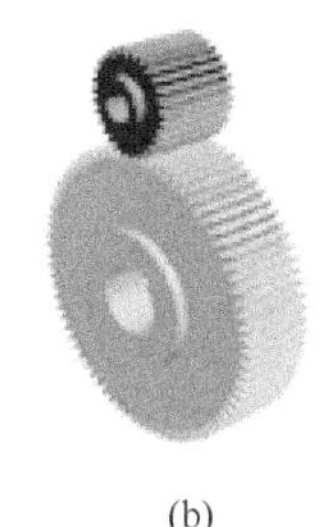
(b)

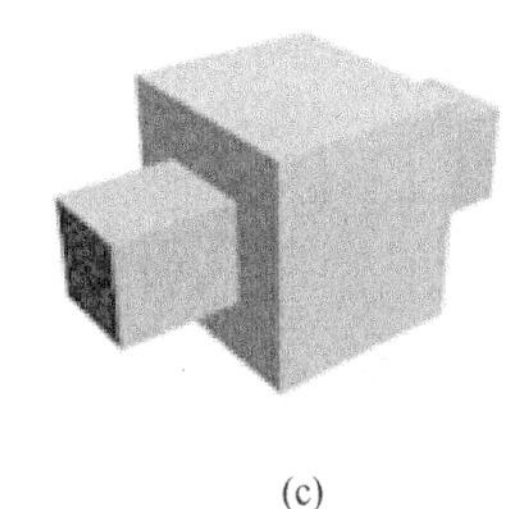
(c)

图 1-2　运动副元素

1.1.2 平面运动构件的自由度

两个构件用不同的方式连接起来，显然会得到不同形式的相对运动，如转动或移动。为便于进一步分析两构件之间的相对运动关系，引入自由度和约束的概念。如图 1-3 所示，假设有一个构件，当它尚未与其他构件连接之前，我们称之为自由构件，它可以产生 3 个独立运动，即沿 x 方向的移动、沿 y 方向的移动以及绕任意点 A 的转动，构件的这种独立运动称为自由度。可见，做平面运动的构件有 3 个自由度。如果我们将硬纸片（构件 2）用钉子钉在桌面（构件 1）上，硬纸片就无法做独立的沿 x 或 y 方向的运动，只能绕钉子转动，也就是只剩下一个转动自由度。

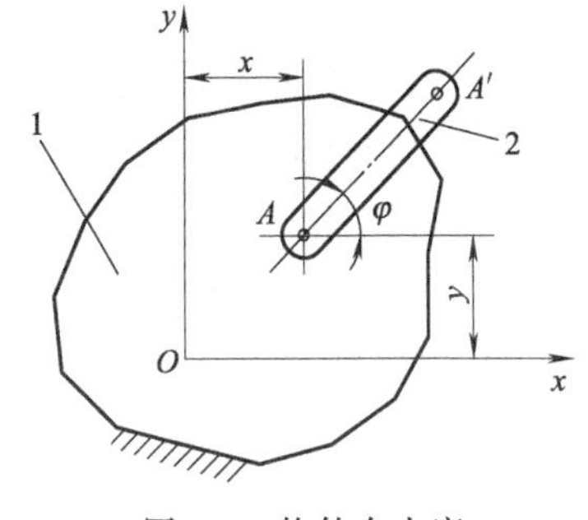

图 1-3　构件自由度

由此可见，两构件之间的运动副所起的作用，就是限制两构件之间的相对运动，使它们之间相对运动的自由度减少，即运动副将引入约束。运动副所产生的约束数目和内容取决于运动副的形式。

1.1.3 运动副的分类

根据组成运动副的两构件之间的接触特性，平面运动副可分为低副和高副。

笔记

1.1.3.1 低副

（1）转动副　如果两个构件组成运动副后，保留的相对运动为转动，就称为转动副。如图 1-4 所示，在坐标面 xOy 内做平面运动的构件 1 和构件 2 所组成的运动副，它们的接触面是圆柱面，因此构件 2 相对于构件 1 沿 x 轴方向和沿 y 轴方向的移动自由度都受到了限制，而只保留了一个绕 z 轴的转动自由度，所以是转动副。同样的道理，在图 0-1 所示的单缸内燃机中，连杆和曲轴之间、连杆和活塞之间所组成的运动副都是转动副。

（2）移动副　如果两个构件组成运动副后，保留的相对运动为移动，就称为移动副。如图 1-5 所示的是在坐标面 xOy 内做平面运动的构件 1 和构件 2 所组成的运动副，它们接触面是棱柱面，因此构件 2 相对于构件 1 沿 y 轴方向的移动自由度和绕 z 轴转动的自由度都受到了限制，而只保留了一个沿 x 轴方向的移动自由度，所以是移动副。同样的道理，在图 0-1 所示的单缸内燃机中，缸体和活塞之间、缸体和顶杆之间所组成的运动副都是移动副。

转动副

移动副

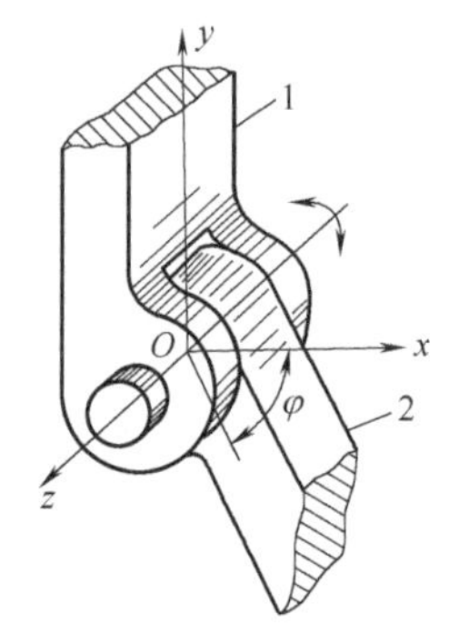

图 1-4　转动副

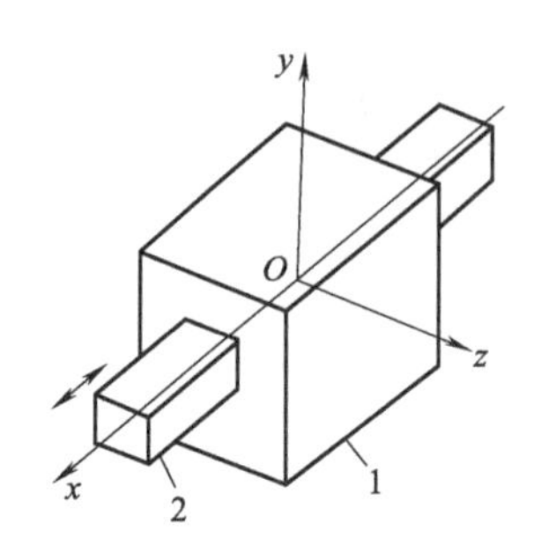

图 1-5　移动副

可见，转动副和移动副引入两个约束，留下一个自由度。

1.1.3.2 高副

笔记

两构件以点或线的形式相接触而组成的运动副称为高副。如图 1-6 所示的凸轮机构中，构件 1 和构件 2 所组成的运动副是点接触，因此构件 2 相对于构件 1 沿公法线 $n—n$ 方向的移动自由度受到了限制，保留了沿公切线 $t—t$ 方向的移动自由度和绕过瞬时接触点 A 且与纸面垂直的轴的转动自由度，所以是高副。同样的道理，在图 0-1 所示的单缸内燃机中，凸轮轴和顶杆之间所组成的运动副是高副。

图 1-7 所示的齿轮机构中，构件 1 和构件 2 所组成的运动副是线接触，组成的同样也是高副。在图 0-1 所示的单缸内燃机中的大小齿轮组成的是高副。

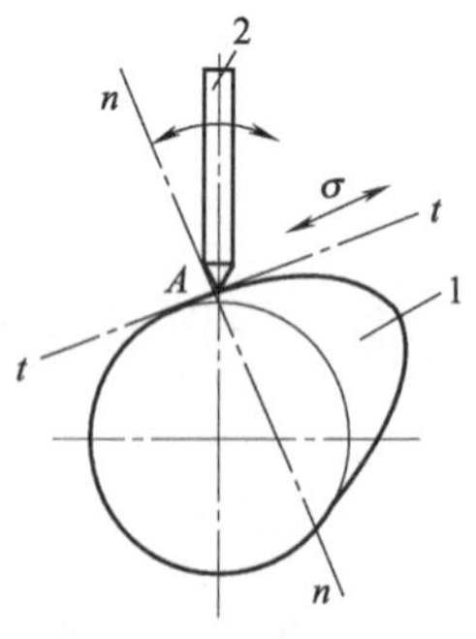

图 1-6　点接触高副

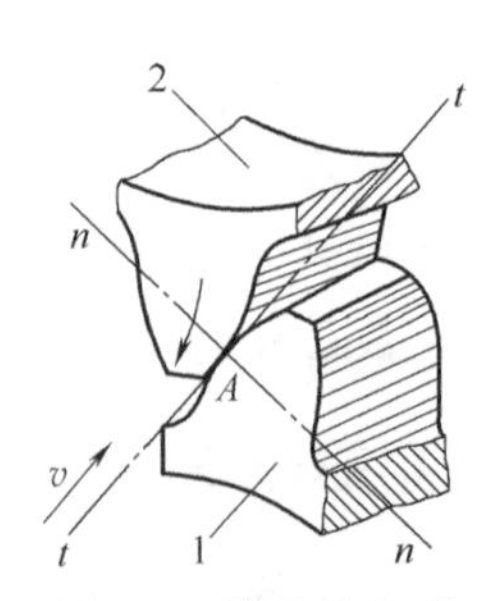

图 1-7　线接触高副

可见，高副将引入一个约束，即高副的约束数是1，它约束的是沿公法线方向的移动自由度，保留的是沿公切线方向的移动自由度和绕瞬时接触点的转动自由度。

此外，常用的运动副还有球面副、螺旋副，它们都属于空间运动副，即两构件的相对运动为空间运动，如图1-8所示。

齿轮高副

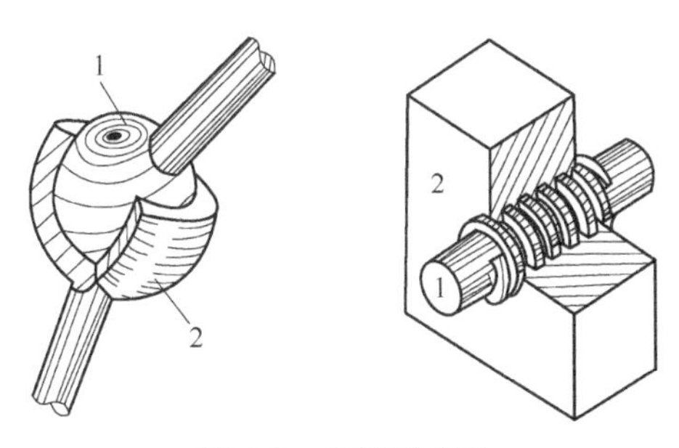

图1-8　空间运动副

1.2　平面机构的运动简图

1.2.1　机构运动简图的概念

在研究机构运动特性时，为了使问题简化，只考虑与运动有关的运动副的数目、类型及相对位置，不考虑构件和运动副的实际结构和材料等与运动无关的因素。用简单线条和规定符号表示构件和运动副的类型，并按一定的比例确定运动副的相对位置及与运动有关的尺寸，这种表示机构组成和各构件间运动关系的简单图形，称为机构运动简图。

只是为了表示机构的结构组成及运动原理而不严格按比例绘制的机构运动简图，称为机构示意图。

笔记

1.2.2　运动副及构件的表示方法

1.2.2.1　构件

构件均用线段或小方块等来表示。一个构件具有多个转动副时，应把两条线交接处涂黑，或在其内画上斜线，如图1-9所示。

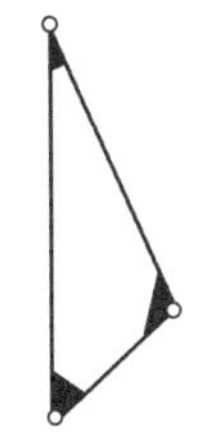
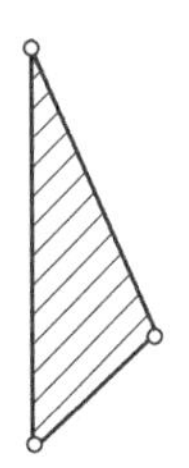

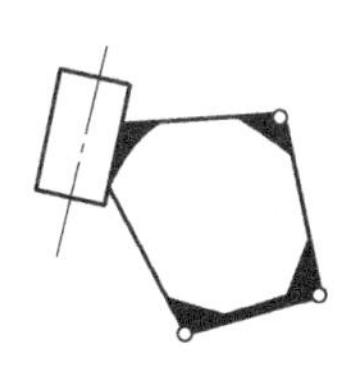

图1-9　构件的表示方法

1.2.2.2　转动副

两构件组成转动副时，其表示方法如图1-10所示。图面垂直于回转轴线时用图1-10（a）表示；图面不垂直于回转轴线时用图1-10（b）表示。

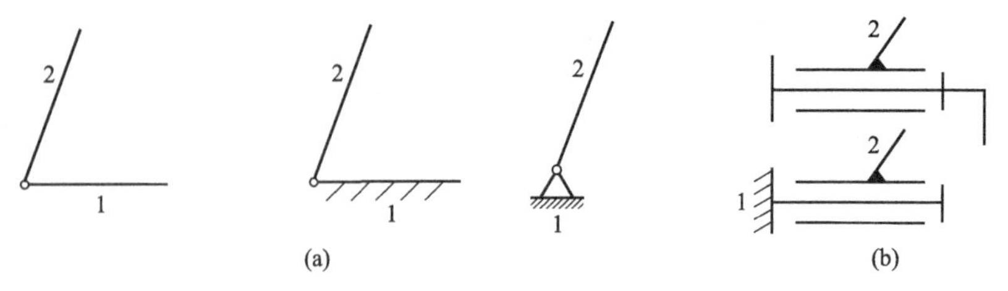

图 1-10 转动副的表示方法

1.2.2.3 移动副

两构件组成移动副时，其表示方法如图 1-11 所示。其导路必须与相对移动的方向一致。

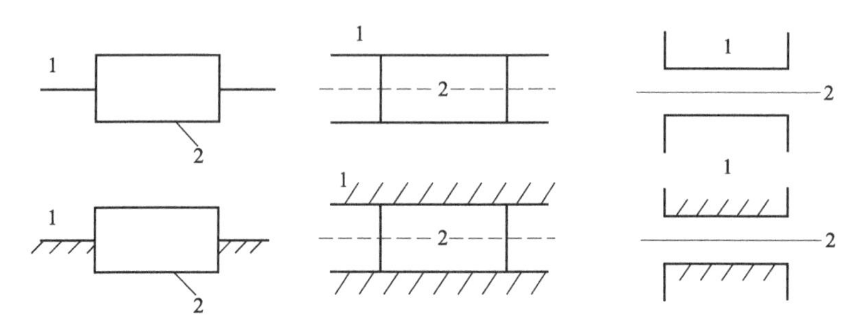

图 1-11 移动副的表示方法

1.2.2.4 平面高副

两构件组成平面高副时，其运动简图中应画出两构件接触处的曲线轮廓，如图 1-12 所示。凸轮常用如图 1-12（a）所示方法表示，齿轮则常用如图 1-12（b）所示方法表示。

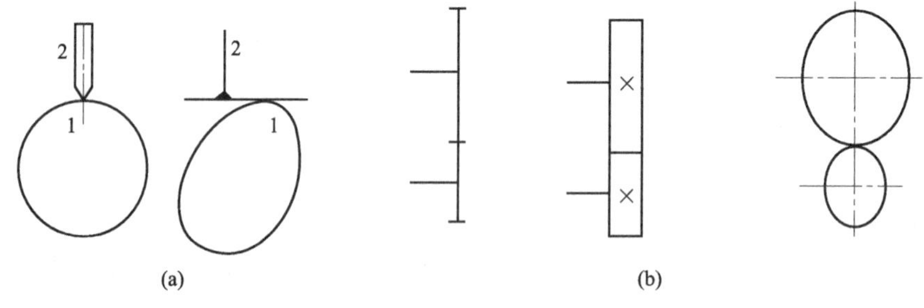

图 1-12 平面高副的表示方法

1.2.3 平面机构运动简图的绘制

绘制平面机构运动简图可按以下步骤进行：

（1）构件分析 分析机构的具体组成，确定机架、原动件和从动件。机架即机构中的固定件，任何一个机构中必定只有一个构件为机架；原动件也称主动件，即运动规律为已知的构件，通常是驱动力所作用的构件；从动件中还有工作构件和其他构件之分，工作构件是指直接执行生产任务或最后输出运动的构件。

（2）运动副分析 由原动件开始，根据相连两构件间的相对运动性质和运动副元素情况，确定运动副的类型和数目。

（3）测量运动尺寸 在机架上选择适当的基准，逐一测量各运动副的定位尺寸，确定各运动副之间的相对位置。

（4）选择视图平面　通常选择与各构件运动平面平行的平面作为绘制机构运动简图的投影面，本着将运动关系表达清楚的原则，把原动件定在某一位置，作为绘图的起点。

（5）确定比例尺　根据机构实际尺寸和图纸大小确定适当的长度比例尺 μ_1，按照各运动副间的距离和相对位置，以与机构运动平面平行的平面为投影面，用规定的线条和符号绘图。

$$\mu_1=\frac{\text{实际尺寸(m)}}{\text{图样尺寸(mm)}} \tag{1-1}$$

（6）绘制机构运动简图　从原动件开始，按照运动传递的顺序和有关的运动尺寸，依次画出各运动副和构件的符号，并给构件编号、给运动副标注字母，最后在原动件上标出表示其运动种类的箭头，所得到的图形就是机构运动简图。

常用构件和运动副的简图符号在国家标准 GB/T 4460—2013 中已有规定，表 1-1 给出了最常用的构件和运动副的简图符号。

表 1-1　机构运动简明图符号

名称		简图符号	名称		简图符号
构件	轴、杆		机架	基本符号	
	三副元素构件			机架是转动副的一部分	
	构件的永久连接			机架是移动副的一部分	
平面低副	转动副		平面高副	齿轮副外啮合	
	移动副			内啮合	
				凸轮副	

【例 1-1】 试绘制图 1-13（a）所示的颚式破碎机的主体机构的运动简图。

解：（1）构件分析　本机构中由带轮 5 输入的运动，使固连在其上的偏心轴 2 绕机架 1 上的轴 A 转动，进而驱动动颚板 3 运动，最后带动肘板 4 绕机架 1 上的轴 D 摆动。料块加在机架 1 和动颚板 3 之间，由做平面复杂运动的动颚板 3 将料块轧碎。由此可知，该机构由机架 1、偏心轴 2、动颚板 3 和肘板 4 等共四个构件组成。其中，偏心轴 2 为原动件，动颚板 3 和肘板 4 为从动件。

（2）运动副分析　偏心轴 2 绕机架 1 上的轴 A 转动，两者构成以 A 为中心的转动副；

破碎机

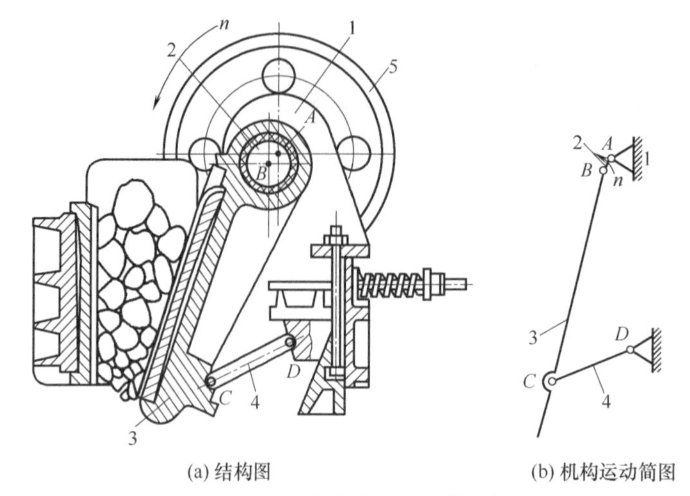

(a) 结构图　　(b) 机构运动简图

图 1-13　颚式破碎机的主体机构

1—机架；2—偏心轴；3—动颚板；4—肘板；5—带轮

动颚板 3 套在偏心轴 2 上转动，两者构成以 B 为中心的转动副；动颚板 3 和肘板 4 构成以 C 为中心的转动副；肘板 4 和机架 1 构成以 D 为中心的转动副。整个机构共有四个转动副。

（3）测量运动尺寸　选择机架 1 上的点 A 为基准，测量运动副 B、C 和 D 的定位尺寸。

（4）选择视图平面　本机构中各构件的运动平面平行，选择与它们运动平面平行的平面作为绘制机构运动简图的投影面。图示瞬时构件的位置能够清楚地表明各构件的运动关系，可按此瞬时各构件的位置来绘制机构运动简图。

内燃机

（5）确定比例尺　根据图幅和测得的各运动副定位尺寸，确定合适的绘图比例尺。

（6）绘制机构运动简图　在图上适当的位置画出转动副 A，根据所选的比例尺和测得的各运动副的定位尺寸，用规定的符号依次画出转动副 D、B、C 和构件 1、2、3、4，最后在构件 2 上画出表明主动件运动种类的箭头，如图 1-13（b）所示。

笔记

【例 1-2】 图 1-14（a）为单缸内燃机的结构图。绘制其机构示意图。

解： 由图 1-14（a）可知，壳体与气缸体是机架，缸内活塞是原动件，活塞与连杆、连

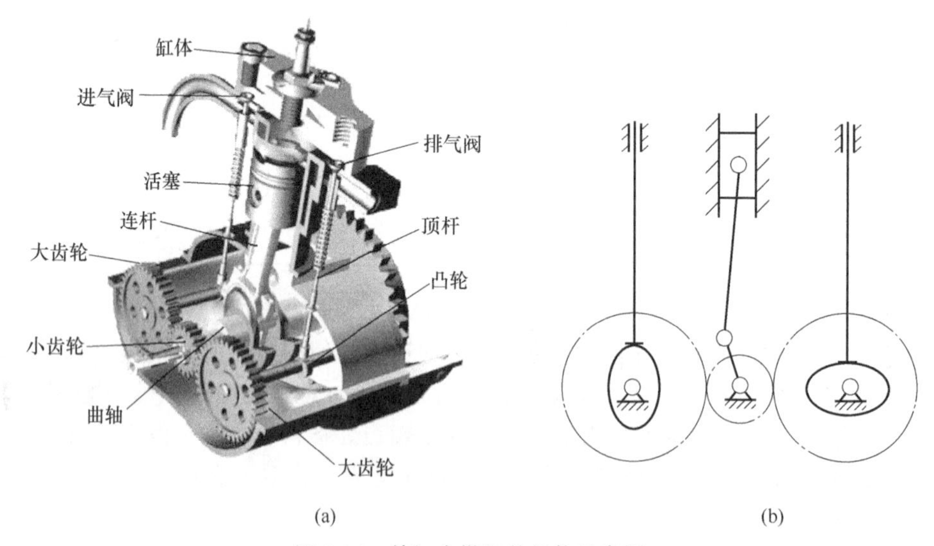

图 1-14　单缸内燃机的机构示意图

杆与曲轴、大小齿轮与机架构成的都是转动副，大齿轮与凸轮同轴。大小齿轮之间及滚子与凸轮之间构成高副。顶杆与机架构成移动副。机构示意图如图 1-14（b）所示。

1.3 平面机构的自由度

通过运动副连接起来的构件系统怎样才能成为机构呢？要想判定该构件系统是否为机构，就必须研究平面机构自由度的计算。

如图 1-15（a）所示的三构件组合和图 1-15（b）所示的五构件组合，由于三角形的稳定性，各构件之间根本就不可能存在相对运动，它们的组合就不是机构，而是一个刚性体，也就是桁架。

如图 1-16 所示的五构件运动链，当原动件 1 占据位置 AB 时，从动件 2、3、4 可以处于位置 BC、DE，也可以处于位置 BC'、$D'E$ 或其他位置，构件之间存在运动的不确定性，所以，它们的组合就不是机构，而仅是一个运动链。

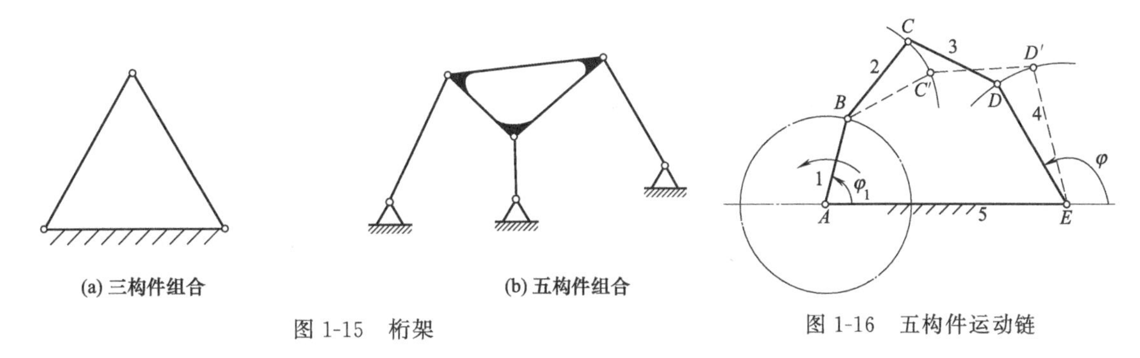

(a) 三构件组合　(b) 五构件组合

图 1-15　桁架

图 1-16　五构件运动链

这就需要研究：

（1）运动链在什么条件下能运动；

（2）能运动的运动链在什么条件下才能成为机构。

1.3.1 平面机构自由度的计算

机构中各构件相对于机架所具有的独立运动数目，称为机构的自由度。

设一个平面机构由 N 个构件组成，其中必定有 1 个构件为机架，其活动构件数为 $n=N-1$。这些构件在未组合成运动副之前共有 $3n$ 个自由度，在连接成运动副之后便引入了约束，减少了自由度。设机构共有 P_L 个低副、P_H 个高副，因为在平面机构中每个低副和高副分别限制 2 个和 1 个自由度，故平面机构的自由度为

$$F=3n-2P_L-P_H$$

【例 1-3】 试计算如图 1-14 所示内燃机机构的自由度。

解： 由前面分析可知，内燃机机构有 5 个可动构件、6 个低副（其中有 2 个移动副、4 个转动副）、2 个高副，即 $n=5$，$P_L=6$，$P_H=2$，所以，该机构的自由度为

$$F=3n-2P_L-P_H=3\times5-2\times6-2=1$$

1.3.2 机构具有确定运动的条件

一般要求一个机构当原动件给定一个运动规律运动时，从动件就得按某个运动规律进行

运动，不允许从动件乱动或无规律地运动。这样，只有机构自由度大于零，机构才有可能运动。因为机构的自由度即是机构所具有的独立运动的数目，所以只有给机构输入的独立运动数目与机构自由度数目相等，机构才能有确定的运动。

如图 1-17 所示的五杆铰链机构系统，其自由度为 2，如果只给定构件 1 的运动规律，则其余构件的运动规律并不确定。当给定了构件 1 和 4 的运动规律，各构件的运动就得到确定。如图 1-18 所示中原动件数目等于 2，而机构的自由度为 1，若机构同时要满足原动件 1 和原动件 3 的给定运动，则势必将杆 2 拉断，此时机构无法运动。

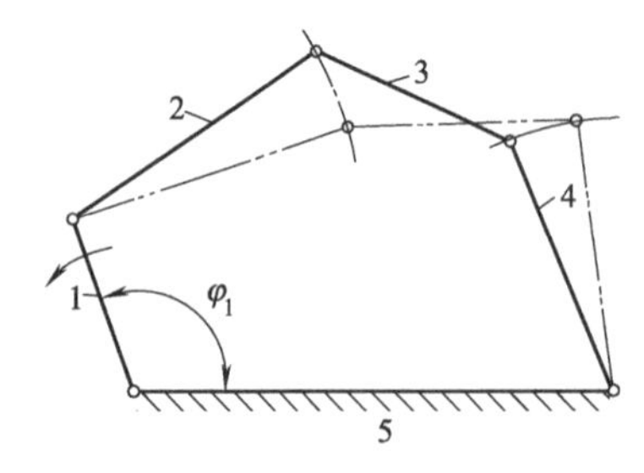

图 1-17　原动件数目小于自由度数目

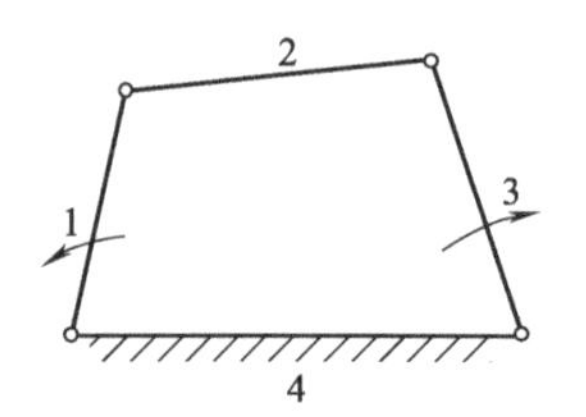

图 1-18　原动件数大于自由度

由此可见，机构具有确定运动的条件为机构的原动件数目 W 等于机构的自由度数目 F，即

$$W=F>0$$

1.3.3 计算平面机构自由度应注意的事项

在计算平面机构的自由度时，应注意如下三种特殊情况。

1.3.3.1 复合铰链

两个以上的构件在同一处以转动副相连接，就构成了所谓的复合铰链。图 1-19（b）所示的就是三个构件构成的复合铰链。从左视图上可以看出，构件 1 分别与构件 2 和构件 3 组成了两个转动副，但在主视图上两转动副重叠在一处，就是所谓的三个构件在同一处以转动副相连接。在分析运动副时，该处要算两个转动副。

笔记

对于复合铰链，可以认为是以一个构件为基础，其余的构件分别与它组成转动副。因此，由 k 个构件构成的复合铰链，共有（k-1）个转动副。在计算机构自由度时，应注意分析是否存在复合铰链。

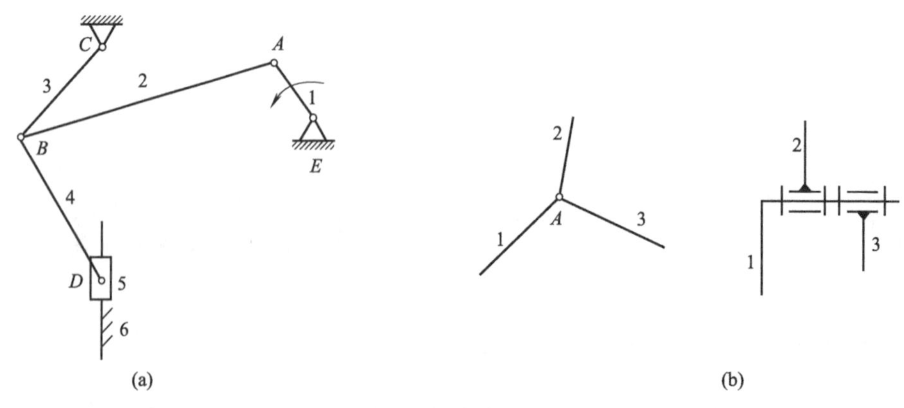

图 1-19　复合铰链

【例 1-4】 计算如图 1-19（a）所示机构的自由度。

解： 分析该机构有 5 个可动构件，低副有 7 个（B 处为复合铰链），没有高副，则

$$F=3n-2P_{\mathrm{L}}-P_{\mathrm{H}}=3\times5-2\times7-0=1$$

1.3.3.2 局部自由度

在有的机构中为了其他一些非运动的原因，设置了附加构件，这种附加构件的运动是完全独立的，对整个构件的运动毫无影响，我们把这种与机构运动无关的构件的独立运动称为局部自由度。在计算机构自由度时局部自由度应略去不计。

凸轮机构

如图 1-20（a）所示为凸轮机构，随着主动件凸轮 1 的顺时针转动，从动件 2 做上下往复运动，为了减少摩擦和磨损，在凸轮 1 和从动杆 2 之间加入滚子 3，应该注意到无论滚子 3 是否绕 B 点转动，都不改变从动杆 2 的运动，因而滚子 3 绕 B 点的转动属于局部自由度，计算机构自由度时应将滚子和从动杆看成一个构件，如图 1-20（b）所示来计算机构的自由度。

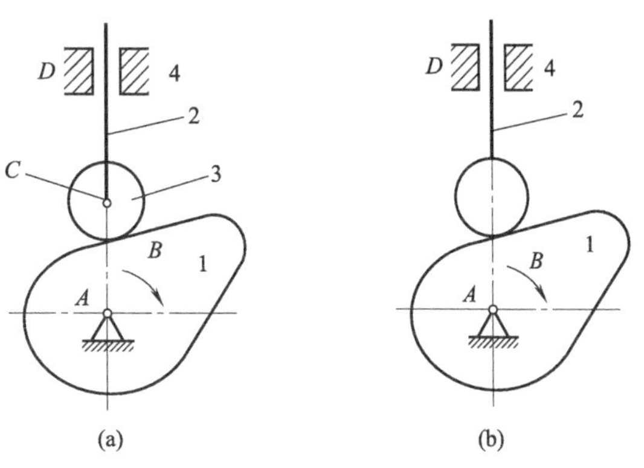

图 1-20 局部自由度

虽然局部自由度不影响从动件的运动规律，但是可以改善高副中运动副元素之间的接触状况，并可改变其摩擦的种类。所以，在实际机构中常常会出现局部自由度。

【例 1-5】 计算如图 1-21 所示机构的自由度。

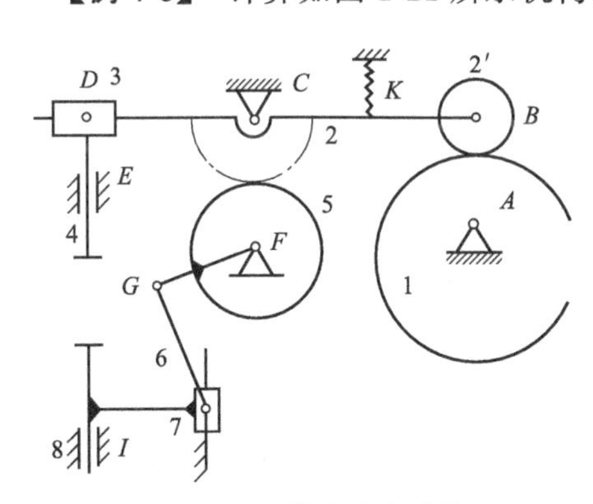

图 1-21 机构自由度计算

解： 分析该机构有 7 个可动构件，低副有 9 个，高副有 2 个（B 处为局部自由度），则

$$F=3n-2P_{\mathrm{L}}-P_{\mathrm{H}}=3\times7-2\times9-2=1$$

1.3.3.3 虚约束

笔记

在机构中，常常会存在一些运动副，它们所引入的约束对机构运动起着重复约束的作用，这类不起独立约束作用的约束称为虚约束。在计算机构的自由度时，应将虚约束除去不计。

虚约束经常出现的场合有：

（1）两构件在多处构成移动副，且各处移动副的移动方向互相平行或重合。此时，只有一个移动副起独立约束作用，其他的都是虚约束，如图 1-22 所示，两构件组成多个移动方向一致的移动副，计算时只能算一个移动副。

（2）两构件在多处构成转动副，且各处转动副的转动轴线重合。此时，也只有一个转动副起独立约束作用，其他的都是虚约束，如图 1-23 所示，两构件组成多个轴线重合的转动副，计算时只能算一个转动副。

（3）两构件上连接点的运动轨迹重合。如图 1-24 所示是火车头驱动轮联动装置。图 1-25（a）为其机构示意图，它形成一个平行四边形机构，若引入构件 CD，见图 1-25（b），且 $CD/\!/AB$，$CD=AB$，构件 5 上 C 点的轨迹与连杆 BE 上 B 点的轨迹重合，构件 5 的存在与否并不影响平行四边形 $ABEF$ 的运动，其约束从运动的角度看并无必要，为虚约

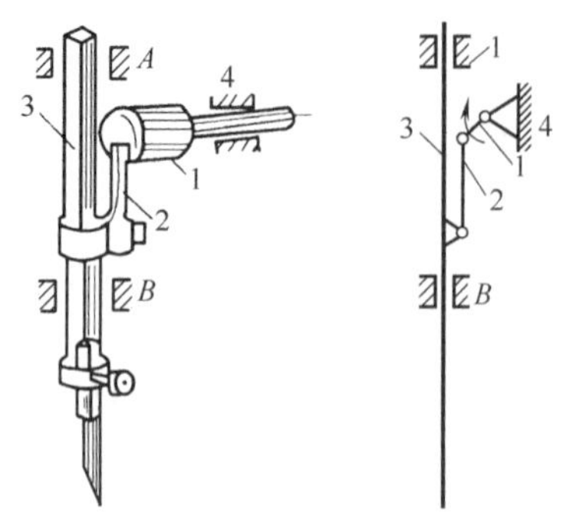

图 1-22 移动方向一致虚约束

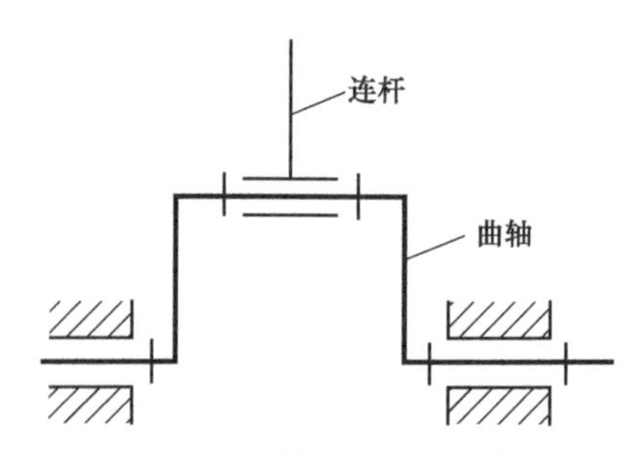

图 1-23 轴线重合虚约束

束。进一步可以肯定地说，三构件 AB、CD、EF 中缺省其中任意一个，均对余下的机构运动不产生影响，实际上是因为此三构件上 B、C、E 三点的运动轨迹均与构件 BE 上对应点的运动轨迹重合。应该指出，AB、CD、EF 三构件是互相平行的，否则就形成不了虚约束，机构若出现如图 1-25（c）所示的现象时不能运动。

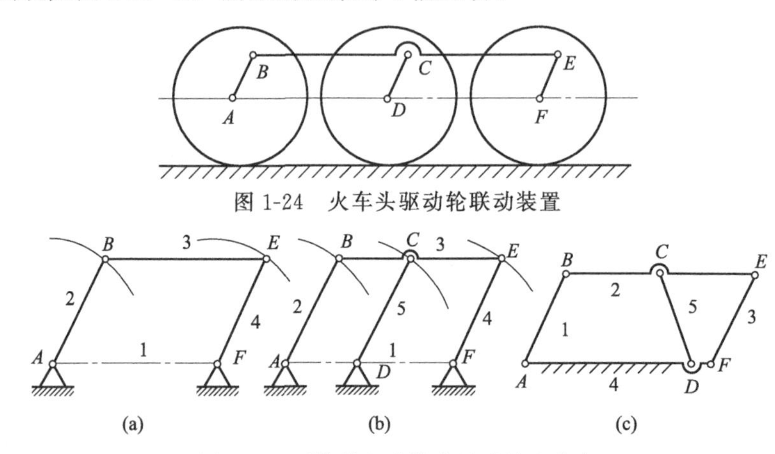

图 1-24 火车头驱动轮联动装置

图 1-25 两构件上连接点运动轨迹重合

笔记

（4）机构中对运动不起独立作用的对称部分应是虚约束。如图 1-26 所示的轮系中，为了改善受力情况，主动轮 1 经过三个均布的小齿轮 2、2′和 2″驱动内齿轮 3，其中有两个小齿轮引入的约束对机构的运动不起作用，因而，机构增加了两个虚约束。

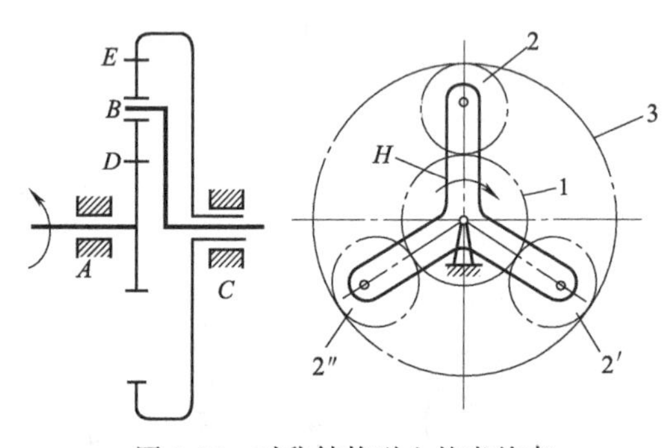

图 1-26 对称结构引入的虚约束

显然，虚约束是在一定几何条件下形成的，如果不满足特定条件，则原本认为是虚约束的约束将变成实际的约束，使机构自由度减少。因此，从机构运动灵活和加工装配方便的角度来讲，应该尽量减少机构中的虚约束；但在实际机构中，为了改善机构的受力情况或者增加构件的刚度，使机构的运动更加平稳，虚约束又比较常见。

【例 1-6】 试计算图 1-27 所示凸轮-连杆组合机构的自由度。

解： B、E 两处的滚子转动为局部自由度，C、F 处各有两处与机架接触构成移动副，但都各算一个移动副，该机构在 D 处虽存在轨迹重合的问题，但由于 D 处相铰接的双滑块为一个自由度为零的Ⅱ级杆组，即 D 处未引入约束，则该机构有 5 个可动构件、4 个转动副、2 个移动副、2 个高副，即 $n=5$，$P_L=6$，$P_H=2$，计算得

$$F=3n-2P_L-P_H=3\times5-2\times6-2=1$$

【例 1-7】 计算图 1-28 所示筛料机构的自由度。

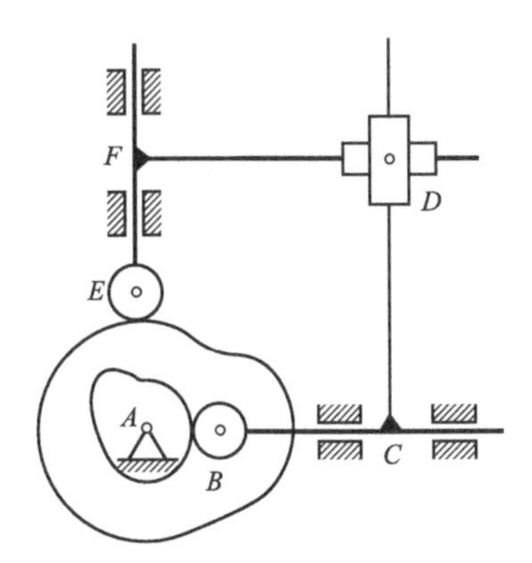

图 1-27　凸轮-连杆组合机构

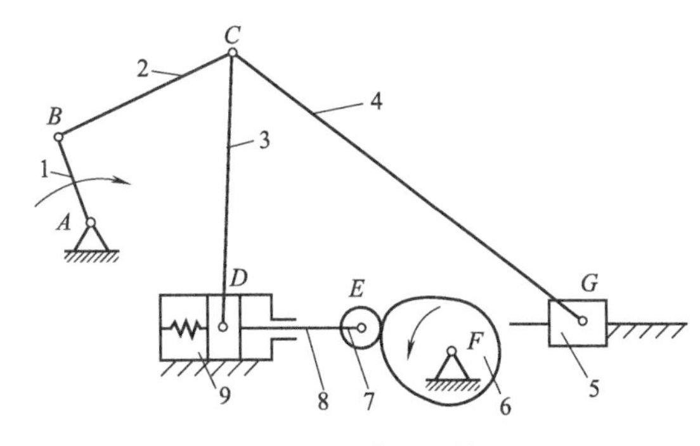

图 1-28　筛料机构

解： 2、3、4 三构件在 C 点组成复合铰链，此处有两个转动副；滚子 7 绕 E 点的转动为局部自由度，可看成滚子 7 与活塞杆 8 焊接一起为一个构件；8 和 9 两构件形成两处移动副，其中有一处是虚约束。则该机构有 7 个活动构件、7 个转动副、2 个移动副、1 个高副，即 $n=7$、$P_L=9$、$P_H=1$，计算得

$$F=3n-2P_L-P_H=3\times7-2\times9-1=2$$

任务实施

根据任务导入要求，具体任务实施如下：

图 1-1（a），$n=5$、$P_L=7$、$P_H=0$，计算得

$$F=3n-2P_L-P_H=3\times5-2\times7-0=1$$

该机构符合原动件数目 W 等于机构的自由度数目 F 即 $W=F>0$ 的条件，所以为机构。

图 1-1（b），$n=4$、$P_L=6$、$P_H=0$，则

$$F=3n-2P_L-P_H=3\times4-2\times6-0=0$$

该机构的自由度数目 $F=0$，所以不为机构。

图 1-1（c），$n=5$、$P_L=7$、$P_H=0$，则

$$F=3n-2P_L-P_H=3\times5-2\times7-0=1$$

该机构符合原动件数目 W 等于机构的自由度数目 F 即 $W=F>0$ 的条件，所以为机构。

图 1-1（d），$n=4$、$P_L=5$、$P_H=0$，则

$$F=3n-2P_L-P_H=3\times4-2\times5-0=2$$

由于该机构的自由度数目 F 大于原动件数目 W，不符合成为机构的条件，所以不为机构。

笔记

项目练习

选择题

（1）组成高副的两个构件之间的运动是（　　）。

A. 相对转动　　B. 相对移动　　C. 相对转动和相对移动

(2) 内燃机中的活塞与气缸的连接所构成的运动副属于（　　）。

A. 转动副　　B. 移动副　　C. 高副

(3) 平面机构中的高副所引入的约束数目为（　　）。

A. 1　　B. 2　　C. 3

(4) 在机构中输入动力的构件称为（　　）。

A. 原动件　　B. 从动件　　C. 机架

(5) 在机构中具有独立运动的单元体称为（　　）。

A. 零件　　B. 构件　　C. 部件

(6) 在机构中属于制造单元的是（　　）。

A. 零件　　B. 构件　　C. 部件

(7) 当平面机构的原动件的数目小于机构的自由度数目时，机构（　　）。

A. 具有确定的相对运动　　B. 运动不能确定　　C. 不能运动

(8) 当平面机构的原动件的数目（　　）机构的自由度数目时，该机构具有确定的运动。

A. 小于　　B. 大于　　C. 等于

(9) 若设计方案中计算的自由度为 2，构件系统的运动不确定，则可（　　），使其具有确定的运动。

A. 增加一个原动件　　B. 减少一个原动件　　C. 增加一个带有 2 个低副的构件

(10) 当 m 个构件在一处组成转动副时，计算时转动副数目为（　　）。

A. m　　B. $m-1$　　C. $m+1$

(11) 机构中设置虚约束的目的是（　　）。

A. 传递运动　　B. 改变运动方向　　C. 改善机构受力情况

(12) 两个平面机构的自由度都等于 1，现用一个带有两个铰链的运动构件将它们串联成一个平面机构，其自由度等于（　　）。

笔记

A. 0　　B. 1　　C. 2

(13) 计算机构自由度时，对于虚约束如何处理？（　　）。

A. 除去不计　　B. 考虑在内　　C. 除不除去都行

(14) 机构中的构件是由一个或多个零件所组成的，这些零件间（　　）产生相对运动。

A. 可以　　B. 不可以　　C. 不确定

(15) 火车车轮在轨道上转动，车轮与轨道间构成（　　）。

A. 转动副　　B. 移动副　　C. 高副

判断题

(1) 两构件之间的接触元素是点、线和面。（　　）

(2) 平面低副机构中，每个移动副和转动副所引入的约束数目是相同的。（　　）

(3) 一个构件在平面里具有的自由度数是 6 个。（　　）

(4) 绘制机构示意图时不必按严格的比例，主要用于对机构进行运动可行性分析。（　　）

(5) 构件是加工制造的单元，零件是运动的单元。（　　）

(6) 机构运动简图是按一定比例，用构件和运动副的代表符号，表示出机构运动特征的

图形。（　）

(7) 机构采用局部自由度会影响输出运动的自由度。（　）

(8) 若三个构件在一处铰接，则构成三个转动副。（　）

(9) 机构具有确定相对运动的条件是机构的自由度等于原动件的数目。（　）

(10) 机构中采用虚约束的目的是改善机构的受力情况。（　）

(11) 采用复合铰链可以使机构工作起来省力。（　）

(12) 虚约束没有约束作用，在实际机械中可有可无。（　）

(13) 局部自由度只存在于滚子从动件的凸轮机构中。（　）

(14) 两个以上的构件在同一处组成的运动副称为复合铰链。（　）

(15) 当 m 个构件在一处组成转动副时，计算时转动副数目为 $m+1$。（　）

实作题

1-1　如图所示为一手摇唧筒，试进行运动分析并绘制其机构运动简图。

1-2　如图所示为一缝纫机下针机构，试进行运动分析并绘制其机构运动简图。

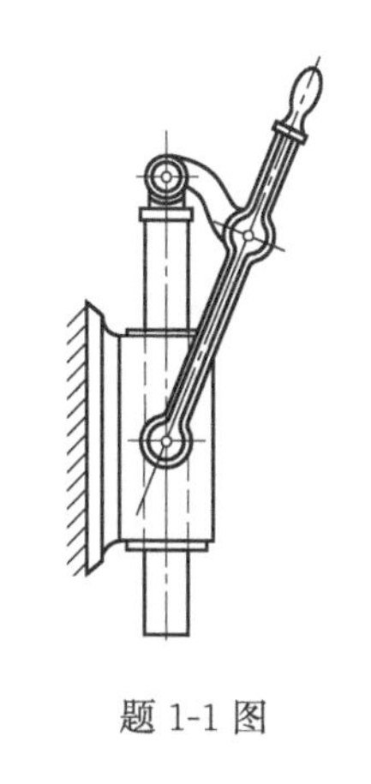

题 1-1 图

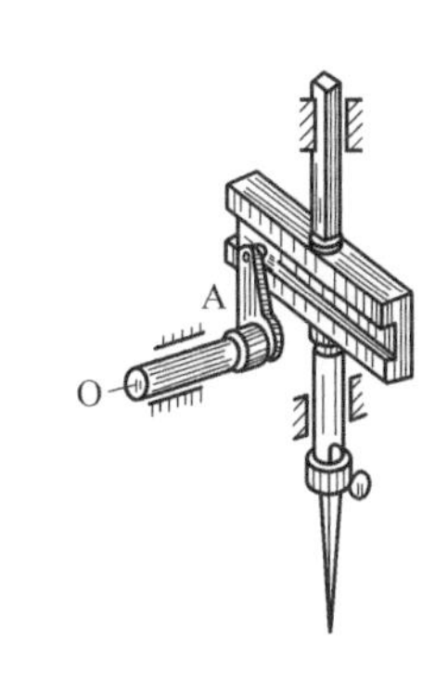

题 1-2 图

1-3　绘制家用缝纫机踏板机构的运动简图，已知尺寸如图所示（单位：mm）。

1-4　绘制如图所示的牛头刨床运动机构的示意图。

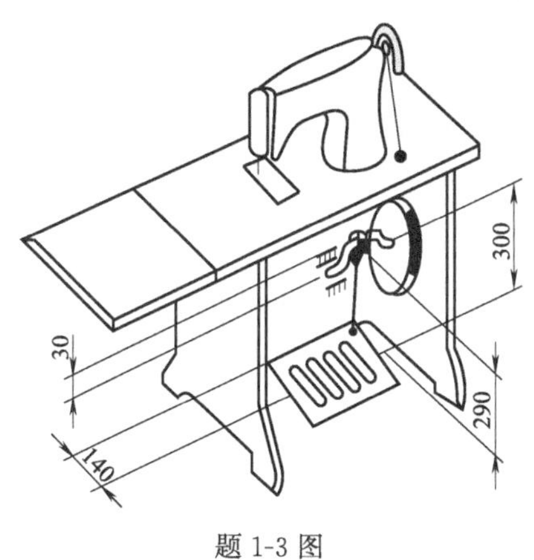

题 1-3 图

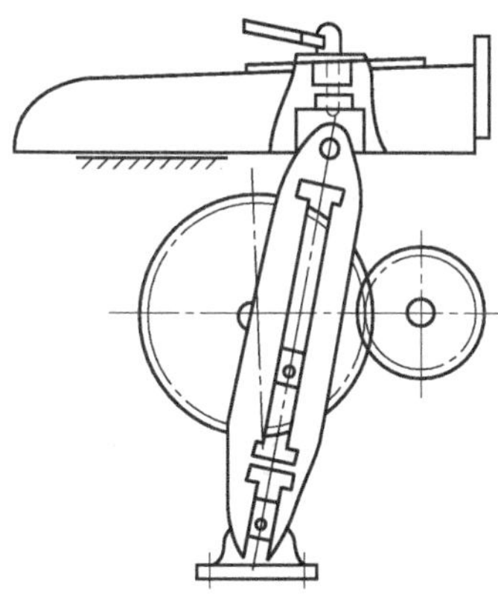

题 1-4 图

1-5　试画出图示平面机构的运动简图，并计算其自由度。

1-6　如图所示发动机配气机构，试计算其自由度。

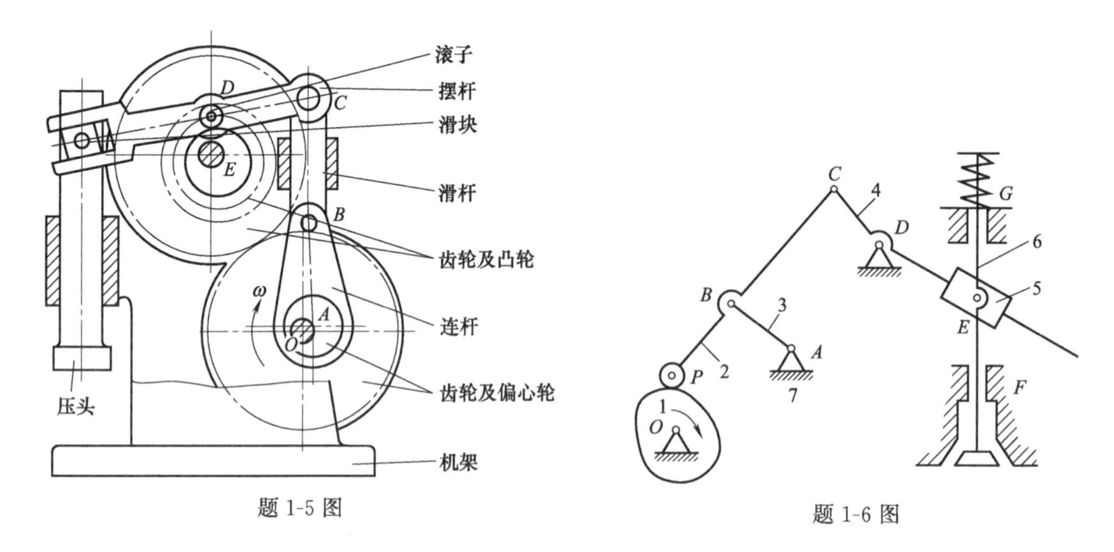

题 1-5 图

题 1-6 图

1-7 指出图中四种机构运动简图的复合铰链、局部自由度和虚约束，试计算其自由度，并判断机构是否具有确定运动（图中绘有箭头的机构为主动件）。

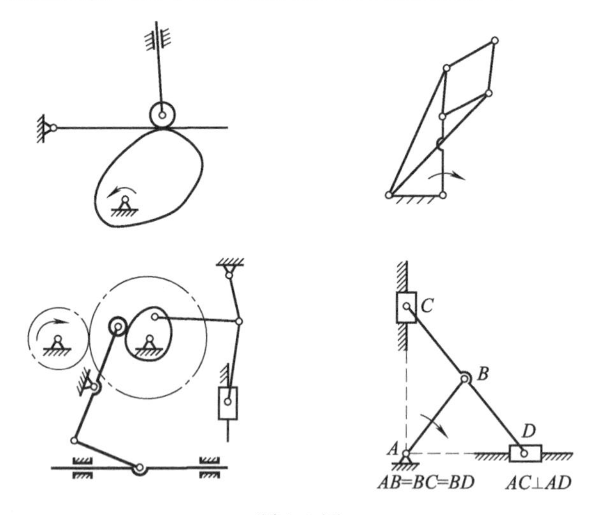

题 1-7 图

笔记

1-8 计算图中所示连杆机构的自由度。为保证该机构具有确定的相对运动，需要几个原动件？为什么？

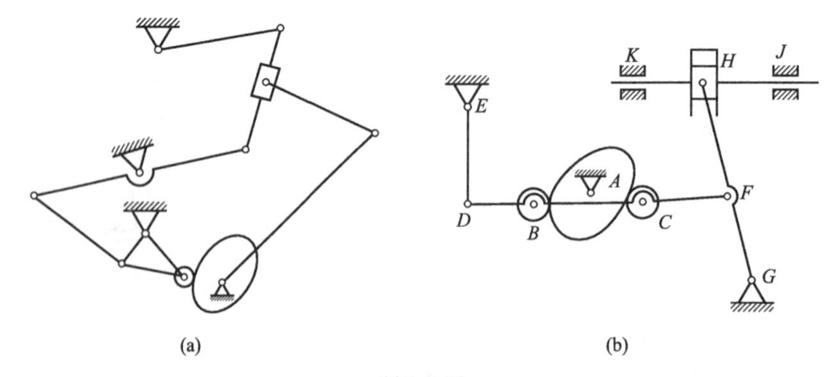

题 1-8 图

1-9　如图所示的简易冲床的设计方案简图是否合理？为什么？如不合理，请绘出修改后的机构示意图。

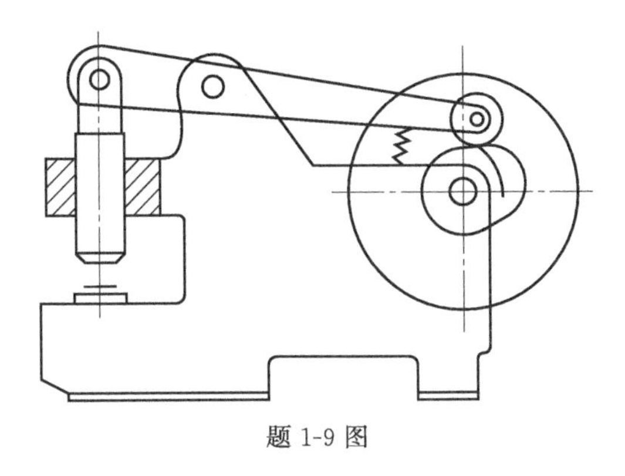

题 1-9 图

项目二

平面连杆机构

知识目标

1. 了解平面四杆机构的各种类型；
2. 理解平面四杆机构的工作特性，了解这些特性在工程实际中的应用；
3. 理解平面四杆机构的设计方法。

技能目标

1. 能够根据机构要实现的运动正确选择平面四杆机构的类型；
2. 能够根据已设计的机构分析其能实现的运动及特性；
3. 初步会用图解法设计平面四杆机构。

任务导入

如图 2-1 所示为一精压机主体单元机构运动示意图，试完成由构件曲轴、连杆、冲头和机架组成的冲压机构的设计。设计条件为：冲压机构采用的是偏置曲柄滑块机构，上模做上下往复直线运动，具有快速下沉、等速工作进给和快速返回的特性，行程速比系数 $K=1.5$，上模行程 $H=200\text{mm}$，偏距 $e=100\text{mm}$。

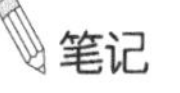

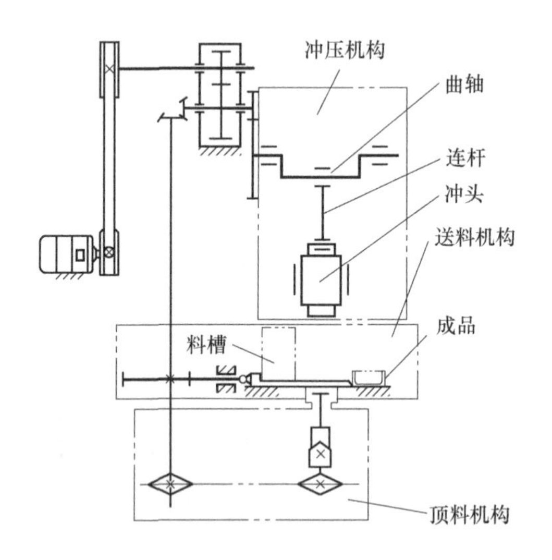

图 2-1　精压机主体单元机构运动示意图

知识链接

2.1 平面连杆机构概述

平面连杆机构是由若干个构件通过低副连接组成的平面机构，又称为平面低副机构。

平面连杆机构能够实现多种运动轨迹曲线和运动规律。在平面连杆机构中，所有的运动副均为低副。由于低副的两个构件之间是面接触，在承受相同的载荷时，其承载能力较大、耐磨损，再加上构件形状简单，制造简便，易于获得较高的制造精度，因此，平面连杆机构广泛地用于各种机械和仪器中。但是，由于平面连杆机构的运动链较长，构件数和运动副数较多，而且在低副中存在间隙，所以会引起较大的运动积累误差，从而影响其运动精度。同时，平面连杆机构的设计比较复杂，通常难以精确地实现复杂的运动规律与运动轨迹。

由四个构件通过低副连接组成的平面连杆机构，称为铰链四杆机构。它是平面连杆机构中最简单的形式，也是组成多杆机构的基础。因此本项目主要讨论平面四杆机构。

2.2 铰链四杆机构的基本形式及其演化

当构件间连接都是转动副组成的平面四杆机构，即为铰链四杆机构，它是平面四杆机构的基本形式。固定不动的构件 2 称为机架，机架直接铰接的两个构件 1 和构件 3 称为连架杆，不直接与机架铰接的构件 4 称为连杆。连架杆如果能做整周转动时就称为曲柄，若只能在小于 360°的某一角度范围内往复摆动，则称为摇杆，如图 2-2 所示。

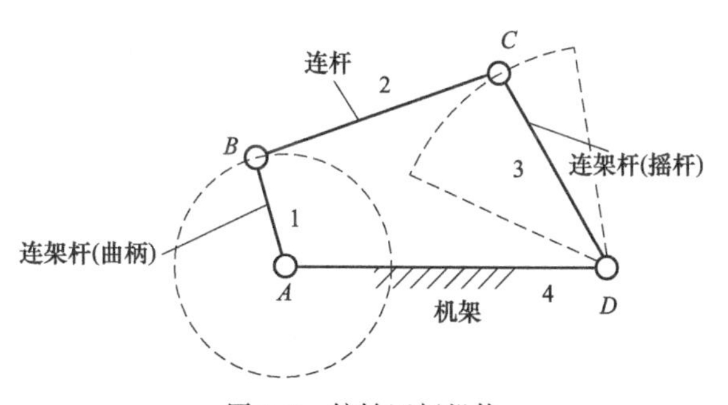

图 2-2 铰链四杆机构

笔记

2.2.1 铰链四杆机构的基本类型

铰链四杆机构根据其两个连架杆的运动形式的不同，可以分为曲柄摇杆机构、双曲柄机构和双摇杆机构三种基本类型。

2.2.1.1 曲柄摇杆机构

在铰链四杆机构中，如果有一个连架杆为曲柄而另一连架杆为摇杆，则该机构称为曲柄摇杆机构。如图 2-3 所示的雷达天线调整机构就是一曲柄摇杆机构，该机构由构件 AB、BC，固连有天线的 CD 及机架 DA 组成。构件 AB 可做整圈的转动，称曲柄；天线 3 作为机构的另一连架杆可做一定范围的摆动，称摇杆；随着曲柄的缓缓转动，天线仰角得到改变。又如图 2-4 所示汽车刮雨器，随着电动机带着曲柄 AB 转动，刮雨胶与摇杆 CD 一起摆动，完成刮雨功能。如图 2-5 所示缝纫机踏板机构，当脚踩住踏板 3 往复摇动时，通过连杆 2，带动带轮（曲柄 1）做整周的旋转运动，它是以摇杆为原动件，以曲柄为从动件的曲柄摇杆机构。

曲柄摇杆机构的作用是：将转动转换为摆动，或将摆动转换为转动。

雷达

缝刃机

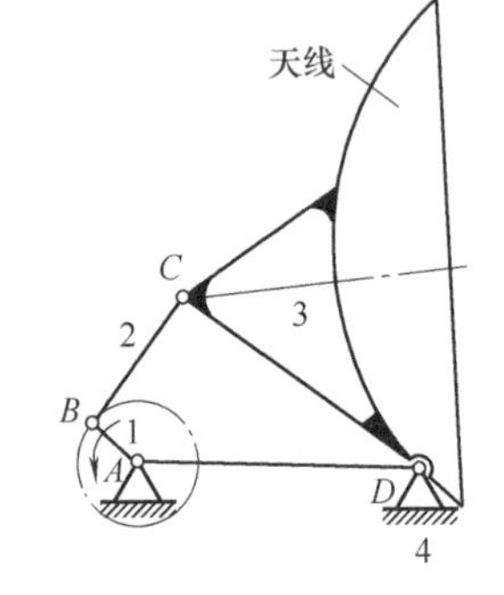

图 2-3 雷达天线调整机构

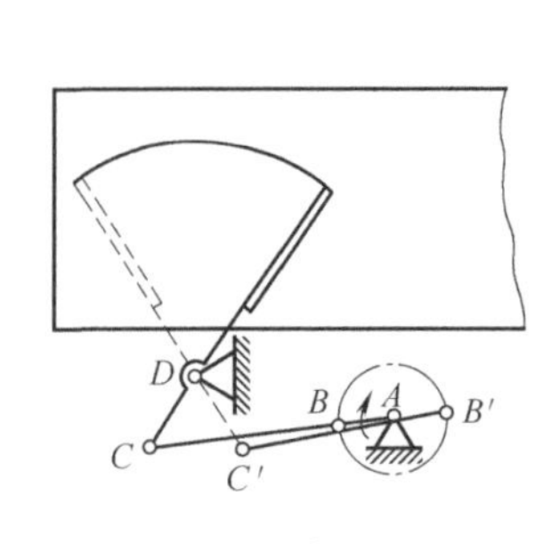

图 2-4 汽车刮雨器

图 2-5 缝纫机踏板机构

2.2.1.2 双曲柄机构

在铰链四杆机构中，若两个连架杆均能做整周的运动，则该机构称为双曲柄机构。如图 2-6 所示惯性筛机构，是双曲柄机构的应用实例。由于从动曲柄 3 与主动曲柄 1 的长度不同，故当主动曲柄 1 匀速回转一周时，从动曲柄 3 变速回转一周，机构利用这一特点使筛子 2 做变速往复运动，提高了工作性能。

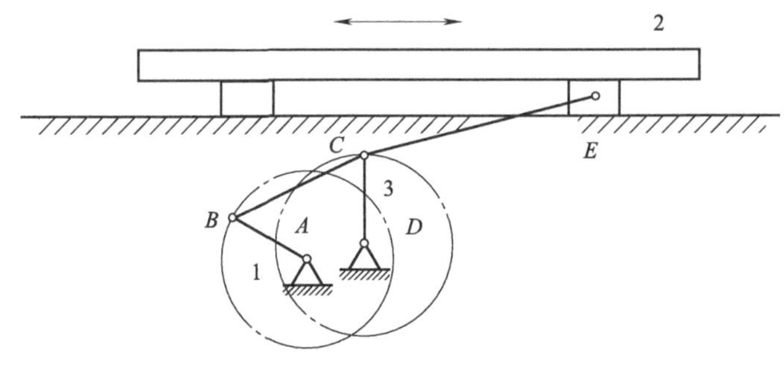

图 2-6 惯性筛机构

笔记

在双曲柄机构中，如两曲柄的长度相等，连杆与机架的长度也相等，则称为平行双曲柄机构，或称平行四边形机构，如图 2-7（a）所示。平行双曲柄机构的特点是两曲柄等速同向转动以及连杆与机架始终保持平行，因而应用广泛。火车驱动轮联动机构利用了同向等速的特点，路灯检修车的载人升斗利用了平动的特点，如图 2-8（a）、（b）所示。

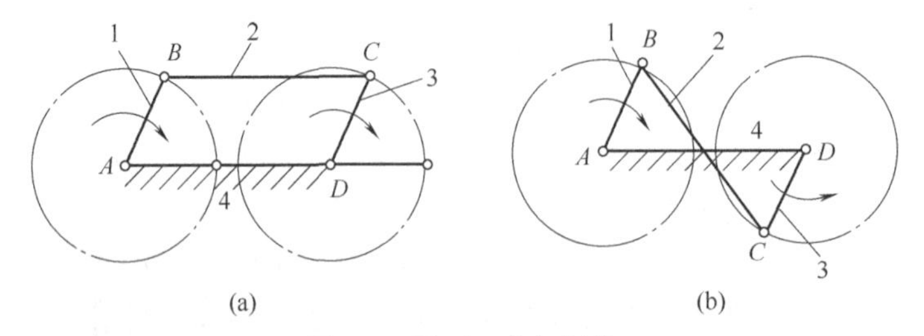

图 2-7 平面双曲柄机构

此外，还有反平行双曲柄机构，如图 2-7（b）所示，由于两相对构件长度相等，但 AD 与 BC 不平行，因此，曲柄 1 与曲柄 3 做不同速反向转动。如车门的启闭机构就是利用了两曲柄反向转动的特点，如图 2-8（c）所示。

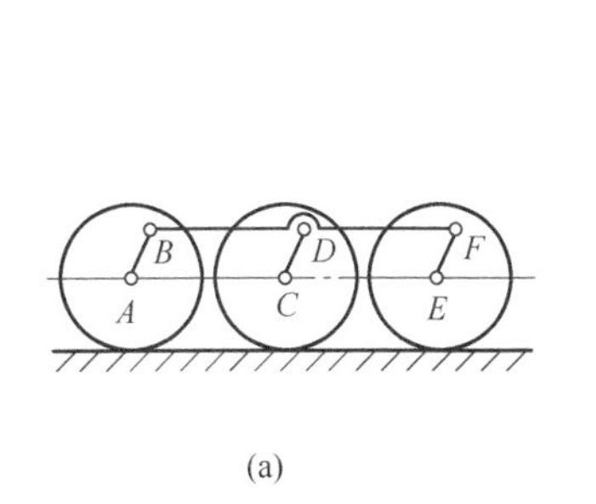

(a)

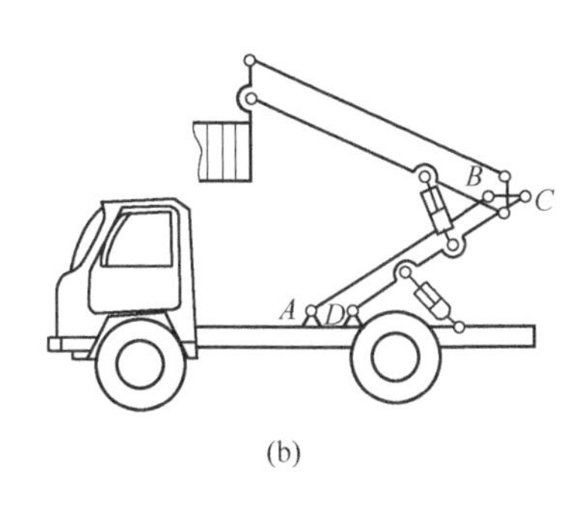

(b)

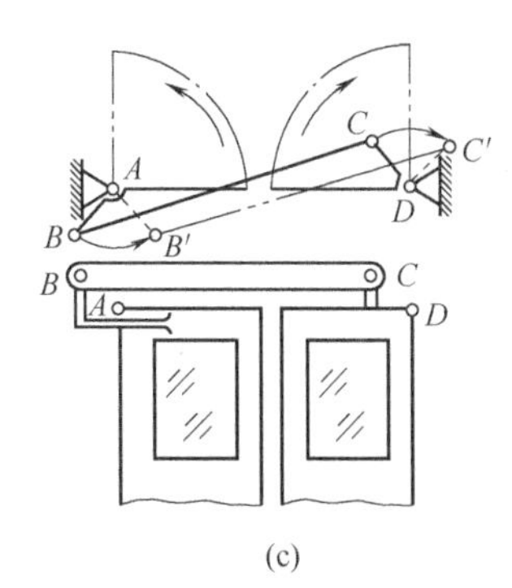

(c)

图 2-8　平面双曲柄机构的应用

双曲柄机构的作用：将等速转动转换为等速同向、不等速同向、不等速反向等多种运动。

2.2.1.3　双摇杆机构

两连架杆均为摇杆的铰链四杆机构称为双摇杆机构。图 2-9 所示汽车前轮转向机构为双摇杆机构，该机构两摇杆长度相等，称为等腰梯形机构。车子转弯时，与前轮轴固联的两个摇杆的摆角 α 和 β 如果在任意位置都能使两前轮轴线的交点 P 落在后轮轴线的延长线上，则当整个车身绕 P 点转动时，四个车轮都能在地面上纯滚动，避免轮胎因滑动而损伤。等腰梯形机构就能近似地满足这一要求。图 2-10 所示为飞机起落架中所用的双摇杆机构，图中以实线表示起落架放下时的位置，虚线表示起落架收起时的位置。

双摇杆机构的作用是：将一种摆动转换为另一种摆动。

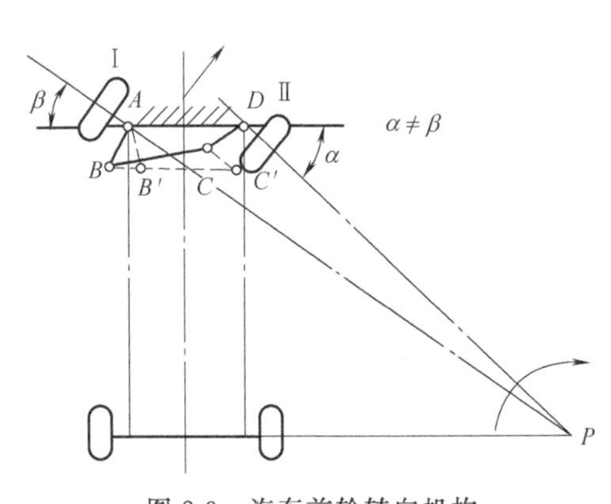

图 2-9　汽车前轮转向机构

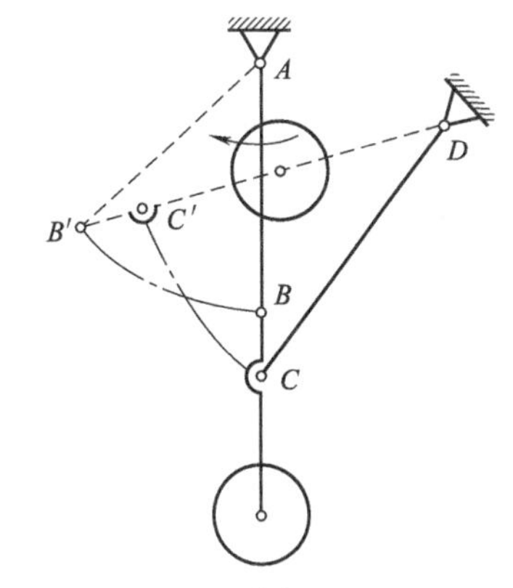

图 2-10　飞机起落架中的双摇杆机构

2.2.2　铰链四杆机构中曲柄存在的条件

铰链四杆机构的三种基本类型的区别在于机构中是否存在曲柄，且存在几个曲柄。机构中是否存在曲柄则取决于各构件的相对尺寸关系以及机架的位置选择。可以证明，铰链四杆机构中存在曲柄的条件为：

条件一：连架杆或机架中最少有一根是最短杆。

条件二：最短杆与最长杆长度之和不大于其余两杆长度之和。

以上两个条件必须同时满足，否则机构中不存在曲柄。

笔记

铰链四杆机构基本类型的判别准则如下：

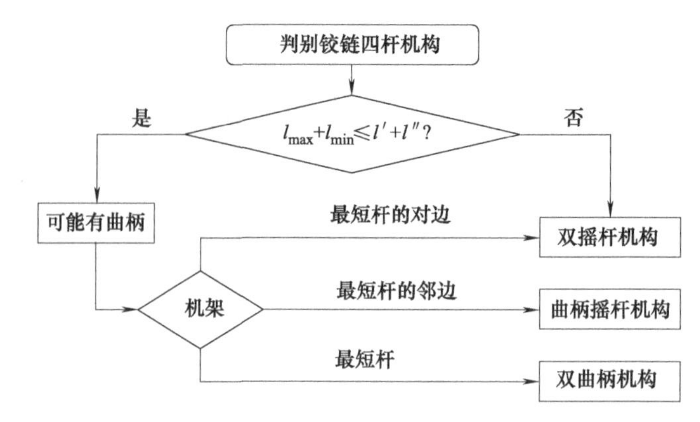

【例 2-1】 铰链四杆机构 $ABCD$ 的各杆长度如图 2-11 所示。请根据基本类型判别准则说明机构分别以 AB、BC、CD、AD 各杆为机架时属于何种机构。

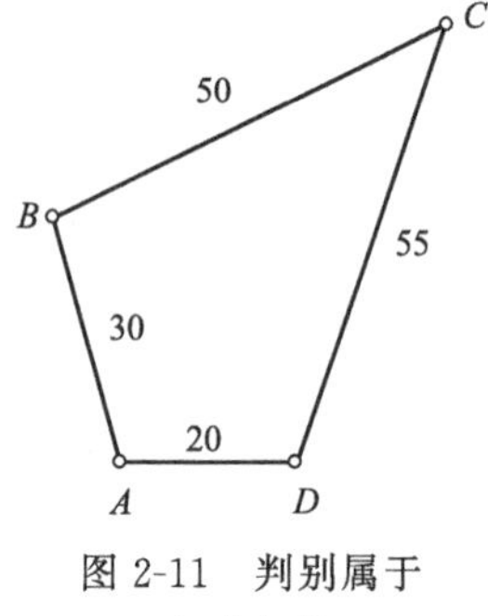

图 2-11 判别属于何种机构

解： 分析题目给出的铰链四杆机构可知，最短杆为 $AD=20$，最长杆为 $CD=55$，其余两杆 $AB=30$、$BC=50$。

因为 $$AD+CD=20+55=75$$

$$AB+BC=30+50=80>l_{min}+l_{max}$$

故满足曲柄存在的第一个条件。

(1) 以 AB 或 CD 为机架时，即最短杆 AD 成连架杆，故机构为曲柄摇杆机构；

(2) 以 BC 为机架时，即最短杆成连杆，故机构为双摇杆机构；

(3) 以 AD 为机架时，即以最短杆为机架，机构为双曲柄机构。

笔记

2.2.3 铰链四杆机构的演化机构

在工程实际中除了上述的 3 种铰链四杆机构之外，还广泛采用很多其他形式的四杆机构，如含有一个移动副的四杆机构和含有两个移动副的四杆机构等。这些机构都可看作是由铰链四杆机构演化而来的。

2.2.3.1 曲柄滑块机构

在图 2-12 (a) 所示的曲柄摇杆机构中，摇杆 3 的运动轨迹是绕 D 铰链为圆心，以 CD 杆长为半径的圆弧。随着摇杆 3 的长度逐渐增大，摇杆 3 上的 C 点的圆弧轨迹逐渐趋于平

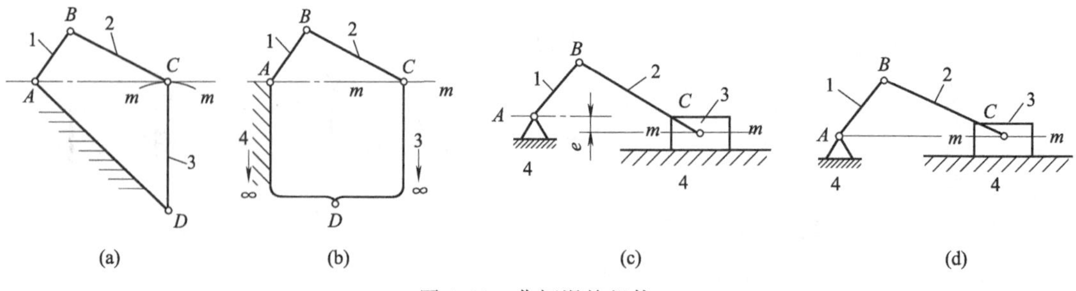

图 2-12 曲柄滑块机构

直，当摇杆 3 的长度无限增大时，铰链 D 将移到无穷远处，C 点的圆弧轨迹变为一条直线，D 处的回转副演变为移动副，如图 2-12（b）所示，摇杆 3 变成滑块，这样就演变成曲柄滑块机构。

曲柄滑块机构可分为两种情况：如图 2-12（c）所示为偏置曲柄滑块机构，导路与曲柄转动中心有一个偏距 e；当 $e=0$ 即导路通过曲柄转动中心时，称为对心曲柄滑块机构，如图 2-12（d）所示。由于对心曲柄滑块机构结构简单，受力情况好，故在实际生产中得到广泛应用。因此，今后如果没有特别说明，所提的曲柄滑块机构即指对心曲柄滑块机构。

曲柄滑块机构用于转动与往复移动之间的运动转换，广泛应用于内燃机、空气压缩机、冲床和自动送料机等机械设备中。

2.2.3.2　偏心轮机构

当需要将曲柄做得较短时结构上就难以实现，通常将转动副 B 的半径扩大到超过曲柄 AB 的长度，在保持几何中心仍然在 B 点、转动中心仍然在点 A 的前提下，曲柄 1 的形状从杆状变为圆盘状，此机构称为偏心轮机构，如图 2-13 所示，其偏心圆盘的偏心距 e 就是曲柄的长度。这种结构减少了曲柄的驱动力，增大了转动副的尺寸，提高了曲柄的强度和刚度，广泛应用于冲压机床、破碎机等承受较大冲击载荷的机械中。

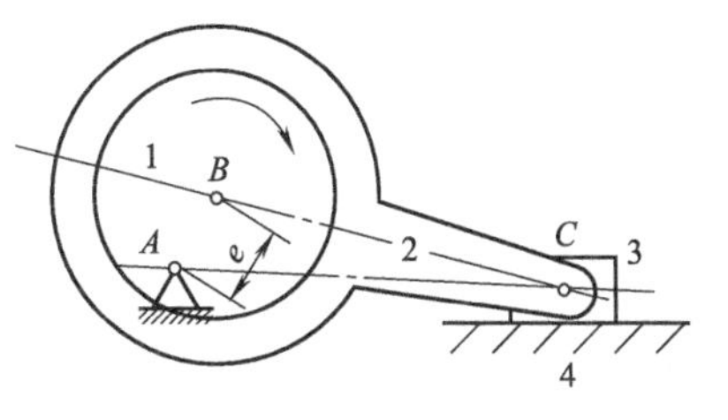

图 2-13　偏心轮机构

偏心轮机构

2.2.3.3　导杆机构

图 2-12（d）所示的对心曲柄滑块机构，是以曲柄为主动件，构件 4 为机架。若将构件 1 作为机架，该机构就变成了导杆机构，如图 2-14 所示。当 $AB<BC$ 时，导杆 4 能够做整周的回转，称为转动导杆机构，如图 2-14（a）所示；当 $AB>BC$ 时，导杆 4 只能做不足一周的摆动，称为摆动导杆机构，如图 2-14（b）所示。

笔记

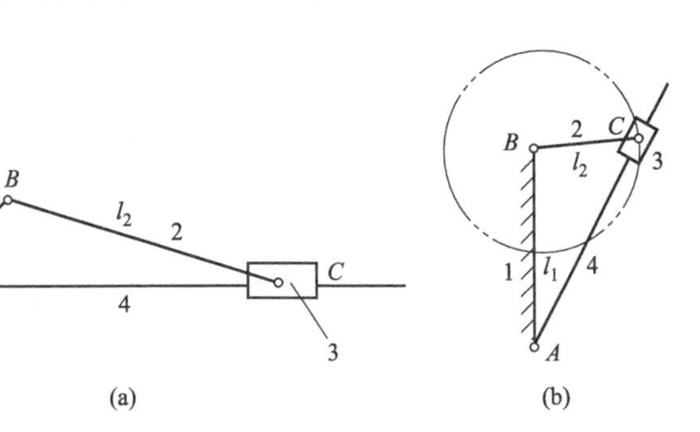

图 2-14　导杆机构

导杆机构具有很好的传力性，在插床、刨床等要求传递重载的场合得到应用。如图 2-15（a）所示为插床的工作机构，是转动导杆的应用。如图 2-15（b）所示为牛头刨床的工作机构，是摆动导杆的应用。

2.2.3.4　摇块机构

在图 2-12（d）所示的对心曲柄滑块机构中，若将构件 2 作为机架，该机构就成为摇块

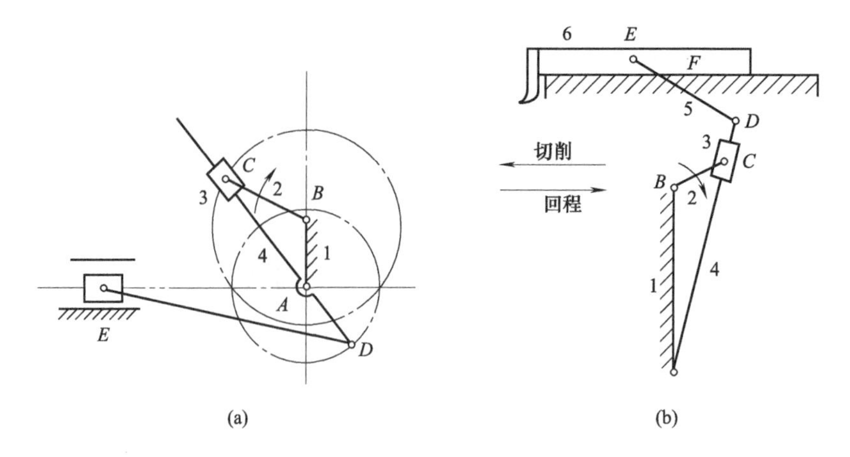

图 2-15 导杆机构的应用

机构，如图 2-16（a）所示。摇块机构在液压与气压传动系统中得到广泛应用，如图 2-16（b）所示为摇块机构在自卸货车上的应用。

压水机

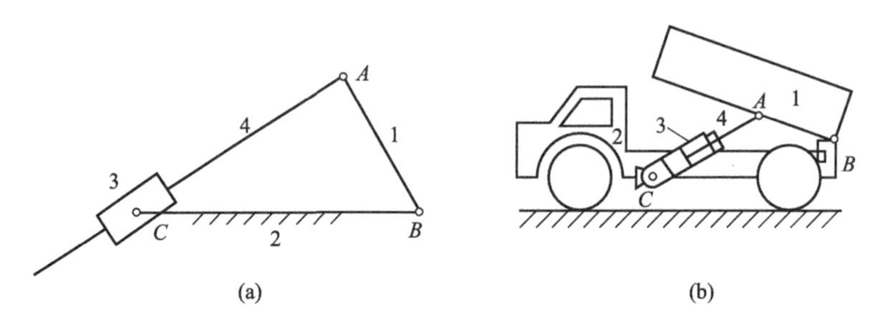

图 2-16 摇块机构及其应用

笔记

2.2.3.5 定块机构

若将对心曲柄滑块机构中的滑块作为机架，该机构就成了定块机构，如图 2-17（a）所示。图 2-17（b）为定块机构在手动唧筒上的应用。

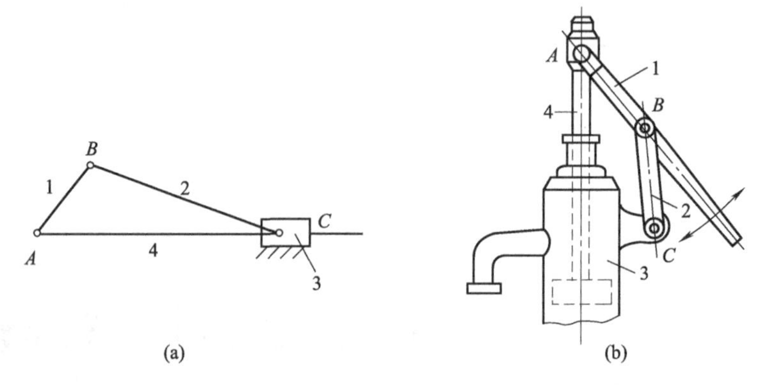

图 2-17 定块机构及其应用

铰链四杆机构及其演化形式对比见表 2-1。

表 2-1　铰链四杆机构及其演化形式对比

固定构件号	铰链四杆机构		含一个移动副的四杆机构（$e=0$）	
1	双曲柄机构		转动导杆机构 摆动导杆机构	
2	曲柄摇杆机构	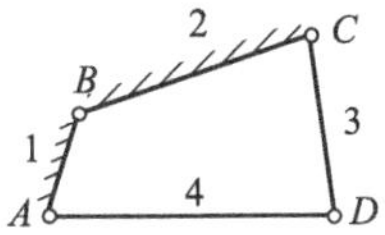	摇块机构	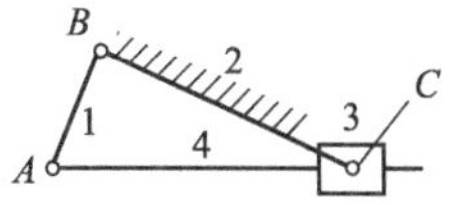
3	双摇杆机构	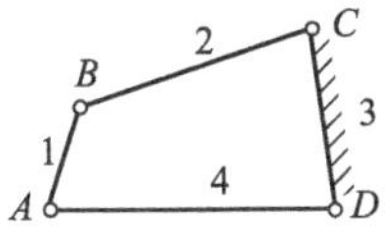	定块机构	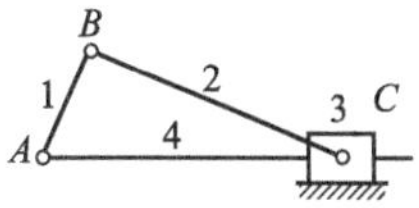
4	曲柄摇杆机构	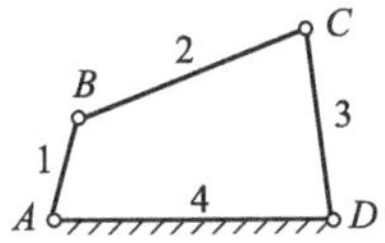	曲柄滑块机构	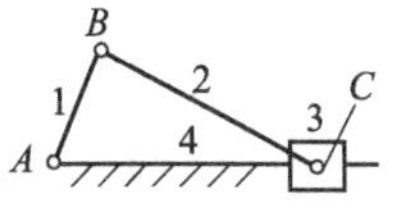

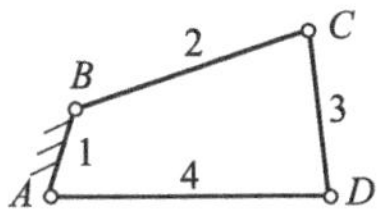

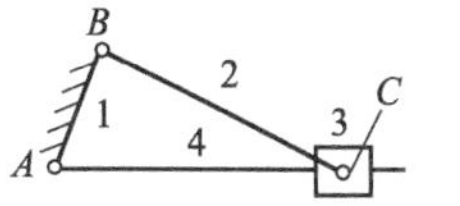

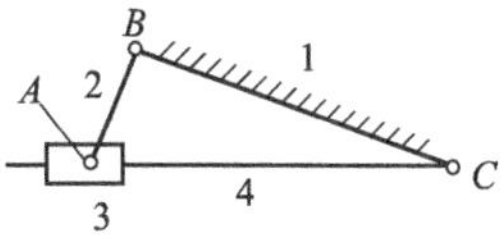

2.3　平面四杆机构的工作特性

四杆机构的运动特性和传力特性由行程速度变化系数、压力角和传动角等参数表示。了解这些特性，对正确选择平面连杆机构的类型和设计平面连杆机构具有重要意义。

笔记

2.3.1　平面连杆机构的急回特性

在图 2-18 所示的曲柄摇杆机构中，设曲柄 AB 为主动件，并以角速度 ω_1 做顺时针转动。曲柄在每旋转一周过程中有两次与连杆共线，如图 2-18 中的 B_1AC_1 和 AB_2C_2 两位置，这时的摇杆位置 C_1D 和 C_2D 称为摇杆的极限位置，C_1D 与 C_2D 之间所夹的锐角 ψ 称为摇杆的最大摆角。当摇杆处于两个极限位置时，相应的曲柄位置所在直线之间 AB_1 和 AB_2 夹的锐角 θ 称为极位夹角。

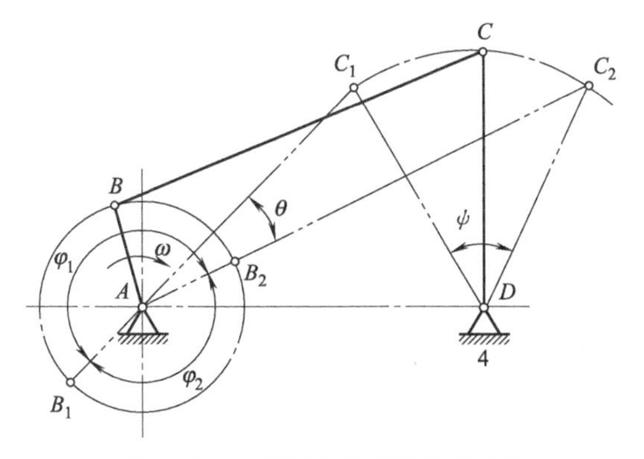

图 2-18　曲柄摇杆机构的急回特性

设摇杆从 C_1D 到 C_2D 的行程为工作行程——该行程克服生产阻力对外做功。从 C_2D 到 C_1D 的行程为空回行程——该行程只克服运动副中的摩擦力。C 点在工作行程和空回行程的平均速度分别为 v_1 和 v_2。曲柄以等角速度 ω_1 顺时针转动，从 AB_1 转到 AB_2

和从 AB_2 转到 AB_1 所转过的角度分别为 $\varphi_1=180°+\theta$ 和 $\varphi_2=180°-\theta$，对应所需的时间分别为 t_1 和 t_2。当曲柄等速转动时，由于 $\varphi_1>\varphi_2$，则曲柄转过这两个角度对应的时间 $t_1>t_2$。相应的摇杆上 C 点经过的路线分别为 C_1C_2 弧和 C_2C_1 弧，C 点的线速度分别为 v_1 和 v_2，显然有 $v_1<v_2$。这种返回速度大于推进速度的现象称为急回特性。

通常用摇杆空回行程的平均速度 v_2 和工作行程的平均速度 v_1 之比 K 来表示机构急回运动的相对程度，K 称为行程速度变化系数，即

$$K=\frac{v_2}{v_1}=\frac{C_1C_2/t_2}{C_2C_1/t_1}=\frac{t_1}{t_2}=\frac{180°+\theta}{180°-\theta} \tag{2-1}$$

可见，行程速度变化系数 K 与极位夹角 θ 有关。当 $\theta=0°$时，$K=1$，表明机构没有急回运动。一般情况下，当 $\theta>0°$时，由式（2-1）可知 $K>1$，说明机构具有急回特性。θ 越大，K 值就越大，急回特性也就越显著，但是机构的传动平稳性也会下降。通常取 $K=1.2\sim2.0$。将式（2-1）整理后，机构极位夹角 θ 的计算公式可由下式得到

$$\theta=180°\times\frac{K-1}{K+1} \tag{2-2}$$

极位夹角 θ 是设计四杆机构的重要参数之一。原动件做等速转动，从动件做往复摆动（或移动）的四杆机构，都可以按机构的极位作出其摆角（或行程）和极位夹角。

图 2-19（a）、(b）分别表示偏置曲柄滑块机构和摆动导杆机构的极位夹角。当曲柄为原动件并等速回转时，滑块和导杆具有急回特性。

在工程实际中，为了提高生产效率，应将机构的工作行程安排在摇杆平均速度较低的行程，而将机构的空回行程安排在摇杆平均速度较高的行程。例如牛头刨床滑枕的运动、往复式运输机等机械就是利用了机构的急回特性。在机械设计时可根据需要先设定 K 值，然后算出 θ 值，再由此计算得到各构件的长度尺寸。

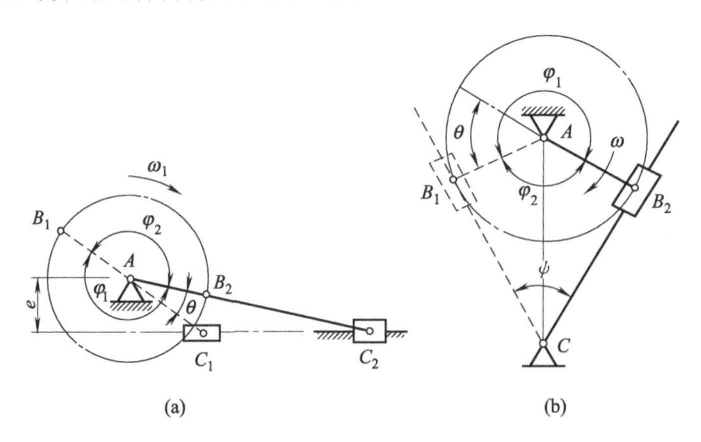

图 2-19 有急回特性的机构

2.3.2 压力角和传动角

在工程应用中连杆机构除了要满足运动要求外，还应具有良好的传力性能，以减小结构尺寸和提高机械效率。

在不计重力、惯性力和摩擦作用的前提下，分析曲柄摇杆机构的传力特性。如图 2-20 所示，主动曲柄的动力通过连杆作用于摇杆上的 C 点，驱动力 F 必然沿 BC 方向。力 F 的

作用线与作用点 C 处的绝对速度 v_C 之间所夹的锐角称为压力角，用 α 表示。在连杆机构设计中，为测量方便，常用压力角的余角来判断传力性能，称之为传动角，用 γ 表示。

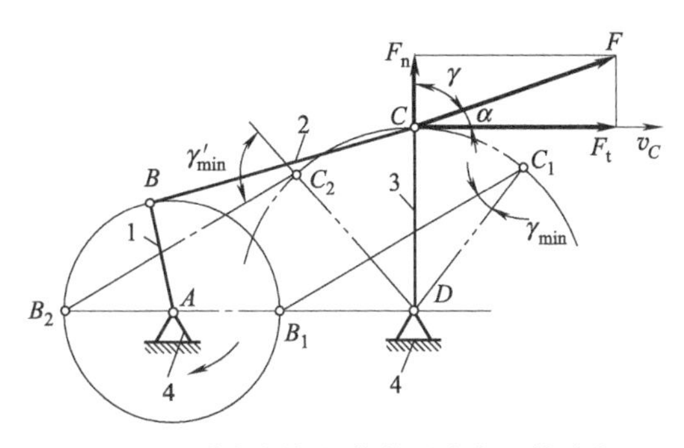

图 2-20　曲柄摇杆机构的压力角和传动角

将 F 分解为切线方向和径向方向两个分力 F_t 和 F_n。由图 2-20 可知

$$F_t = F\cos\alpha \quad 或 \quad F_t = F\sin\gamma$$

$$F_n = F\sin\alpha \quad 或 \quad F_n = F\cos\gamma$$

其中分力 F_t 是推动摇杆 CD 运动的有效分力，它能够做功，随着压力角的减小而增大。而分力 F_n 对摇杆 CD 产生的力不做功，仅增加转动副 D 中的径向压力。因此在驱动力 F 一定的情况下，α 越小有效分力 F_t 就越大，有害分力 F_n 就越小，对机构的传动越有利，传动效率越高。

由此可见，连杆机构是否具有良好的传力性能，可以用压力角 α 的大小来衡量。在机构的运动过程中，压力角是随着机构的位置的改变而变化的。压力角 α 越小，机构的传力性能就越好。为此，压力角是反映机构传力性能的一个重要指标。

在平面连杆机构中，由于 γ 更便于观察，所以通常用来检验机构的传力性能。传动角 γ 越大，机构的传力性能就越好。反之，传动角 γ 越小，机构传动效率越低。

传动角 γ 也随机构的不断运动而相应变化，为保证机构有较好的传力性能，要求控制机构的最小传动角 γ_{min}。

一般机械，通常可取 $\gamma_{min} \geqslant 40°$；

重载高速的机械，应使 $\gamma_{min} \geqslant 50°$；

小功率的控制机构和仪表，可取 $\gamma_{min} < 40°$。

为便于检验，必须确定最小传动角 γ_{min} 出现的位置，并且要检验最小传动角 γ_{min} 的值是否满足上述的许用值。

（1）曲柄摇杆机构的 γ_{min}　曲柄摇杆机构中，若以曲柄为原动件，最小传动角一般出现在曲柄 AB 与机架 AD 共线的两个位置，如图 2-20 所示。比较这两个位置的传动角，取较小者为该机构的最小传动角 γ_{min}。

若以摇杆为原动件，最小传动角出现在曲柄 AB 与连杆 BC 共线的两个位置，此时，最小传动角 $\gamma_{min}=0°$，如图 2-21 所示。

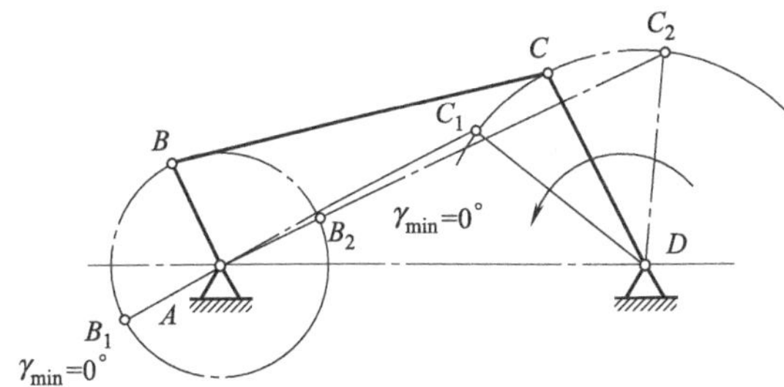

图 2-21　曲柄摇杆机构最小传动角

（2）曲柄滑块机构的 γ_{min}　对于偏置曲柄滑块机构，若以曲柄为原动件，滑块为工作件，最小传动角 γ_{min} 出现在曲柄垂直于导路时的位置，并且位于与偏距方向相反一侧，如图 2-22（a）所示。若以滑块为原动件，最小传动角出现在曲柄 AB 与连杆 BC 共线的两个位置，此时，最小传动角 $\gamma_{min}=0°$，如图 2-22（b）所示。

（3）摆动导杆机构的 γ_{min}　对于摆动导杆机构，若以曲柄为原动件，因为滑块对导杆的作用力始终垂直于导杆，其传动角 γ 恒为 90°，即 $\gamma=\gamma_{min}=\gamma_{max}=90°$，表明导杆机构具有

笔记

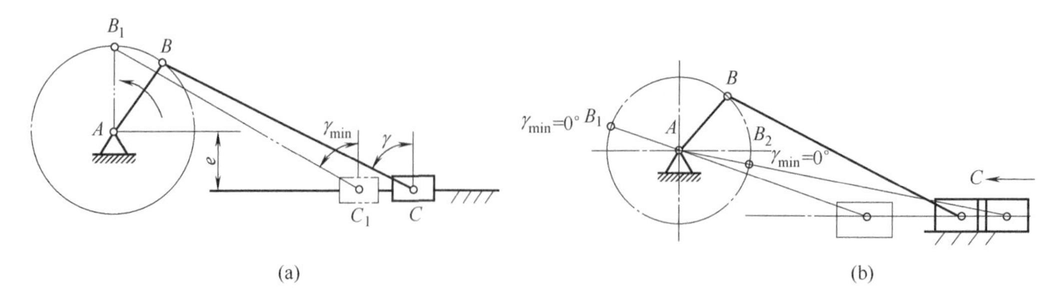

图 2-22　曲柄滑块机构的最小传动角

最好的传力性能，如图 2-23（a）所示。若以导杆为原动件，最小传动角出现在导杆与曲柄垂直的时刻，此时，最小传动角 $\gamma_{\min}=0°$，如图 2-23（b）所示。

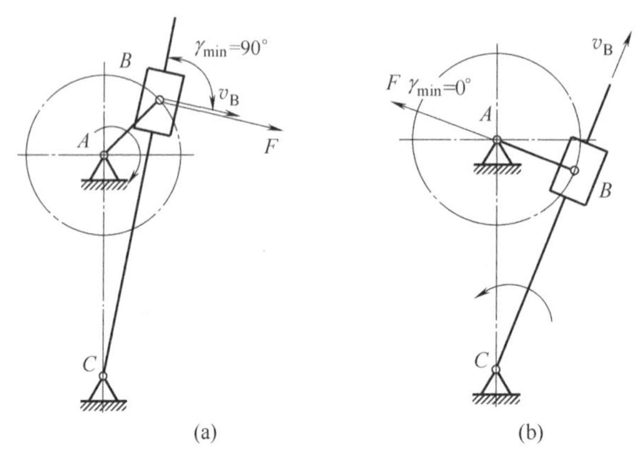

图 2-23　摆动导杆机构的最小传动角

死点

2.3.3　死点位置

笔记

从 $F_t=F\cos\alpha$ 知，当压力角 $\alpha=90°$或传动角 $\gamma=0°$时，对从动件的作用力或力矩为零，此时连杆不能驱动从动件工作。机构所处的这种位置称为止点，又称死点。

四杆机构是否存在死点位置，主要取决于从动件是否与连杆共线。如图 2-21 所示的曲柄摇杆机构，当机构以 CD 杆为主动件时，则从动曲柄 AB 与连杆 BC 共线，此时就会出现压力角 $\alpha=90°$，传动角 $\gamma=0°$。再如图 2-22（b）所示的偏置曲柄滑块机构，如果以滑块作主动件，则当从动曲柄 AB 与连杆 BC 共线时，压力角 $\alpha=90°$，传动角 $\gamma=0°$，造成外力 F 无法推动从动曲柄转动。

死点位置的存在对机构运动是不利的，应尽量避免出现死点。当无法避免出现死点时，一般可以采用加大从动件惯性的方法，靠惯性帮助通过死点。例如图 2-5 所示的缝纫机踏板机构，踏板为主动件做往复摆动，通过连杆驱使曲柄做整周转动，该机构会出现死点，通过安装在曲柄上的小带轮的惯性作用，使机构的曲柄冲过死点位置。再如内燃机曲轴上的转动，可以采用机构错位排列的方法，靠两组机构死点位置差的作用通过各自的死点位置。

在工程实践中，也常常利用机构的死点来实现一定的工作要求。如图 2-24 所示的钻床夹具机构，当工件夹紧后，BCD 成一直线，即机构在工件反力 Q 的作用下处于死点。所以，即使此时反力很大，也可保证在钻削加工时工件不松脱。又如图 2-25 所示的飞机起落架机构，在机轮放下时，杆 BC 与杆 CD 共线，机构处于死点位置，地面对机轮的力不会使 CD 杆转动，使起落可靠着地。此外，还有汽车发动机盖、折叠椅等。

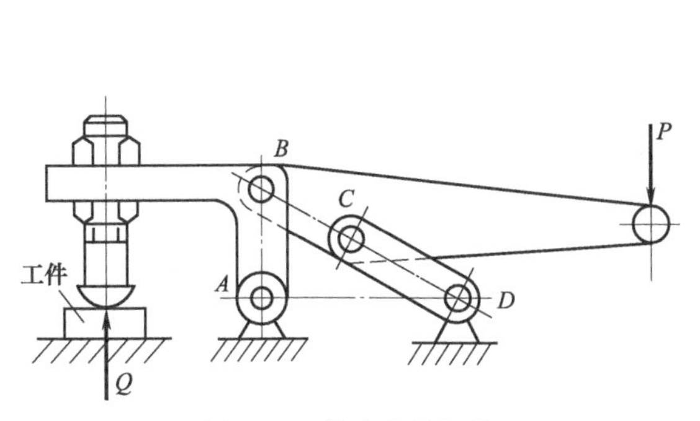

图 2-24 钻床夹具机构

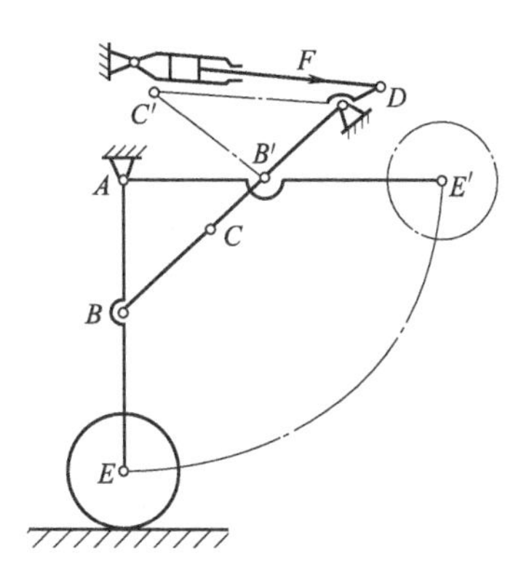

图 2-25 飞机起落架机构

2.4 平面四杆机构运动设计

平面四杆机构的运动设计是指根据给定的运动条件，确定机构中各个构件的尺寸。有时还需要考虑机构的一些附加的几何条件或动力条件，如机构的结构要求、安装要求和最小传动角等，以保证机构设计可靠、合理。

在实际生产中，对机构的设计要求是多种多样的，给定的条件也各不相同，归纳起来设计的类型一般可以分为以下两类：

（1）按照给定的运动规律（位置、速度、加速度）设计四杆机构。

（2）按照给定点的运动轨迹设计四杆机构。

平面四杆机构的设计方法有多种，常用的有图解法、实验法和解析法。图解法直观，实验法简便，解析法精确。本教材重点介绍图解法。

2.4.1 图解法设计四杆机构

2.4.1.1 按给定连杆的预定位置设计四杆机构

（1）给定连杆三个位置设计四杆机构　如图 2-26 所示为已知连杆的长度和它占据的三个预定位置 B_1C_1、B_2C_2 和 B_3C_3，要求设计此铰链四杆机构。

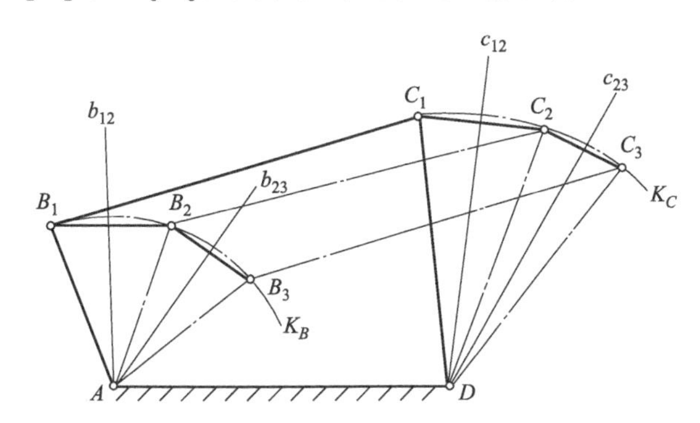

图 2-26 按给定连杆三个位置设计四杆机构

由于连杆的长度已知，而 B、C 既是连杆上运动副的中心，又是连架杆上活动端运动中心，所以机构运动时，连杆上运动副上中心 B、C 必将在圆弧 K_B 和圆弧 K_C 上做圆周运动，此圆弧的圆心即为两连架杆与机架相联的运动副中心 A 和 D。如果运动副 A 和 D 的位置已经确定，则该机构各杆的长度即可求得。所以按给定三个连杆位置设计四杆机构，实质上是已知圆弧上三点确定圆心的问题。具体的做法和步骤如下：

① 选取比例尺的 μ_l（m/mm 或 mm/mm），画出给定的连杆位置。

② 作线段 B_1B_2 的中垂线 b_{12}，则圆弧的圆心应在直线 b_{12} 上。再作线段 B_2B_3 中垂线 b_{23}，而圆弧 K_B 的圆心应在直线 b_{23} 上，所以 b_{12} 和 b_{23} 的交点必为圆弧 K_B 的圆心 A。同理可得圆弧 K_C 的圆心 D。

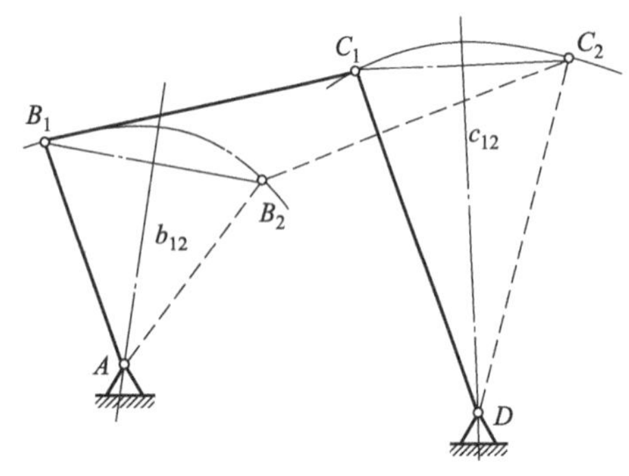

图 2-27 按给定连杆两个位置设计四杆机构

③ 以点 A 和点 D 作为两连架杆与机架的铰链中心，连接 AB_1 和 DC_1，并连 AD 作机架，即得各构件的实际长度为

$$l_{AB}=\mu_l(AB_1),l_{CD}=\mu_l(C_1D),l_{AD}=\mu_l(AD)$$

（2）按给定连杆两个位置设计四杆机构 如图 2-27 所示，已知连杆两个位置 B_1C_1、B_2C_2 及连杆长度 l_{BC}，设计四杆机构。设计方法与给定连杆三个位置方法相同，由于中垂线 b_{12} 和 c_{12} 没有交点，所以解是无穷的，必须给出辅助条件，才能得出确定的解。

【例 2-2】 设计一砂箱翻转机构。翻台在位置Ⅰ处造型，在位置Ⅱ起模，翻台与连杆 BC 固连成一整体，$l_{BC}=0.5$m，机架 AD 为水平位置，如图 2-28 所示。

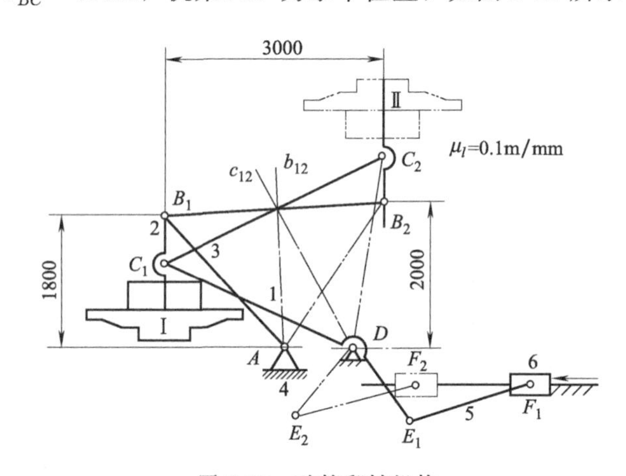

图 2-28 砂箱翻转机构

解： 由题意可知此机构的两个连杆位置。其设计步骤如下：

（1）取 $\mu_l=0.1$m/mm，则 $BC=l_{BC}/\mu_l=0.5/0.1=5$（mm），在给定位置作 B_1C_1、B_2C_2；

（2）作 B_1B_2 中垂线 b_{12}、C_1C_2 中垂线 c_{12}；

（3）按给定机架位置作水平线，与 b_{12}、c_{12} 分别交得点 A、D；

（4）连接 AB_1 和 C_1D，即得到各构件的长度为

$$l_{AB}=\mu_l(AB)=0.1\times25=2.5\ (\text{m})$$

$$l_{CD}=\mu_l(CD)=0.1\times27=2.7\ (\mathrm{m})$$

$$l_{AD}=\mu_l(AD)=0.1\times8=0.8\ (\mathrm{m})$$

本题解是唯一的，给定的机架 AD 位置是辅助条件。

2.4.1.2　按给定的行程速比系数设计四杆机构

设计具有急回特性的四杆机构，一般是根据实际运动要求选定行程速度变化系数 K 的数值，然后根据机构极位的几何特点，结合其他辅助条件进行设计。具有急回特性的四杆机构有曲柄摇杆机构、偏置曲柄滑块机构和摆动导杆机构等，其中以典型的曲柄摇杆机构设计为基础。

已知行程速度变化系数 K，摇杆长度 l_{CD}，最大摆角 ψ，该机构设计步骤如下：

(1) 根据实际尺寸确定适当的长度比例尺 μ_l (m/mm 或 mm/mm)。

(2) 计算极位夹角 θ。按给定的行程速度变化系数 K 求出极位夹角 θ：

$$\theta=180^\circ\times\frac{K-1}{K+1}$$

(3) 作摇杆的两极限位置。点 D 为摇杆的回转中心位置，根据已知的摇杆长度 l_{CD} 和摆角 ψ，作出摇杆的两极限位置 C_1D 和 C_2D。

(4) 作辅助圆。连接 C_1C_2，作 $\angle C_1C_2O=\angle C_2C_1O=90^\circ-\theta$，得 C_1O 与 C_2O 两直线的交点 O。以 O 为圆心，OC_1 为半径作辅助圆 L。

(5) 计算各杆的实际长度。在圆上任意取一点 A 为铰链中心，并连接 AC_1 和 AC_2，量得 AC_1 和 AC_2 的长度，据此求出曲柄、连杆的长度为

$$AB=\mu_l\frac{AC_2-AC_1}{2}\qquad BC=\mu_l\frac{AC_2+AC_1}{2}$$

机架 AD 的长度可以直接量得，乘以比例尺即为实际尺寸，如图 2-29 所示。

【例 2-3】 给定行程速度变化系数 K 和滑块的行程 s，设计偏置曲柄滑块机构。

解：(1) 根据实际尺寸确定适当的长度比例尺 μ_l (m/mm 或 mm/mm)。

(2) 计算极位夹角 θ。按给定的行程速度变化系数 K 求出极位夹角 θ：

$$\theta=180^\circ\times\frac{K-1}{K+1}$$

(3) 作滑块的两极限位置。作 C_1C_2 等于滑块的行程 s (图 2-30)。

笔记

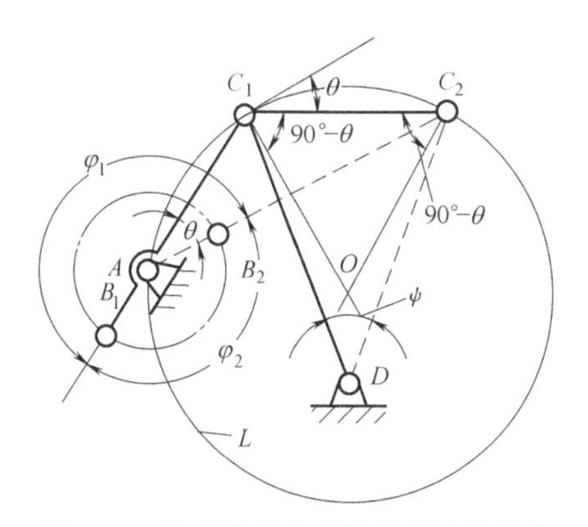

图 2-29　按行程速比系数设计四杆机构

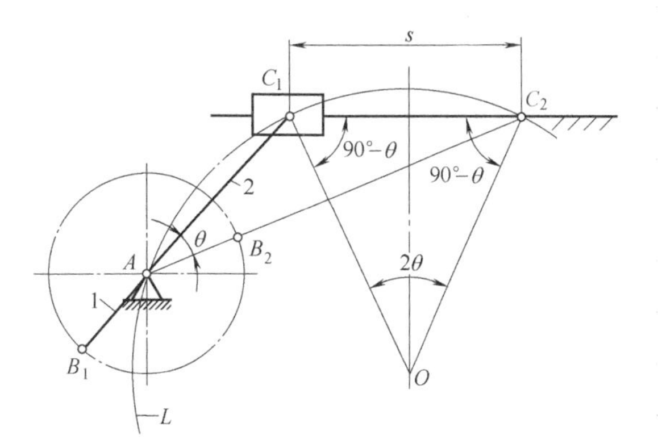

图 2-30　按行程速比系数设计曲柄滑块机构

(4) 作辅助圆。从 C_1、C_2 两点分别作$\angle C_1C_2O=\angle C_2C_1O=\angle 90°-\theta$，得 C_1O 与 C_2O 的交点 O。这样，得$\angle C_1OC_2=2\theta$。再以 O 为圆心、OC_1 为半径作圆 L。

(5) 计算各杆的实际长度。根据偏距 e 的值，确定点 A 的位置，连接 AC_1 和 AC_2。根据式

$$AB=\mu_l \frac{AC_2-AC_1}{2} \qquad BC=\mu_l \frac{AC_2+AC_1}{2}$$

求出曲柄 1 和连杆 2 的长度。

2.4.2 解析法设计四杆机构

解析法的精度高，但计算过程复杂烦琐。所谓的解析法设计平面四杆机构，就是以机构的尺寸参数来表达各构件之间相对运动的函数关系，从而确定按给定的条件来求解未知的参数。

下面介绍矢量法设计预期运动规律的平面四杆机构。

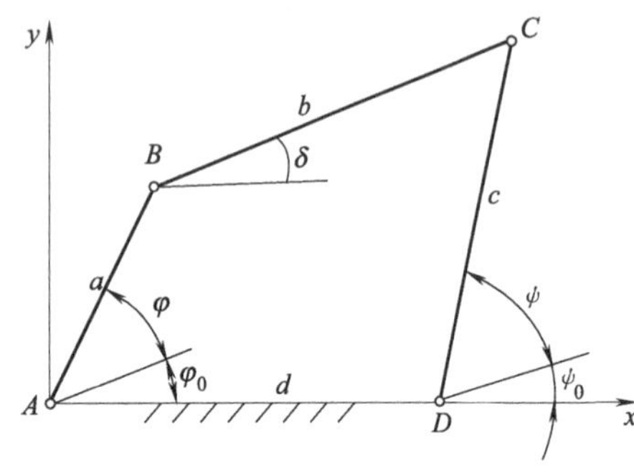

图 2-31 解析法设计平面四杆机构

如图 2-31 所示的铰链四杆机构 $ABCD$ 中，已知两连架杆 AB 和 CD 之间的三组对应位置 φ_1、ψ_1，φ_2、ψ_2 和 φ_3、ψ_3，要求设计该铰链四杆机构。

如图 2-31 所示，建立坐标 xAy，以机构中的 A 点为原点，取机架 AD 为 x 轴。设 φ_0 和 ψ_0 分别为 AB 和 CD 的初始角。将各向量坐标轴投影得

$$a\cos(\varphi+\varphi_0)+b\cos\delta=d+c\cos(\psi+\psi_0)$$

$$a\sin(\varphi+\varphi_0)+b\sin\delta=c\sin(\psi+\psi_0)$$

整理上式，消去 δ，若 φ_0 和 ψ_0 为零，可得

$$R_1-R_2\cos\varphi+R_3\cos\psi=\cos(\varphi-\psi) \tag{2-3}$$

笔记

式中

$$R_1=\frac{a^2+c^2+d^2-b^2}{2ac}$$

$$R_2=\frac{d}{c}$$

$$R_3=\frac{d}{a}$$

式 (2-3) 为以机构的尺寸参数来表示的两个连架杆之间运动关系的方程式，其中 R_1、R_2 和 R_3 分别为机构尺寸参数表示的待定参数。

将三组对应位置 φ_1、ψ_1，φ_2、ψ_2 和 φ_3、ψ_3 代入上式，可求得 R_1、R_2 和 R_3，再根据具体情况选定曲柄的长度 a，则 b、c、d 均可确定。

如果只给定两连架杆的两组对应位置，就只能有两个方程。此时，任意选定三个参数中的一个，即可设计出无穷多个机构。由此，可根据机构的用途、结构、传力性能或其他辅助条件来确定机构各杆件的长度。

任务实施

根据任务导入要求，具体任务实施如下：

用作图法完成精压机中曲柄滑块机构的设计，如图 2-32 所示。

设计步骤如下：

（1）由式（2-2）求出极位夹角：

$$\theta=180°\times\frac{K-1}{K+1}=180°\times\frac{1.5-1}{1.5+1}=36°$$

（2）选取比例尺作线段 C_1C_2 等于滑块的行程 H。

（3）由 C_1、C_2 两点分别作 $\angle C_1C_2O=\angle C_2C_1O=90°-\theta=90°-36°=54°$，得 C_1O 与 C_2O 的交点 O。这样，得 $\angle C_1OC_2=2\theta$。

（4）以 O 为圆心，OC_1 为半径作圆 L。固定铰链 A 点即在此圆上。

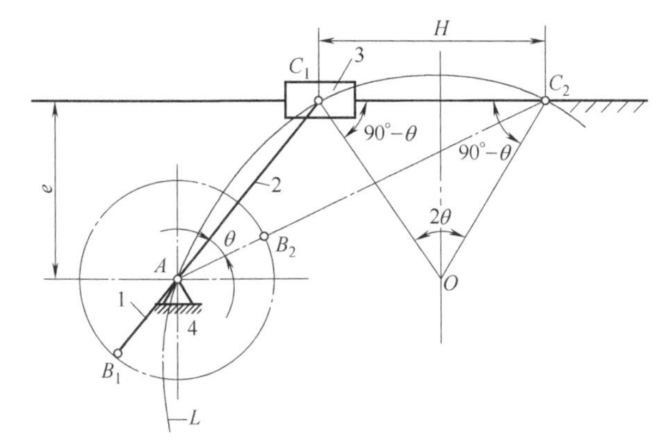

图 2-32　作图法设计偏置曲柄滑块机构

（5）作与 C_1C_2 平行的直线，使该直线到 C_1C_2 线段的距离为偏距 e，则此直线与圆的交点即为曲柄转轴 A 点的位置。

（6）连接 AC_1、AC_2，则曲柄 $AB=\frac{AC_2-AC_1}{2}$。在 AC_2 上截取 $AB_2=AB=\frac{AC_2-AC_1}{2}$，则得到 B_2 点。

（7）AB_2C_2 即为所设计的曲柄滑块机构。

项目练习

选择题

（1）平面连杆机构是由（　　）组成的机构。

A. 高副　　B. 低副　　C. 高副和低副

笔记

（2）要将一个曲柄摇杆机构转化为双摇杆机构，可以用机架转换法将（　　）。

A. 原机构的曲柄作为机架　　B. 原机构的连杆作为机架

C. 原机构的摇杆作为机架

（3）铰链四杆机构是按（　　）的不同形式分为三种基本形式。

A. 摇杆　　B. 连杆　　C. 连架杆

（4）缝纫机的踏板机构是以（　　）为主动件的曲柄摇杆机构。

A. 曲柄　　B. 连杆　　C. 摇杆

（5）平面四杆机构中，如果最短杆与最长杆之和小于或等于其余两杆的长度之和，且以最短杆为机架，则称其为（　　）。

A. 曲柄摇杆机构　　B. 双曲柄机构　　C. 双摇杆机构

（6）平面四杆机构中，如存在急回特性，则其行程速度变化系数（　　）。

A. $K>1$　　B. $K<1$　　C. $K=1$

（7）对于摆动导杆机构，当曲柄为主动件时，在任何位置上传动角均为（　　）。

A. 30°　　B. 45°　　C. 90°

（8）当平面四杆机构处于死点位置时，机构的压力角（　　）。

A. 为 0°　　　　B. 为 90°　　　　C. 与构件尺寸有关

(9) 在曲柄摇杆机构中，当摇杆为主动件且（　　）处于共线位置时，机构处于死点状态。

A. 曲柄与机架　　　　B. 曲柄与连杆　　　　C. 连杆与摇杆

(10) 在曲柄摇杆机构中，当取曲柄为原动件时，（　　）死点位置。

A. 有 1 个　　　　B. 没有　　　　C. 有 2 个

(11) 压力角是指在不考虑摩擦情况下作用力和力作用点的（　　）方向所夹的锐角。

A. 速度　　　　B. 加速度　　　　C. 法线

(12) 曲柄为原动件的对心曲柄滑块机构，其行程速度变化系数为（　　）。

A. 大于 1　　　　B. 小于 1　　　　C. 等于 1

(13) 设计连杆机构时，为了具有良好的传动条件，应使（　　）。

A. 传动角大一些，压力角小一些　　　　B. 传动角和压力角都小一些

C. 传动角和压力角都大一些

(14)（　　）能把转动转换成往复直线运动，也可以把往复直线运动转换成转动。

A. 曲柄摇杆机构　　　　B. 曲柄滑块机构

C. 双摇杆机构　　　　D. 导杆机构

(15) 在平面连杆机构的死点位置，从动件（　　）。

A. 运动方向不确定　　　　B. 运动方向不变　　　　C. 可能被卡死

判断题

(1) 铰链四杆机构如果存在曲柄，则曲柄一定为最短杆。（　　）

(2) 曲柄滑块机构能把主动件的等速转动转变成从动件的直线往复运动。（　　）

(3) 在平面四杆机构中，只要以最短杆为机架，就能得到双曲柄机构。（　　）

(4) 一个铰链四杆机构中，通过机架变换一定可以得到曲柄摇杆机构、双曲柄机构和双摇杆机构。（　　）

笔记

(5) 曲柄滑块机构可以由铰链四杆机构中的任意一种形式进行演化。（　　）

(6) 在铰链四杆机构中，凡是双曲柄机构，其杆长关系必须满足：最短杆与最长杆之和大于其余两杆杆长之和。（　　）

(7) 在曲柄滑块机构中，若以曲柄为原动件不会出现急回特性。（　　）

(8) 极位夹角越大，机构的急回特性越明显。（　　）

(9) 在曲柄摇杆机构中，摇杆处在两极限位置的夹角称为极位夹角。（　　）

(10) 在实际生产中，机构的死点位置对工作都是不利的，因此应设法避免。（　　）

(11) 平面四杆机构的压力角越大，机构的传力性能就越好。（　　）

(12) 对心曲柄滑块机构具有急回特性。（　　）

(13) 在曲柄滑块机构中，只要原动件是滑块，就必然有死点存在。（　　）

(14) 平面四杆机构的传动角在机构运动过程中是时刻变化的，为了保证机构的动力性能，应限制其最小值 γ_{min} 不小于某一许用值 $[\gamma]$。（　　）

(15) 增大构件的惯性是机构通过死点位置的唯一办法。（　　）

简答题

(1) 铰链四杆机构的基本形式有哪些？它们的主要区别是什么？

(2) 铰链四杆机构曲柄存在的条件是什么？

(3) 曲柄摇杆机构具有死点位置的条件是什么？

(4) 机构的急回程度用什么参数表示？为什么要控制其大小？

实作题

2-1 如图所示的四杆机构各构件长度为 $a=240\text{mm}$，$b=600\text{mm}$，$c=400\text{mm}$，$d=500\text{mm}$，试问：

(1) 当取 AD 为机架时，是否有曲柄存在？

(2) 若各构件长度不变，能否以选不同构件为机架的办法获得双曲柄机构或双摇杆机构？如何获得？

2-2 在某铰链四杆机构中，已知连杆的长度 $AB=80\text{mm}$，$CD=120\text{mm}$，$BC=150\text{mm}$。试讨论：当机架 AD 的长度在什么范围时，可以获得曲柄摇杆机构、双曲柄机构或双摇杆机构。

2-3 设计如图所示铰链四杆机构，已知其摇杆 CD 的长度为 75mm，行程速度变化系数 $K=1.5$，机架 AD 的长度为 100mm，摇杆的一个极限位置与机架的夹角 $\varphi=45°$，求曲柄的长度 l_{AB} 和连杆的长度 l_{BC}。

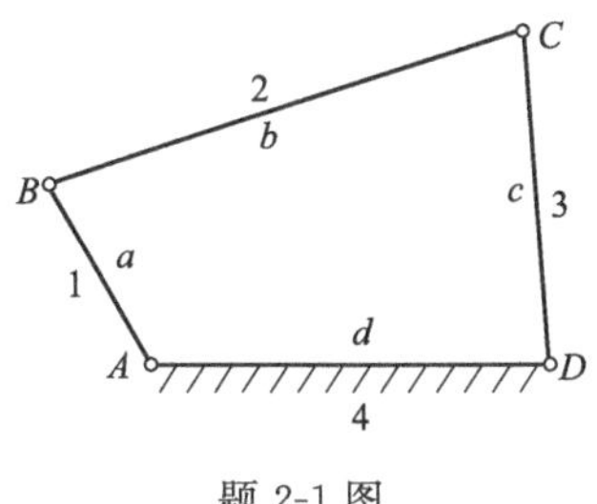

题 2-1 图

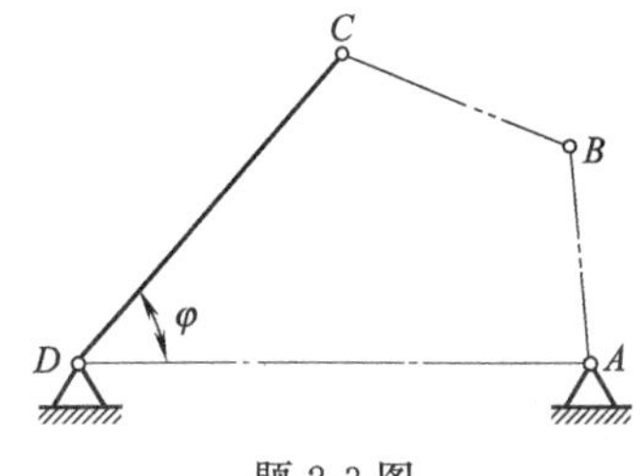

题 2-3 图

2-4 在如图所示某单滑块四杆机构中，已知连架杆长度 $BC=40\text{mm}$。试讨论：当机架 AB 的长度在什么范围时，可以获得摆动导杆机构或转动导杆机构。

2-5 已知机构行程速度变化系数 $K=1.25$，摇杆长度 $CD=400\text{mm}$，摆角 $\Psi=30°$，机架处于水平位置。试用图解法设计一个曲柄摇杆机构，并且检验机构的 γ_{min}。

2-6 在如图所示的摆动导杆机构中，已知 $AC=300\text{mm}$，刨头的冲程 $H=450\text{mm}$，行程速度变化系数 $K=2$。试求曲柄 AB 和导杆 CD 的长度。

笔记

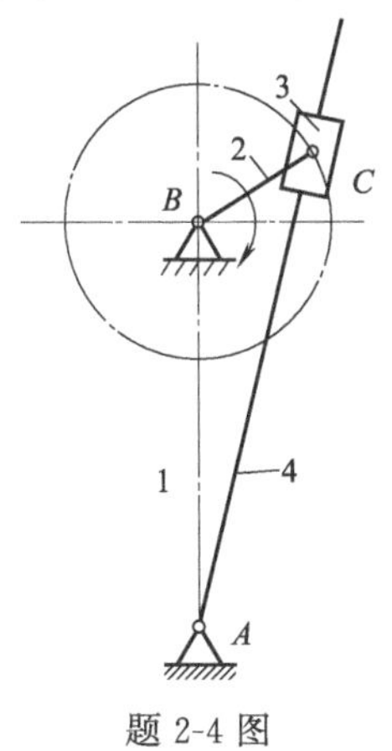

题 2-4 图

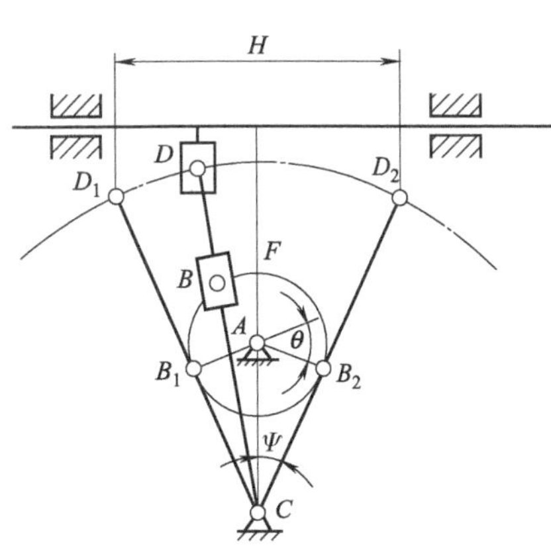

题 2-6 图

项目三

凸轮机构

知识目标

1. 熟悉凸轮机构的应用、组成、特点及分类；
2. 理解从动件的常用运动规律，了解这些规律在工程实际中的应用；
3. 了解盘形凸轮轮廓曲线设计的原理和方法；
4. 掌握滚子半径、压力角和基圆半径之间的关系。

技能目标

1. 能够根据机构要实现的运动选择凸轮机构的类型；
2. 能够根据机构要实现的运动规律，正确设计盘形凸轮结构尺寸。

任务导入

如图 3-1 所示为精压机主体单元机构运动示意简图，试完成由构件直动推杆、盘形凸轮和机架组成的送料机构的设计。设计条件为：送料机构采用的是盘形凸轮机构，将毛坯送入模腔，并将成品推出，坯料输送最大距离 200mm。

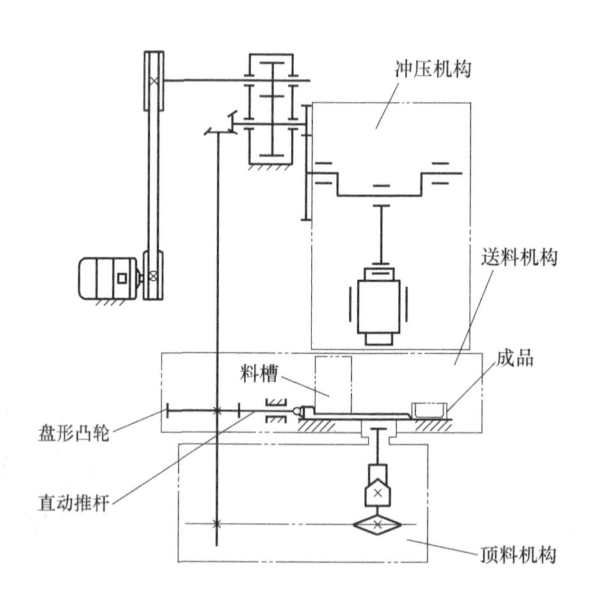

图 3-1　精压机主体单元机构运动示意简图

知识链接

3.1 凸轮机构简介

3.1.1 凸轮机构的应用、组成及特点

在实际工程应用中，为了实现各种复杂的运动要求经常用到凸轮机构，尤其在自动化和半自动化机械中应用更为广泛。它主要是由凸轮、从动件和机架三个基本构件组成的高副机构。凸轮机构能将凸轮的连续转动或移动转换为从动件的移动或摆动。

与连杆机构相比，凸轮机构能准确地实现给定的从动件运动规律，结构简单、紧凑、设计方便，只需设计适当的凸轮轮廓，便可使从动件得到所需的运动规律。但是凸轮轮廓与从动件之间为点接触或线接触，易磨损，所以通常用于传力不大而需要实现特殊运动规律的场合。下面通过实例来说明。

图 3-2 所示为内燃机配气凸轮机构。当凸轮 1 连续转动时，从动件 2 按一定规律启闭气门，协调内燃机完成工作。

图 3-3 所示为绕线机中用于排线的凸轮机构，当绕线轴 3 快速转动时，经齿轮带动凸轮 1 缓慢地转动，通过凸轮轮廓与尖顶 A 之间的作用，驱使从动件 2 往复摆动，从而使线均匀地缠绕在轴上 3。

绕线机的凸轮机构

笔记

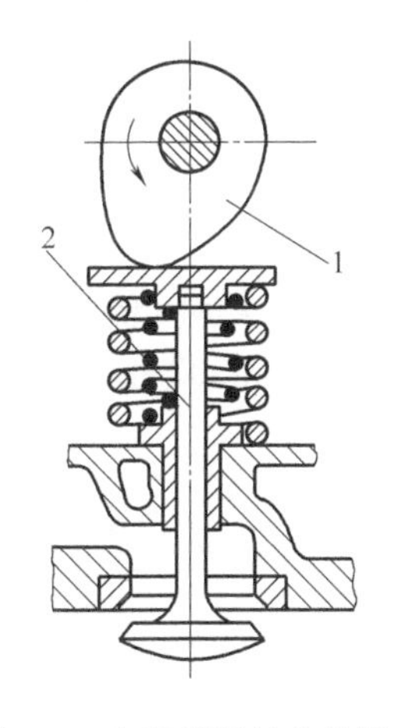

图 3-2　内燃机配气凸轮机构

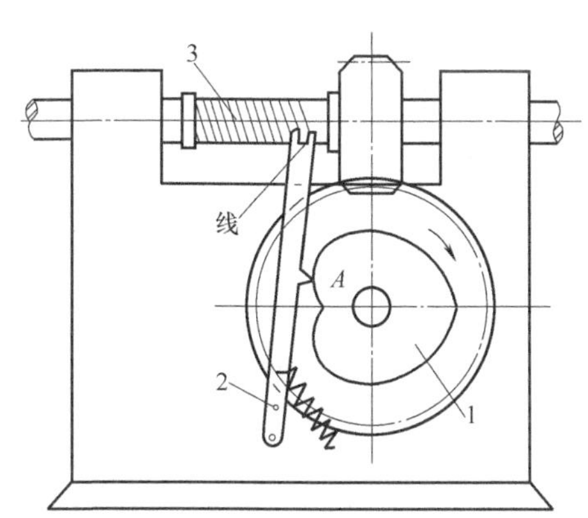

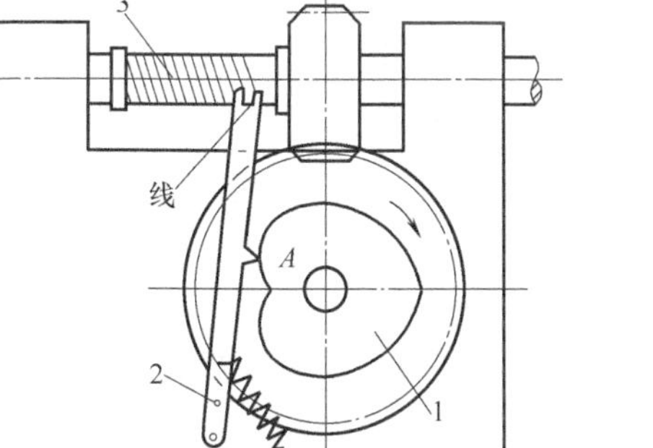

图 3-3　绕线机的凸轮机构

图 3-4 所示为自动送料机构。当带有凹槽的凸轮 1 转动时，通过槽中的滚子，驱使从动件 2 做往复摆动，再通过扇形齿轮与刀架 4 上的齿条啮合，最终控制刀架的前进和后退动作。

图 3-5 所示为靠模车削机构。工件以工作转速回转，机床床身上固定有作为靠模的凸轮，刀架在弹簧作用力下和靠模严密接触，当拖板相对于工件做轴向运动时，刀架随着凸轮的轮廓曲线变化使得车刀在工件上“复制”出与该轮廓一致的表面，进而加工出所需要的工件。

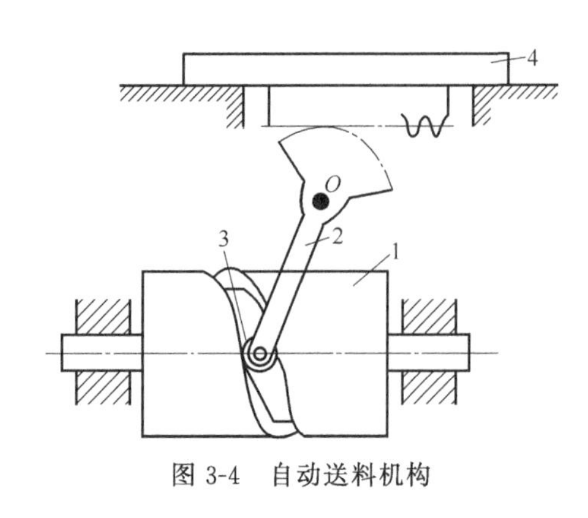

图 3-4　自动送料机构

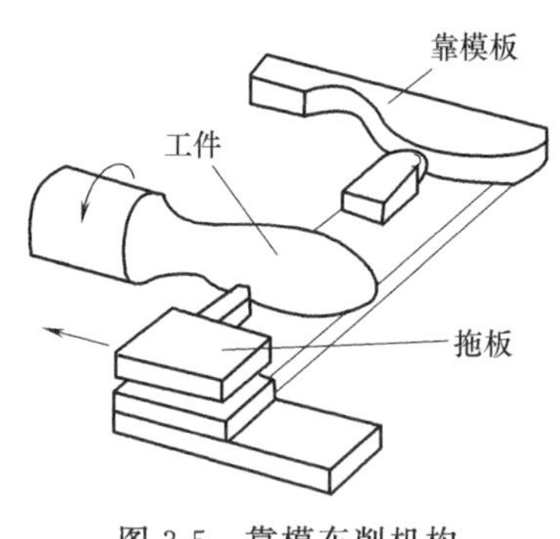

图 3-5　靠模车削机构

3.1.2　凸轮机构的分类

凸轮机构的类型繁多，根据凸轮和从动件的不同形状和形式，凸轮机构可按如下方法分类。

3.1.2.1　按凸轮的形状分类

（1）盘形凸轮　它是凸轮的最基本形式。这种凸轮是一个绕固定轴转动并且具有变化半径的盘形零件，如图 3-2 所示。

（2）移动凸轮　当盘形凸轮的回转中心趋于无穷远时，凸轮相对机架做直线运动，这种凸轮称为移动凸轮，如图 3-5 所示。

（3）圆柱凸轮　将移动凸轮卷成圆柱体即成为圆柱凸轮，如图 3-4 所示。

盘形凸轮和移动凸轮与从动件之间的相对运动为平面运动，故属于平面凸轮机构；而圆柱凸轮与从动件之间的相对运动为空间运动，故属于空间凸轮机构。

3.1.2.2　按从动件的端部结构分类

（1）尖顶从动件　如图 3-6（a）所示，尖顶能与复杂的凸轮轮廓保持接触，因而能实现任意预期的运动规律，但磨损快、效率低，故一般适用于受力不大的低速凸轮机构。

笔记

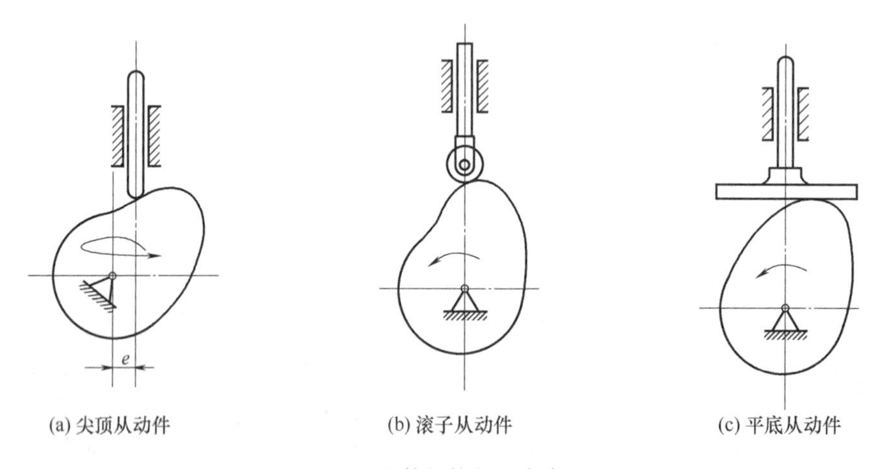

图 3-6　凸轮机构的基本类型

（2）滚子从动件　如图 3-6（b）所示，滚子和凸轮轮廓之间为滚动摩擦，耐磨损，可以承受较大载荷，目前在工程上得到广泛的应用。

（3）平底从动件 如图 3-6（c）所示，从动件与凸轮轮廓表面接触的端面为一平面。当不考虑摩擦时，这种从动件的优点是凸轮与从动件之间的作用力始终垂直于平底的平面，故传力性能好，且接触面易于形成油膜，利于润滑，常用于高速凸轮机构。但它不能应用于有凹槽轮廓的凸轮机构中，运动规律受到一定限制。

3.1.2.3 按从动件的运动方式分类

（1）直动从动件 从动件相对于导路做直线运动。若导路中心线通过凸轮转动中心，则称为对心移动从动件，如图 3-2 所示；若导路中心线与凸轮转动中心有一个偏心距 e，则称为偏置移动从动件，如图 3-6（a）所示。

（2）摆动从动件 从动件相对于机架做定轴转动，如图 3-3 所示。

3.1.2.4 按凸轮与从动件锁合方式分类

（1）力锁合 依靠重力、弹簧力或其他外力使从动件与凸轮保持接触称为力锁合。图 3-2 所示内燃机配气机构是靠弹簧力使从动件与凸轮保持接触的。

（2）形锁合 依靠一定几何形状使从动件与凸轮保持接触称为形锁合。图 3-4 所示自动送料机构是靠圆柱体上的凹槽使从动件与凸轮保持接触的。

3.1.2.5 凸轮机构的命名

（1）先表述从动件

① 说明从动件导路与凸轮铰链中心之间的位置关系，有对心和偏置之分（此条只限于直动从动件和盘形凸轮）；

② 说明从动件运动形式，有直动和摆动之分；

③ 说明从动件端部形状。

（2）再表述主动件凸轮 说明凸轮的形状。

3.2 凸轮机构工作过程和从动件运动规律

从动件的运动规律是靠凸轮的轮廓形状来实现的，因此，从动件的位移、速度和加速度与凸轮的轮廓曲线有着直接对应的关系。要实现从动件的不同运动规律，就要求凸轮具有不同形状的轮廓曲线。所以，在设计凸轮机构时，通常首先要根据工作要求和条件选择合适的运动规律。为此，下面介绍几种从动件常用的运动规律。

3.2.1 凸轮与从动件的运动关系

设计凸轮机构时，首先应根据工作要求确定从动件的运动规律，然后按照这一运动规律来确定凸轮轮廓线。如图 3-7（a）所示的对心尖顶直动从动件盘形凸轮机构，以凸轮轮廓的最小向径 $r_{\min}$ 为半径所作的圆称为基圆，用 r_b 表示基圆半径，基圆与凸轮轮廓线有两个连接点 A 和 D。A 点为从动件处于上升的起始位置。从动件离轴心最近位置 A 到最远位置 B 间移动的距离 h 称为升程（或行程）。凸轮机构运动过程以及各参数见表 3-1。

表 3-1 凸轮机构运动过程

运动阶段	凸轮转角	凸轮轮廓的变化	从动件的位移	从动件的运动
推程	推程运动角 δ_0	增大，在 B 点达到最大值	A 点时为 0，B 点时为 h	上升，由最低到最高点
远休止	远休止角 δ_s	不变	无变化，仍为 h	不动，停留在最高点

续表

运动阶段	凸轮转角	凸轮轮廓的变化	从动件的位移	从动件的运动
回程	回程运动角 δ_0'	减小，在 D 点达到最小值	C 点时为 h，D 点时为 0	下降，由最高到最低点
近休止	近休止角 δ_s'	不变	无变化，仍为 0	不动，停留在最低点

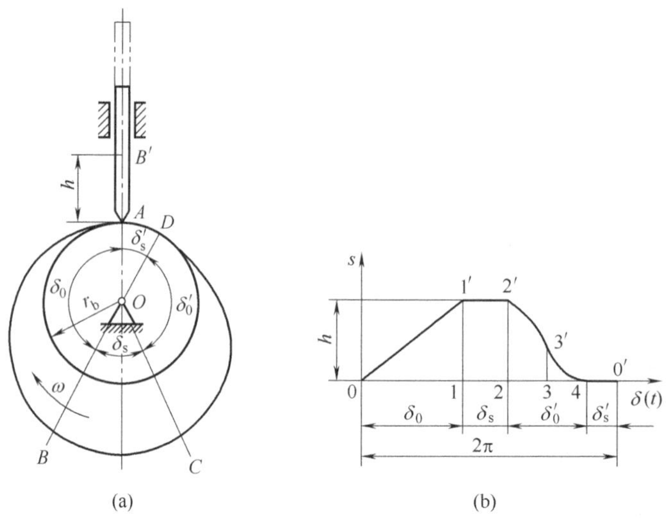

图 3-7 凸轮机构的运动过程

凸轮转过一周，从动件经历推程、远休止、回程、近休止四个阶段，是典型的升—停—降—停的双停歇循环。工程中，从动件运动也可以是一次停歇或没有停歇的循环。

由上述分析可以发现，凸轮机构的从动件运动规律与凸轮轮廓曲线形状密切相关。如果以直角坐标系的纵坐标代表从动件位移 s，横坐标代表凸轮转角 δ（通常当凸轮等角速转动时横坐标也代表时间 t），则可以画出从动件位移 s 与凸轮转角 δ 之间的关系曲线，如图 3-7（b）所示，它简称从动件位移曲线图。

笔记

由此可知，从动件的不同运动规律要求凸轮具有不同的轮廓曲线。这样，凸轮机构设计的主要任务就是：首先根据工作要求和条件选定从动件的运动规律，然后绘制凸轮的轮廓曲线。

3.2.2 从动件的常用运动规律

从动件的运动规律，是指从动件在运动时，其位移 s、速度 v 和加速度 a 随时间 t 变化的规律。又因凸轮一般为等速运动，即其转角 δ 与时间 t 成正比，所以从动件的运动规律更常表示为从动件的运动参数随凸轮转角 δ 变化的规律。以直动从动件为例，从动件常用的运动规律及其特性与使用场合如下。

3.2.2.1 等速运动规律

从动件推程或回程的运动速度为定值的运动规律，称为等速运动规律。当凸轮以等角速度转动时，从动件在推程或回程中的速度为常数。其位移曲线图如图 3-8 所示。

由图 3-8 可见，从动件运动开始瞬时速度由零突变为 v_0，故 $a=+\infty$；运动终止瞬时，速度由 v_0 突变为零，$a=-\infty$，致使凸轮机构产生强烈的冲击、噪声和磨损，这种因惯性力引起的冲击称为刚性冲击。因此，这种运动规律只适用于低速轻载的场合。若要使用等速

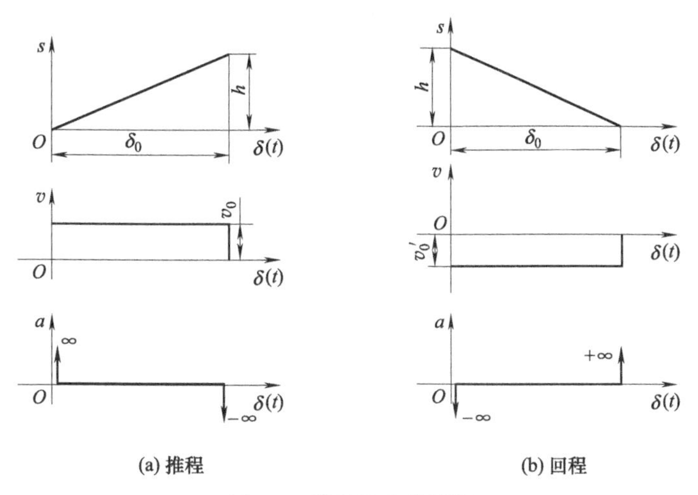

图 3-8 等速运动曲线图

运动规律，应在运动开始和终止段加以修正。

3.2.2.2 等加速等减速运动规律

从动件在一个行程 h 中，前半行程做等加速运动，后半行程做等减速运动。通常取加速度和减速度的绝对值相等。因此，从动件做等加速和等减速运动所经历的时间相等。又因凸轮做等速转动，所以与各运动段对应的凸轮转角也相等，同为 $\delta_0/2$ 或 $\delta_0'/2$。

此时，从动件等加速上升的位移曲线是二次抛物线，其作图方法如图 3-9（a）所示。在横坐标轴上找出代表 $\delta_0/2$ 的一点，将 $\delta_0/2$ 分成若干等分（图中为 4 等分），得 1、2、3、4 各点，过这些点作横坐标轴的垂线。又将从动件行程一半 $h/2$ 分成相应的等分（图中为 4 等分），再将点 O 分别与 $h/2$ 上各点 1、2、3、4 相连接，得 $O1'$、$O2'$、$O3'$、$O4'$直线，它们分别与横坐标轴上的点 1、2、3、4 的垂线相交，最后将各交点连成一光滑曲线，该曲线

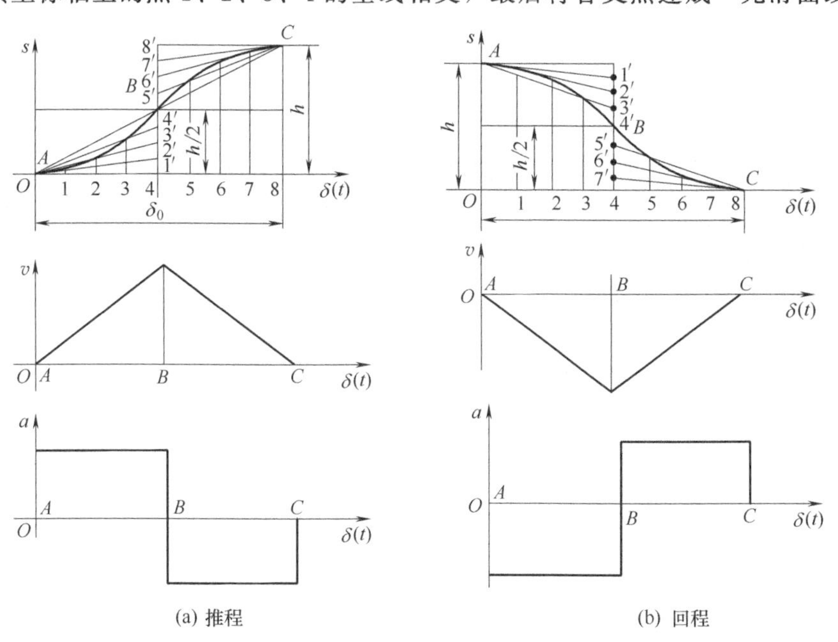

图 3-9 等加速等减速运动曲线图

笔记

便是等加速段的位移曲线。等减速段的位移曲线也可用同样的方法求得，但要按相反的次序画出。图 3-9（a）为推程时做等加速等减速运动从动件的运动曲线图，同理，可作出回程时做等加速等减速运动从动件的运动曲线图，如图 3-9（b）所示。

这种运动规律在 A、B、C 各点加速度出现有限值的突然变化，因而会在机构中产生有限值的冲击力，这种冲击力称为柔性冲击。与等速运动规律相比，其冲击程度大为减小。所以等加速度运动规律可适用于中速凸轮机构。

3.2.2.3 简谐运动规律

点在圆周上做匀速运动时，它在该圆的直径上的投影所构成的运动称为简谐运动。从动件按简谐运动规律运动时，其加速度曲线为余弦曲线，故又称余弦加速度运动规律。其位移曲线图作图方法如图 3-10 所示。

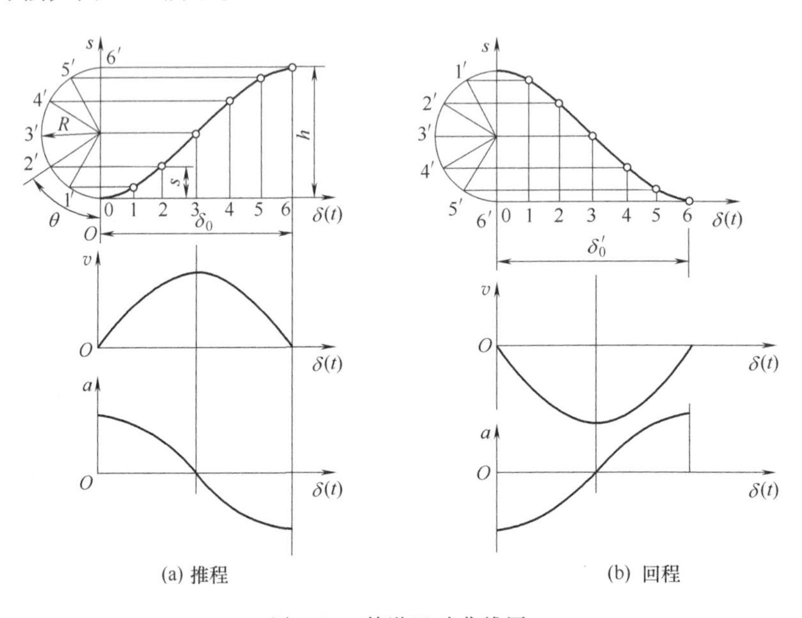

(a) 推程　　(b) 回程

图 3-10　简谐运动曲线图

将代表 δ_0 的横坐标轴分成若干等份，由分点 1、2、3、…向上作垂线；再以行程 h 为直径在 s 坐标轴上作半圆（$R=h/2$），把半圆周也分成相应等份，得分点 1′、2′、3′、…，把各分点向 s 坐标轴投影，延长投影线与上述诸垂线对应相交，最后将各交点连成一光滑曲线，该曲线便是余弦加速度运动的位移曲线。

图 3-10 为做简谐运动从动件推程段、回程段的运动曲线图。由加速度曲线图可知，此运动规律在行程的始末两点加速度存在有限突变，故也存在柔性冲击，只适用于中速场合。但从动件做无停歇的升—降—升连续往复运动时，则得到连续的余弦曲线，运动中完全消除了柔性冲击，这种情况下可用于高速传动。

3.2.3 从动件运动规律的选择

在选择从动件运动规律时，涉及的问题很多，首先考虑机器的工作要求，同时应使凸轮机构具有良好的动力性能，还要使设计的凸轮机构便于加工等，一般可以从以下几个方面着手考虑。

（1）当机器工作过程对从动件运动规律有特殊要求时，应从实现工作过程的要求出发选择运动规律：

例如各种机床中控制刀架进给的凸轮机构，从动件带动刀架运动，为了加工出表面光滑的零件，并使机床稳定，则要求刀具进刀时采用等速运动规律，而对于始末端出现的冲击问题，可以通过拼接其他运动规律的曲线来消除冲击；又如控制内燃机气门开关的凸轮机构，工作要求气门的开关越快越好，全开的时间保持得愈长愈好，且为了避免产生过大的惯性力，减少冲击和噪声，气门顶杆的从动件应选用等加速等减速运动规律。

（2）当机器的工作过程对从动件的运动规律没有特殊要求时，应从凸轮机构便于加工及获得良好的动力性出发选择运动规律：

① 对低速凸轮机构，主要考虑便于加工。例如机器中只要求工位转换，而运动规律并不重要，这时从动件运动规律的选择应在满足位移要求的条件下，尽可能使凸轮便于加工，甚至可以用圆弧和直线组成轮廓曲线。

② 对高速凸轮机构，主要考虑获得良好的动力性质。当凸轮高速转动时，将使从动件产生很大惯性力，从而增大运动副中的动压力和摩擦力，加剧磨损，降低使用寿命。因此，可选择小冲击的运动规律，如摆线运动规律。

（3）选用不同的曲线组合。在实际设计中，经常会遇到机械对从动件运动规律有多重要求的情况，上述单一型运动规律不能满足工程的需要。此时，可以对这几种常用运动规律进行修正和组合使用。为保证凸轮机构能获得良好的动力特性，应使修正和组合后的速度曲线和加速度曲线光滑连续，而且使其最大速度和最大加速度尽可能小些，以减轻机构的冲击和振动。表 3-2 给出了从动件常用运动规律特性比较，可供选择从动件运动规律时参考。

表 3-2 从动件常用运动规律特性比较

运动规律	最大速度	最大加速度	冲击性质	适用范围
等速运动	$1.00\times\frac{h}{\delta}\omega_1$	∞	刚性冲击	低速轻载
等加速等减速运动	$2.00\times\frac{h}{\delta}\omega_1$	$4.00\times\frac{h}{\delta^2}\omega_1^2$	柔性冲击	中速轻载
简谐运动	$1.57\times\frac{h}{\delta}\omega_1$	$4.93\times\frac{h}{\delta^2}\omega_1^2$	柔性冲击	中速中载
摆线运动	$2.00\times\frac{h}{\delta}\omega_1$	$6.28\times\frac{h}{\delta^2}\omega_1^2$	无冲击	高速轻载

3.3 盘形凸轮轮廓曲线的设计

设计凸轮机构时，按使用要求，选择凸轮类型、从动件运动规律（位移曲线图）和基圆半径等，据此绘制凸轮轮廓。凸轮轮廓曲线的设计主要有图解法和解析法。图解法简单易操作且直观明了，但精度有限，一般只适用于各方面要求不高的场合。对于高速和高精度的凸轮机构而言，就需要用解析法进行设计以达到预期要求。本章只对图解法设计的原理和方法进行介绍。

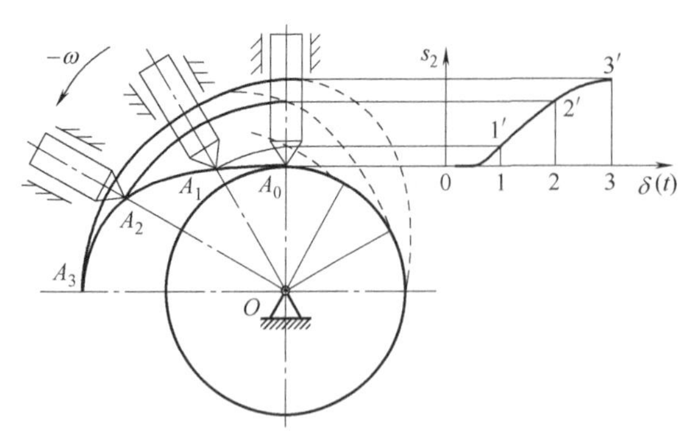

图 3-11 反转法原理示意图

根据相对运动不变性原理，使整个机构（凸轮、从动件和机架）以角速度 ω 绕凸轮中心 O 转动，其结果是从动件与凸轮的相对运动不改变，但凸轮固定不动，机架和从动件一方面以角速度 ω 绕凸轮回转中心 O 转动，同时从动件又以原有的运动规律相对机架做往复运动，如图 3-11 所示。由于尖顶始终与凸轮轮廓接触，所以反转后尖顶的运动轨迹就是凸轮轮廓曲线，这就是反转法原理。反转法原理适用于各种凸轮轮廓曲线的设计。

3.3.1 对心尖顶直动从动件盘形凸轮机构轮廓曲线设计

假设凸轮的基圆半径为 r_b，凸轮以等角速度 ω 顺时针方向转动，从动件按一定的运动规律做往复运动，试绘制凸轮的轮廓曲线。

作图步骤如下：

（1）绘制从动件的位移曲线图。取横坐标轴表示凸轮的转角 δ，纵坐标轴表示从动件的位移 s。选择适当的比例尺 μ_l，把 s 与 δ 的关系按题意画成曲线，如图 3-12（b）所示，此即为从动件的位移曲线图。

（2）按区间等分位移曲线横坐标轴。确定从动件的相应位移量。在位移曲线横坐标轴上，将升程区间分成若干等份，将回程区也分成若干等份，并过等分点分别作垂线 $11'$，$22'$，$33'$，…，这些垂线与位移曲线相交所得的线段，就代表相应位置从动件的位移量 s，即 $s_1=11'$，$s_2=22'$，$s_3=33'$，…，如图 3-12（b）所示。

（3）作基圆，作各区间的相应等分角线。以 O 为圆心，按已选定的比例尺作圆，此圆称为基圆，如图 3-12（a）所示。沿凸轮转动的相反方向，按位移曲线横坐标的等分方法将基圆各区间相应等分，画出各等分角线 OB_0，OB_1，OB_2，…。

笔记

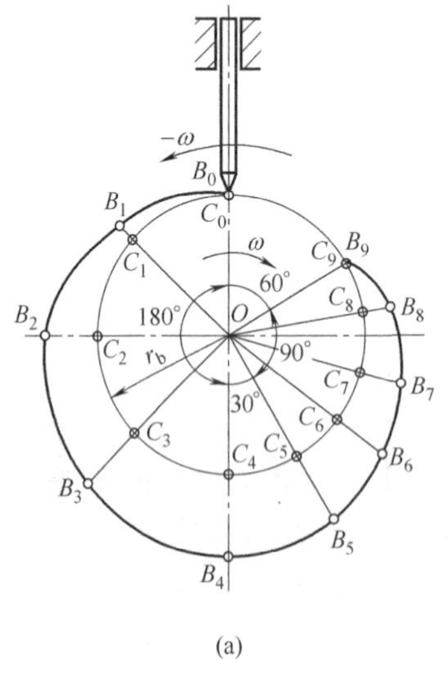

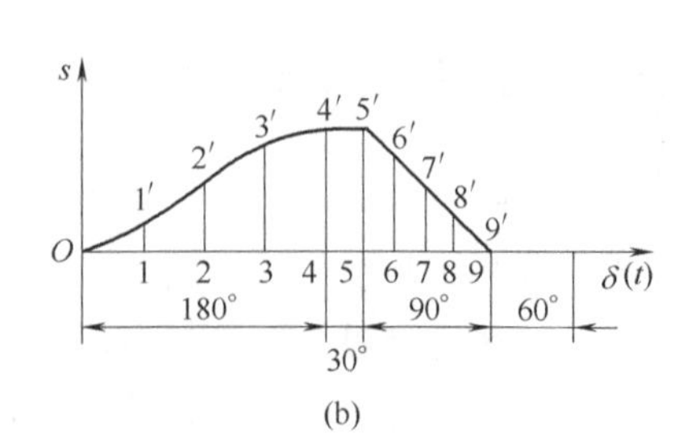

图 3-12 尖顶从动件盘形凸轮轮廓曲线的绘制

（4）绘制凸轮轮廓曲线。在基圆各等分角线的延长线上截取相应线段 $B_1C_1=11'$，$B_2C_2=22'$，$B_3C_3=33'$，…，得 B_1，B_2，B_3，…各点，将其连成一光滑曲线，即为所求的凸轮轮廓曲线，如图 3-12（a）所示。

3.3.2 对心滚子直动从动件盘形凸轮机构轮廓曲线设计

把尖顶从动件改为滚子从动件时，其凸轮轮廓设计方法如图 3-13 所示。首先，把滚子中心看作尖顶从动件的尖顶，按照上面的方法求出一条轮廓曲线 B；然后以 B 上各点为中心，以滚子半径为半径，画一系列圆；最后作这些圆的内包络线 C，它便是使用滚子从动件时凸轮的实际轮廓，而 B 称为凸轮的理论轮廓。由作图过程可知，滚子从动件凸轮机构，其凸轮基圆半径 r_b 应在理论轮廓上度量。在作图时，为了更精确地定出工作轮廓曲线，在理论轮廓曲线的急剧转折处应画出较多的滚子小圆。

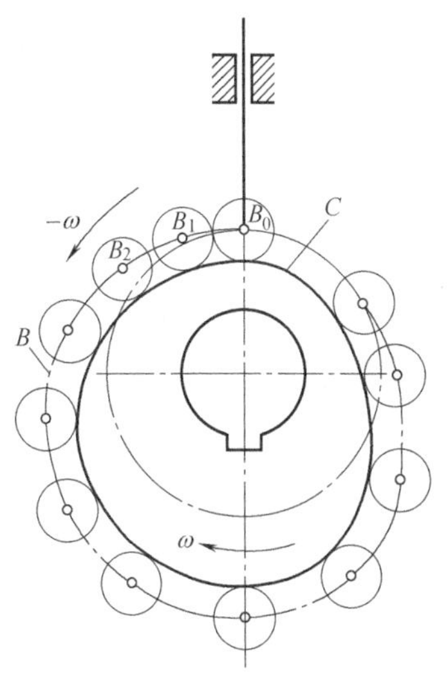

图 3-13　滚子从动件盘形凸轮轮廓曲线的画法

3.4 凸轮机构基本尺寸的确定

在设计凸轮机构时，必须保证凸轮工作轮廓满足以下要求：从动件在所有位置都能准确地实现给定的运动规律；机构传力性能要好，不能自锁；凸轮结构尺寸要紧凑。这些要求与滚子半径、凸轮基圆半径、压力角等因素有关。

3.4.1 滚子半径的选择

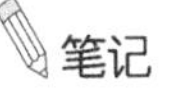

在凸轮机构的从动件形式中，使用较多的为滚子从动件。滚子从动件与凸轮之间的摩擦为滚动摩擦，从而提高了凸轮传动的效率，延长了凸轮机构的使用寿命。故在滚子从动件凸轮机构设计中，要解决的一个重要问题就是要合理地确定滚子半径，使凸轮的实际轮廓曲线为连续光滑的曲线，以确保凸轮机构运动的真实性和稳定性。

从减少凸轮与滚子间的接触应力来看，滚子半径越大越好，因为这样有利于提高滚子的接触强度和寿命，也便于进行滚子的结构设计和安装。但是，滚子半径增大后对凸轮实际轮廓曲线有很大影响。当滚子半径过大时，将导致凸轮的实际轮廓曲线变形，从动件不能实现预期的运动规律。

凸轮实际轮廓曲率半径 ρ_s 和凸轮理论轮廓的最小曲率半径 ρ_{min} 之间的关系如图 3-14 所示：

（1）当凸轮轮廓内凹时，则相应位置实际轮廓的曲率半径为 $\rho_s=\rho_{min}+r_T$，$\rho_s>\rho_{min}$，无论滚子半径取多大，凸轮实际轮廓曲线总是光滑曲线，如图 3-14（a）所示。所以，滚子半径的大小不受限制。

（2）当凸轮轮廓外凸时，则相应位置实际轮廓的曲率半径为 $\rho_s=\rho_{min}-r_T$，此时会出现下列几种现象：

① 当 $\rho_{min}>r_T$ 时，如图 3-14（b）所示，$\rho_s>0$，实际轮廓为一连续光滑的曲线。

② 当 $\rho_{\min}=r_T$ 时，如图 3-14（c）所示，$\rho_s=0$，在凸轮实际轮廓曲线上产生了尖点，这种尖点极易磨损，磨损后就会改变原定的运动规律。

③ 当 $\rho_{\min}<r_T$ 时，如图 3-14（d）所示，$\rho_s<0$，实际轮廓曲线发生相交，图中阴影部分的轮廓曲线在实际加工时将被切去，使这一部分运动规律无法实现，该现象称为余量机构的运动失真。

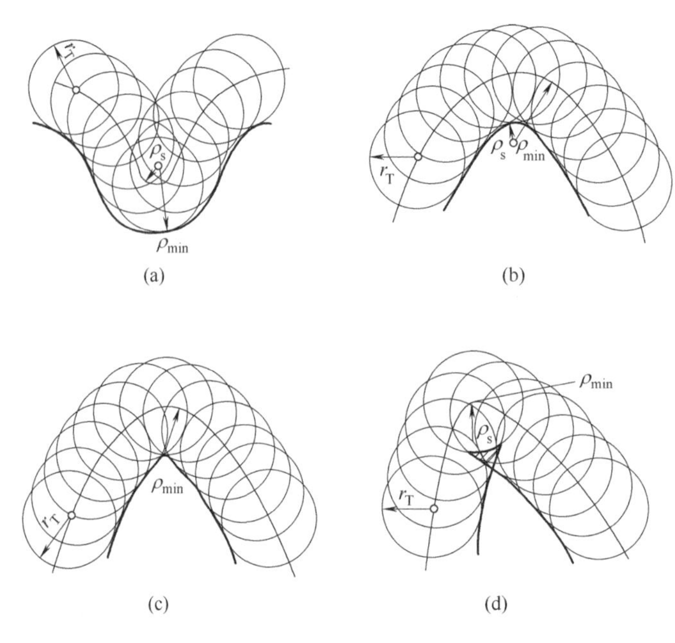

图 3-14　滚子半径的选择分析

为了使凸轮轮廓在任何位置既不变尖更不相交，滚子半径必须小于理论轮廓外凸部分的最小曲率半径 $\rho_{\min}$（理论轮廓内凹部分对滚子半径的选择没有影响）。通常取 $r_T \leqslant 0.8\rho_{\min}$，若 $\rho_{\min}$ 过小使滚子半径太小，导致不能满足安装和强度要求，则应把凸轮基圆半径 r_b 加大，重新设计凸轮轮廓曲线。在实际设计凸轮机构时，一般可按基圆半径来确定滚子半径，通常取 $r_T=(0.1\sim0.5)r_b$。

笔记

3.4.2 压力角及其许用值

凸轮机构也和连杆机构一样，从动件运动方向和接触轮廓法线方向之间所夹的锐角称为压力角。图 3-15 所示为尖顶直动从动件凸轮机构。当不考虑摩擦时，凸轮给从动件的作用力 F_n 是沿法线方向的，从动件运动方向与 F_n 方向之间所夹的锐角 α 即压力角。F_n 可分解为沿从动件运动方向的轴向分力 F_r 和与之垂直的侧向分力 F_x，且

$$F_r=F_n\cos\alpha$$
$$F_x=F_n\sin\alpha$$

式中 F_n——凸轮作用于从动件的法向力，N；

F_r——方向与从动件运动方向一致的分力，N；

F_x——方向与从动件运动方向垂直的分力，N。

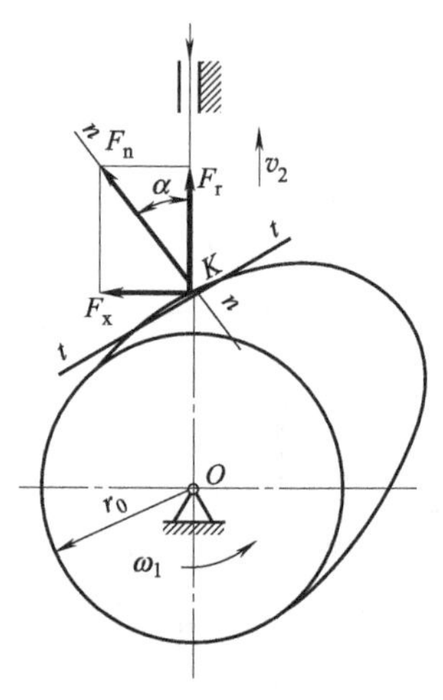

图 3-15　凸轮机构的压力角

F_r 分力是克服载荷并使从动件产生运动的主动力，所以称为有效分力。F_x 分力能够使从动件紧压在导路上，并使从动件与导路之间产生摩擦阻力，所以该力称为有害分力。

从上式可以看出，压力角 α 愈小，则有效分力 F_r 愈大，有害分力 F_x 愈小，机构的受力情况和工作性能也就愈好；反之压力角 α 愈大，则有效分力 F_r 愈小，有害分力 F_x 愈大，由其所产生的摩擦阻力也就愈大。当压力角 α 增大到某一数值时，有效分力将小于有害分力所产生的摩擦阻力。此时，无论凸轮给从动件施加多大的作用力 F_n，都无法使从动件运动，机构处于自锁的状态。由以上分析可以看出，为了保证凸轮机构正常工作并具有一定的传动效率，必须对压力角加以限制。凸轮轮廓曲线上各点的压力角是变化的，在设计时应使最大压力角不超过许用值。

在机械工程中，根据经验和理论分析，推荐凸轮机构的许用压力角的数值如下：

升程　直动从动件　$[\alpha]=30°\sim40°$

　　　摆动从动件　$[\alpha]=40°\sim50°$

回程　　　　　　　$[\alpha]=70°\sim80°$

由于凸轮机构在回程时发生自锁的可能性比较小，一般载荷也很小，所以许用压力角可取得大一些。

凸轮机构的 α_{max}，可在作出的凸轮轮廓图中测量，如图 3-16 所示；也可根据从动件运动规律、运动角 δ_0 和 h/r_b 值，由诺模图查得。图 3-17 为对心直动从动件凸轮机构的诺模图。下面通过例题介绍诺模图的具体用法。

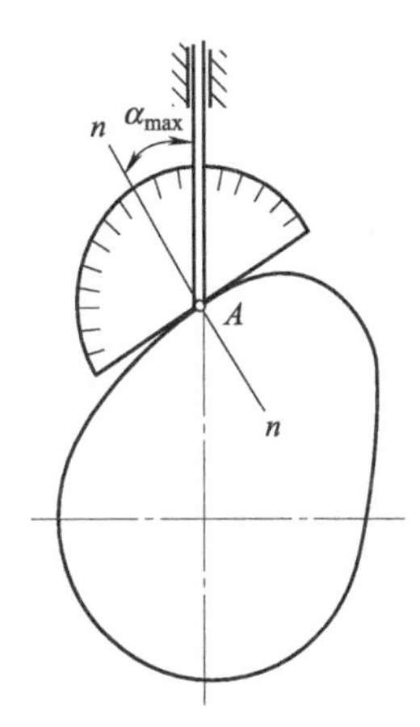

图 3-16　凸轮机构压力角的测量

【例 3-1】 已知一对心尖顶直动从动件盘形凸轮机构，从动件按等速运动上升，行程 $h=10$mm，凸轮的推程运动角 $\delta_0=45°$，基圆半径 $r_b=25$mm，试检验推程的 α_{max}。

解： 由图 3-17（a）标尺线上部刻度，查得 $h/r_b=10/25=0.4$ 的点，再由上半圆圆周查得 $\delta_0=45°$的点，将两点连成直线并延长，与下半圆圆周交得 $\alpha_{max}=26°$。$\alpha_{max}<[\alpha]=30°\sim40°$，合格。

笔记

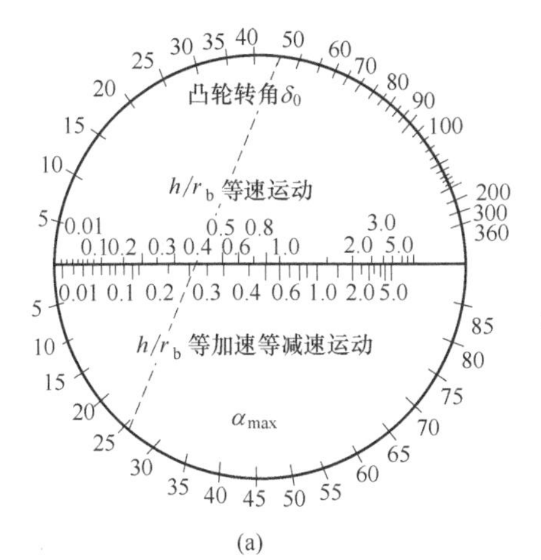

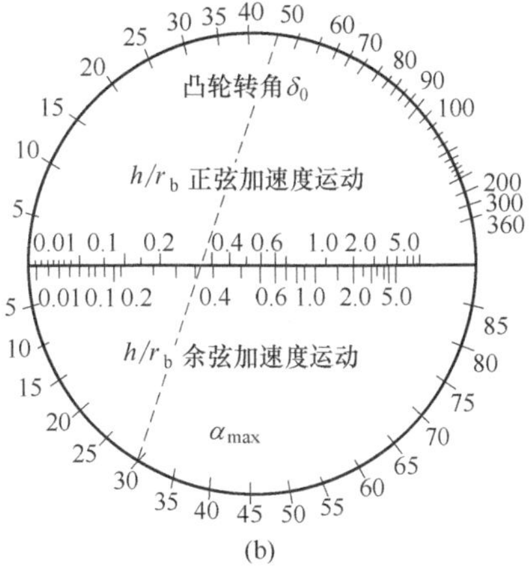

图 3-17　诺模图

3.4.3 基圆半径的选择

从机构传力性能的角度看，压力角应该是越小越好。但实际中，凸轮机构的压力角不仅与传力性能有关，还与凸轮的基圆半径有关。从图 3-18 可以看出，当凸轮转过相同转角 δ、从动件上升相同位移 s 时，基圆大小不同的两个凸轮相比，基圆半径较小的轮廓曲线较陡峭，从而使得压力角相对较大；相反，基圆半径较大的会得到相应较小的压力角。显然在相同情况下，压力角减小必然使得基圆半径增大，进而引起整个机构的尺寸增大，设计时应注意处理好这一矛盾。对于设计没有严格尺寸大小要求的机构时，可选用较小的压力角，以提升其传力性能。对于要求尺寸紧凑的机构设计而言，选择较小的基圆半径时应兼顾机构压力角最大值不超过许用值的原则。

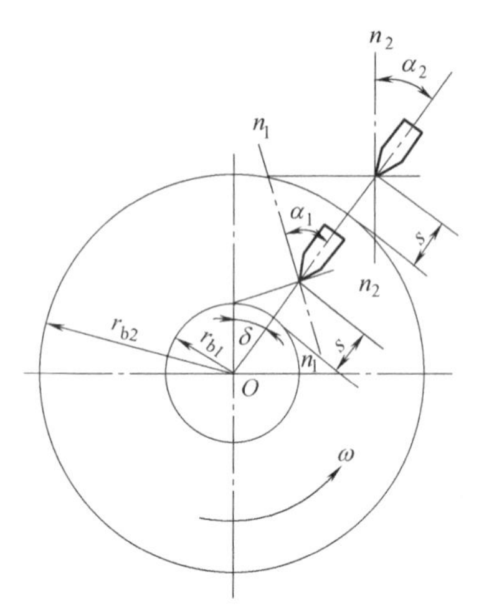

图 3-18 基圆半径对压力角的影响

目前，凸轮基圆半径的选取常用如下两种方法：

（1）根据凸轮的结构确定 r_b 当凸轮与轴做成一体（凸轮轴）时，凸轮基圆半径 r_b 略大于轴的半径。当凸轮装在轴上时，凸轮基圆半径 r_b 应略大于轮毂的半径，即 $r_b=(1.6\sim2)r$，r 为凸轮轴的半径。

（2）根据 $\alpha_{max}\leqslant[\alpha]$ 确定基圆最小半径 r_{bmin} 利用图 3-17 所示的诺模图来确定基圆最小半径 r_{bmin}。

【例 3-2】 设计一对心尖顶直动从动件盘形凸轮机构，已知凸轮的推程运动角为 $\delta_0=45°$，从动件在推程中按简谐运动规律上升，其行程 $h=14\text{mm}$，最大压力角 $\alpha_{max}=30°$。试确定凸轮的基圆半径 r_b。

解：（1）按已知条件将位于圆周上的标尺为 $\delta_0=45°$、$\alpha_{max}=30°$的两点，以直线相连，如图 3-17（b）中虚线所示。

（2）由虚线与直径上等加速等减速运动规律的标尺的交点得 $h/r_b=0.35$。

（3）计算最小基圆半径得

$$r_{bmin}=h/0.35=14/0.35=40\ (\text{mm})$$

（4）基圆半径 r_b 可按 $r_b\geqslant r_{bmin}$ 选取。

3.4.4 凸轮机构的结构与材料

3.4.4.1 凸轮机构的结构

（1）基圆较小的凸轮，常与轴制造成一体，称为凸轮轴，如图 3-19 所示。

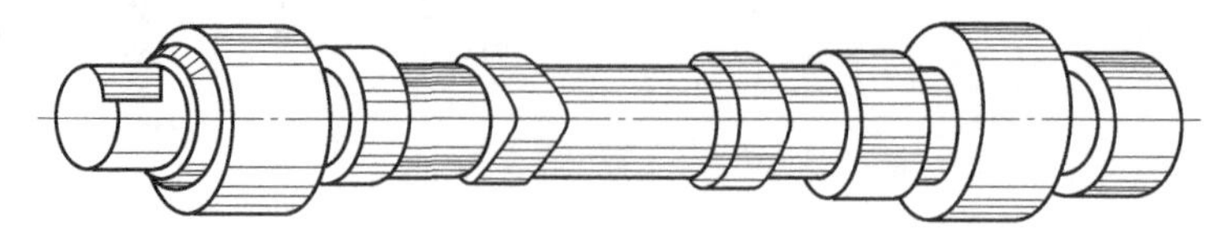

图 3-19 凸轮轴

（2）基圆较大的凸轮，则做成组合式结构，分别制造好凸轮和轴，再通过平键连接、销连接或弹性开口锥套螺母连接等方式，将凸轮安装在轴上，如图 3-20 所示。

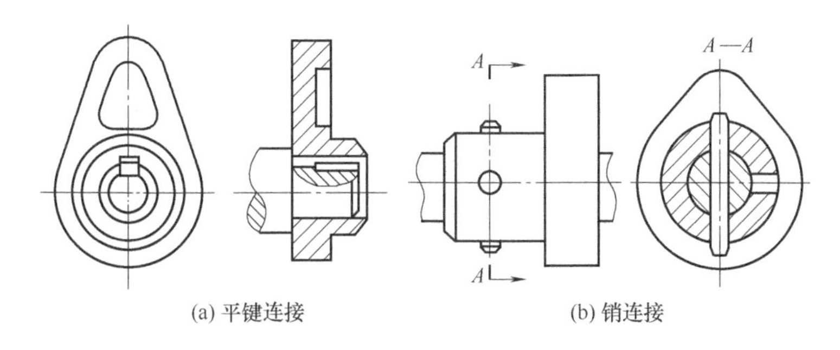

图 3-20　组合式凸轮结构

3.4.4.2　凸轮机构的材料

凸轮轮廓与从动件之间为高副接触，它们之间的接触应力大，容易发生磨损和疲劳点蚀。这就要求凸轮和滚子的工作表面具有较高的硬度和耐磨性。而凸轮机构还经常受到冲击载荷作用，故要求凸轮芯部有较好的韧性。因此，材料的选择原则为：

（1）当载荷不大、低速时可选用 HT250、HT300、QT800-2、QT900-2 等作为凸轮的材料。用球墨铸铁时，轮廓表面需经热处理，以提高其耐磨性。

（2）中速、中载的凸轮常用 45、40Cr、20Cr、20CrMn 等材料，并经表面淬火，使硬度达 55～62HRC。

（3）高速、重载凸轮可用 40Cr，表面淬火至 56～60HRC，或用 38CrMoAl，经渗氮处理至 60～67HRC。

滚子的材料可用 20Cr，经渗碳淬火，表面硬度达 56～62HRC，也可用滚动轴承作为滚子。

任务实施

笔记

根据任务导入要求，具体任务实施如下；

按设计要求，送料机构推力不大，因此采用简单的对心尖顶直动从动件。因对推杆运动和动力性能无特别要求，因此推程和回程均采用等速运动规律，推杆的运动规律如图 3-21 所示。

设计步骤如下：

（1）选择凸轮机构的类型。按设计要求，选择对心尖顶直动从动件盘形凸轮机构。

（2）从动件运动规律的选择。按设计要求，推程和回程均采用等速运动规律。

（3）凸轮机构基本尺寸的确定。凸轮转过推程运动角 $\delta_0=180°$时，从动件升程 $h=200$mm，选取凸轮机构的许用压力角 $[\alpha]=35°$，限定凸轮机构的最大压力角等于许用压力角，即 $\alpha_{max}=35°$。由诺模图 3-17（a）下半圆查得 $\alpha_{max}=35°$的点，上半圆查得 $\delta_0=180°$的点，将两点连成一直线交标尺线（h/r_b 线）上部刻度于 2 处，于是，根据 $h/r_b=2$ 和 $h=200$mm，即可求得凸轮的基圆半径 $r_b=100$mm。

（4）图解法设计凸轮轮廓线。

① 选取比例尺 $\mu_l=5$mm/mm，$\mu_\delta=6°$/mm，作从动件位移曲线，将其横坐标等分为 8 等份，如图 3-22 所示。

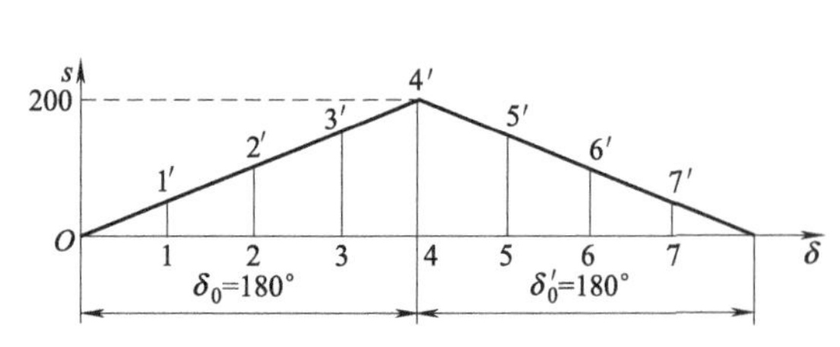

图 3-21 凸轮结构位移曲线

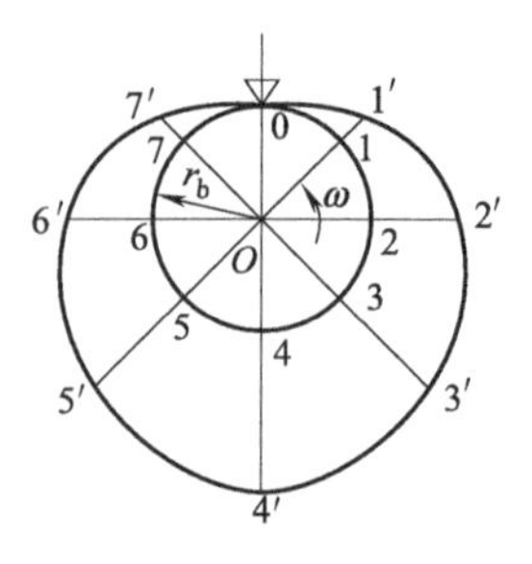

图 3-22 凸轮轮廓的绘制

② 按相同的比例尺作基圆，确定从动件起始位置点。

③ 沿 $-\omega$ 方向将基圆等分为与位移曲线相对应的份数，沿各径向线由基圆向外截取与位移曲线相对应的长度，得到对应从动件所占据的位置点。

④ 将这些点用光滑曲线连接即可得凸轮轮廓曲线，如图 3-22 所示。

项目练习

选择题

(1) 凸轮与从动件接触处的运动副属于（　　）。

A. 高副　　B. 转动副　　C. 移动副

(2) 以下选项中，（　　）决定从动件预定的运动规律。

A. 凸轮转速　　B. 凸轮轮廓曲线　　C. 凸轮形状

(3) 凸轮机构中，主动件通常是（　　）且做等速运动。

A. 凸轮　　B. 从动件　　C. 推杆

(4) 传动速度要求不高，承载能力较大的场合常应用的从动件类型为（　　）。

A. 尖顶　　B. 滚子　　C. 平底

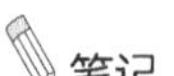
笔记

(5) 与平面连杆机构相比较，凸轮机构最突出的缺点是（　　）。

A. 点、线接触，易磨损　　B. 设计较为复杂　　C. 惯性力难以平衡

(6) 使用滚子式从动杆的凸轮机构，为避免运动规律失真，滚子半径 r 与凸轮理论轮廓曲线外凸部分最小曲率半径 ρ 最小之间应满足（　　）。

A. $r>\rho_{min}$　　B. $r=\rho_{min}$　　C. $r<\rho_{min}$

(7) 凸轮与移动式从动杆接触点的压力角在机构运动时是（　　）。

A. 恒定的　　B. 变化的　　C. 时有时无变化的

(8) 在设计滚子从动件盘形凸轮机构时，轮廓曲线出现尖顶或交叉是因为滚子半径（　　）该位置理论轮廓曲线的曲率半径。

A. 大于　　B. 小于　　C. 等于

(9) 在减小凸轮机构尺寸时，应首先考虑（　　）。

A. 压力角不超过许用值　　B. 凸轮制造材料的强度　　C. 从动件的运动规律

(10) 设计凸轮时，若工作行程中的最大压力角 $\alpha_{max}>[\alpha]$ 时，选择下列哪种方案可减小压力角？（　　）

A. 减小基圆半径　　B. 增大基圆半径　　C. 加大滚子半径

(11) 以下选项中，（　　）是影响凸轮机构尺寸大小的主要参数。

A. 滚子半径　　　　B. 压力角　　　　C. 基圆半径

(12) 若要盘形凸轮机构的从动件在某段时间内停止不动，则对应的凸轮轮廓曲线应是(　　)。

A. 一段直线　　　　B. 一段圆弧

C. 一段以凸轮转动中心为圆心的圆弧　　　　D. 一段抛物线

(13) 从动件的推程采用等速运动规律时，在(　　)位置会发生刚性冲击。

A. 推程的起始点　　　　B. 推程的中点

C. 推程的终点　　　　D. 推程的起始点和终点

(14) 凸轮若按顺时针方向转动，则用图解法设计作凸轮轮廓曲线时应按(　　)方向进行。

A. 顺时针　　　　B. 逆时针　　　　C. 起始点

(15) 若想减小凸轮的尺寸，应当减小(　　)。

A. 压力角　　　　B. 凸轮基圆半径

C. 滚子半径　　　　D. 以上所有选项

判断题

(1) 凸轮机构广泛用于自动控制机械。(　　)

(2) 尖顶从动件能实现复杂的运动规律，可以用于高速中载的场合。(　　)

(3) 凸轮机构属于高副机构。(　　)

(4) 凸轮机构工作时，从动件的运动规律与凸轮的转向无关。(　　)

(5) 凸轮机构出现自锁，是驱动的转矩不够大造成的。(　　)

(6) 凸轮机构的压力角越大，机构的传力性能就越差。(　　)

(7) 凸轮机构中，从动件等加速等减速运动规律运动时会引起柔性冲击。(　　)

(8) 平底从动件盘形凸轮机构的压力角始终为常数。(　　)

(9) 在凸轮理论轮廓曲线一定的条件下，从动件上的滚子半径越大，凸轮机构的压力角越小。(　　)

(10) 当一凸轮廓线有内凹部分时，不能采用滚子从动件，以免产生运动失真。(　　)

(11) 若要从动件在整个运动过程中速度不发生突变，避免柔性冲击，则应采用等加速等减速运动规律。(　　)

(12) 一般凸轮机构的升程许用压力角小于回程压力角。(　　)

(13) 凸轮机构可通过选择适当的凸轮轮廓，使从动件得到预定要求的各种运动规律。(　　)

(14) 因从动件以等速运动规律运动时，其加速度为零，故设计凸轮机构时，常使从动件按等速运动规律运动。(　　)

(15) 外凸的滚子从动件盘形凸轮理论轮廓曲线的曲率半径大于相应点的实际轮廓曲线曲率半径。(　　)

实作题

3-1　试标出如图所示位移线图中的行程 h、推程运动角 δ_t、远休止角 δ_s、回程运动角 δ_h、近休止角 δ_s'。

3-2　试写出如图所示凸轮机构的名称，并在图上作出行程 h，基圆半径 r_b，凸轮转角

笔记

δ_t、δ_s、δ_h、δ_s'以及 A、B 两处的压力角。

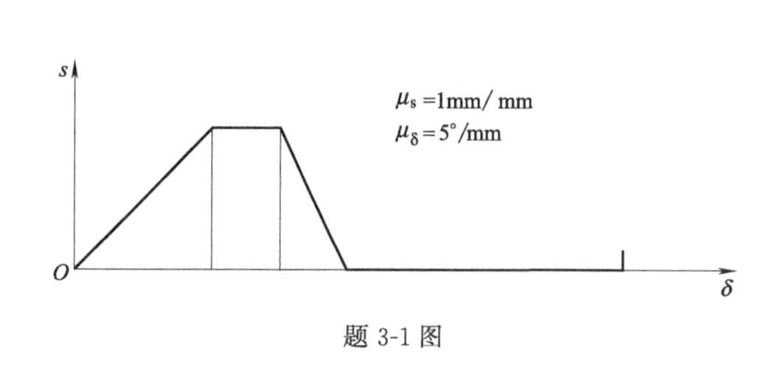

题 3-1 图

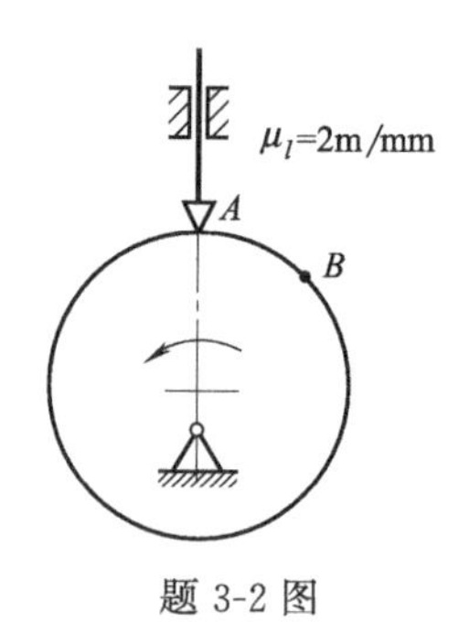

题 3-2 图

3-3 如图所示是一偏心圆凸轮机构，O 为偏心圆的几何中心，偏心距 $e=15\text{mm}$，$d=60\text{mm}$，试在图中标出：

(1) 凸轮的基圆半径、从动件的最大位移 H 和推程运动角 δ 的值；

(2) 凸轮转过 90°时从动件的位移 s。

3-4 图中给出了某直动推杆盘形凸轮机构的推杆的速度曲线。要求：

(1) 定性地画出其加速度和位移线图；

(2) 说明此种运动规律的名称及特点（v、a 的大小及冲击的性质）；

(3) 说明此种运动规律的适用场合。

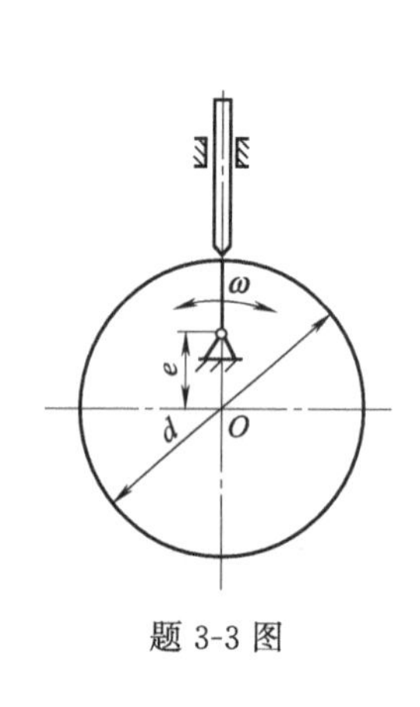

题 3-3 图

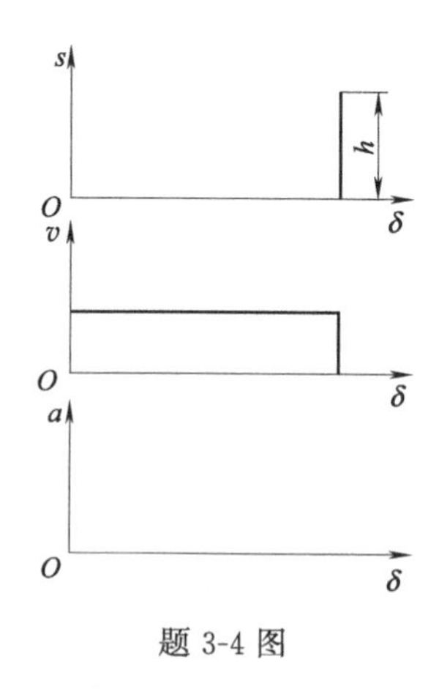

题 3-4 图

3-5 用作图法设计一个对心直动平底推杆盘形凸轮机构的凸轮轮廓曲线。已知基圆半径 $r_0=50\text{mm}$，推杆平底与导路垂直，凸轮顺时针等速转动，运动规律如图所示。

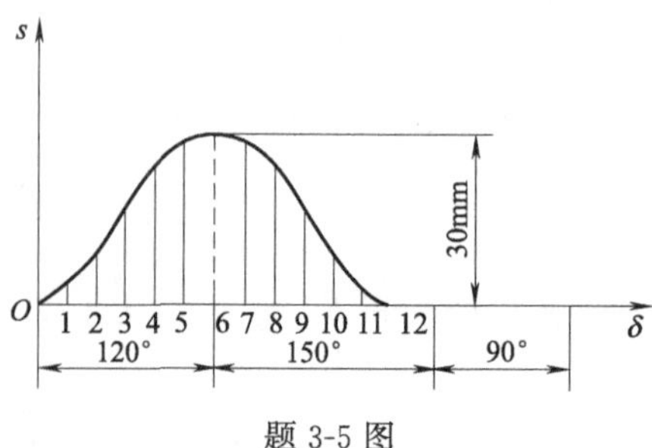

题 3-5 图

3-6　用作图法求如图所示各凸轮从当前位置转过 45°后轮廓上的压力角，并在图上标注出来。

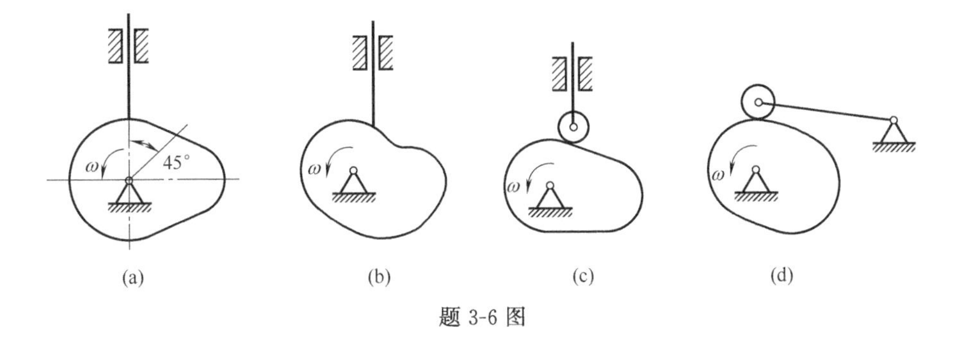

题 3-6 图

项目四

齿轮机构

知识目标

1. 了解齿轮机构的特点、类型、齿轮加工的基本方法；
2. 熟悉渐开线标准直齿圆柱齿轮各部分的名称、主要参数的意义和几何尺寸的计算；
3. 掌握渐开线齿轮的啮合特性以及各类齿轮正确啮合的条件。

技能目标

1. 能够用简单的量具测定计算齿轮的基本参数及主要几何尺寸；
2. 能够分析齿轮发生根切的原因并避免根切；
3. 能够正确判定蜗轮的转向。

任务导入

现有四个标准直齿圆柱齿轮（$\alpha=20°$，$h_a^*=1$，$c^*=0.25$）。①$m_1=5$mm，$z_1=20$；②$m_2=4$mm，$z_2=25$；③$m_3=4$mm，$z_3=50$；④$m_4=3$mm，$z_4=60$。试完成以下任务：

（1）齿轮②和齿轮③，哪个齿廓比较平直？为什么？

（2）哪两个齿轮能正确啮合？为什么？

笔记

（3）哪两个齿轮能用同一把滚刀加工？这对齿轮能否用同一把铣刀加工？为什么？

知识链接

4.1 齿轮机构的特点和类型

4.1.1 齿轮机构的特点及应用

齿轮是机械产品的重要基础零件，齿轮传动是传递机器动力和运动的一种主要形式。它与带传动、摩擦机械传动相比，具有功率范围大、传动效率高、传动比准确、使用寿命长、安全可靠等特点，因此已成为许多机械产品不可缺少的传动部件。齿轮的设计与制造水平将直接影响到机械产品的性能和质量。由于它在工业发展中有突出地位，致使齿轮被公认为是工业化的一个象征。

齿轮传动是近代机械传动中用得最多的传动形式之一。它不仅可用于传递运动，如各种仪表机构，而且可用于传递动力，如常见的各种减速装置、机床传动系统等。

同其他传动形式比较，它具有下列优点：①能保证传动比恒定不变；②适用的载荷与速度范围很广，传递的功率可由很小到几万千瓦，圆周速度可达 300m/s；③结构紧凑；④效率高，一般效率 η=0.94～0.99；⑤工作可靠且寿命长。其主要缺点是：①对制造及安装精度要求较高，制造成本较高；②自身无过载保护，需专门设置保护装置；③低精度的齿轮会产生有害的冲击、噪声和振动；④当两轴间距离较远时，齿轮的结构尺寸有点偏大，不适合用于远距离传动。

4.1.2　齿轮机构的类型

不同机械设备对齿轮传动的要求不同，因此，工程中所用的齿轮机构形式多种多样，分类方法也就较多，但通常按以下方式对齿轮机构进行分类。

4.1.2.1　按照两轴线的相对位置、齿轮齿形分类

按照两轴线的相对位置，齿轮机构可分为两类：平面齿轮传动和空间齿轮传动。

（1）平面齿轮传动　该传动的两轮轴线相互平行，常见的有直齿圆柱齿轮传动［图 4-1（a）］、斜齿圆柱齿轮传动［图 4-1（d）］、人字齿轮传动［图 4-1（e）］。此外，按啮合方式区分，前两种齿轮传动又可分为外啮合传动［图 4-1（a）、（d）］、内啮合传动［图 4-1（b）］和齿轮齿条传动［图 4-1（c）］。

内啮合

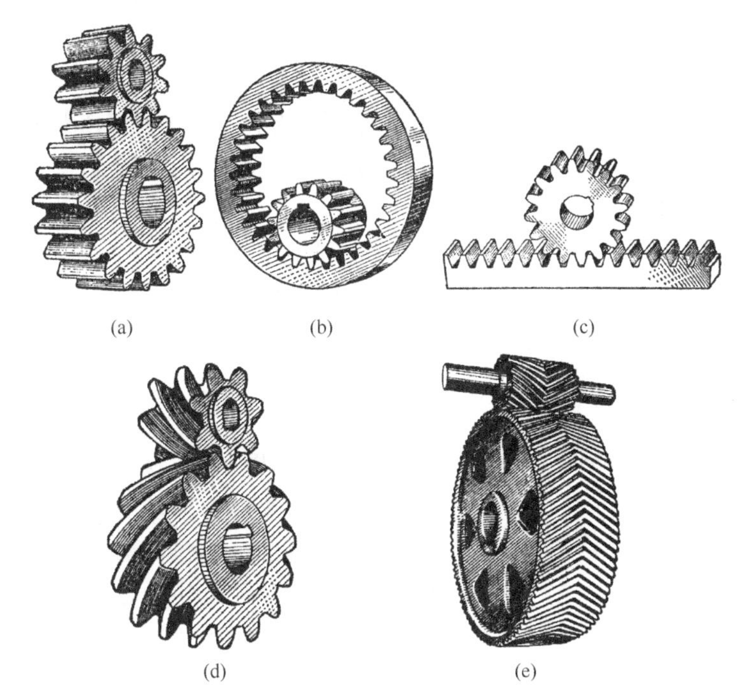

图 4-1　平面齿轮机构的类型

笔记

（2）空间齿轮传动　两轴线不平行的齿轮传动称为空间齿轮传动，如直齿圆锥齿轮传动［图 4-2（a）］、交错轴斜齿轮传动［图 4-2（b）］和蜗杆传动［图 4-2（c）］。

4.1.2.2　按齿轮的齿廓曲面分类

（1）渐开线齿轮　渐开线齿轮的齿面是具有渐开线性质的曲面，是广泛应用的一种齿廓曲面。

（2）圆弧齿轮　圆弧齿轮机构是近几十年发展起来的一种槽轮机构，其齿廓曲面是圆弧形。这种材料的承载能力高于渐开线齿轮，适用于高速重载的场合。

直齿圆锥

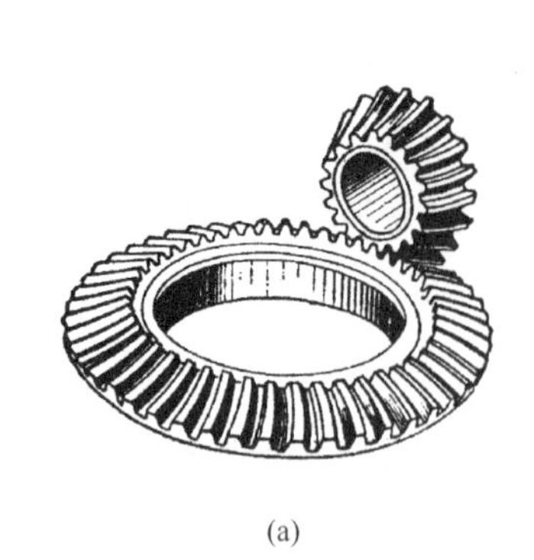

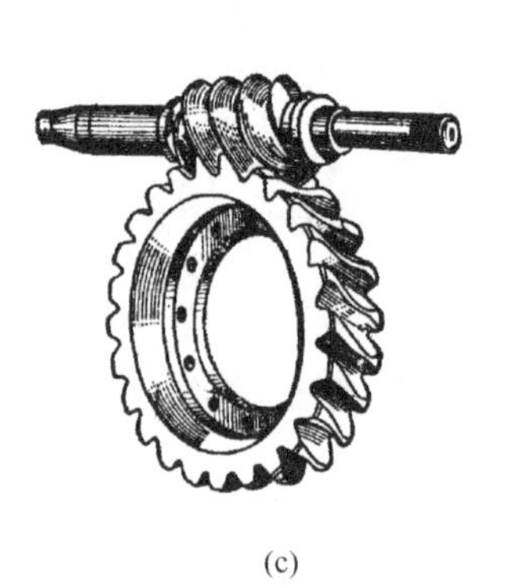

(a) (b) (c)

图 4-2 空间齿轮机构的类型

（3）摆线齿轮 摆线齿轮机构目前主要用于摆线少齿差传动，其齿廓曲面为外摆线。

4.1.2.3 按齿轮的工作条件分类

（1）开式齿轮传动 齿轮在传动时，无箱体和盖，齿轮是外露的。这种传动方式结构简单，但由于易落入灰砂和不能保证良好的润滑，轮齿极易磨损，为克服此缺点，常加设防护罩。多用于农业机械、建筑机械以及简易机械设备中的低速齿轮。

（2）闭式齿轮传动 这种齿轮传动按装在精密的箱体内，故密封性好，易于保持良好的润滑，使用寿命长，用于较重要的场合，如机床主箱齿轮、汽车的变速器齿轮等。

（3）半开式齿轮传动 介于开式齿轮传动和闭式齿轮传动之间，通常在齿轮的外面安装有简易的盖罩，如车床交换架齿轮等均为此类。

4.2 齿廓啮合基本规律和渐开线齿廓

笔记

4.2.1 齿廓啮合基本定律

齿轮机构中，主动轮的角速度 ω_1 与从动轮的角速度 ω_2 之比值（$i_{12}=\omega_1/\omega_2$）称为传动比。工作中要求一对啮合齿轮的瞬时传动比必须恒定不变，以保证传动平稳。齿轮传动最基本的要求是其瞬时传动比必须恒定不变。否则当主动轮以等速度回转时，从动轮的角速度为变数，因而产生惯性力，影响齿轮的寿命，同时也引起振动，影响其工作精度。

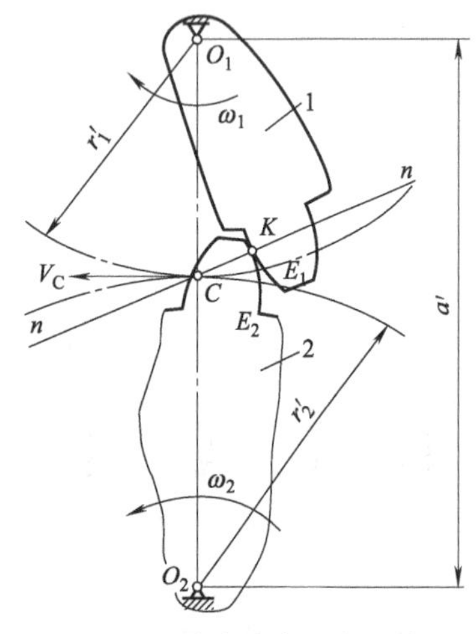

图 4-3 齿廓啮合基本定律

要满足这一基本要求，齿轮的齿廓曲线必须符合一定的条件。

如图 4-3 所示，E_1、E_2 为两轮相互啮合的一对齿廓，O_1、O_2 为两齿轮的回转轴心。图中 K 点是两齿廓的接触点，n-n 直线是两齿廓在 K 点的公法线，与连心线 O_1O_2 相交于点 C。根据速度瞬心定理，C 点是这对齿轮的相对速度瞬心，也称为啮合节点，简称节点，所以齿轮的传动比为

$$i_{12}=\frac{\omega_1}{\omega_2}=\frac{O_2C}{O_1C} \tag{4-1}$$

式（4-1）表明：一对相互啮合的齿轮的瞬时传动比，与连心线被齿廓接触点的公法线分得的两线段长度成反比。该结论称为齿廓啮合的基本定律。

由此可见，要使两轮的角速度比恒定不变，则应使 O_2C/O_1C 恒为常数。但因两轮的轴心为定点，即 O_1O_2 为定长，故欲使齿轮传动得到定传动比，必须使 C 点成为连心线上的一个固定点，即节点。因此，齿廓的形状必须符合下述条件：不论轮齿齿廓在哪个位置接触，过接触点所作齿廓公法线均须通过节点 C。

理论上，符合上述条件的齿廓曲线有很多，但齿廓曲线的选择应考虑制造、安装和强度等要求。目前，工程上通常用的曲线为渐开线齿廓、摆线齿廓和圆弧齿廓。由于渐开线齿廓易于制造，故大多数的齿轮都是用渐开线作为齿廓曲线。本章只讨论渐开线齿轮传动。

4.2.2　渐开线的形成和性质

4.2.2.1　渐开线的形成

当一条直线 L 沿一圆周做纯滚动时，此直线上任一点 K 的轨迹即称为该圆的渐开线，如图 4-4 所示。该圆称为渐开线的基圆，基圆半径以 r_b 表示，该直线 L 称为渐开线的发生线。任意两条反向的渐开线形成渐开线齿廓。

4.2.2.2　渐开线的特性

根据渐开线的形成过程，渐开线有以下特性。

（1）因发生线在基圆上做无滑动的纯滚动，故发生线所滚过的一段长度必等于基圆上被滚过的圆弧的长度，即线段 KN 等于基圆上被滚过的圆弧 CN 的长度。

$$KN=\overset{\frown}{CN}$$

（2）当发生线沿基圆做纯滚动时，N 点为速度瞬心，K 点的速度垂直于 NK，且与渐开线 K 点的切线方向一致，所以直线 NK 即为渐开线在 K 点处的法线。又因 NK 线切于基圆，所以渐开线上任一点的法线必与基圆相切。此外，N 点为渐开线上 K 点的曲率中心，线段 NK 为渐开线上 K 点的曲率半径。显然，渐开线愈接近基圆部分，其曲率半径愈小，即曲率愈大。

笔记

（3）渐开线的形状完全决定于基圆的大小。基圆大小相同时，所形成的渐开线相同。基圆愈大渐开线愈平直，当基圆半径为无穷大时，渐开线就变成一条与发生线垂直的直线（齿条的齿廓），如图 4-5 所示。

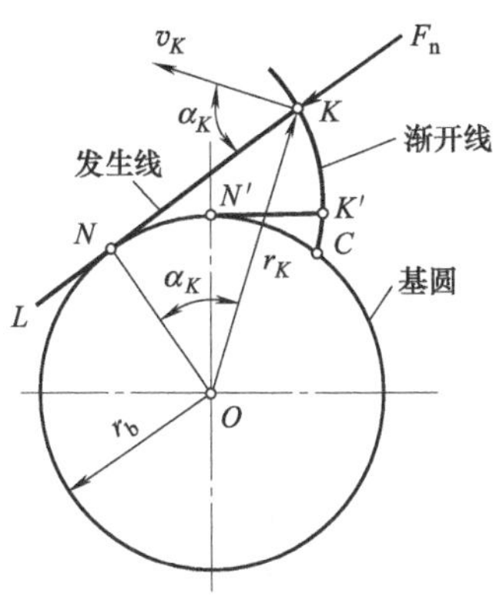

图 4-4　渐开线的形成

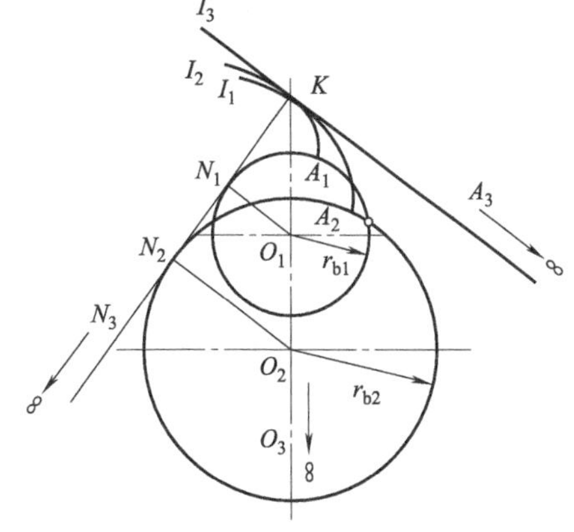

图 4-5　渐开线的性质

(4) 基圆以内无渐开线。

(5) 齿轮啮合传动时，渐开线上任一点法线压力的方向线 F_n（即渐开线在该点的法线）和该点速度方向 v_K 之间所夹锐角称为该点的压力角 α_K。由图 4-4 可知：

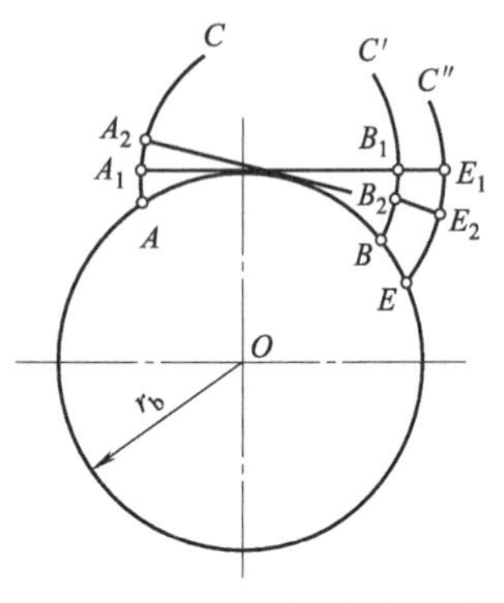

图 4-6 同一基圆上的渐开线

$$\cos\alpha_K=\frac{ON}{OK}=\frac{r_b}{r_K} \tag{4-2}$$

式 (4-2) 表明，渐开线上各点的压力角 α_K 的大小随 K 点的位置而异，K 点距圆心愈远，其压力角愈大；反之，压力角愈小。基圆上的压力角为零。

(6) 同一基圆上任意两条渐开线（不论是同向的还是反向的）是法向等距曲线。图 4-6 所示的 C 和 C' 是同一基圆上的两条反向渐开线，A_1B_1 与 A_2B_2 为 C、C' 间任意的两条法线，由渐开线特性 (1)、(2) 可知：

$$A_1B_1=A_2B_2=\widehat{AB}$$

顺口溜：弧长等于发生线，基圆切线是法线，曲线形状随基圆，基圆内无渐开线。

4.2.3 渐开线齿廓的啮合特点

4.2.3.1 瞬时传动比的恒定性

如图 4-7 所示为两啮合齿轮的齿廓 C_1 和 C_2 在 K 点接触的情况，两轮的角速度分别为 ω_1 和 ω_2，则齿廓 C_1 上 K 点的速度 $v_{K1}=\omega_1 O_1K$；齿廓 C_2 上 K 点的速度 $v_{K2}=\omega_2 O_2K$。过 K 点作两齿廓的公法线 n-n 与两轮中心连线 O_1O_2 交于 C 点，为保证两轮连续和平稳地运动，v_{K1} 与 v_{K2} 在公法线上的分速度应相等，否则两齿廓将互相嵌入或分离，即

$$v_{K1}\cos\alpha_{K1}=v_2\cos\alpha_{K2}$$

整理得传动比为

$$i_{12}=\frac{\omega_1}{\omega_2}=\frac{O_2K\cos\alpha_{K2}}{O_1K\cos\alpha_{K1}}=\frac{O_2N_2}{O_1N_1}=\frac{r_{b2}}{r_{b1}}=\text{常数}$$

因此，一对渐开线齿廓啮合传动时，能保证传动比恒定不变。

齿廓公法线 n-n（N_1N_2）与两齿轮的连心线 O_1O_2 的交点 C 为节点，过节点 C 分别以 O_1、O_2 为圆心，以 O_1C（r_1'）、O_2C（r_2'）为半径所作的两个相切的圆称为节圆。因为 $\triangle O_1N_1C$ 和 $\triangle O_2N_2C$ 构成一对相似三角形，故

$$i_{12}=\frac{\omega_1}{\omega_2}=\frac{O_2C}{O_1C}=\frac{r_2'}{r_1'}=\frac{r_{b2}}{r_{b1}}=\text{常数} \tag{4-3}$$

由于两个相互啮合的齿轮才有节点，所以节圆也是一对齿轮啮合传动时才会出现，单个齿轮没有节点，也就不存在节圆。两个齿轮转动中心之间的实际距离称为实际中心距，由

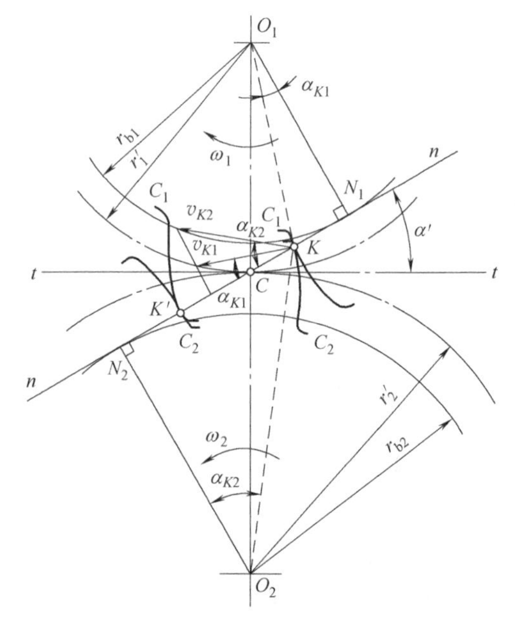

图 4-7 渐开线齿轮传动的特点

图 4-7 可得，一对外啮合齿轮的实际中心距为

$$a'=O_1C+O_2C=r_1'+r_2' \tag{4-4}$$

4.2.3.2 中心距可分性

由式（4-3）可见渐开线齿轮的传动比取决于两齿轮基圆半径的大小，当一对渐开线齿轮制成后，两齿轮的基圆半径就确定了，即使安装后两齿轮中心距稍有变化，由于两齿轮基圆半径不变，所以传动比仍保持不变。渐开线齿轮这种不因中心距变化而改变传动比的特性称为中心距可分性。这一特性可补偿齿轮制造和安装方面的误差，是渐开线齿轮传动的一个重要优点。

4.2.3.3 传力方向的不变性

一对齿轮啮合传动时，齿廓啮合点（接触点）的轨迹称为啮合线。对于渐开线齿轮，无论在哪一点接触，接触齿廓的公法线总是两基圆的内公切线 N_1N_2（图 4-7）。齿轮啮合时，齿廓接触点又都在公法线上，因此，内公切线 N_1N_2 即为渐开线齿廓的啮合线。

过节点 C 作两节圆的公切线 t-t，它与啮合线 N_1N_2 间的夹角称为啮合角，用 α'表示。啮合角 α'等于齿廓在节圆上的压力角 α，由于渐开线齿廓的啮合线是一条定直线 N_1N_2，故啮合角的大小始终保持不变。啮合角不变表示齿廓间压力方向不变；若齿轮传递的力矩恒定，则轮齿之间、轴与轴承之间压力的大小和方向均不变，这也是渐开线齿轮传动的一大优点。两渐开线齿廓啮合，其啮合线、两基圆的内公切线和正压力作用线都与齿廓公法线 N_1N_2 重合，称之为四线合一。

4.3 渐开线标准直齿圆柱齿轮的主要参数和几何尺寸

4.3.1 圆柱齿轮各部分名称和主要参数

前面已讨论了渐开线齿廓的啮合特性，实际上齿轮是由同一基圆上两条反向渐开线段组成的轮齿，均匀地分布在其圆周上所形成的。为了进一步研究齿轮的传动原理和齿轮的设计问题，必须熟悉齿轮各部分的名称、符号及几何尺寸的计算。其各部分的名称、尺寸及符号如图 4-8 所示。

笔记

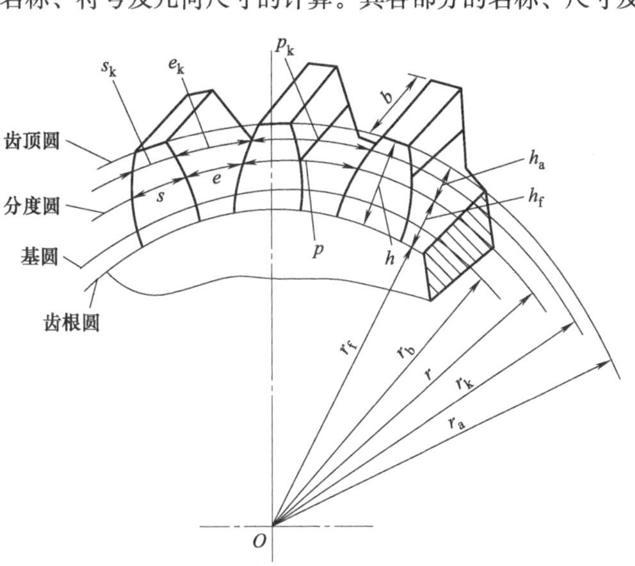

图 4-8 标准直齿圆柱齿轮各部分的名称、尺寸和符号

4.3.1.1 齿轮各部分的名称和符号

（1）齿顶圆　过齿轮所有齿顶端的圆称为齿顶圆。其半径用 r_a 表示，直径用 d_a 表示。

（2）齿根圆　齿轮相邻两齿廓的空间称为齿槽，过所有齿槽底部的圆称为齿根圆。其半径用 r_f 表示，直径用 d_f 表示。

（3）齿距　在半径为 r_k 的任意圆周上，相邻两齿同侧齿廓间的弧线长度称为齿距，用 p_k 表示。

（4）齿厚　在半径为 r_k 的任意圆周上，同一轮齿的两侧齿廓间的弧线长度称为齿厚，用 s_k 表示。

（5）齿槽宽　在半径为 r_k 的任意圆周上，相邻轮齿间的齿槽上的圆周弧长称为齿槽宽，用 e_k 表示。

由图 4-8 可知，在同一圆周上齿距等于齿厚与齿槽宽之和，即 $p_k=e_k+s_k$。

（6）分度圆　齿顶圆和齿根圆之间的圆，是为设计和制造方便而规定的一个理论圆，用它作为度量齿轮尺寸的基准圆，其半径用 r 表示，直径用 d 表示。规定标准齿轮分度圆上的齿厚 e 与齿槽宽 s 相等，即 $p=e+s$。

（7）齿顶高　轮齿在分度圆和齿顶圆之间的部分称为齿顶，其径向高度称为齿顶高。用 h_a 表示。

（8）齿根高　轮齿在分度圆和齿根圆之间的部分称为齿根，其径向高度称为齿根高。用 h_f 表示。

（9）齿全高　轮齿在齿顶圆和齿根圆之间的径向高度称为齿全高，用 h 表示。

（10）齿宽　轮齿沿齿轮轴线方向的宽度，用 b 表示。

4.3.1.2 标准齿轮的主要参数

（1）齿数　在齿轮整个圆周上轮齿的总数称为齿数，用 z 表示。

（2）模数　设 d_k 为任意圆的直径，z 为齿数，由

$$\pi d_k=zp_k$$

笔记

得

$$d_k=\frac{p_k}{\pi}z$$

上式中含有无理数“π”，为了便于设计、制造及互换使用，在齿轮上取一基准圆，使该圆周上的比值 p_k/π 等于一些较简单的数值，并使该圆上的压力角等于规定的某一数值，该圆称为分度圆，其直径用 d 表示。我们把比值 p/π 规定为标准值，用 m 来表示，称为模数，单位为 mm。于是分度圆上的直径为

$$d=mz\text{(mm)} \tag{4-5}$$

则分度圆上的齿距为

$$p=\pi m\text{(mm)} \tag{4-6}$$

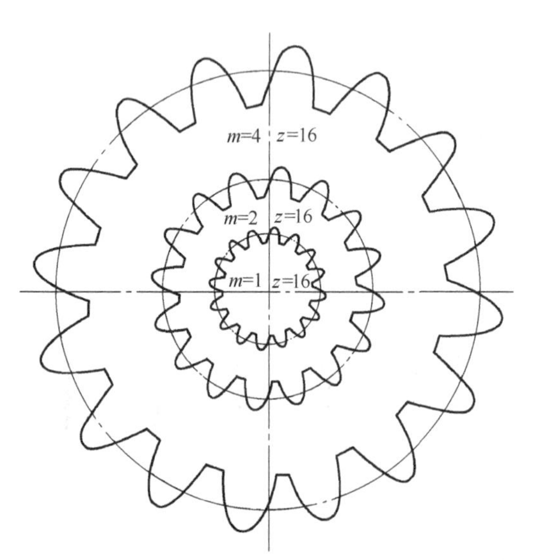

图 4-9　齿轮各部分尺寸与模数的关系

模数是齿轮尺寸计算中的一个重要参数，模数愈大，则齿距愈大，轮齿也就愈大，轮齿的抗弯能力愈强，如图 4-9 所示。齿轮模

数已标准化，我国常用的标准模数见表 4-1。

表 4-1 常用的标准模数（摘自 GB/T 1357—2008） mm

第一系列	1 1.25 1.5 2 2.5 3 4 5 6 8 10 12 16 20 25 32 40 50
第二系列	1.75 2.25 2.75 (3.25) 3.5 (3.75) 4.5 5.5 7 9 (11) 14 18 22 28 36 45

注：1. 优先采用第一系列，括号内的尽量不用。
2. 本表适用于渐开线圆柱齿轮，对于斜齿轮是指法面模数。

（3）压力角　轮齿的渐开线齿廓位于分度圆周上的压力角称为分度圆压力角，用 α 表示，我国规定分度圆压力角标准值一般为 20°。在某些装置中，也有分度圆压力角为 14.5°、15°、22.5°、25°等的齿轮。标准压力角是决定渐开线齿廓形状的重要参数之一。

综上所述，分度圆可确切定义为：具有标准模数和标准压力角的圆。每个齿轮必有一个也只有一个分度圆。

（4）顶隙系数 c^*　为了保证两齿轮啮合传动时不被卡死，并储存润滑油，两齿轮轮齿沿径向方向应留有间隙，这一间隙称为顶隙，以 c 表示。标准的顶隙值取模数的倍数：$c=c^*m$。

（5）齿顶高系数 h_a^*　轮齿的高度取模数的倍数。我国标准规定 h_a^*、c^* 的标准值为

正常齿制：当 $m\geqslant 1\text{mm}$ 时，$h_a^*=1$，$c^*=0.25$；当 $m<1\text{mm}$ 时，$h_a^*=1$，$c^*=0.35$。

短齿制：$h_a^*=0.8$，$c^*=0.3$。

凡模数、压力角、齿顶高系数与顶隙系数等于标准数值，且分度圆上齿厚 s 与齿槽宽 e 相等的齿轮称为标准齿轮。因此，对于标准齿轮

$$s=e=\frac{p}{2}=\frac{\pi m}{2} \tag{4-7}$$

4.3.2 渐开线标准直齿圆柱齿轮的几何尺寸

笔记

标准直齿圆柱齿轮的几何尺寸按表 4-2 进行计算。

表 4-2 标准直齿圆柱齿轮各部分几何尺寸计算公式

名称	符号	公式	
		外齿轮	内齿轮
模数	m	强度计算后获得	
分度圆直径	d	$d=mz$	
齿顶高	h_a	$h_a=h_a^*m$	
齿根高	h_f	$h_f=(h_a^*+c^*)m$	
全齿高	h	$h=(2h_a^*+c^*)m$	
齿顶圆直径	d_a	$d_a=(z+2h_a^*)m$	$d_a=(z-2h_a^*)m$
齿根圆直径	d_f	$d_f=(z-2h_a^*-2c^*)m$	$d_f=(z+2h_a^*+2c^*)m$
中心距	a	$a=(d_1+d_2)/2$	$a=(d_1-d_2)/2$
基圆直径	d_b	$d_b=d\cos\alpha$	
齿距	p	$p=\pi m$	
齿厚	s	$s=\pi m/2$	
齿槽宽	e	$e=\pi m/2$	

【例 4-1】 已知一正常齿制的标准直齿圆柱齿轮，齿数 $z_1=20$，模数 $m=2\text{mm}$，拟将该齿轮作为某外啮合传动的主动齿轮，现须配一从动齿轮，要求传动比 $i=3.5$，试计算从动齿轮的几何尺寸及两轮的中心距。

解： 根据给定的传动比 i，可计算从动齿轮的齿数

$$z_2=iz_1=3.5\times20=70$$

已知齿轮的齿数 z_2 及模数 m，由表 4-2 所列公式可以计算从动齿轮各部分尺寸。

分度圆直径 $d_2=mz_2=2\times70=140\ (\text{mm})$

齿顶圆直径 $d_a=(z+2h_a^*)m=(70+2\times1)\times2=144\ (\text{mm})$

齿根圆直径 $d_f=(z-2h_a^*-2c^*)m=(70-2\times1-2\times0.25)\times2=135\ (\text{mm})$

全齿高 $h=(2h_a^*+c^*)m=(2\times1+0.25)\times2=4.5\ (\text{mm})$

中心距 $a=\dfrac{d_1+d_2}{2}=\dfrac{m}{2}(z_1+z_2)=\dfrac{2}{2}\times(20+70)=90\ (\text{mm})$

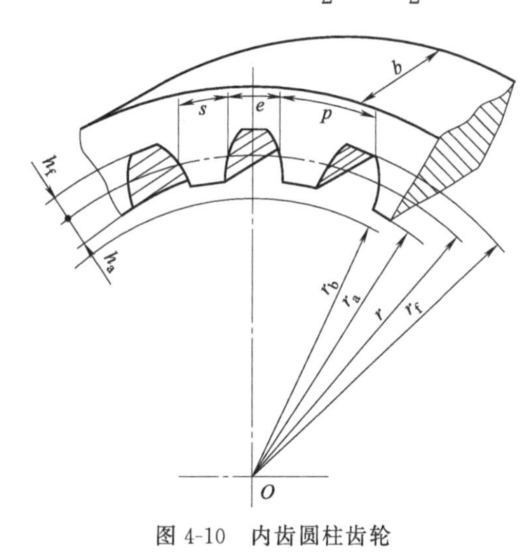

图 4-10 内齿圆柱齿轮

4.3.3 内齿轮

图 4-10 所示为一内齿圆柱齿轮。内齿轮的齿廓形成原理和外齿轮相同。相同基圆的内齿轮和外齿轮，其齿廓曲线是完全相同的渐开线，但轮齿的形状不同，内齿轮的齿廓是内凹的，而外齿轮的齿廓是外凸的，所以它与外齿轮相比较有下列不同点：

(1) 内齿轮的轮齿分布在空心圆柱体的内表面上，所以内齿轮的齿厚相当于外齿轮的齿槽宽，内齿轮的齿槽宽相当于外齿轮的齿厚。

(2) 内齿轮的齿根圆大于分度圆，而分度圆又大于齿顶圆。

(3) 为了保证内齿轮齿顶、齿廓全部为渐开线，因基圆内无渐开线，所以内齿轮的齿顶圆必须大于基圆。内齿圆柱齿轮的其他几何尺寸可参照外齿轮几何尺寸的计算公式进行计算。

4.3.4 齿条

图 4-11 所示为一标准齿条，它相当于基圆半径趋于无穷大时的特例。此时，齿条的各圆均变成了互相平行的直线，即相应的各圆变成了分度线、齿顶线和齿根线等。其齿廓也变成了直线齿廓。与标准直齿轮相比，齿条具有下述两个特点。

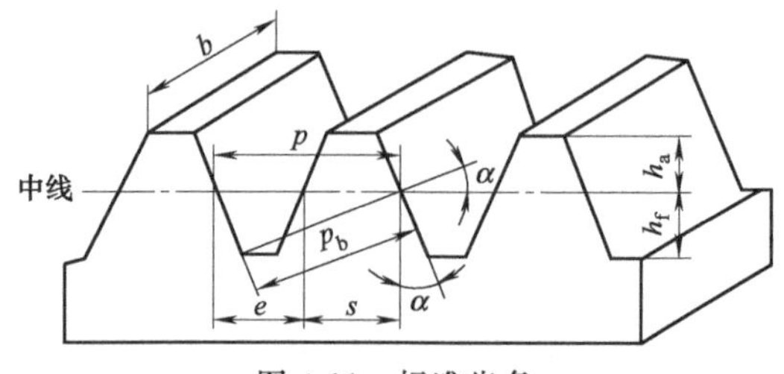

图 4-11 标准齿条

(1) 因各齿同侧齿廓相互平行，故不同高度上的齿距相等，且齿距均为 $p=\pi m$。

(2) 因齿条为直线齿廓，故齿廓上个点的压力角 α 也相等，且等于齿廓的倾斜角，标准值为 $\alpha=20^\circ$。

若分度线上的齿厚与齿槽宽相等，此齿条称为标准齿条。其几何尺寸的计算与标准直齿

轮相同。

4.3.5　渐开线直齿圆柱齿轮公法线长度和固定弦齿厚

在齿轮检验与加工过程中，主要是通过公法线长度或固定弦齿厚来控制尺寸间隙的，因此需要测量齿轮公法线长度或固定弦齿厚。

4.3.5.1　公法线长度

如图 4-12 所示，卡尺的两个卡脚跨过 k 个齿（图中 $k=3$），与渐开线齿廓相切于 A、B 两点，此两点间的距离 AB 就称为侧齿轮跨 k 个齿的公法线长度，以 W_k 表示。由于 AB 是渐开线上 A、B 两点的法线，所以 AB 必与基圆相切。由图 4-12 可知

$$W_k=(k-1)p_b+s_b$$

式中　p_b——基圆齿距；

　　　s_b——基圆齿厚。

$$W_k-W_{k-1}=p_b=\pi m\cos\alpha \tag{4-8}$$

W_k 的计算公式为

$$W_k=m\cos\alpha[(k-0.5)\pi+z\,\mathrm{inv}\alpha] \tag{4-9}$$

式（4-9）可用于测定齿轮参数。

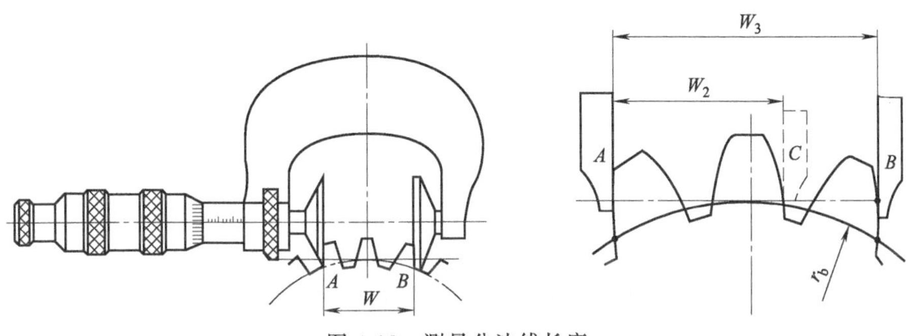

图 4-12　测量公法线长度

笔记

测量公法线长度时，必须保证卡尺的两个卡脚与渐开线齿廓相切，应尽量使卡脚卡在齿廓的中部，这样测得的公法线长度值比较准确。如果跨齿数太多，卡尺的卡脚就会卡在齿廓顶部接触；如果跨齿数太少，就会卡在根部接触（图 4-13）。这两种情况的测量均不允许。据此条件可推出合理的跨测齿数 k 的计算公式为

$$k=z\times\frac{\alpha}{180^\circ}+0.5 \tag{4-10}$$

式中　α——分度圆压力角，(°)；

　　　z——齿轮的齿数。

计算出的 k 值四舍五入取整数。

4.3.5.2　固定弦齿厚

对于大模数（$m>10$mm）圆柱齿轮或圆锥齿轮，无法用公法线长度来测量，通常测量固定弦齿厚。所谓固定弦齿厚（s），是指标准齿条的齿廓与齿轮齿廓对称相切时，两切点之间的距离，如图 4-14 所示的 AB。其计算公式为

$$s=\frac{\pi m}{2}\cos^2\alpha \tag{4-11}$$

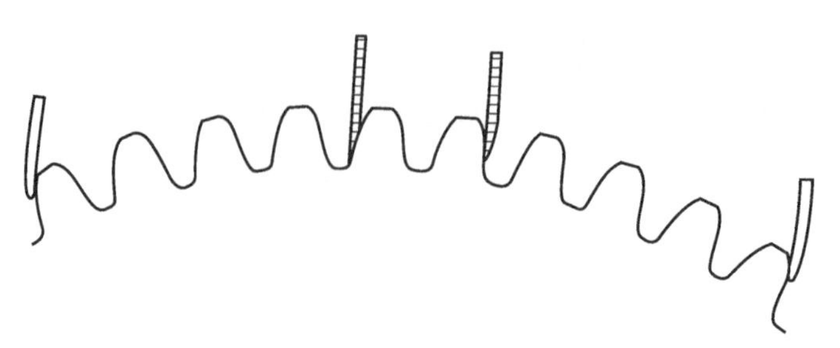

图 4-13　跨齿数对测量的影响

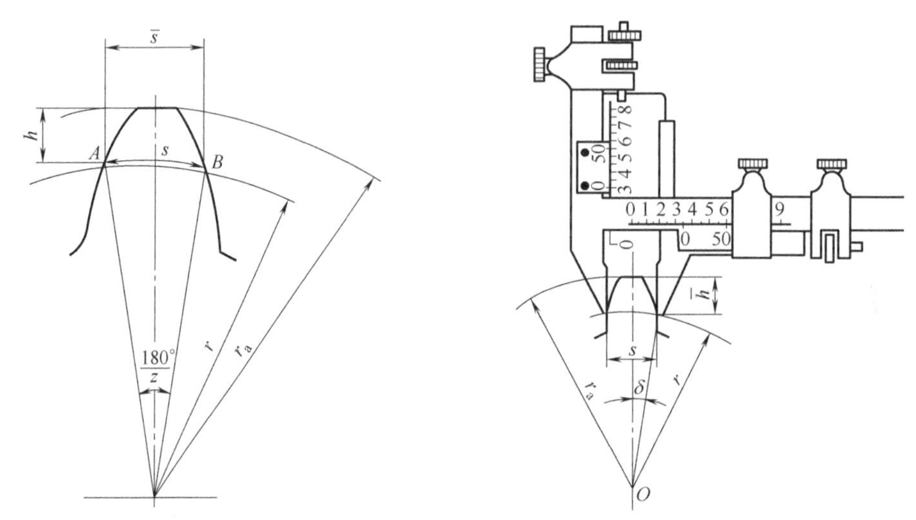

图 4-14　固定弦齿厚测量

4.4　渐开线标准直齿圆柱齿轮的啮合传动

笔记

4.4.1　正确啮合条件

齿轮传动时，它的每一对齿仅啮合一段时间便要分离，而由后一对齿接替。由 4.3 节可知，一对渐开线齿轮传动时，其齿廓啮合点都应在啮合线 N_1N_2 上，如图 4-15 所示，当前一对齿在啮合线上的 K_1 点接触时，其后一对齿应在啮合线上另一点 K_2 接触。

为了保证前后两对齿有可能同时在啮合线上接触，两轮相邻两齿间的 K_1K_2 长度应相等，即相邻两齿同侧齿廓间法向齿距应相等。如果不等，当 $p_{b1}>p_{b2}$ 时，传动会短时间中断，产生冲击；当 $p_{b1}<p_{b2}$ 时，轮齿会卡住。由此可以得出结论：要使两齿轮正确啮合，则它们的基圆齿距必须相等，即 $p_{b1}=p_{b2}$。

$$\pi m_1\cos\alpha_1=\pi m_2\cos\alpha_2$$

由于两轮的模数和压力角均已标准化，故渐开线齿轮的正确啮合条件为两轮的模数和压力角应分别相等，即

$$\left.\begin{array}{l}m_1=m_2=m\\ \alpha_1=\alpha_2=\alpha\end{array}\right\}\tag{4-12}$$

齿轮的传动比可写成

$$i=\frac{\omega_1}{\omega_2}=\frac{d_2'}{d_1'}=\frac{d_{b2}}{d_{b1}}=\frac{d_2}{d_1}=\frac{z_2}{z_1} \tag{4-13}$$

4.4.2　连续传动条件

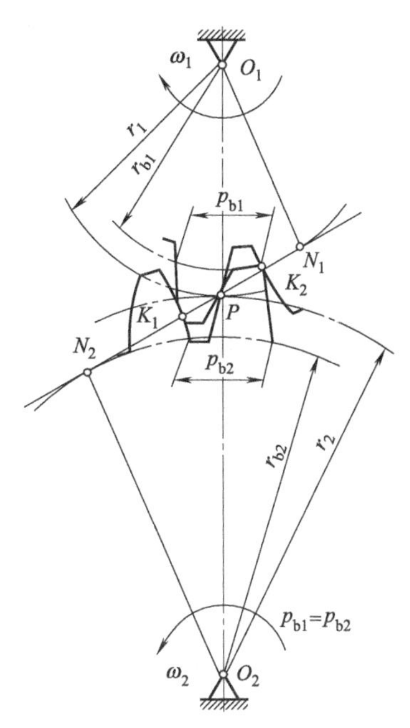

图 4-15　渐开线齿轮正确啮合及连续传动的条件

若要一对渐开线齿轮连续不断地传动，就必须使前一对齿终止啮合之前后续的一对齿及时进入啮合。如图 4-15 所示为一对互相啮合的齿轮。设齿轮 1 为主动，齿轮 2 为从动。开始啮合时，主动齿轮 1 的齿根部分与从动齿轮 2 的齿顶部分在 K_2 点开始接触。随着两齿轮继续啮合转动，啮合点的位置沿啮合线 N_1N_2 向下移动，齿轮 2 齿廓上的接触点由齿顶向齿根移动，而齿轮 1 齿廓上的接触点则由齿根向齿顶移动。当两齿廓的啮合点移至 K_1 点时，则两齿廓啮合终止。

由此可见，线段 K_1K_2 为啮合点的实际轨迹，故 K_1K_2 称为实际啮合线段。因基圆内无渐开线，故线段 N_1N_2 为理论上可能的最大啮合线段，所以称为理论啮合线段。

显然，要保证一对渐开线齿轮连续不断地啮合传动，必须使前一对轮齿尚未在 K_1 点脱离啮合之前，后一对轮齿及时到达 K_2 点进入啮合。要保证这一点必须使 $K_1K_2 \geqslant p_b$，即实际啮合线段必须大于或等于齿轮的基圆齿距。这就是连续传动的条件，通常把这个条件用 K_1K_2 与 p_b 的比值表示，称为重合度，用 ε 表示，即

$$\varepsilon=\frac{K_1K_2}{p_b}\geqslant 1 \tag{4-14}$$

重合度愈大，表明同时参与啮合的轮齿对数愈多，每对齿分担的载荷就愈小，运动愈平稳。由于制造齿轮时齿廓必然有少量的误差，故设计齿轮时必须使啮合线比齿距大，即重合度大于 1。

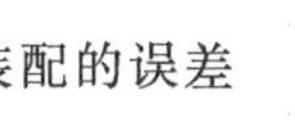

从理论上讲，重合度 $\varepsilon=1$ 就能保证齿轮的连续传动，但考虑到齿轮制造和装配的误差以及传动中齿轮的变形等因素，必须使重合度 $\varepsilon>1$。一般取 1.1～10。

重合度 ε 是衡量齿轮传动的重要指标之一。重合度 ε 越大，表示同时啮合的齿的对数越多，齿轮传动就越平稳，承载能力也越强。

4.4.3　标准中心距

4.4.3.1　无侧隙啮合条件

相啮合的一对齿轮除满足正确啮合、连续传动条件外，还必须考虑到轮齿的热膨胀和装配方便等因素。为此，应在齿槽与齿厚的齿廓间留有一定的侧向间隙，简称侧隙。侧隙等于一齿轮节圆上的齿槽宽与另一齿轮节圆上齿厚之差。一般侧隙很小，由公差来控制。在设计齿轮和计算名义尺寸时，仍假设没有侧隙存在。由此可见，无侧隙啮合条件是：一齿轮节圆上的齿槽宽与另一齿轮节圆上齿厚相等，即 $s_1'=e_2'$，$s_2'=e_1'$。

4.4.3.2　标准中心距

对于一对模数、压力角相等的标准齿轮，由于其分度圆上的齿厚与齿槽宽相等，正确安

装时，理论上可为无齿侧间隙啮合，此时，齿轮的分度圆与节圆重合，可看成两轮的分度圆相切做纯滚动。标准齿轮的这种安装称为标准安装，其中心距称为标准中心距。此时，实际中心距与标准中心距相等，即 $a'=a$；啮合角与压力角相等，即 $\alpha'=\alpha=20°$。

一对外啮合齿轮的中心距为

$$a=\frac{d_1'+d_2'}{2}=\frac{d_1+d_2}{2}=\frac{m}{2}(z_1+z_2) \tag{4-15}$$

由于渐开线齿廓具有可分性，两轮中心距略大于正确安装中心距时仍能保持瞬时传动比恒定不变，但齿侧出现间隙，反转时会有冲击。

4.5 渐开线齿轮的加工方法和根切现象

4.5.1 齿轮的加工方法

齿轮的加工方法很多，如铸造法、冲压法、热轧法、切削法等。其中最常用的还是切削法。按切削齿廓的原理不同，可分为仿形法和范成法。

4.5.1.1 仿形法

仿形法是在铣床上用与齿槽形状相关的盘形铣刀［图 4-16（a）］或指形铣刀［图 4-16（b）］逐个切去齿槽，从而得到渐开线齿廓。

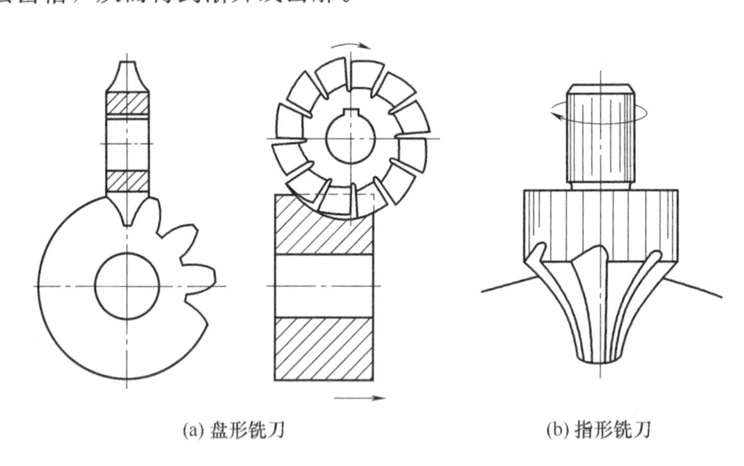

图 4-16 仿形法加工齿轮

由于渐开线齿廓形状取决于基圆大小，而基圆直径 $d_b=mz\cos\alpha$，即模数 m、压力角 α 和齿数 z 决定齿廓形状。同一模数和压力角的齿轮，齿数不同，齿形就不同，这样加工不同齿数的齿轮就要制造许多刀具，显然这是不可能的。为了减少铣刀数量，对于同一模数和压力角的齿轮，按齿数范围分为 8 组，每组用一把刀具来加工，刀具形状按范围内最少齿形设计。

仿形法切削时，不同齿数合用一把刀，见表 4-3。由于铣刀的号数有限，加上分度的误差，因而其精度较低。另外由于加工过程不连续，故生产效率低，加工成本高。但这种加工方法简单，不需要专用机床，可在普通铣床上加工，故这种加工方法仅适用于单件生产及精度要求不高的齿轮加工。

表 4-3　圆盘铣刀加工齿数的范围

刀号	1	2	3	4	5	6	7	8
轮齿数	12～13	14～16	17～20	21～25	26～34	35～54	55～134	≥135

4.5.1.2　范成法

范成法又称展成法或包络法，是目前最常用的一种齿轮加工方法。它是利用一对齿轮（或齿轮齿条）做无侧隙啮合传动时（图 4-17），其共轭齿廓互为包络线的原理来加工齿轮的。用范成法加工齿轮时，常用的刀具有齿轮插刀、齿条插刀和齿轮滚刀。

（1）图 4-18 所示为用齿轮插刀加工齿轮的情况。具有渐开线齿形的齿轮插刀和被切齿轮都按规定的传动比转动。根据正确啮合条件，被切齿轮的模数和压力角与插刀相同。插刀沿被切齿轮轴线方向做往复切削运动，同时模仿一对齿轮啮合传动，插刀在被切齿轮上切出一系列渐开线外形，这些渐开线包络即为被切齿轮的渐开线齿廓。切制相同模数和压力角、不同齿数的齿轮，只需用同一把插刀即可。

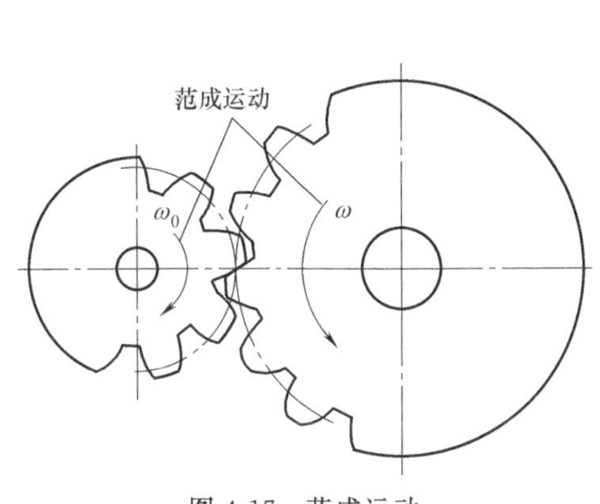

图 4-17　范成运动

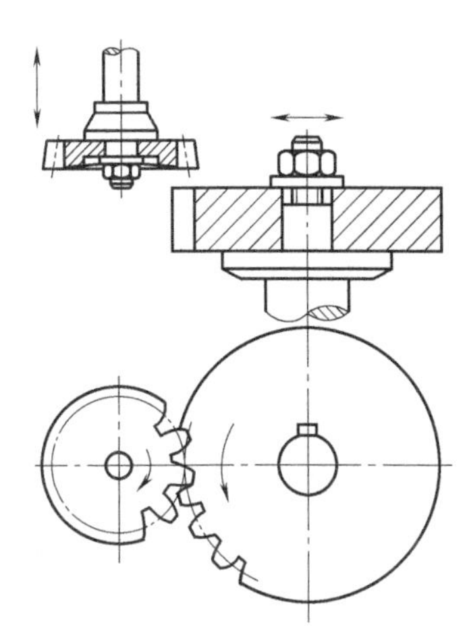

图 4-18　齿轮插刀加工齿轮

笔记

（2）图 4-19 所示为齿条插刀加工齿轮的情况。当齿轮插刀的齿数增至无穷多时，其基圆半径变为无穷大，渐开线齿廓为直线齿廓，齿轮插刀便变为齿条插刀。其加工原理与齿轮插刀切削齿轮相同。用齿条插刀加工所得的轮齿齿廓也为刀刃在各个位置的包络线。由于齿条插刀的齿廓为直线，比齿轮插刀制造容易，精度高，但因为齿条插刀长度有限，每次移动全长后要求复位，所以生产效率低。

无论是用齿轮插刀还是齿条插刀加工齿轮，刀具的切削运动都是不连续的，在一定程度上影响了生产效率。实际生产中广泛采用滚刀切制齿轮则克服了这种不足。

（3）图 4-20 所示为齿轮滚刀加工轮齿的情况。滚刀是蜗杆形状的铣刀，它的纵剖面为具有直线齿廓的齿条，当滚刀转动时，相当于齿条在移动，按范成法原理加工齿轮，它们的包络线形成被切齿轮的渐开线齿廓。

由于滚刀加工是连续切削，而插刀加工有进刀和退刀是间断切削，所以，滚刀加工生产效率较高，是目前应用最为广泛的加工方法。但是在切削时，被切齿廓略有误差，因此，加工精度略低。

总之，范成法加工齿轮，只要刀具和被加工齿轮的模数 m 和压力角 α 相同，任何齿数的齿轮均可用一把刀具来加工，大批生产中多采用这种方法，这也是目前最常用的齿轮加工方法。

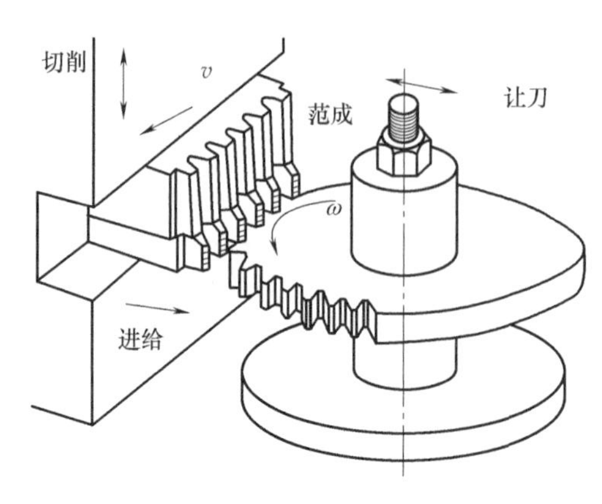

图 4-19 齿条插刀加工齿轮

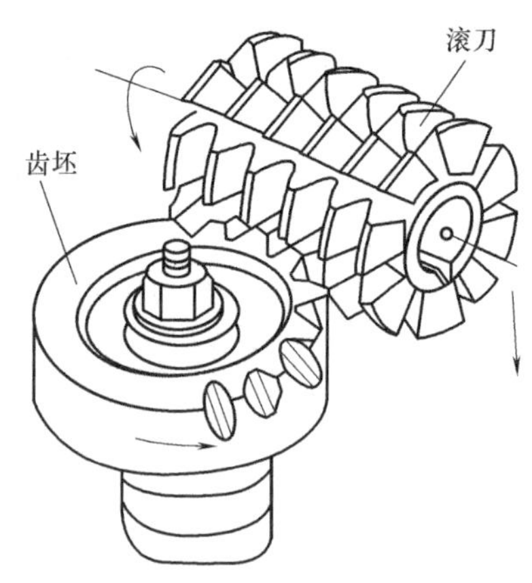

图 4-20 齿轮滚刀加工齿轮

4.5.2 根切现象和最少齿数

用范成法加工齿轮时，如果齿轮的齿数太少，则切削刀具的齿顶就会切去轮齿根部的一部分，这种现象称为根切，如图 4-21 所示。

发生根切会使轮齿的弯曲强度降低，并使重合度减小，传动时出现冲击噪声，故应设法避免根切的发生。

通过研究发现，产生根切的原因与刀具相对于轮坯的位置有关。图 4-22 所示为用标准齿条插刀加工标准齿轮的情况，B 点为轮坯齿顶圆与啮合线的交点，N_1 点为轮坯基圆与啮合线的切点，即啮合的极限点。刀具从位置 1 开始切削齿廓的渐开线部分，而当刀具行至位置 2 时，齿廓的渐开线已全部切出。如果刀具的齿顶线恰好通过 N_1 点，展成运动继续进行时，该刀刃即与切好的渐开线齿廓脱离，因而不会发生根切现象。但若刀具的齿顶线超过了 N_1 点，刀具还将继续切削，因此刀具的顶点部分将轮齿根部的渐开线切去了一部分，根切现象发生。

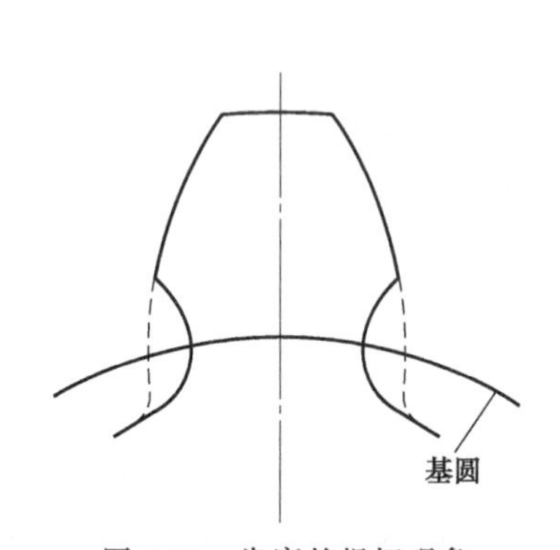

图 4-21 齿廓的根切现象

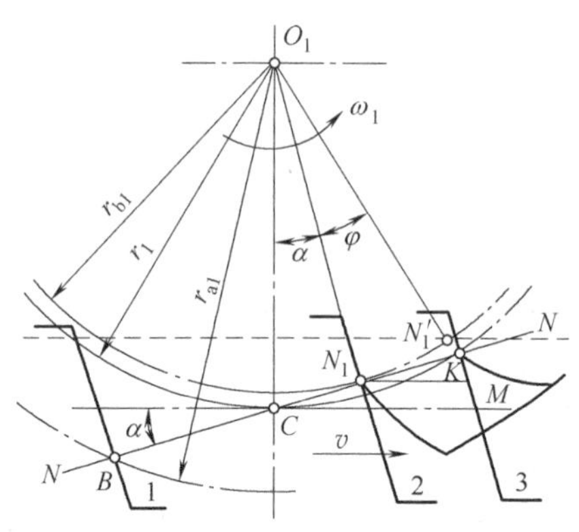

图 4-22 根切的原因

综上所述，要避免根切就必须使刀具的齿顶线不超过 N_1 点。通过进一步分析可知，根切现象与被切齿轮的基圆大小有关，基圆半径越小，N_1 点就越接近刀具的顶线，被切齿轮轮齿产生根切的可能性就越大。

如图 4-23 所示，不发生根切的条件就是刀具的齿顶线与啮合线的交点 B 在 N_1 点以下，即

$$CN_1 \geqslant CB$$

$$\frac{mz}{2}\sin\alpha \geqslant \frac{h_a^* m}{\sin\alpha}$$

得

$$z \geqslant \frac{2h_a^*}{\sin^2\alpha} \tag{4-16}$$

因此，对于渐开线标准直齿圆柱齿轮不发生根切的最少齿数为：当 $\alpha=20°$，$h_a^*=1$（正常齿）时，$z_{min}=17$；当 $\alpha=20°$，$h_a^*=0.8$（短齿）时，$z_{min}=14$。

必须指出，最少齿数是用展成法加工标准齿轮时提出的，用仿形法加工时不受此最少齿数的限制。要求小齿轮的齿数小于 17 而又不发生根切，就必须采用变位齿轮。

4.5.3 渐开线变位齿轮简介

4.5.3.1 渐开线标准齿轮的局限性

标准齿轮传动由于设计简单，互换性好，易于制造和安装，也由于其传动性能一般能得到保证，而得到广泛的应用。但标准齿轮传动也存在一定的局限性，例如：

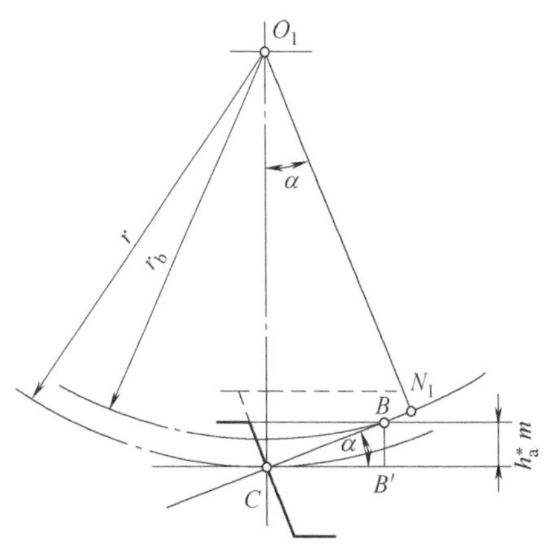

图 4-23　用标准齿条刀具切制轮齿

（1）标准齿轮的齿数不能少于最少齿数 z_{min}，否则会发生根切。因此，在传动比和模数一定的条件下，限制了齿轮机构尺寸和重量的减轻。

（2）标准齿轮不适用于实际中心距 a' 不等于标准中心距的场合，即 $a' \neq a = \frac{m}{2}(d_1+d_2)$。如外啮合时，当 $a'<a$ 时，则无法安装；当 $a'>a$ 时，虽然可以安装，但将产生较大的齿侧间隙，引起冲击和噪声，同时重合度也随之减小，影响了传动的平稳性。

（3）小齿轮与大齿轮相比，其齿根厚度小、啮合次数又较多，故强度差且磨损严重，不符合等强度、等磨损的设计思想。

笔记

由于标准齿轮存在上述不足，不能够满足现代生产发展对齿轮传动越来越高的要求，于是提出了对齿轮进行变位修正的要求，从而产生了变位齿轮。

4.5.3.2 变位齿轮的加工

如图 4-24（a）所示，齿条刀具中线（加工节线）在位置 N-N 与轮坯分度圆（加工节圆）相切，因为刀具中线齿厚 s_2 等于齿槽宽 e_1，所以轮坯分度圆上的齿厚 s_1 等于齿槽宽 e_2，切出的是标准齿轮。

齿条刀具中线由原位置 NN 移到位置 $N'N'$，齿条新的加工节线与轮坯分度圆相切，因为新节线上的齿厚 s_2 不等于槽宽 e_2，所以轮坯分度圆上的齿厚 s_1 也不等于齿槽宽 e_1，切出的是非标准齿轮，如图 4-24（b）、（c）所示。在刀具位置移动后，切出的非标准齿轮称为变位齿轮。

刀具中线由切削标准齿轮的位置 N-N 移动到位置 N'-N' 的距离 xm，称为变位量；x 称为变位系数，是变位齿轮的重要参数。由轮坯中心向外移动，x 取正值，切出的齿轮称为正变位齿轮；向内移动，x 取负值，切出的齿轮称为负变位齿轮。

与标准齿轮相比：正变位齿轮，其分度圆上的齿厚变大，齿槽宽变小，齿顶变尖，齿根变宽，齿顶高变大，齿根高变小；负变位齿轮，其分度圆上的齿厚变小，齿槽宽变大，齿顶变宽，齿根变窄，齿顶高变小，齿根高变大。如图 4-25 所示。

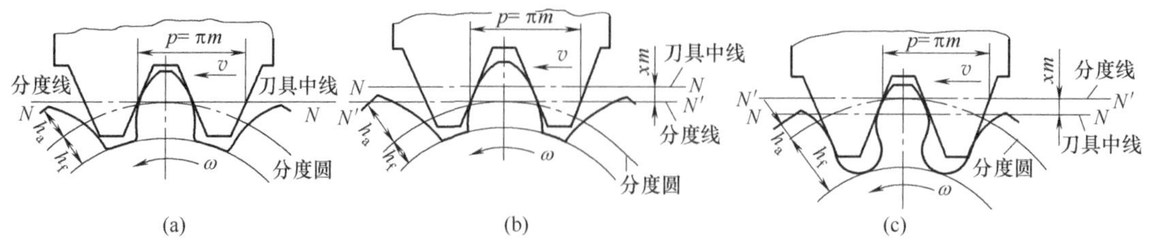

图 4-24 变位齿轮的切削原理

4.5.3.3 变位齿轮的特点

由于齿条刀具变位后，加工节线上的齿距（$p=m\pi$）、压力角（α）与中线上的相同，所以切出的变位齿轮的 m、z、α 仍保持变位前的原值，即齿轮的分度圆、基圆都不变，齿廓渐开线也不变，只是随 x 不同，取同一渐开线的不同区段作齿廓。由于基圆不变，用范成法切制的一对变位齿轮，瞬时传动比仍为常数。

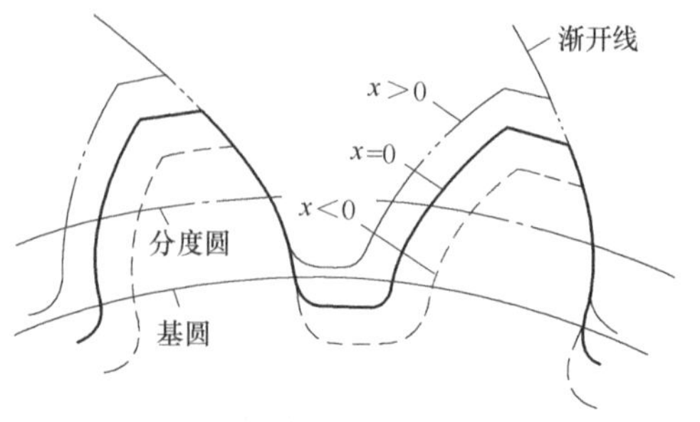

图 4-25 变位齿轮与标准齿轮齿廓比较

4.6 平行轴斜齿圆柱齿轮传动

4.6.1 齿廓曲面的形成及啮合特点

4.6.1.1 斜齿圆柱齿轮齿廓曲面的形成

前面讨论直齿圆柱齿轮时，仅就垂直于轮轴的一个剖面加以研究，但实际上，齿轮具有宽度，因此，形成渐开线的基圆应是基圆柱面，发生线应是发生面。

笔记

如图 4-26（b）所示的为直齿圆柱齿轮齿廓曲面的形成。发生面沿基圆柱做纯滚动，且与基圆柱轴线平行的任一直线所形成的轨迹，即为直齿轮渐开线曲面。

当一对直齿轮相啮合时，两轮齿面的瞬时接触线为平行于轴线的直线，如图 4-26（a）所示，所以两轮轮齿在进入啮合时是沿着全齿宽同时进入啮合，在退出啮合时是沿着全齿宽同时脱离啮合。这样在啮合传动的过程中，轮齿上的载荷沿齿宽被突然加上，又突然卸掉，使得直齿圆柱齿轮机构的传动平稳性较差，容易产生较大的冲击、振动和噪声。为了克服直齿轮传动的缺点，于是出现了斜齿轮。

斜齿圆柱齿轮齿廓曲面的形成原理与直齿圆柱齿轮相似，所不同的是发生面上的直线 K-K 与基圆柱轴线成一夹角 β_b，如图 4-27（a）所示。当发生面沿基圆柱做纯滚动，斜直线 K-K 的轨迹为渐开螺旋面，即斜齿轮齿廓曲面。它与基圆的交线 A-A 是一条螺旋线，夹角 β_b 称为基圆柱上的螺旋角。齿廓曲面与齿轮端面的交线仍为渐开线。

当两斜齿轮啮合时，由于轮齿倾斜，一端先进入啮合，另一端后进入啮合，其接触线由短变长，再由长变短，如图 4-27（b）所示。整个啮合过程是一个逐渐啮合又逐渐退出的过程，轮齿上的载荷也是逐渐加上又逐渐卸掉，所以斜齿圆柱齿轮机构传动平稳，冲击、振动和噪声较小，被广泛应用于高速、重载的机械中。

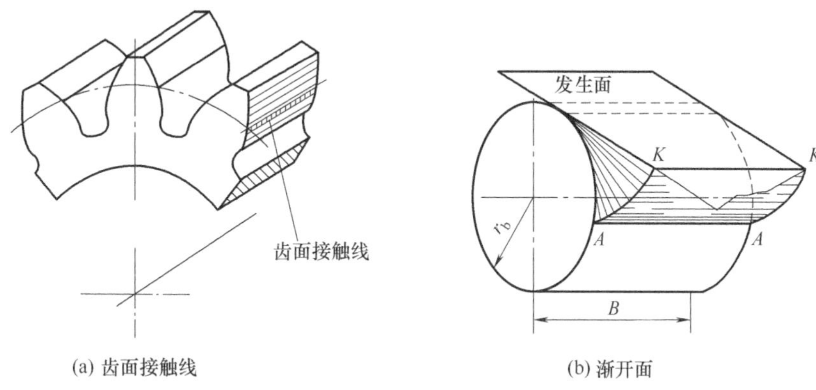

(a) 齿面接触线　(b) 渐开面

图 4-26　渐开线直齿轮齿面的形成

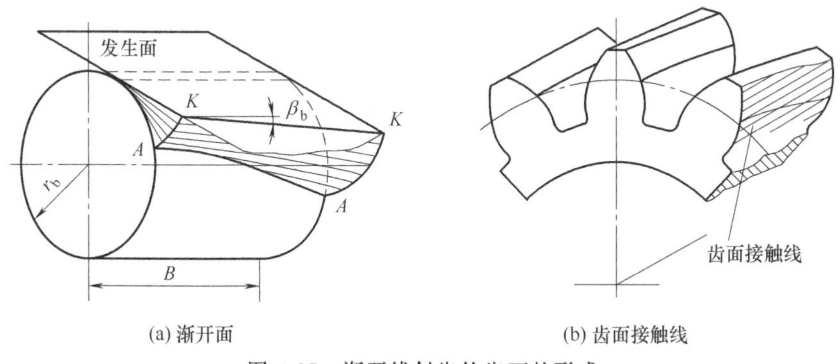

(a) 渐开面　(b) 齿面接触线

图 4-27　渐开线斜齿轮齿面的形成

4.6.1.2　斜齿轮传动的特点

（1）传动平稳　在斜齿轮传动中，轮齿的接触线是与齿轮轴线倾斜的直线，轮齿从开始啮合到脱离啮合是逐渐从一端过渡到另一端，故传动平稳，噪声小。这种啮合方式也减小了轮齿制造误差对传动的影响。

（2）承载能力强　由于斜齿圆柱齿轮重合度大，降低了每对轮齿的载荷，从而相对地提高了齿轮的承载能力，延长了齿轮的使用寿命。

（3）结构紧凑　不发生根切的最少齿数比直齿轮要少，可获得更为紧凑的机构。

（4）受力分析　斜齿轮传动在运转时会产生轴向力，轴向力使得轴承支承结构较为复杂。为此可采用人字齿轮或反向使用两对斜齿轮传动，使产生的轴向力互相抵消。但人字齿轮的缺点是制造较为困难。

笔记

4.6.2　主要参数及几何尺寸

由于斜齿轮轮齿倾斜，分为垂直于轴线的端面（用下标 t 表示）和垂直于齿向（螺旋线切线方向）的法面（用下标 n 表示）。根据齿面形成原理，轮齿端面齿形为渐开线，而法面齿形不是渐开线，因此，两面上的参数不同。由于加工斜齿轮时，常用齿条刀具或盘形齿轮铣刀来切齿，且刀具沿齿轮的螺旋线方向进刀，所以刀具的模数和压力角与斜齿圆柱齿轮的法向模数和法向压力角相同。因刀具上的参数为标准值，故规定斜齿轮法面参数为标准值，而斜齿轮几何尺寸按端面参数计算，因此必须建立法面参数与端面参数的换算关系。

（1）螺旋角 β　由于斜齿轮螺旋面与分度圆柱的交线是一条螺旋线，该螺旋线的螺旋角用β表示，为分度圆柱上的螺旋角，称为斜齿轮的螺旋角，如图4-28所示。对于同一个斜齿圆柱齿轮，不同圆柱面上的螺旋线的导程s是相同的，所以基圆柱上的螺旋角β_b与分度圆柱上的螺旋角β之间的关系为

$$\tan\beta_b = \tan\beta\cos\alpha_t \tag{4-17}$$

式中　α_t——端面压力角，(°)。

为不使其轴向推力过大，设计时一般取$\beta=8°\sim20°$。根据该螺旋线的旋向，斜齿圆柱齿轮可分为左旋、右旋，如图4-29所示。

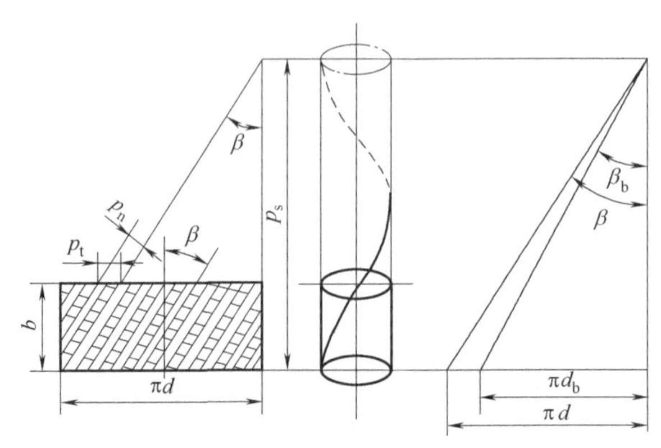

图4-28　端面齿距与法面齿距

（2）法面模数m_n与端面模数m_t　如图4-28所示，斜齿圆柱齿轮分度圆柱面的展开图中，阴影区域表示轮齿，空白区域表示齿槽。由图可得端面齿距p_t与法面齿距p_n有如下关系：

$$p_n = p_t\cos\beta$$

将上式两边同除以π，得法面模数m_n与端面模数m_t之间的关系为

$$m_n = m_t\cos\beta \tag{4-18}$$

笔记

（3）法面压力角α_n与端面压力角α_t（图4-30）

$$\tan\alpha_n = \tan\alpha_t\cos\beta \tag{4-19}$$

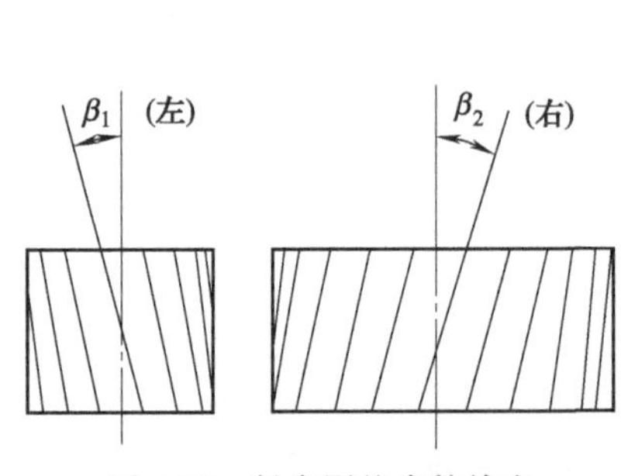

图4-29　斜齿圆柱齿轮旋向

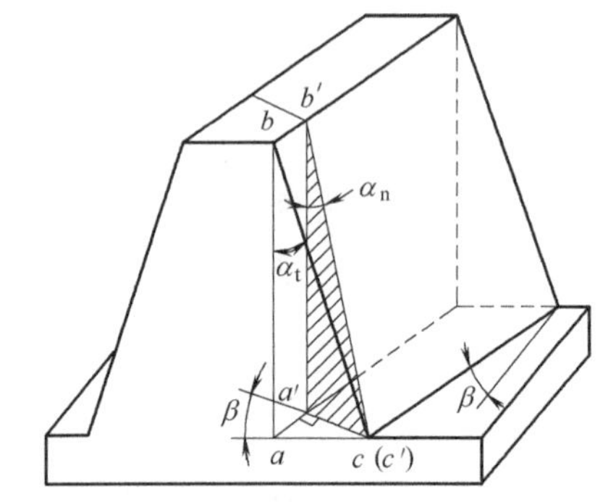

图4-30　法面压力角与端面压力角

（4）齿顶高系数和顶隙系数　由于斜齿轮的径向尺寸无论在法面还是在端面都不变，故其法面和端面的齿顶高和顶隙都相等，即$h_{an}^* m_n = h_{at}^* m_t$，$c_n^* m_n = c_t^* m_t$。代入式（4-18）可得

$$h_{at}^* = h_{an}^*\cos\beta, c_t^* = c_n^*\cos\beta \tag{4-20}$$

(5) 几何尺寸计算 标准斜齿圆柱齿轮几何尺寸计算公式见表4-4。

表4-4 标准斜齿圆柱齿轮几何尺寸计算公式

名称	符号	计算公式
端面模数	m_n	根据强度条件计算,并取标准值
端面压力角	α_n	$\alpha_n=20°$
螺旋角	β	β 一般取 8°～20°
分度圆直径	d	$d=m_t z=(m_n/\cos\beta)z$
齿顶高	h_a	$h_a=h_{an}^* m_n$
齿根高	h_f	$h_f=(h_{an}^*+c_n^*)m_n$
齿顶圆直径	d_a	$d_a=d+2h_a=m_n(z/\cos\beta+2h_{an}^*)$
齿根圆直径	d_f	$d_f=d-2h_f=m_n(z/\cos\beta-2h_{an}^*-2c_n^*)$
基圆直径	d_b	$d_b=d\cos\alpha_t$
顶隙	c	$c=c_n^* m_n$
中心距	a	$a=m_n(z_1+z_2)/2\cos\beta$

4.6.3 斜齿圆柱齿轮的正确啮合条件

一对斜齿圆柱齿轮外啮合的正确啮合条件为

$$\left.\begin{array}{l} m_{n1}=m_{n2}=m_n \\ \alpha_{n1}=\alpha_{n2}=\alpha_n \\ \beta_1=\mp\beta_2 \end{array}\right\} \tag{4-21}$$

其中,"+"为内啮合,"−"为外啮合。

4.6.4 平行轴斜齿轮机构的连续传动条件

重合度是衡量齿轮承载能力和传动平稳性的一项重要指标。由平行轴斜齿轮一对齿啮合过程的特点可知,在计算斜齿轮重合度时,还必须考虑螺旋角 β 的影响。图4-31所示为由两个端面参数(齿数、模数、压力角、齿顶高系数及顶隙系数)完全相同的标准直齿轮和标准斜齿轮的分度圆柱面(即节圆柱面)展开图研究斜齿圆柱齿轮的重合度。由于直齿轮接触线为与齿宽相当的直线,从 B 点开始啮入,从 B' 点啮出,工作区长度为 BB';斜齿轮接触线,由 A 点啮入,接触线逐渐增大,至 A' 点啮出,比直齿轮多转过一个弧 $f=b\tan\beta$。因此,平行轴斜齿轮传动的重合度为端面重合度和纵向重合度之和。平行轴斜齿轮的重合度随螺旋角 β 和齿宽 b 的增大而增大,故斜齿圆柱齿轮传动的重合度比直齿圆柱齿轮大很多,所以斜齿圆柱齿轮传动平稳,承载能力强。

笔记

4.6.5 斜齿圆柱齿轮的当量齿数

在选择切制直齿轮铣刀时,刀具的模数和压力角应分别与所切制齿轮的模数和压力角相同,此外还应该根据所切制齿轮的齿数选择铣刀的刀号。同样,切制斜齿轮时,刀具的模数和压力角应分别与所切制齿轮的法面模数和法面压力角相同,也应该找出一个与斜齿轮法面齿形相当的直齿轮,根据这个直齿轮的齿数来选择刀号。这个假想的直齿轮就称为斜齿轮的当量齿轮,如图4-32所示。其齿数为当量齿数,用 z_v 表示。另外,在进行齿轮强度计算时,由于两啮合轮齿之间的作用力是沿轮齿的法向作用,因此也应用当量齿数。

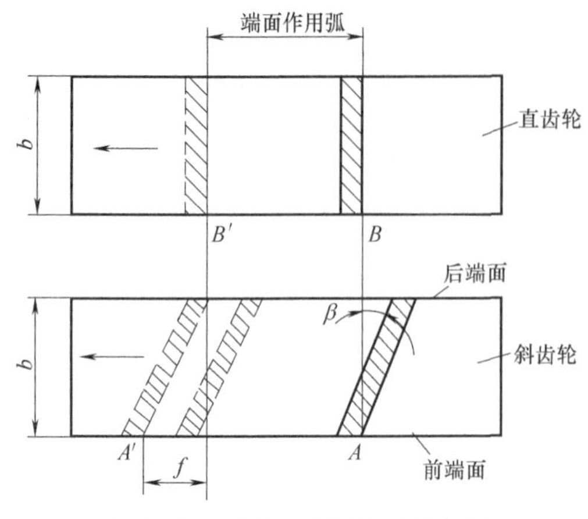

图 4-31 斜齿圆柱齿轮的重合度

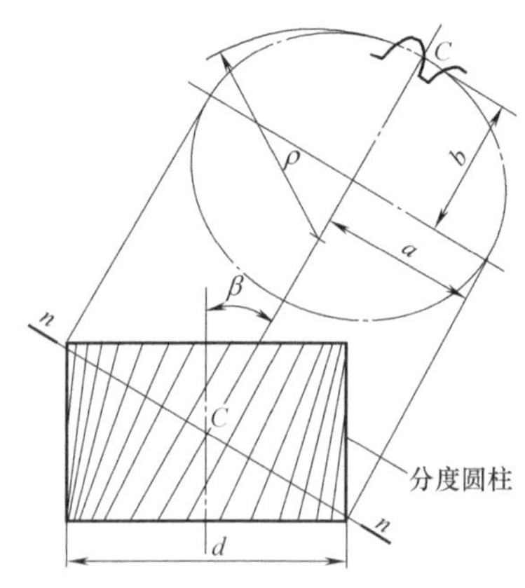

图 4-32 斜齿轮的当量齿轮

过斜齿轮分度圆上的一点 C 作轮齿的法面，将此斜齿轮的分度圆柱面剖开，其剖面为一椭圆。在此剖面上，点 C 附近的齿形可看作斜齿轮在法面上的齿形。以椭圆上点 C 的曲率半径为半径，以斜齿轮法面模数为模数，以法面压力角为压力角作直齿圆柱齿轮，这个就是斜齿轮的当量齿轮。

由椭圆的几何关系可知，点 C 处的曲率半径为

$$\rho=\frac{a^2}{b}=\frac{d}{2\cos^2\beta}$$

所以，当量齿轮的直径为 2ρ，故当量齿数为

$$z_v=\frac{2\rho}{m_n}=\frac{d}{m_n\cos\beta}=\frac{m_t z}{m_n\cos^2\beta}=\frac{z}{\cos^3\beta} \tag{4-22}$$

当量齿数的作用有：

(1) 用来选择材料铣刀的刀号；

(2) 用来计算斜齿轮的强度；

(3) 用来确定斜齿轮不根切的最少齿数，即

$$z_{min}=z_{vmin}\cos^3\beta$$

令 $z_{vmin}=17$，显然，斜齿圆柱齿轮不产生根切的最小齿数要小于 17。

4.7 直齿圆锥齿轮传动

直齿圆柱齿轮和斜齿圆柱齿轮属于平面齿轮机构，相互啮合的两个齿轮的轴线是相互平行的。但在实际机械传动中，有时需要两传动轴的轴线相交，故在直齿圆柱齿轮的基础上发展了圆锥齿轮传动。

4.7.1 圆锥齿轮传动的特点

圆锥齿轮主要用于几何轴线相交的两轴间的传动，属于空间机构，两轮轴线之间的夹角为 Σ，一般情况下 $\Sigma=90°$。圆锥齿轮的轮齿分布在截锥体上，因此，在齿宽方向，轮齿的厚度有变化。按齿向可以将圆锥齿轮分为直齿圆锥齿轮、斜齿圆锥齿轮和曲齿圆锥齿轮。如图 4-33 所示为直齿圆锥齿轮。由于直齿圆锥齿轮在设计、制造和安装等方面都比较简单，

应用广泛，因此，本书只讨论直齿圆锥齿轮。

与圆柱齿轮相似，圆锥齿轮也分为分度圆锥、齿顶圆锥和齿根圆锥等。但和圆柱齿轮不同的是，轮齿的厚度沿锥顶方向逐渐减小。

直齿圆锥齿轮的两个端面尺寸不同，因此将其分为大端参数和小端参数，为了计算和测量方便，通常取大端参数为标准值，即大端分度圆压力角 $\alpha=20^{\circ}$，大端模数为标准模数。

4.7.2 直齿圆锥齿轮的齿廓曲面、背锥和当量齿数

4.7.2.1 直齿圆锥齿轮的齿廓曲面

如图 4-34 所示，一基圆锥与圆平面 S 相切于 OP，基圆锥的锥距与圆平面的半径 R 相等，当圆平面在基圆锥上做纯滚动时，S 面上的任一点 B 将在空间形成一条渐开线 B_oBB_e，因为渐开线 B_oBB_e 上任意一点到锥顶 O 的距离都等于锥距 R，故曲线 B_oBB_e 形成了球面渐开线。

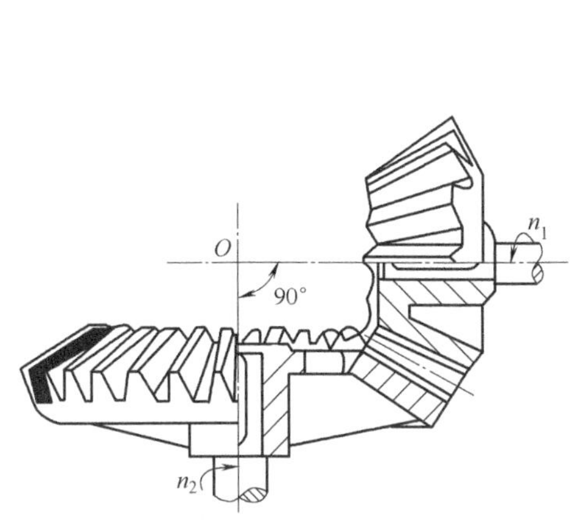

图 4-33 直齿圆锥齿轮

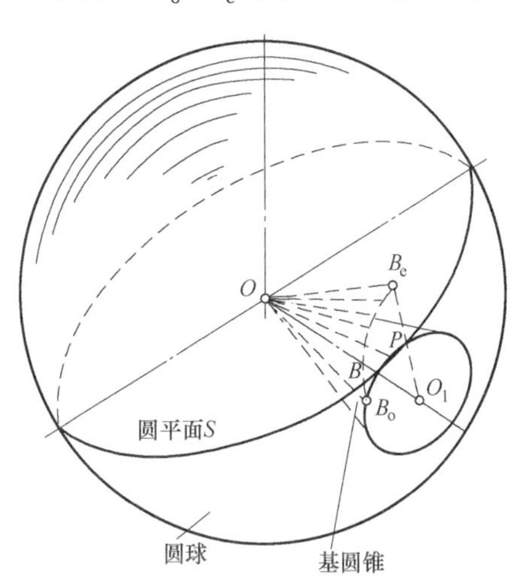

图 4-34 直齿圆锥齿轮齿廓曲面的形成原理

4.7.2.2 背锥

直齿圆锥齿轮的齿廓曲线是球面渐开线，由于球面曲线不能展开成平面曲线，给圆锥齿轮的设计和制造带来很多困难。为了在工程上应用方便，可以采用一种近似的方法来研究圆锥齿轮的齿廓曲线，用能展成平面的实际齿廓曲线来代替圆锥齿轮的理论齿廓曲线。为此，引入了背锥的概念。

图 4-35 所示为直齿圆锥齿轮的轴剖面。该圆锥齿轮的齿廓是球面渐开线，三角形 OAB 代表的是分度圆锥，直线 AB 的长度就是圆锥齿轮大端分度圆直径，圆弧 $\overset{\frown}{ab}$ 是圆锥齿轮大端的理论齿廓与通过轴线的平面的交线，为将大端的球面近似展成平面，过大端上的 A 点和 B 点分别作球面的两条切线 AO_1 和 BO_1 与圆锥齿轮的轴线交于 O_1，三角形 AO_1B 代表的是一个圆锥，该圆锥与球面相切于该齿轮大端分度圆直径上。该圆锥称为圆锥

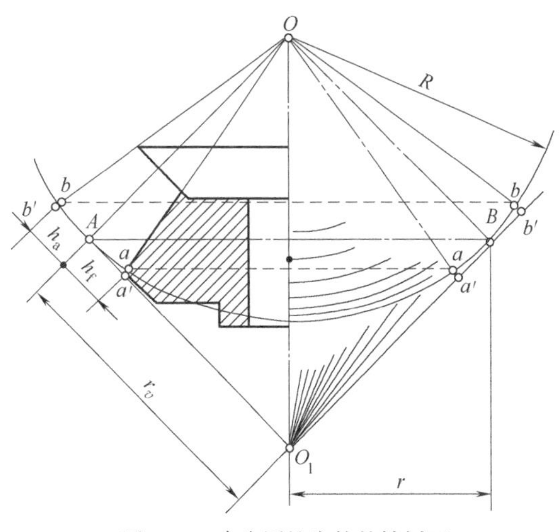

图 4-35 直齿圆锥齿轮的轴剖面

笔记

齿轮的背锥。

4.7.2.3 当量齿数

如图 4-36 所示，圆锥齿轮大端齿廓所在的圆锥面 EO_1E 称为背锥，背锥母线与以 O 为锥顶的分度圆锥面 EOE 的母线垂直相交。如将圆锥齿轮的背锥面展开成平面，得一扇形齿轮。如果以扇形齿轮的半径为分度圆半径将齿轮补充完整，则得一模数和压力角均与圆锥齿轮大端模数和压力角相同的直齿圆柱齿轮，其端面齿形与圆锥齿轮的大端齿形相当，故这一假想的直齿圆柱齿轮称为圆锥齿轮的当量齿轮，其齿数称为当量齿数，即

$$z_v = \frac{z}{\cos\delta} \tag{4-23}$$

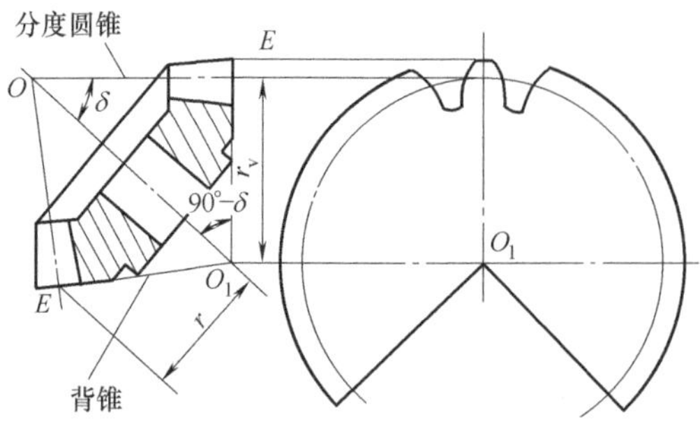

图 4-36 圆锥齿轮的当量齿轮

用成型铣刀加工直齿圆锥齿轮时，铣刀的参数应与大端参数相同，铣刀的刀号应根据当量齿数 z_v 选取。

4.7.3 直齿圆锥齿轮几何尺寸计算

如图 4-37 所示，直齿圆锥齿轮的参数和几何尺寸均以大端为标准，大端应取标准模数和标准压力角，即 $\alpha=20°$。对标准齿形取齿高系数 $h_a^*=1$、顶隙系数 $c^*=0.2$。渐开线圆锥齿轮的几何尺寸按表 4-5 计算。

笔记

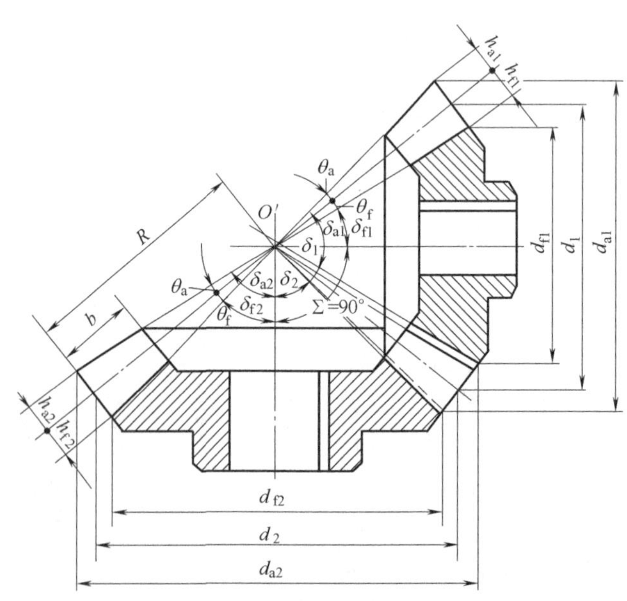

图 4-37 直齿圆锥齿轮的几何尺寸

表 4-5 标准直齿圆锥齿轮的几何尺寸计算公式

名称	符号	计算公式	
		小齿轮	大齿轮
锥距	R	$R=\frac{m}{2}\sqrt{z_1^2+z_2^2}$	
齿顶角	θ_a	$\theta_a=\arctan h_a/R$	
齿根角	θ_f	$\theta_f=\arctan h_f/R$	
顶锥角	δ_a	$\delta_{a1}=\delta_1+\theta_{a1}$	$\delta_{a2}=\delta_2+\theta_{a2}$
根锥角	δ_f	$\delta_{f1}=\delta_1-\theta_{f1}$	$\delta_{f2}=\delta_2-\theta_{f2}$
齿顶圆直径	d_a	$d_{a1}=d_1+2h_a\cos\delta_1$	$d_{a2}=d_2+2h_a\cos\delta_2$
齿根圆直径	d_f	$d_{f1}=d_1-2h_f\cos\delta_1$	$d_{f2}=d_2-2h_f\cos\delta_2$
齿宽	b	$b=(0.2\sim0.3)R$	
齿数	z	z_1	$z_2=iz_1$
分度圆锥角	δ	$\delta_1=\arctan\frac{z_2}{z_1}$	$\delta_2=90°-\delta_1$
分度圆直径	d	$d_1=mz_1$	$d_2=mz_2$
模数	m	由强度计算确定，按表 4-1 取值	
齿顶高	h_a	$h_a=h_a^*m$	
齿根高	h_f	$h_f=(h_a^*+c^*)m$	
全齿高	h	$h=h_a+h_f=(2h_a^*+c^*)m$	

4.8 蜗杆蜗轮机构

笔记

蜗杆传动由蜗杆和蜗轮组成，如图 4-38 所示，主要用于传递空间两交错轴之间的回转运动和动力。通常两轴交错角为 90°，一般蜗杆是主动件。

4.8.1 蜗杆传动认知

4.8.1.1 蜗杆传动的类型

蜗杆蜗轮机构按照蜗杆的形状不同，可分为圆柱蜗杆传动［见图 4-39（a）］、环面蜗杆传动［见图 4-39（b）］和锥面蜗杆传动［见图 4-39（c）］，机械中常用的是圆柱蜗杆。

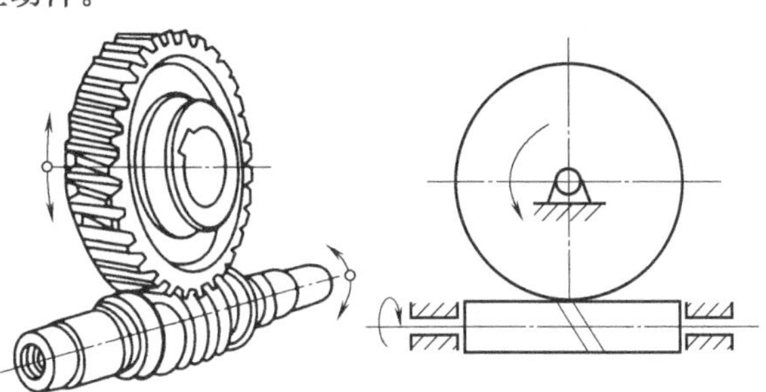

图 4-38 蜗杆传动

圆柱蜗杆机构按蜗杆轴面齿形又可分为普通圆柱蜗杆机构和圆弧蜗杆机构。

普通圆柱蜗杆机构根据加工方法的不同又可分为阿基米德蜗杆（ZA 型）、渐开线蜗杆（ZI 型）和法面直齿廓蜗杆（ZH 型）。

目前最常用的是阿基米德蜗杆，如图 4-40 所示，在车床上切制阿基米德蜗杆时，刀具的切削刃平面通过蜗杆的轴线。该蜗杆轴向齿廓为直线齿廓，端面齿廓为阿基米德螺旋线。阿基米德蜗

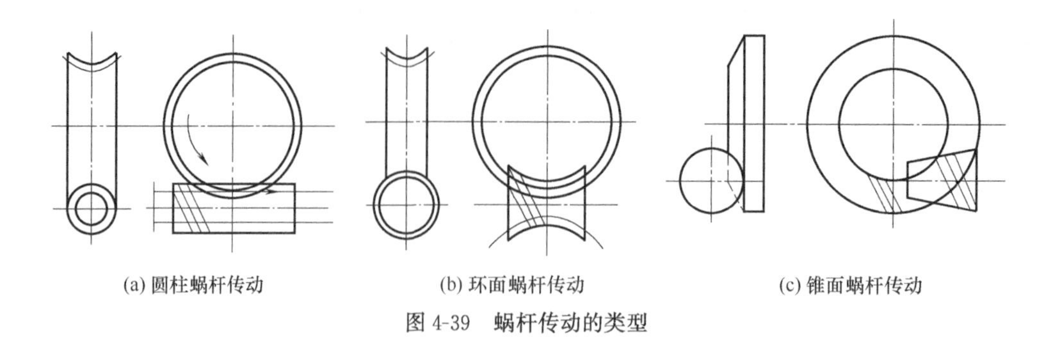

图 4-39 蜗杆传动的类型

杆易车削难磨削，广泛用于转速较低的场合。

如图 4-41 所示，车制渐开线蜗杆时，刀刃顶平面与基圆柱相切，两把刀具分别切出左右侧螺旋面。该蜗杆轴向齿廓为外凸曲线，端面齿廓为渐开线。渐开线蜗杆可在专用机床上磨削，制造精度较高，可用于转速较高、功率较大的传动。

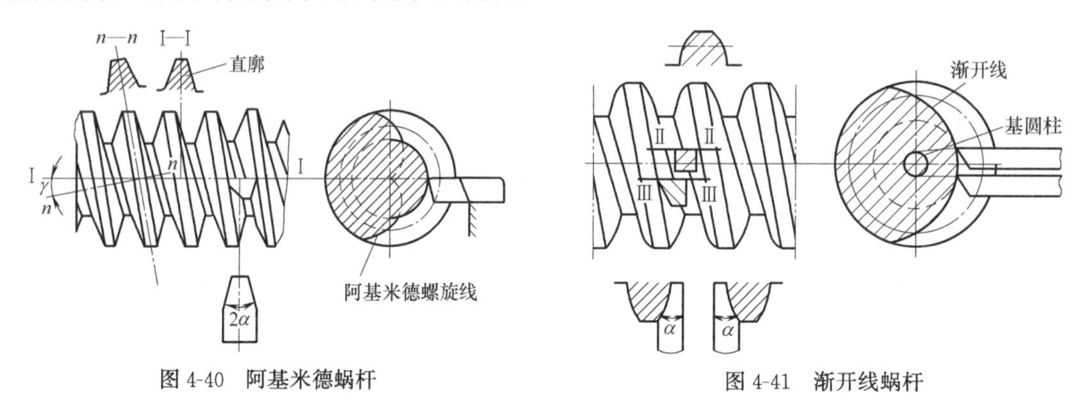

图 4-40 阿基米德蜗杆

图 4-41 渐开线蜗杆

4.8.1.2 蜗杆蜗轮机构的特点及应用

笔记

(1) 传动比大，结构紧凑　在动力传动中，单级传动时传动比为 $i=5\sim80$；在分度机构中，传动比 i 可达 1000。与齿轮传动相比，结构紧凑。

(2) 传动平稳，振动、冲击和噪声均很小　由于蜗杆的轮齿是连续不断的螺旋齿，它和蜗轮轮齿是逐渐进入啮合及逐渐退出啮合，且同时啮合的轮齿对数多，故传动平稳，几乎无噪声。

(3) 具有自锁性　当蜗杆的导程角小于轮齿间的当量摩擦角时，蜗杆蜗轮传动具有自锁性。在这种情况下，只能以蜗杆为主动件带动蜗轮传动，而不能由蜗轮带动蜗杆。这种自锁蜗杆蜗轮机构常用在需要单向传动的场合，其反向自锁性可起安全保护作用。

(4) 传动效率低　由于蜗杆蜗轮啮合传动时的相对滑动速度较大，摩擦损耗大，而发热和温升过高又加剧了磨损，故传动效率较低，一般传动效率为 70%～80%，而具有自锁性的蜗杆蜗轮机构的效率低于 50%。

(5) 蜗轮的造价较高　为减轻齿面的磨损及防止胶合，蜗轮一般多用青铜制造，因此造价较高。

由于上述特点，蜗杆蜗轮机构常被用于两轴交错、传动比大且要求结构紧凑、传递功率不大或间歇工作、为了安全保护而需要机构具有自锁性的场合。如在各种机械和仪表中常用于减速，在离心机、内燃机增压器等中用于增速。

4.8.2 蜗杆传动的主要参数及几何尺寸计算

通过蜗杆轴线并与蜗轮轴线垂直的平面，称为中间平面，如图 4-42 所示。在中间平面内阿基米德蜗杆具有渐开线直齿廓，其两侧边的夹角为 $2\alpha=40°$，与蜗杆啮合的蜗轮可认为是螺旋角比较小的渐开线斜齿轮。所以，在中间平面内蜗轮与蜗杆的啮合传动相当于渐开线齿条与齿轮的啮合传动。

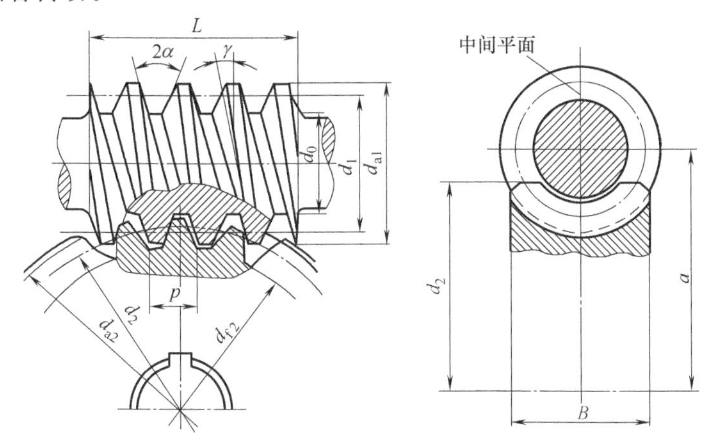

图 4-42 圆柱蜗杆传动的主要参数

4.8.2.1 主要参数及选择

（1）模数 m 和压力角 α 国家标准规定，蜗杆、蜗轮在中间平面内的模数和压力角为标准值。标准模数见表 4-6，压力角 $\alpha=20°$。

表 4-6 蜗杆基本参数

模数 m/mm	分度圆直径 d_1/mm	蜗杆头数 z_1	直径系数 q	m^2d_1/mm^3	模数 m/mm	分度圆直径 d_1/mm	蜗杆头数 z_1	直径系数 q	m^2d_1/mm^3
1	18	1	18.000	18	6.3	63	1,2,4,6	10.000	2500
1.25	20	1	16.000	31.25		112	1	17.778	4445
	22.4	1	17.920	35	8	80	1,2,4,6	10.000	5120
1.6	20	1,2,4	12.500	51.2		140	1	17.500	8960
	28	1	17.500	71.68	10	90	1,2,4,6	9.000	9000
2	22.4	1,2,4,6	11.200	89.6		160	1	16.000	16000
	35.5	1	17.750	142	12.5	112	1,2,4	8.960	17500
2.5	28	1,2,4,6	11.200	175		200	1	16.000	31250
	45	1	18.000	281	16	140	1,2,4	8.750	35840
3.15	35.5	1,2,4,6	11.270	352		250	1	15.625	64000
	56	1	17.778	556	20	160	1,2,4	8.000	64000
4	40	1,2,4,6	10.000	640		315	1	15.750	126000
	71	1	17.750	1136	25	200	1,2,4	8.000	125000
5	50	1,2,4,6	10.000	1250		400	1	16.000	250000
	90	1	18.0000	2250					

(2) 蜗杆头数 z_1、蜗轮齿数 z_2 和传动比 i　选择蜗杆头数 z_1 时，主要考虑传动比、效率及加工等因素。通常蜗杆头数取 1、2、4、6。若要得到大的传动比或要求自锁时，可取 $z_1=1$；当传递功率较大时，为提高传动效率，或传动速度较高时导程角要大，则 z_1 取大值。通常可根据传动比按表 4-7 选取。

表 4-7　蜗杆头数选取

传动比 i	5～8	7～16	15～32	30～80
蜗杆头数 z_1	6	4	2	1

蜗轮齿数主要由传动比来确定，即 $z_2=iz_1$。为了避免蜗轮轮齿发生根切，z_2 不应小于 28，但不宜大于 80。当 $z_2 \leqslant 28$ 时，啮合区较小，传动平稳性差，因此一般要求 $z_2 \geqslant 28$。而 z_2 过大，会使结构尺寸增大，蜗杆长度也随之增加，致使蜗杆刚度降低而影响啮合精度。对于动力传动，推荐 $z_2=28 \sim 80$。

对于蜗杆为主动件的蜗杆传动，其传动比为

$$i=\frac{n_1}{n_2}=\frac{z_2}{z_1} \tag{4-24}$$

式中　n_1，n_2——分别为蜗杆和蜗轮的转速，r/min；

z_1，z_2——分别为蜗杆头数和蜗轮齿数。

(3) 蜗杆的分度圆直径 d_1 与直径系数 q　为了保证蜗杆与蜗轮正确啮合，蜗轮通常用与蜗杆形状和尺寸完全相同的滚刀加工，所以对于同一尺寸的蜗杆必须用一把对应的蜗轮滚刀加，对同一模数不同直径的蜗杆，必须配相应数量的滚刀加工。为限制滚刀的数目并便于刀具的标准化，以降低成本，对每一标准模数规定了一定数量的蜗杆分度圆直径 d_1，令比值

$$q=\frac{d_1}{m} \tag{4-25}$$

q 称为蜗杆直径系数。因 d_1、m 已规定有标准值，故 q 值也是标准值。与模数 m 匹配的蜗杆分度圆直径 d_1 的标准值见表 4-6。

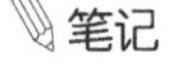
笔记

蜗杆的直径系数 q 在蜗杆传动设计中具有重要意义，因为在 m 一定时，q 大则 d_1 大，蜗杆的强度和刚度也相应增大；而当 z_1 一定时，q 小则导程角增大，可提高传动效率，所以在蜗杆轴刚度允许的情况下，应尽可能选用较小的 q 值。

(4) 蜗杆的导程角 γ　蜗杆的直径系数 q 和蜗杆头数选定之后，蜗杆分度圆柱上的导程角也就确定了。将蜗杆分度圆上螺旋线展开，如图 4-43 所示，则按下式得到蜗杆的导程角

$$\tan\gamma=\frac{L}{\pi d_1}=\frac{z_1 \pi m}{\pi d_1}=\frac{z_1 m}{d_1}=\frac{z_1}{q} \tag{4-26}$$

一般情况下，蜗杆的分度圆直径上的导程角 $\gamma=3.5^\circ \sim 27^\circ$。导程角 γ 在 $3.5^\circ \sim 4.5^\circ$ 范围内的蜗杆可实现自锁。动力传动时，为提高传递效率，可取较大的导程角，但是过大的导程角会增加加工的难度。因此一般取 $\gamma < 30^\circ$。

(5) 中心距 a　蜗杆传动的中心距为

$$a=\frac{1}{2}(d_1+d_2)=\frac{1}{2}m(q+z_2)$$

4.8.2.2　蜗杆传动正确啮合的条件

在此中间平面内蜗杆与蜗轮的啮合相当于齿条与齿轮的啮合。这样，蜗轮蜗杆传动的正确啮合条件为：中间平面内蜗杆的轴向模数 m_{a1} 等于蜗轮的端面模数 m_{t2}；轴面压力角 α_{a1}

等于端面压力角 α_{t2} 且为标准；导杆导程角 γ 等于蜗轮螺旋角 β，且旋向相同，即

$$\left.\begin{aligned} m_{a1}&=m_{t2}=m \\ \alpha_{a1}&=\alpha_{t2}=\alpha \\ \gamma&=\beta \end{aligned}\right\} \qquad (4\text{-}27)$$

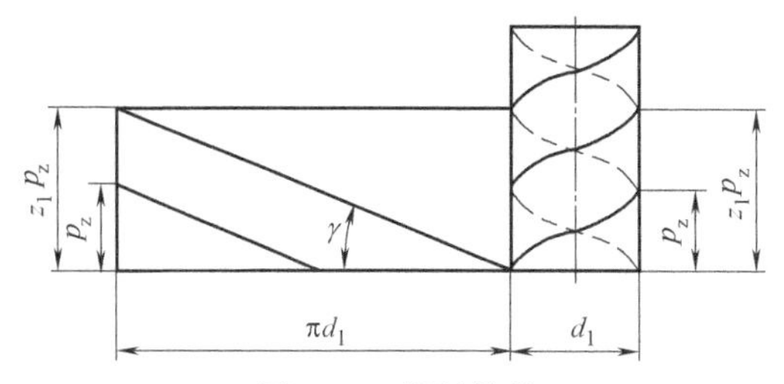

图 4-43 蜗杆导程

4.8.2.3 蜗杆传动几何尺寸计算

标准圆柱蜗杆传动的几何计算公式见表 4-8。

表 4-8 圆柱蜗杆传动的几何尺寸计算

名称	符号	计算公式	
		蜗杆	蜗轮
分度圆直径	d	$d_1=mq$	$d_2=mz$
齿顶高	h_a	$h_a=m$	
齿根高	h_f	$h_f=1.2m$	
齿顶圆直径	d_a	$d_{a1}=(q+2)m$	$d_{a2}=(z_2+2)m$
齿根圆直径	d_f	$d_{f1}=(q-2.4)$	$d_{f2}=(z_2-2.4)m$
蜗杆导程角	γ	$\gamma=\arctan\dfrac{z_1}{q}$	
蜗轮螺旋角	β		$\beta=\gamma$
径向间隙	c	$c=0.2m$	
标准中心距	a	$a=\dfrac{1}{2}m(q+z_2)$	

4.8.3 蜗轮转动方向的判定

蜗杆机构中蜗轮转动的方向可按照蜗杆的旋向和转向，用左、右手定则判定。如图 4-44（a）所示蜗杆为右旋，用右手四指绕蜗杆的转向，大拇指沿蜗杆轴线所指的相反方向就是蜗轮节点的线速度方向，由此可判定蜗轮的转向为逆时针方向；若蜗杆为左旋，同理用左手可判断蜗轮的转向［图 4-44（b）］为顺时针方向。

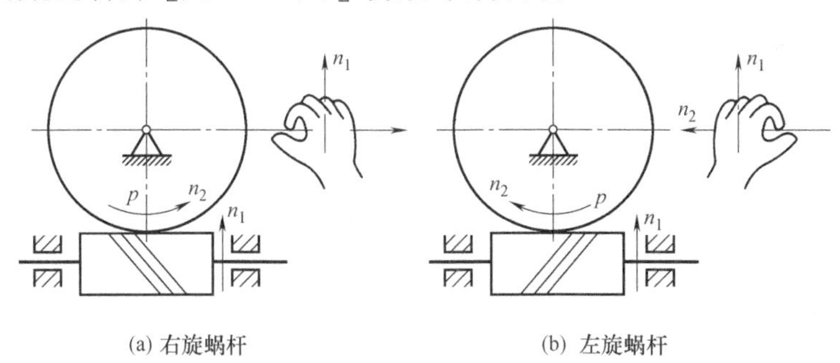

(a) 右旋蜗杆 (b) 左旋蜗杆

图 4-44 蜗杆蜗轮转动方向的判断

笔记

任务实施

根据任务导入要求，任务实施具体如下：

（1）齿轮③的齿廓比较平直。由于齿轮的渐开线形状取决于基圆的大小，齿轮③与齿轮②的模数虽然相等，但齿轮③的齿数大于齿轮②的齿数，因此，齿轮③的基圆大于齿轮②的基圆，故齿轮③的齿廓比较平直。

（2）齿轮②和齿轮③能正确啮合。因为它们符合标准直齿圆柱齿轮正确啮合的条件。

（3）齿轮②和齿轮③可以用同一把滚刀加工，因为它们的模数相等。但不能用同一把铣刀加

工，因为铣刀的刀号是根据齿轮的齿数来选取，齿轮②和齿轮③的齿数不在同一个范围内。

项目练习

选择题

(1) 渐开线上任意点的法线必与基圆（　　）。

A. 相贯　　B. 相离　　C. 相切

(2) 当基圆半径趋于无穷大时，渐开线（　　）。

A. 逐渐弯曲　　B. 趋于平直　　C. 成为直线

(3) 形成齿轮渐开线的圆称为（　　）。

A. 齿根圆　　B. 节圆　　C. 分度圆　　D. 基圆

(4) 一对渐开线直齿圆柱齿轮的啮合线切于（　　）。

A. 两分度圆　　B. 两基圆　　C. 两齿根圆

(5) 齿轮渐开线的形状取决于（　　）。

A. 齿顶圆半径的大小　　B. 基圆半径的大小

C. 齿分度圆半径的大小

(6) 一对标准渐开线齿轮啮合，当中心距大于标准中心距时，齿轮的节圆直径分别（　　）其分度圆直径。

A. 大于　　B. 等于　　C. 小于　　D. 不可比

(7) 渐开线齿轮连续传动的条件是：重合度 ε（　　）。

A. >0　　B. <0　　C. >1　　D. <1

(8) 一对渐开线标准齿轮在标准安装下，两齿轮分度圆的相对位置应该是（　　）。

A. 相交　　B. 相切　　C. 分离

(9) 一对渐开线齿轮啮合传动时，其中心距安装有误差，（　　）。

A. 仍能保持瞬时传动比不变　　B. 仍能保持无齿侧隙啮合

C. 瞬时传动比虽有变化，但平均转速比仍不变

笔记

(10) 用范成法加工齿轮时，根切现象发生在（　　）场合。

A. 模数太小　　B. 模数太大　　C. 齿数太少　　D. 齿数太多

(11) 当渐开线圆柱齿轮的齿数少于 $z_{\min}$ 时，可采用（　　）的办法来避免根切。

A. 正变位　　B. 负变位　　C. 减少切削深度

(12) 用范成法加工标准齿轮，刀具中线与齿轮分度圆（　　）。

A. 相割　　B. 相切　　C. 相离

(13) 渐开线齿轮变位后（　　）。

A. 分度圆及分度圆上齿厚不变　　B. 分度圆及分度圆上齿厚都改变

C、分度圆不变但分度圆上齿厚改变

(14) 斜齿圆柱齿轮的齿数与法面模数不变，若增大螺旋角，则分度圆直径（　　）。

A. 增大　　B. 减小　　C. 不变　　D. 不一定变化

(15) 直齿圆锥齿轮的标准模数规定在（　　）分度圆上。

A. 法面　　B. 端面　　C. 大端　　D. 小端

(16) 圆柱蜗杆传动中的（　　），在螺旋线的轴载面上具有直线齿廓。

A. 阿基米德蜗杆　B. 渐开线蜗杆　　C. 延伸渐开线蜗杆

(17) 阿基米德蜗杆的（　　）模数，应符合标准数值。

A. 端面　　B. 法面　　C. 轴面

(18) 减速蜗杆传动中，用（　　）计算传动比 i 是错误的。

A. $i=\omega_1/\omega_2$　　B. $i=z_1/z_2$

C. $i=n_1/n_2$　　D. $i=d_1/d_2$

(19) 起吊重物用的手动蜗杆传动装置，宜采用（　　）蜗杆。

A. 单头、小升角　　B. 单头、大升角

C. 多头、小升角　　D. 多头、大升角

(20) 在蜗杆传动中，当其他条件相同时，增加蜗杆头数，则传动效率 η（　　）。

A. 降低　　B. 提高　　C. 不变　　D. 可能提高，也可能减小

判断题

(1) 为使分度圆直径计算方便，人为规定 p/π 为正整数，用 m 表示，模数无单位量纲。（　　）

(2) 一对能正确啮合传动的渐开线标准直齿圆柱齿轮，其啮合角一定为 20°。（　　）

(3) 一对直齿圆柱齿轮啮合传动，模数越大，重合度越大。（　　）

(4) 渐开线齿廓上各点的压力角不相等。（　　）

(5) 因为渐开线齿轮传动具有中心距可分性，所以实际中心距稍大于两轮分度圆半径之和，仍可满足传动比恒定。（　　）

(6) 标准直齿圆柱齿轮传动的实际中心距恒等于标准中心距。（　　）

(7) 所谓标准直齿圆柱齿轮，是指分度圆上的压力角和模数均为标准值的齿轮。（　　）

(8) 对于单个齿轮来说，节圆半径等于分度圆半径。（　　）

(9) 渐开线标准齿轮的齿根圆总是大于基圆。（　　）

(10) 不同齿数和模数的标准渐开线齿轮分度圆上的压力角相等。（　　）

(11) 仿形法加工的齿轮比范成法加工的齿轮精度高。（　　）

(12) 用仿形法加工标准直齿圆柱齿轮（正常齿）时，当 $z_{\min}<17$ 时产生根切。（　　）

(13) 变位齿轮的模数、压力角仍和标准齿轮一样。（　　）

(14) 标准齿轮的滚刀不能加工非标准变位齿轮。（　　）

(15) 渐开线正变位齿轮与标准齿轮相比较，其分度圆齿厚增大了。（　　）

(16) 蜗杆传动中，通常以蜗杆为主动件进行增速传动。（　　）

(17) 蜗杆传动中，蜗轮法面模数和压力角为标准值。（　　）

(18) 由于蜗杆的导程角较大，所以有自锁性能。（　　）

(19) 蜗杆传动的主要失效形式是齿面点蚀和轮齿折断。（　　）

(20) 蜗杆机构中，蜗轮的转向取决于蜗杆的旋向和蜗杆的转向。（　　）

简答题

(1) 渐开线是怎样形成的？渐开线的形状与基圆半径大小是否有关？

(2) 何谓齿轮的分度圆？何谓节圆？两者的直径是否一定相等或一定不相等？

(3) 根切现象产生的原因是什么？如何避免根切？

(4) 为什么规定斜齿圆柱齿轮法面参数为标准值？

(5) 何谓斜齿轮的当量齿数？它有何用途？怎样计算？

(6) 直齿圆柱齿轮传动与斜齿圆柱齿轮传动的正确啮合条件有何区别？

笔记

（7）蜗杆传动的传动比如何计算？能否用分度圆直径之比表示传动比？为什么？

（8）为什么要引入蜗杆直径系数？

（9）何谓蜗杆传动的中间平面？中间平面的参数在蜗杆传动中有何重要意义？

（10）蜗杆传动有哪些特点？其正确啮合的条件是什么？

实作题

4-1 一对标准渐开线外啮合直齿圆柱齿轮传动，已知 $z_1=20$，$z_2=60$，$m=3\text{mm}$，$\alpha=20°$，计算小齿轮的分度圆直径、齿顶圆直径、齿根圆直径、基圆直径、齿距、齿厚和齿槽宽。

4-2 一对标准安装的渐开线标准直齿圆柱齿轮外啮合传动，已知 $a=100\text{mm}$，$z_1=20$，$z_2=30$，$\alpha=20°$，$d_{a1}=88\text{mm}$，求齿轮的模数、两齿轮分度圆直径、两齿轮的齿根圆直径和顶隙 c。

4-3 已知标准直齿圆柱齿轮的模数 $m=5\text{mm}$，齿轮齿数 $z=50$，$\alpha=20°$。试求测量公法线长度的跨测齿数 k 和公法线长度 W_k。

4-4 试设计一对外啮合的标准直齿圆柱齿轮传动，要求传动比 $i=1.6$，模数 $m=3\text{mm}$，安装中心距 $a=78\text{mm}$。试确定这对齿轮的齿数 z_1 和 z_2，并计算这对齿轮的主要参数。

4-5 已知一对斜齿圆柱齿轮 $z_1=22$，$z_2=39$，$m_n=5\text{mm}$，$\alpha=20°$，$\beta=18°$，$h_{an}^*=1$，试求：

（1）分度圆直径 d_1、d_2 及中心距 a。

（2）齿顶圆直径 d_{a1}、d_{a2} 及齿根圆直径 d_{f1}、d_{f2}。

（3）当量齿数 z_{v1}、z_{v2}。

4-6 某机器上有一对标准安装的外啮合渐开线标准直齿圆柱齿轮机构，已知 $z_1=20$，$z_2=40$，$m=4\text{mm}$，$h_a^*=1$，为了提高平稳性，用一对标准斜齿圆柱齿轮来代替，并保持原中心距、法面模数、传动比不变，要求螺旋角 $\beta<20°$，试求这对斜齿圆柱齿轮的齿数和螺旋角。

4-7 一对斜齿圆柱齿轮机构的 $z_1=23$，$z_2=92$，$m=4\text{mm}$，$h_a^*=1$，$\beta=12°$，$\alpha_n=20°$，试求这对斜齿圆柱齿轮的中心距。

笔记

4-8 有一阿基米德蜗杆传动。已知传动比 $i=18$，蜗杆头数 $z_1=2$，直径系数 $q=10$，分度圆直径 $d_1=80\text{mm}$。试求：

（1）模数 m、导程角 γ、蜗轮齿数及螺旋角 β；

（2）蜗轮的分度圆直径 d_2 和蜗杆传动中心距 a。

4-9 如图所示的标准直齿圆柱齿轮，测得跨两个齿的公法线长度 $W_2=11.595\text{mm}$，跨三个齿的公法线长度 $W_3=16.020\text{mm}$。求该齿轮的模数。

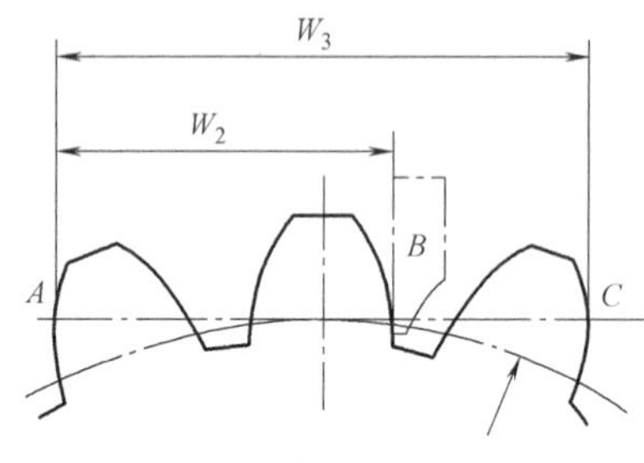

题 4-9 图

4-10 如图所示为蜗杆传动，根据蜗杆或蜗轮的螺旋线旋向和回转方向，试标出蜗杆或蜗轮的旋向和转向。

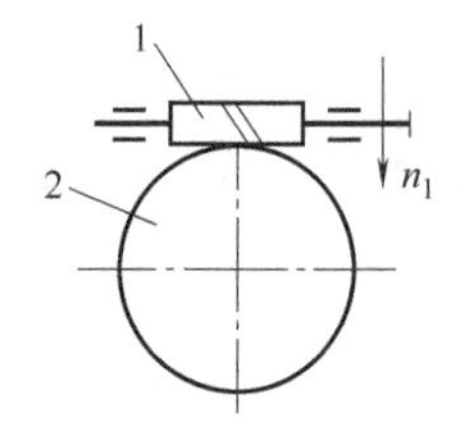

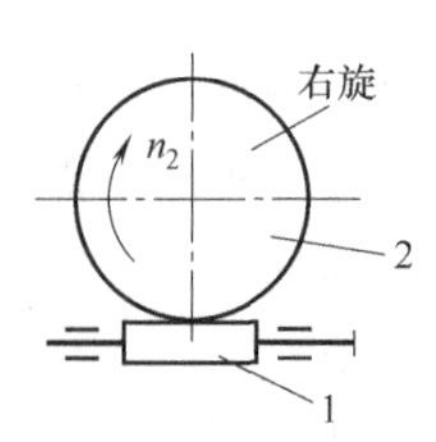

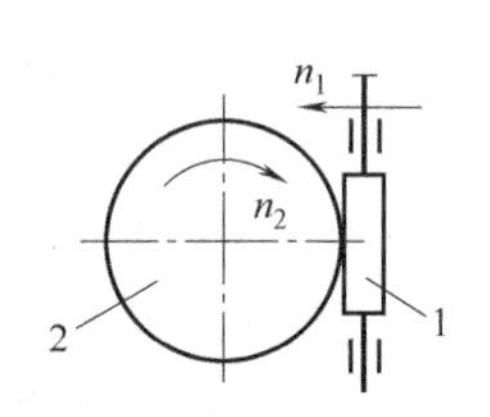

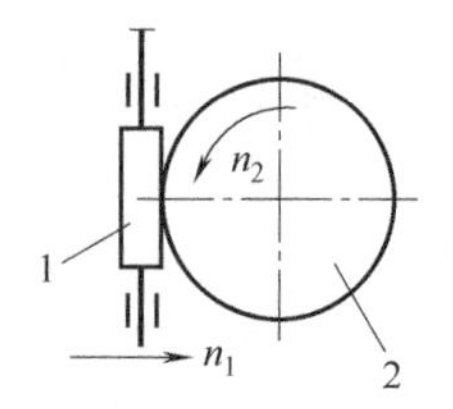

题 4-10 图

项目五

机械传动系统及其传动比

知识目标

1. 了解轮系的定义及分类；
2. 掌握各类轮系传动比的计算方法和确定轮系中主、从动轮的转向关系；
3. 了解轮系的功用。

技能目标

1. 能够按照执行系统需实现的运动和转向要求，选择合适的轮系；
2. 能够设计简单的轮系，并熟练计算机械传动系统的传动比。

任务导入

混合轮系如图 5-1 所示，已知各齿轮齿数为 $z_1=20$，$z_2=30$，$z_3=80$，$z_4=25$，$z_5=50$，试求出该混合轮系的传动比 i_{15}。

知识链接

前面所讲的由两个齿轮啮合组成的齿轮机构是齿轮传动中最简单的形式。在实际中，为满足各种不同的工作需要，如要求较大的传动比、一种输入多种输出、实现分路传动等情况时，只采用一对齿轮传动是不够的，通常需要采用一系列齿轮所组成的传动系统，这种由一系列的齿轮所组成的传动系统称为轮系。

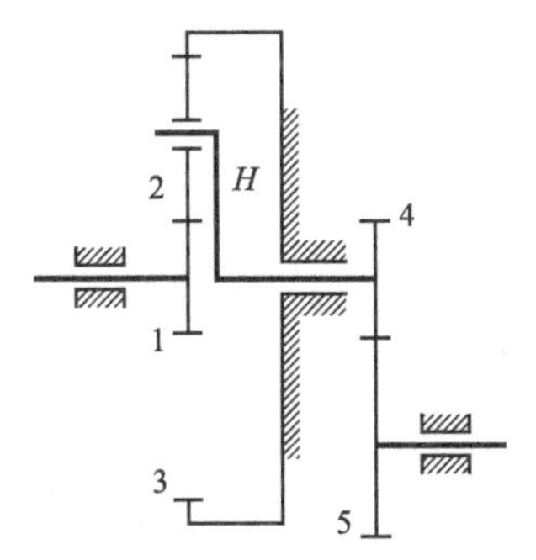

图 5-1 混合轮系示意图

笔记

5.1 轮系的类型

根据轮系运转时，各个齿轮的轴线相对于机架的位置是否都是固定的，将轮系分为三大类：定轴轮系、行星轮系和混合轮系。

5.1.1 定轴轮系

如果轮系运转时，其中各个齿轮轴线的位置相对于机架都是固定不动的，称为定轴轮系。定轴轮系又分为平面定轴轮系和空间定轴轮系。

(1) 平面定轴轮系　由轴线共面或互相平行的平面齿轮机构所组成的定轴轮系，称为平面定轴轮系，如图 5-2 (a) 所示。

（2）空间定轴轮系　包含有空间齿轮机构的定轴轮系，它存在着齿轮轴线的相交或交错，称为空间定轴轮系，如图 5-2（b）所示。

定轴轮系

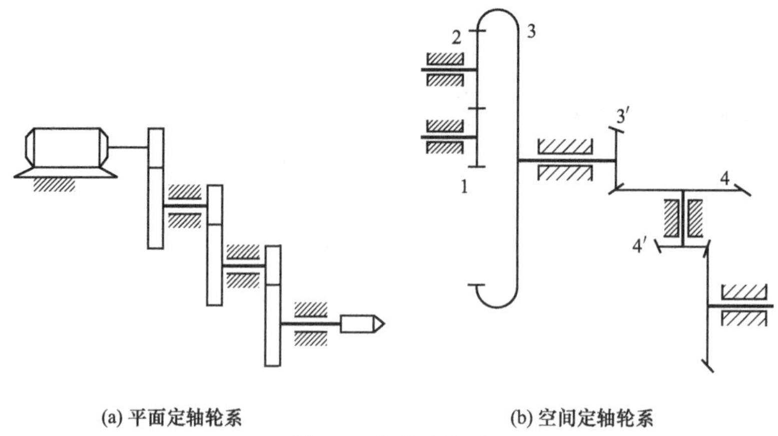

(a) 平面定轴轮系　　(b) 空间定轴轮系

图 5-2　定轴齿轮系

5.1.2　行星轮系

行星轮系

如果轮系运转时，其中至少有一个齿轮轴线的位置不是固定不动，而是绕其他齿轮的固定轴线转动，称为行星轮系（周转轮系）。

在行星轮系中，既绕自身轴线自转，又随其他构件一起绕固定轴线公转的齿轮，称为行星轮；绕自身固定轴线转动，且与行星轮啮合的齿轮，称为太阳轮；装有行星轮并绕太阳轮轴线转动的构件，称为系杆（行星架或转臂）。一个系杆、装在该系杆上的若干个行星轮和与行星轮啮合的太阳轮就组成了一套基本的行星轮系。

（1）差动行星轮系　自由度为 2 的行星轮系，称为差动行星轮系，习惯上称之为差动轮系，如图 5-3（a）所示。在差动行星轮系中，有两个太阳轮转动。

笔记

（2）简单行星轮系　自由度为 1 的行星轮系，称为简单行星轮系，习惯上称之为行星轮系，如图 5-3（b）所示。在简单行星轮系中，只有一个太阳轮转动。

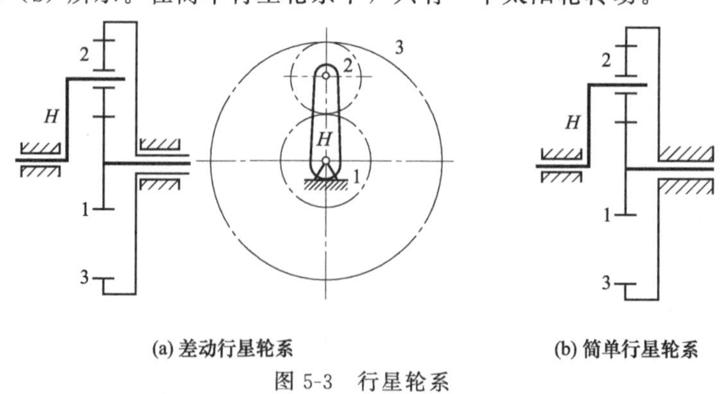

(a) 差动行星轮系　　(b) 简单行星轮系

图 5-3　行星轮系

5.1.3　混合轮系

在实际机械中所采用的轮系，很少是单一的定轴轮系或行星轮系，常常是既有定轴轮系部分，又有行星轮系部分，如图 5-4 所示，或者是由几部分行星轮系所组成，如图 5-5 所示，这种轮系称为混合轮系。

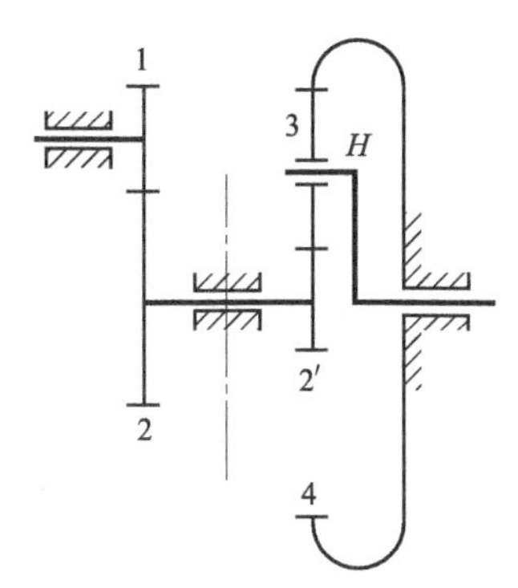

图 5-4 由定轴轮系和行星轮系组成的混合轮系

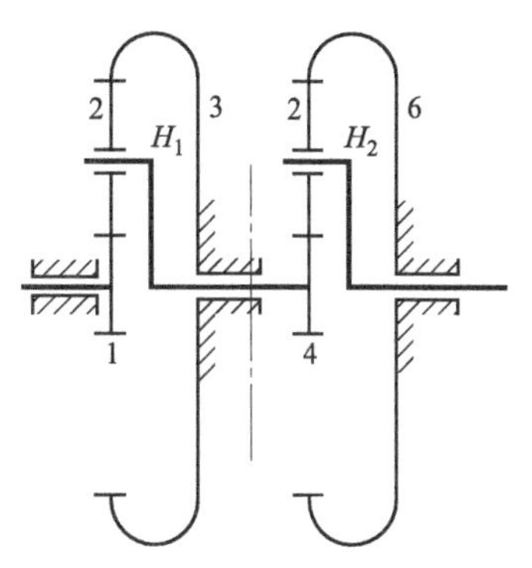

图 5-5 由两套行星轮系组成的混合轮系

5.2 定轴轮系传动比的计算

所谓轮系的传动比，是指轮系中输入轴的角速度（或转速）与输出轴的角速度（或转速）之比，通常用字母“i”表示。设轮系的首轮为齿轮 1，末轮为齿轮 2，则其传动比为

$$i_{12}=\frac{n_1}{n_2}=\frac{\omega_1}{\omega_2}$$

轮系传动比计算，既要计算传动比的数值的大小，也要确定首、末轮的转向关系。

5.2.1 一对齿轮的传动比

一对互相啮合的定轴齿轮其传动比大小等于其齿数之反比，其转动方向可通过标注箭头的方法确定出来，如图 5-6 所示。一对外啮合圆柱齿轮转向相反，箭头指向也相反［图 5-6（a）］；一对内啮合圆柱齿轮转向相同，箭头指向也相同［图 5-6（b）］；一对锥齿轮其轴线相交，箭头同时指向或同时背离节点［图 5-6（c）］；一对蜗杆蜗轮的轴线垂直交错，箭头指向按规定判别［图 5-6（d）］。

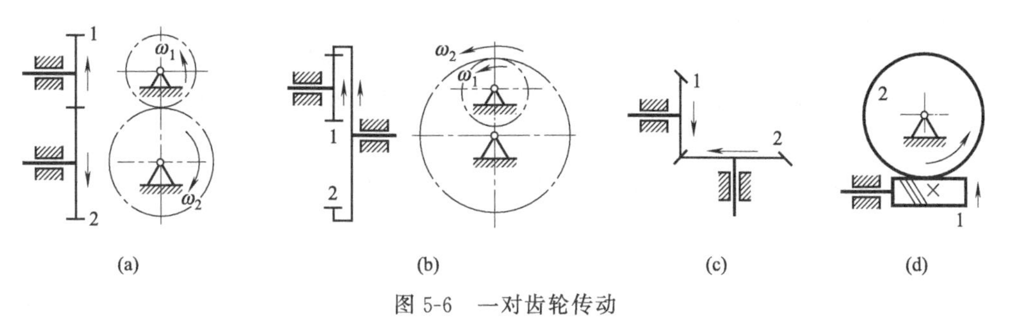

图 5-6 一对齿轮传动

一对外啮合的平行轴圆柱齿轮传动，两齿轮旋转方向相反，其传动比规定为负值，表示为

$$i_{12}=\frac{n_1}{n_2}=-\frac{z_2}{z_1}$$

一对内啮合的平行轴圆柱齿轮传动，两齿轮的旋转方向相同，其传动比规定为正值，表示为

$$i_{12}=\frac{n_1}{n_2}=\frac{z_2}{z_1}$$

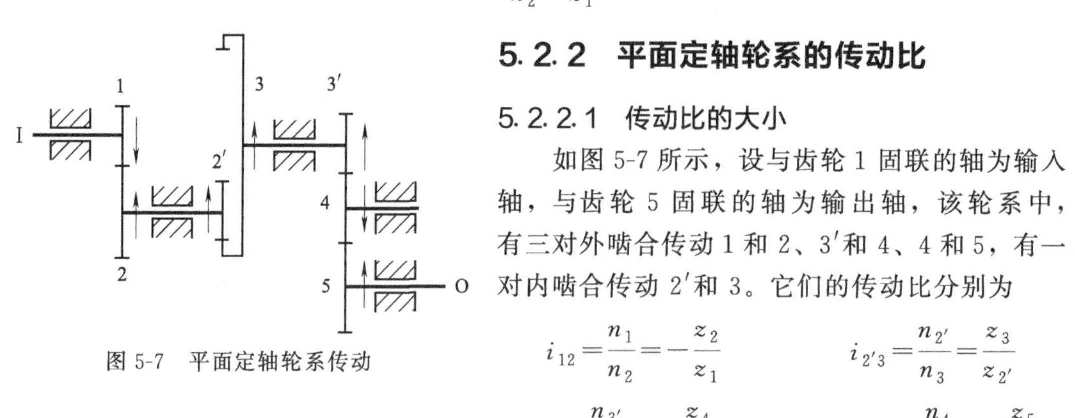

图 5-7 平面定轴轮系传动

5.2.2 平面定轴轮系的传动比

5.2.2.1 传动比的大小

如图 5-7 所示，设与齿轮 1 固联的轴为输入轴，与齿轮 5 固联的轴为输出轴，该轮系中，有三对外啮合传动 1 和 2、3′和 4、4 和 5，有一对内啮合传动 2′和 3。它们的传动比分别为

$$i_{12}=\frac{n_1}{n_2}=-\frac{z_2}{z_1} \qquad i_{2'3}=\frac{n_{2'}}{n_3}=\frac{z_3}{z_{2'}}$$

$$i_{3'4}=\frac{n_{3'}}{n_4}=-\frac{z_4}{z_{3'}} \qquad i_{45}=\frac{n_4}{n_5}=-\frac{z_5}{z_4}$$

该轮系的传动比 i_{15} 为

$$i_{15}=\frac{n_1}{n_5}=\frac{n_1}{n_2}\times\frac{n_{2'}}{n_3}\times\frac{n_{3'}}{n_4}\times\frac{n_4}{n_5}=i_{12}\times i_{2'3}\times i_{3'4}\times i_{45}=(-1)^3\times\frac{z_2z_3z_4z_5}{z_1z_{2'}z_{3'}z_4}$$

则平面定轴轮系的传动比等于组成该轮系的各对啮合齿轮传动比的连乘积；其绝对值等于各对啮合齿轮中所有从动轮齿数的连乘积与所有主动轮齿数连乘积之比，即

$$|i_{1k}|=\left|\frac{n_1}{n_k}\right|=\frac{\text{从 1 轮到 } k \text{ 轮之间所有从动轮齿数的连乘积}}{\text{从 1 轮到 } k \text{ 轮之间所有主动轮齿数的连乘积}}$$

图 5-7 中齿轮 4 在轮系中兼作主、从动轮，其齿数在计算式中约去，不影响传动比数值的大小，只改变转向，该齿轮称为惰轮。

5.2.2.2 首、末轮转向关系的确定

在平面定轴轮系中，各齿轮均为圆柱齿轮，其轴线都互相平行。对圆柱齿轮而言，内啮合两齿轮的转向相同，外啮合两齿轮的转向相反，因此首、末两轮的转向关系取决于轮系中外啮合圆柱齿轮的对数，即

$$i_{1k}=\frac{n_1}{n_k}=(-1)^m\times\frac{\text{从 1 轮到 } k \text{ 轮之间所有从动轮齿数的连乘积}}{\text{从 1 轮到 } k \text{ 轮之间所有主动轮齿数的连乘积}} \tag{5-1}$$

式中 m——外啮合圆柱齿轮的对数。

【例 5-1】 在图 5-7 所示的轮系中，已知 $z_1=20$，$z_2=30$，$z_{2'}=18$，$z_3=72$，$z_{3'}=21$，$z_4=35$，$z_5=42$，求 i_{15}。

解：该轮系为平面定轴轮系，题中轮 1 与轮 2、轮 3′与轮 4、轮 4 与轮 5 为外啮合，由式（5-1）求得

$$i_{15}=\frac{n_1}{n_5}=(-1)^3\times\frac{z_2z_3z_4z_5}{z_1z_{2'}z_{3'}z_4}=(-1)^3\times\frac{30\times72\times35\times42}{20\times18\times21\times35}=-12$$

结果为负，说明齿轮 1 与齿轮 5 转向相反。

5.2.3 空间定轴轮系的传动比

在空间定轴轮系中，既有圆柱齿轮，又有圆锥齿轮、蜗轮蜗杆等空间齿轮，存在着齿轮轴线的相交或交错。

5.2.3.1　传动比的大小

设轮系的首轮为齿轮 1，末轮为齿轮 k，其传动比数值大小为

$$i_{1k}=\frac{n_1}{n_k}=\frac{\text{从 1 轮到 }k\text{ 轮之间所有从动轮齿数的连乘积}}{\text{从 1 轮到 }k\text{ 轮之间所有主动轮齿数的连乘积}} \tag{5-2}$$

5.2.3.2　首、末轮转向关系的确定

在轮系中，轴线不平行的两个齿轮的转向没有相同或相反的意义，方向判定只能用画箭头法。

【例 5-2】 如图 5-8 所示齿轮系，蜗杆的头数 $z_1=1$，右旋，蜗轮的齿数 $z_2=26$，一对圆锥齿轮 $z_3=20$，$z_4=21$，一对圆柱齿轮 $z_5=21$，$z_6=28$。若蜗杆为主动轮，其转速 $n_1=1500\text{r/min}$。试求齿轮 6 的转速 n_6 的大小和转向。

解： 根据空间定轴齿轮系传动比计算公式

$$i_{16}=\frac{n_1}{n_6}=\frac{z_2z_4z_6}{z_1z_3z_5}=\frac{26\times21\times28}{1\times20\times21}=36.4$$

得到齿轮 6 的转速为

$$n_6=\frac{n_1}{i_{16}}=\frac{1500}{36.4}=41.2\ (\text{r/min})$$

转向如图 5-8 中箭头所示。

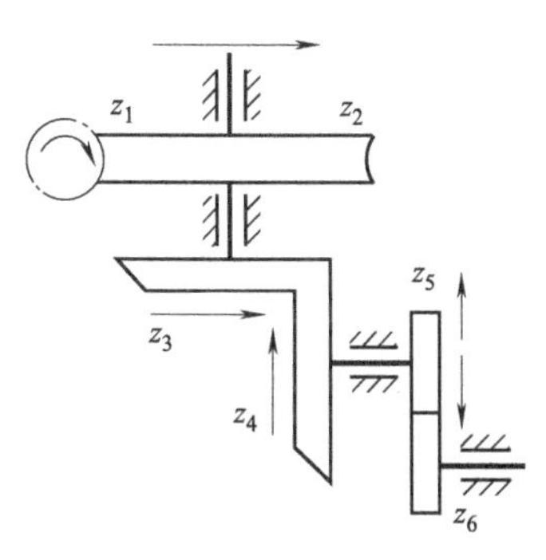

图 5-8　空间定轴轮系的传动比计算

5.3　行星轮系传动比的计算

5.3.1　行星轮系的组成

如图 5-9 所示的行星轮系，主要由行星齿轮、内齿圈、行星架和太阳轮组成。齿轮 2 由构件 H 支承，运转时除绕自身几何轴线 O' 自转外，还随构件 H 上的轴线 O' 绕固定的几何轴线 O 公转，故称其为行星轮。支承行星轮的构件 H 称为行星架，与行星轮相啮合且几何轴线固定不动的齿轮 1、3（内齿轮）称为太阳轮。

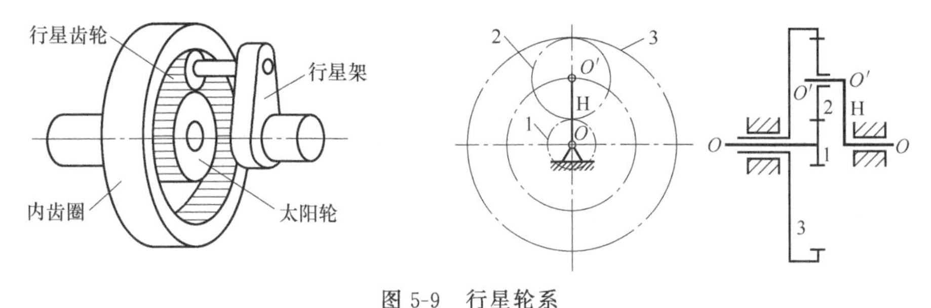

图 5-9　行星轮系

5.3.2　行星轮系传动比计算

行星轮系与定轴轮系的根本区别在于行星轮系中有转动的系杆，使得行星轮在既绕自身轴线转动（自转）的同时，又绕太阳轮的轴线转动（公转）。如果能设法将系杆固定不动，行星轮的公转就能消除，该轮系就可以转化成一个定轴轮系。此方法称为转化机构法。

现假想给图 5-10（a）所示的整个行星轮系加上一个与行星架的转速 n_H 大小相等转向

相反的公共转速“$-n_H$”，则行星架 H 的转速从 n_H 变为 0，即变为静止，而各构件间的相对运动关系并不变化，此时行星轮的公转速度等于零，这样就得到了假想的定轴轮系［图 5-10（b）］。这种假想的定轴轮系称为原行星轮系的转化轮系。

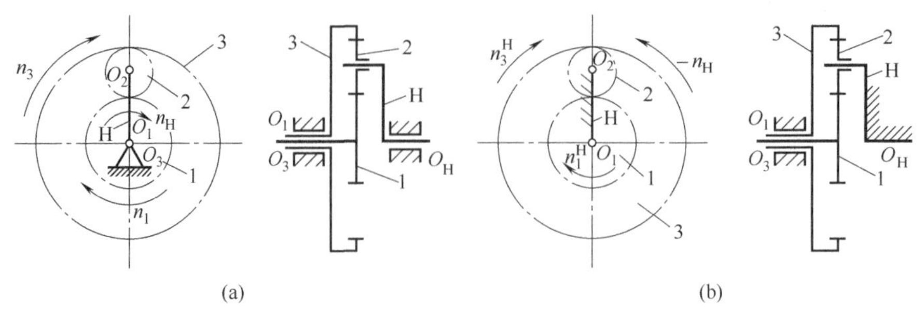

图 5-10　行星轮系及其传动比的计算

转化轮系中，各构件的转速见表 5-1。

表 5-1　转化轮系中各构件的转速

构件	原轮系中的转速	转化后轮系中的转速
太阳轮 1	n_1	$n_1^H=n_1-n_H$
行星轮 2	n_2	$n_2^H=n_2-n_H$
太阳轮 3	n_3	$n_3^H=n_3-n_H$
行星架 H	n_H	$n_H^H=n_H-n_H=0$

转化轮系中 1、3 两轮的传动比可根据定轴轮系传动比的计算方法得

$$i_{13}^H=\frac{n_1^H}{n_3^H}=\frac{n_1-n_H}{n_3-n_H}=(-1)^1\times\frac{z_2z_3}{z_1z_2}=-\frac{z_3}{z_1}$$

将以上分析归纳为一般情况，可得转化轮系传动比的计算公式为

笔记

$$i_{GK}^H=\frac{n_G-n_H}{n_K-n_H}=(-1)^m\times\frac{\text{从 G 轮到 K 轮之间所有从动轮齿数的乘积}}{\text{从 G 轮到 K 轮之间所有主动轮齿数的乘积}} \tag{5-3}$$

式中　G——主动轮；

　　K——从动轮。

应用上式求行星轮系传动比时须注意：

（1）将 n_G、n_K、n_H 的值代入上式时，必须连同转速的正负号代入。若假设某一转向为正，则与其反向为负。

（2）因为只有两轴平行时，两轴转速才能代数相加，故式（5-3）只用于齿轮 G、K 和行星架 H 轴线平行的场合。对于锥齿轮组成的行星轮系，两中心轮和行星架轴线必须平行，转化轮系的传动比的正、负号可用画箭头的方法确定。

（3）在 n_G、n_K、n_H 三个参数中，已知任意两个，就可确定第三个，从而求出该行星轮系中任意两轮的传动比。注意，$i_{GK}^H\neq i_{GK}$；$i_{GK}^H=n_G^H/n_K^H$ 为转化轮系中 G 轮与 K 轮转速之比，其大小及正负号按定轴轮系传动比的计算方法确定。$i_{GK}=n_G/n_K$ 是行星轮系中 G 轮与 K 轮的绝对速度之比，其大小及正负号由计算结果确定。

【例 5-3】 在图 5-3（b）所示的行星轮系中，已知 $n_1=100\text{r/min}$，轮 3 固定不动，各轮齿数为 $z_1=40$，$z_2=20$，$z_3=80$。求：n_H 和 n_2；i_{12}^H 和 i_{12}。

解：由式（5-3）得

$$i_{13}^{H}=\frac{n_1-n_H}{n_3-n_H}=(-1)^1\times\frac{z_2z_3}{z_1z_2}=-\frac{z_3}{z_1}$$

取 n_1 的转向为正，将 $n_1=100\text{r/min}$，$n_3=0$ 代入上式得

$$n_H=33.3\text{r/min}$$

求得的 n_H 为正，表示 n_H 与 n_1 的转向相同。

由式（5-3）得

$$i_{12}^{H}=\frac{n_1-n_H}{n_2-n_H}=(-1)^1\times\frac{z_2}{z_1}=-\frac{20}{40}=-\frac{1}{2}$$

仍取 n_1 的转向为正，将 $n_1=100\text{r/min}$ 代入上式得

$$n_2=-100\text{r/min}$$

求得的 n_2 为负值，表示 n_2 与 n_1 的转向相反。

$$i_{12}=\frac{n_1}{n_2}=-\frac{100}{100}=-1$$

注意：

$$i_{12}^{H}\neq i_{12},i_{12}\neq-\frac{z_2}{z_1}$$

【例 5-4】 图 5-11 所示为圆锥齿轮组成的轮系，已知各轮齿数 $z_1=45$，$z_2=30$，$z_3=z_4=20$；$n_1=60\text{r/min}$，$n_H=100\text{r/min}$，若 n_1 与 n_H 转向相同，求 n_4、i_{14}。

解：由式（5-3）得

$$i_{14}^{H}=\frac{n_1-n_H}{n_4-n_H}=\pm\frac{z_2z_4}{z_1z_3}=\pm\frac{30\times20}{45\times20}$$

用画箭头的方法可知转化轮系中 n_1^H 与 n_4^H 的转向相同，故 i_{14}^H 应为正值，即

$$i_{14}^{H}=\frac{n_1-n_H}{n_4-n_H}=\frac{30}{45}$$

将 $n_1=60\text{r/min}$ ，$n_H=100\text{r/min}$ 代入上式得

$$\frac{60-100}{n_4-100}=\frac{30}{45}$$

解得 $n_4=40\text{r/min}$。由此得

$$i_{14}=\frac{n_1}{n_4}=\frac{60}{40}=1.5$$

正号表明 1、4 两齿轮的实际转向相同。

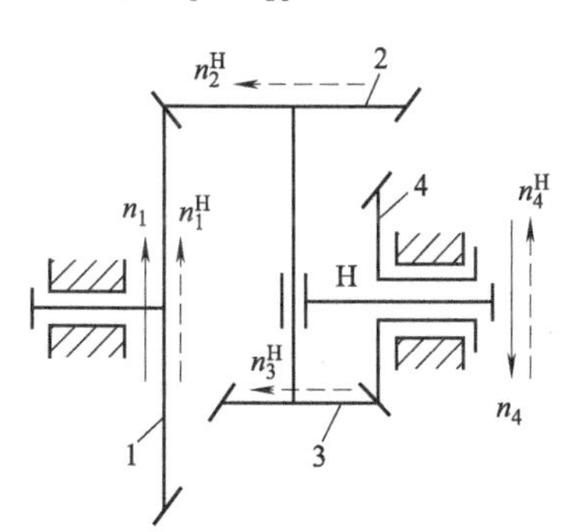

图 5-11　圆锥齿轮行星轮系

笔记

5.4　混合轮系传动比的计算

定轴轮系和行星轮系组合成的轮系称为混合轮系，如图 5-12 所示。

对于由几个基本周转轮系或定轴轮系和行星轮系组成的混合轮系，由于整个轮系不可能转化成一个定轴轮系，所以不能只用一个公式计算。混合轮系传动比的计算关键在于首先把混合轮系区分成各个单一的行星轮系部分和定轴轮系部分，然后分别列出其传动比计算公

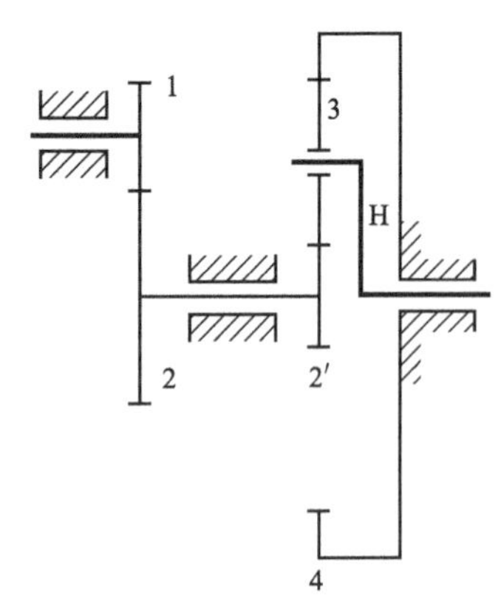

图 5-12 混合轮系

式，最后联立求解出所要求的传动比。计算混合轮系传动比的正确方法是：

(1) 分析轮系的组成，将混合轮系正确地划分为若干个基本轮系。

(2) 正确运用式（5-1）和式（5-3）分别列出所划分出来的基本轮系的传动比方程式。

(3) 找出各基本轮系之间的联系即各基本轮系之间的转速关系，建立联系条件。

(4) 将所列出的各方程联立求解，即可求得混合轮系传动比。

(5) 根据计算出的传动比正负号（平行轴）或用画箭头的方法来确定其构件的转向。

将混合轮系正确地划分为若干个基本轮系是解决问题的关键。划分轮系时，首先要找出轮系中的各个行星轮系，划分出各个行星轮系后，剩余的那些绕固定轴线转动的齿轮就组成定轴轮系。

【例 5-5】 在图 5-12 所示的齿轮系中，已知 $z_1=20$，$z_2=40$，$z_{2'}=20$，$z_3=30$，$z_4=60$，均为标准齿轮传动。试求 i_{1H}。

解： ① 分析轮系　由图可知该轮系为一平行轴定轴轮系与简单行星轮系组成的组合轮系，其中

行星轮系：2′—3—4—H；　　定轴轮系：1—2

② 分别列传动比方程　定轴轮系由式（5-1）得

$$i_{12}=\frac{n_1}{n_2}=(-1)^1\times\frac{z_2}{z_1}=-2$$

$$n_1=-2n_2 \tag{1}$$

笔记

行星轮系由式（5-3）得

$$i_{2'4}^{H}=\frac{n_{2'}^{H}}{n_4^{H}}=\frac{n_{2'}-n_H}{n_4-n_H}=-\frac{z_4z_3}{z_3z_{2'}}=-\frac{60}{20}=-3$$

由于 $n_4=0$，则

$$n_{2'}=4n_H \tag{2}$$

③ 建立联系条件　由于齿轮 2 和齿轮 2′为一个构件，故

$$n_2=n_{2'} \tag{3}$$

④ 联立求解　联立（1）、(2)、(3) 式求解，得

$$i_{1H}=\frac{n_1}{n_H}=\frac{-2n_2}{\frac{n_2}{4}}=-8$$

由计算结果可知，齿轮 1 与行星架 H 的转向相反。

【例 5-6】 如图 5-13 所示的卷扬机机构。已知各齿轮的齿数为 $z_1=24$，$z_2=51$，$z_{2'}=21$，$z_3=96$，$z_{3'}=20$，$z_4=35$，$z_5=90$，试求传动比 i_{1H}。

解： ① 分析轮系　由图可知该轮系为一平行轴定轴轮系与行星轮系组成的混合轮系，其中

行星轮系：1—2—2′—3—H；定轴轮系：3′—4—5

② 分别列传动比方程　定轴轮系由式（5-1）得

$$i_{3'5}=\frac{n_{3'}}{n_5}=-\frac{z_5}{z_{3'}}=-\frac{90}{20}=-\frac{9}{2} \quad (1)$$

行星轮系由式（5-3）得

$$i_{13}^{H}=\frac{n_1-n_H}{n_3-n_H}=-\frac{z_2z_3}{z_1z_{2'}}=-\frac{51\times96}{24\times21}=-\frac{68}{7} \quad (2)$$

③ 建立联系条件　由于行星架 H 和齿轮 5 为一个构件，故

$$n_3=n_{3'} \quad n_5=n_H \quad (3)$$

④ 联立求解　联立①、②、③式求解，得

$$i_{1H}=54.429$$

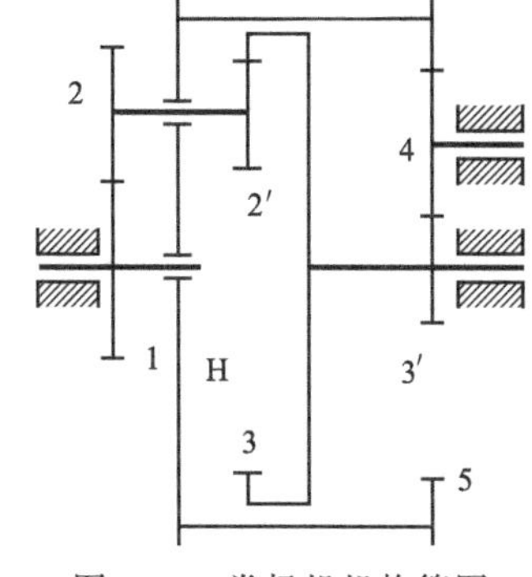

图 5-13　卷扬机机构简图

由计算结果可知，齿轮 1 与行星架 H 的转向相同。

5.5 轮系的功用

轮系的应用十分广泛，主要有以下几个方面。

（1）实现相距较远的两轴之间的传动　两轴相距较远时，采用一对齿轮传动（图 5-14 中双点画线）与采用轮系传动（图 5-14 中单点画线）相比，后者可以缩小齿轮机构的总体尺寸。

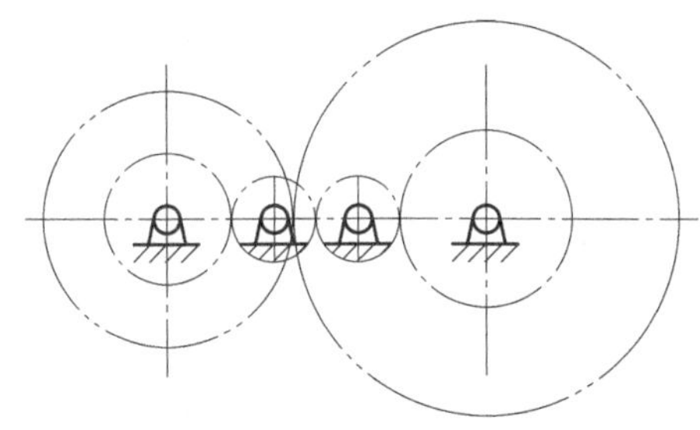
图 5-14　相距较远的两轴之间的传动

（2）获得大的传动比　对于只采用一对齿轮进行传动的情况，受限于大、小齿轮的齿数比不宜过大，其传动比一般不能超过 8，而采用轮系来进行传动就能获得大的传动比。

如图 5-15 所示渐开线少齿差行星减速器，若已知各轮齿数 $z_1=100$，$z_2=99$，$z_{2'}=100$，$z_3=101$，可由式（5-2）得

$$i_{13}^{H}=\frac{n_1-n_H}{n_3-n_H}=\frac{n_1-n_H}{0-n_H}=\frac{z_2z_3}{z_1z_{2'}}=\frac{99\times101}{100\times100}$$

求出 $i_{H1}=10000$，为正，说明行星架的转向与齿轮 1 的相同。

由此例可知，行星架 H 转 10000 圈太阳轮 1 只转一圈，表明机构的传动比很大。

（3）实现变速传动　在主动轴转速不变的情况下，执行件执行不同的任务时需要有不同的转速，这就需要利用轮系来完成变速传动。图 5-16 所示的是某车床变速机构，移动三联齿轮 A 和双联齿轮 B 到不同的位置，即可在电动机转速不变的情况下，使输出轴得到六种不同的转速。

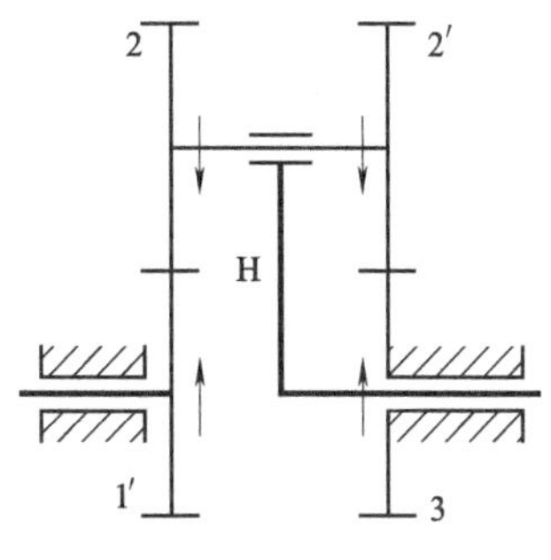

图 5-15　少齿差行星轮系

（4）实现换向传动　在主动轴转向不变的情况下，利用轮系可改变从动轴的转向。如图 5-17 所示的车床三星轮换向机构，转动构件 a 到不同的工位，即可在主动轮 1 转向不变的情

况下，只改变从动轮 4 的转向而不改变其转速。

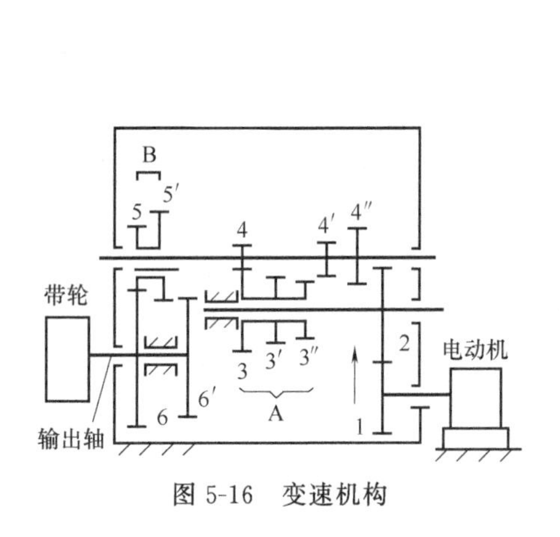

图 5-16　变速机构

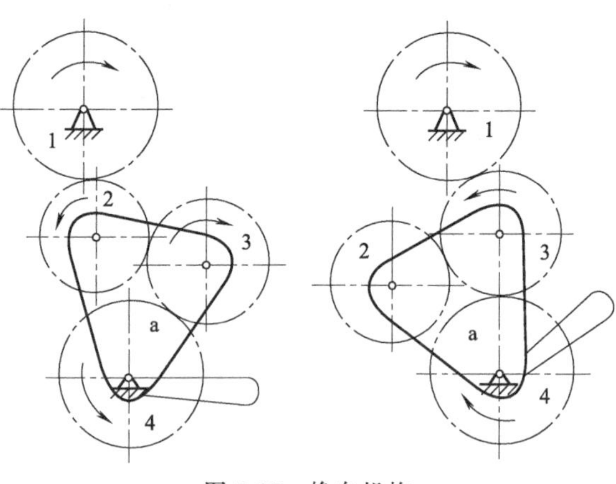

图 5-17　换向机构

（5）实现分路传动　利用轮系，可以把一个主动轴的转动传给不同的运动终端，并且各运动终端之间能保持预定的相对运动关系。图 5-18 所示的是机械钟表传动机构，N 轮的转动，通过齿轮 1、2 传给分针 m，通过齿轮 1、2、2′、3、3′、4 传给秒针 s，通过齿轮 1、2、2″、5′、5、6 传给时针 h，从而使分针 m、秒针 s、时针 h 之间具有确定的运动关系。

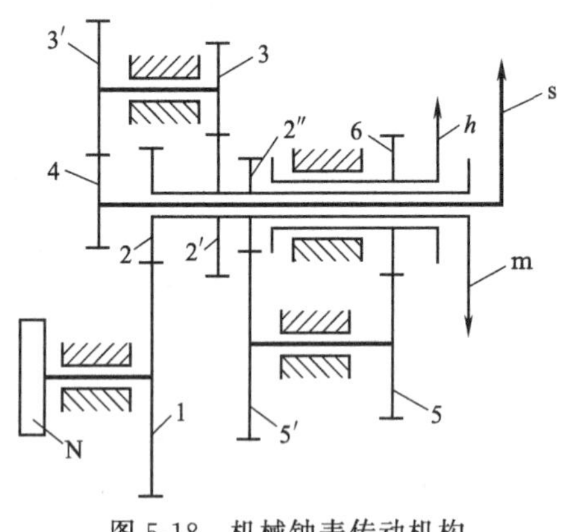

图 5-18　机械钟表传动机构

笔记

（6）实现运动的合成　利用差动行星轮系，可以把两个独立的输入运动合成为一个输出运动。如图 5-19 所示的运动合成机构，可以把太阳轮 1、3 输入的独立转动通过行星轮 2 合成为系杆 H 的转动而输出。

（7）实现运动的分解　利用差动行星轮系，不仅可以把两个独立的运动合成为一个运动，还可以把一个主动构件的转动，按所需要的比例分解成两个基本构件的两个不同的转动。图 5-20 所示的是装在汽车后桥上的差动行星轮系（差速器），齿轮 5 为原动件，齿轮 4 上固连着系杆 H，其上装有行星轮 2。齿轮 1、2（2′）、3 及系杆 H 组成差动轮系。

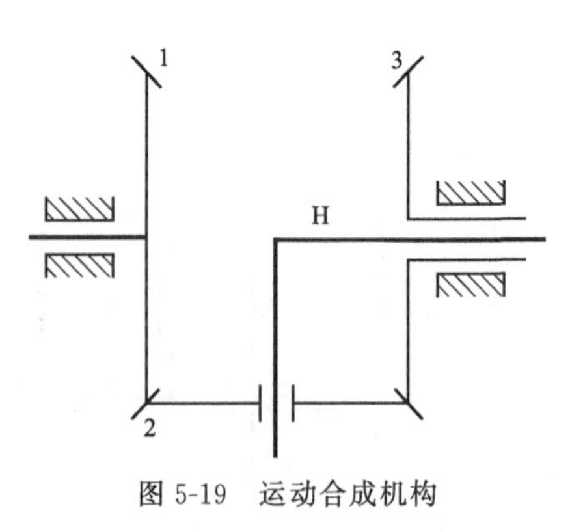

图 5-19　运动合成机构

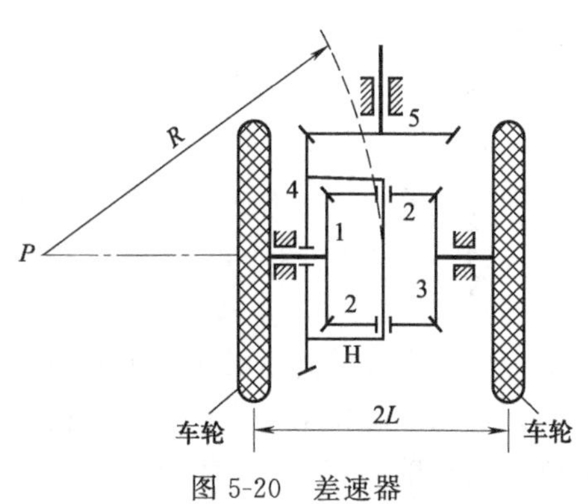

图 5-20　差速器

当汽车直线行驶时，前轮的转向机构通过地面的约束作用，要求两后轮有相同的转速（$n_3=n_5$）。此时行星轮 2 和系杆 H 之间没有相对运动，整个差动行星轮系相当于同齿轮 4 固结在一起成为一个刚体，随齿轮 4 一起转动。

当汽车转弯行驶时，前轮的转向机构确定了后轴线上的转弯中心 P 点，通过地面的约束作用，使两轮的转弯半径不同，即要求两后轮有不同的转速。汽车后桥上的差速器就能根据转弯半径的不同，自动改变两后轮的转速。

任务实施

根据任务导入要求，任务实施具体如下：

① 轮系分析　由图 5-1 可知该轮系为一平行轴定轴轮系与行星轮系组成的组合轮系，其中

行星轮系：1—2—3—H；　　定轴轮系：4—5

② 分别列传动比方程　定轴轮系由式（5-1）得

$$i_{45}=\frac{n_4}{n_5}=-\frac{z_5}{z_4}=-\frac{50}{25}=-2 \tag{1}$$

行星轮系，由式（5-3）得

$$i_{13}^{H}=\frac{n_1-n_H}{n_3-n_H}=-\frac{z_3}{z_1}=-\frac{80}{20}=-4 \tag{2}$$

③ 建立联系条件　由于行星架 H 和齿轮 4 为一个构件，而齿轮 3 固定不动，故

$$n_3=0 \quad n_4=n_H \tag{3}$$

④ 联立求解　联立（1）、（2）、（3）式求解，得

$$i_{15}=-10$$

由计算结果可知，齿轮 1 与齿轮 5 的转向相反。

项目练习

笔记

判断题

（1）定轴轮系是指各个齿轮的轴是固定不动的。（　　）

（2）旋转齿轮的几何轴线位置均不能固定的轮系，称为周转轮系。（　　）

（3）至少有一个齿轮和它的几何轴线绕另一个齿轮旋转的轮系，称为定轴轮系。（　　）

（4）定轴轮系首末两轮转速之比，等于组成该轮系的所有从动齿轮齿数连乘积与所有主动齿轮齿数连乘积之比。（　　）

（5）在周转轮系中，凡具有旋转几何轴线的齿轮，就称为中心轮。（　　）

（6）在周转轮系中，凡具有固定几何轴线的齿轮，就称为行星轮。（　　）

（7）定轴轮系可以把旋转运动转变成直线运动。（　　）

（8）轮系传动比的计算，不但要确定其数值，还要确定输入输出轴之间的运动关系，表示出它们的转向关系。（　　）

（9）对空间定轴轮系，其始末两齿轮转向关系可用传动比计算方式中的 $(-1)^m$ 的符号来判定。（　　）

（10）计算行星轮系的传动比时，把行星轮系转化为一假想的定轴轮系，即可用定轴轮系的方法解决行星轮系的问题。（　　）

选择题

(1) 惰轮在轮系中，不影响传动比的大小，只影响从动轮的（　　）。

A. 旋转方向　　B. 转速　　C. 传动比　　D. 齿数

(2) 在由一对外啮合直齿圆柱齿轮组成的传动中，如增加（　　）个惰轮，则使其主、从动轮的转向相反。

A. 偶数　　B. 奇数　　C. 二者都是　　D. 二者都不是

(3) 轮系（　　）。

A. 不能获得很大的传动比　　B. 可以实现变向和变速要求

C. 不适于较远距离的传动　　D. 可以实现运动的合成但不能分解运动

(4) 若主动轮转速为1200r/min，现要求在高效率下从动轮获得12r/min的转速，则应采取（　　）传动。

A. 一对直齿圆柱齿轮　B. 单头蜗杆　C. 轮系

(5) 当两轴相距较远，且要求传动比准确时，应采用（　　）。

A. 带传动　　B. 链传动　　C. 轮系传动

(6) 当定轴轮系中各传动轴（　　）时，只能用标注箭头的方法确定各轮的转向。

A. 平行　　B. 不平行　　C. 交错　　D. 异交

(7) 周转轮系的转化轮系传动比等于首、末两轮的（　　）之比。

A. 相对转动　　B. 绝对转动　　C. 差动转动

(8) 轮系运动时，各轮轴线位置固定不动的称为（　　）。

A. 差动轮系　　B. 定轴轮系　　C. 周转轮系

(9) 至少有一个齿轮和它的几何轴线绕另一个齿轮旋转的轮系称为（　　）。

A. 定轴轮系　　B. 混合轮系　　C. 周转轮系

(10) 有一个固定中心轮的周转轮系称为（　　）。

A. 定轴轮系　　B. 差动轮系　　C. 行星轮系

笔记

实作题

5-1　如图所示定轴轮系，$z_1=16$，$z_2=32$，$z_{2'}=20$，$z_3=40$，$z_{3'}=2$（右旋），$z_4=40$。若$n_1=800$r/min，其转向如图所示，求蜗轮的转速n_4及各轮的转向。

5-2　在图示轮系中，各齿轮齿数为$z_1=1$，$z_2=60$，$z_{2'}=30$，$z_3=60$，$z_{3'}=25$，$z_{3''}=1$，$z_4=30$，$z_5=25$，$z_6=70$，$z_7=60$，蜗杆1转速$n_1=1440$r/min，转向如图所示，试求i_{16}、i_{17}、n_6与n_7的大小，并在图上用箭头表示出n_6、n_7的方向。

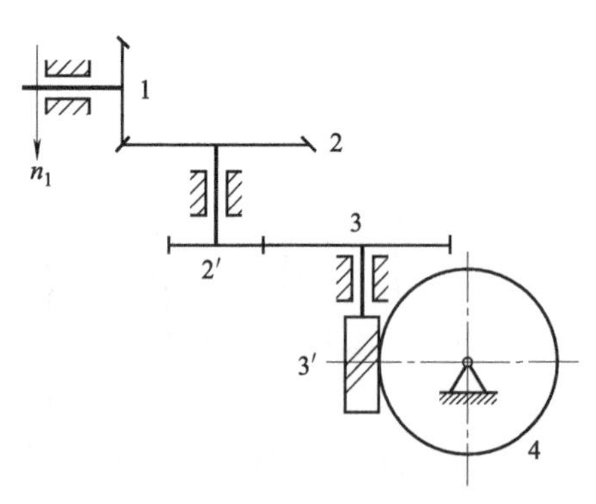

题5-1图

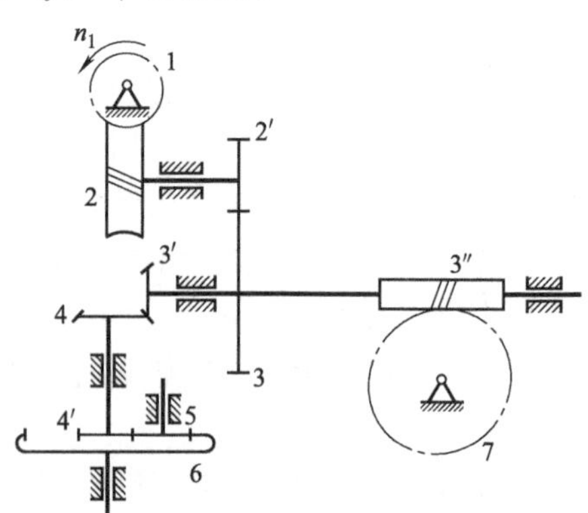

题5-2图

5-3　已知轮系如图所示，$z_1=60$，$z_2=48$，$z_3=80$，$z_4=120$，$z_5=60$，$z_6=40$，$z_7=2$，$z_8=80$，$z_9=65$，其模数 $m=5$mm，齿轮 1 的转速为 240r/min，方向如图所示。求小齿轮 9 的转速和齿条 10 的速度大小和方向。

5-4　如图所示为一电动提升装置，其中各轮齿数均为已知，试求传动比 i_{15}，并画出当提升重物时电动机的转向。

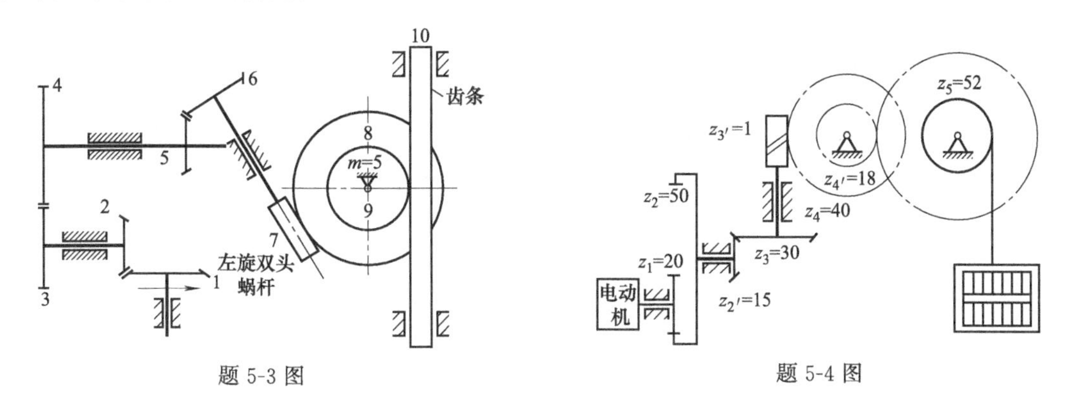

题 5-3 图　　　　题 5-4 图

5-5　如图所示为一电动卷扬机减速器的机构运动简图，已知各轮齿数为 $z_1=21$，$z_2=52$，$z_{2'}=21$，$z_3=z_4=78$，$z_{3'}=18$，$z_5=30$。试计算传动比 i_{1A}。

5-6　如图所示的圆锥齿轮组成的轮系中，已知 $n_1=85$r/min，各轮齿数为 $z_1=20$，$z_2=30$，$z_{2'}=50$，$z_3=80$。求 n_H 的大小和方向。

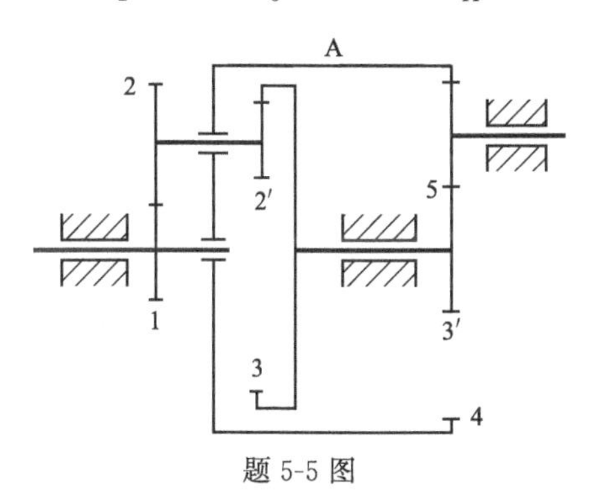

题 5-5 图

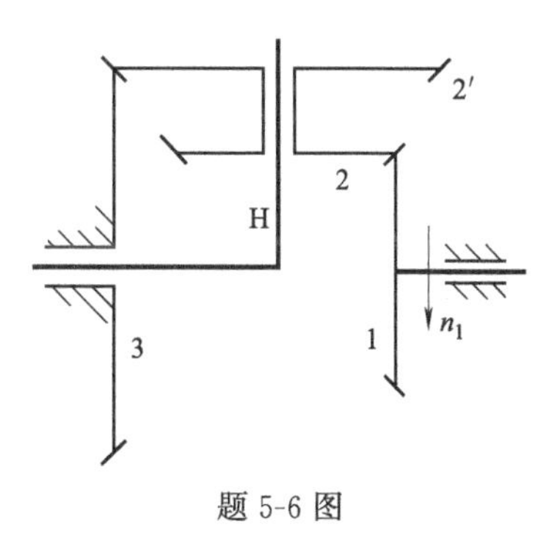

题 5-6 图

5-7　如图所示的轮系中，各轮齿数 $z_1=32$，$z_2=34$，$z_{2'}=36$，$z_3=64$，$z_4=32$，$z_5=17$，$z_6=24$，均为标准齿轮传动。轴Ⅰ按图示方向以 1250r/min 的转速回转，而轴Ⅵ按图示方向以 600r/min 的转速回转。求轮 3 的转速 n_3。

5-8　如所示为驱动输送带的行星减速器，动力由电动机输给轮 1，由轮 4 输出。已知 $z_1=18$、$z_2=36$、$z_{2'}=33$、$z_3=90$、$z_4=87$，求传动比 i_{14}。

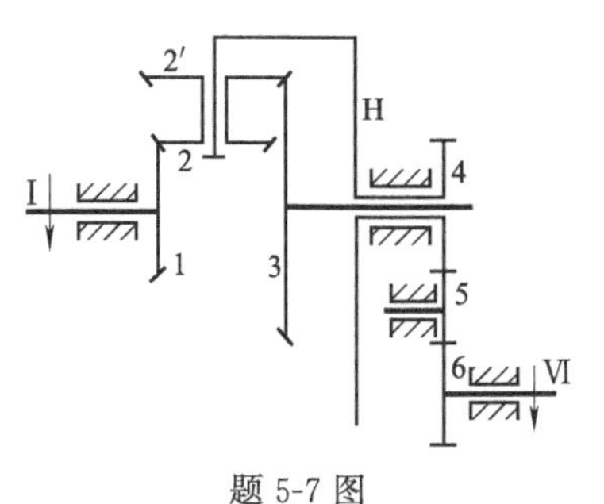

题 5-7 图

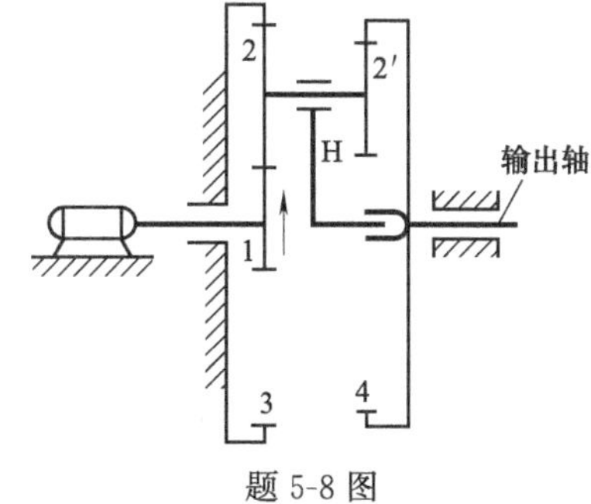

题 5-8 图

笔记

5-9 如图所示的轮系，已知各轮齿数 $z_1=20$，$z_{1'}=26$，$z_2=34$，$z_{2'}=18$，$z_3=36$，$z_{3'}=78$，$z_4=26$，求 i_{1H}。

5-10 如图所示双螺旋桨飞机的减速器机构中，已知 $z_1=26$，$z_2=20$，$z_4=30$，$z_5=18$，$z_3=z_6=66$ 及 $n_1=1500\text{r/min}$，试求 n_P 和 n_Q 的大小和方向。

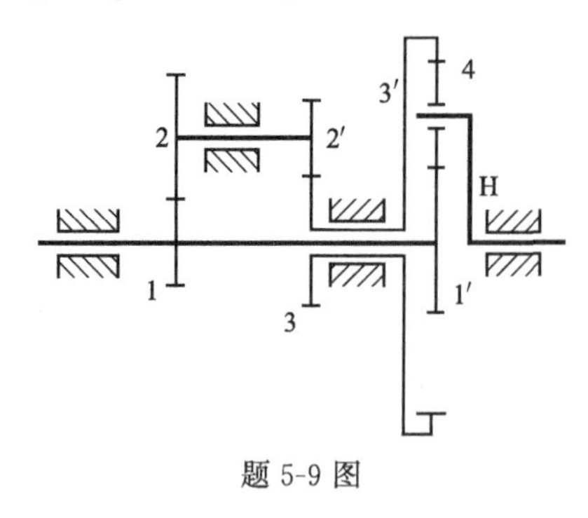

题 5-9 图

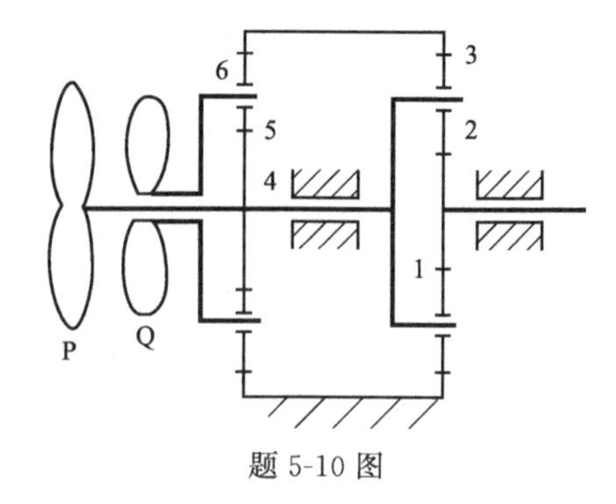

题 5-10 图

笔记

项目六

其他常用机构

知识目标

1. 理解棘轮、槽轮和不完全齿轮机构的工作原理、特点和应用；
2. 熟悉常见螺旋机构的类型、工作原理及功用。

技能目标

1. 能够根据机构要实现的运动，正确选择间歇运动机构的类型；
2. 能够识别棘轮、槽轮和不完全齿轮机构。

任务导入

如图 6-1 所示为电影放映机胶片卷片机构工作过程，试完成工作过程分析任务。

知识链接

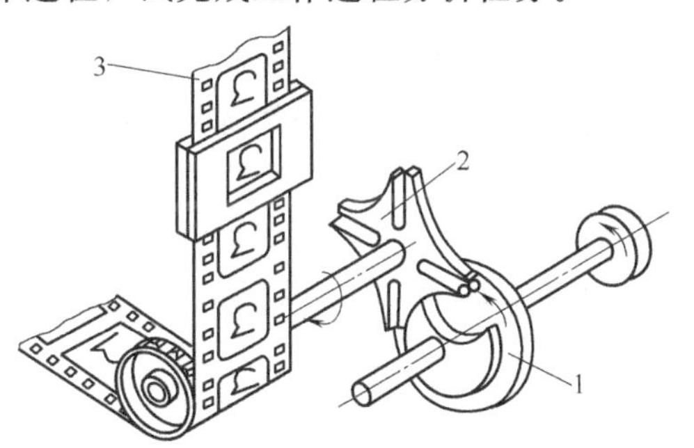

图 6-1　电影放映机的卷片机构

在实际运用中，有时需要机构能够完成具有主动件做连续运动而从动件作周期性运动特性的运动。例如，电影院中放映电影时所用到的送片机构就是具有这种运动特性的机构，工程上将这类机构称为间歇运动机构。间歇运动机构应用很广泛，在电子机械、轻工机械等设备中的转位、步进、计数等功能常常都是利用间歇运动机构来实现和完成的。间歇运动机构的种类很多，本项目主要介绍较为常见的几种，如棘轮机构、槽轮机构、不完全齿轮机构等间歇运动机构。

笔记

6.1　棘轮机构

棘轮机构是一种间歇运动时间可以调整的间歇运动机构。

6.1.1　棘轮机构的工作原理

如图 6-2 所示为常见外啮合齿式棘轮机构，主要由棘轮 1、主动件摇杆 4、驱动棘爪 2、止回棘爪 5 和机架组成。当主动摇杆顺时针摆动时，摇杆上铰接的驱动棘爪 2 插入棘轮 1 的齿槽内，推动棘轮 1 同向转动一定的角度，当主动摇杆逆时针摆动时，驱动棘爪 2 在棘轮 1 的齿背上滑过，这时止回棘爪 5 阻止棘轮 1 反向转动，棘轮 1 静止不动，从而实现了当主动件连续地往复摆动时，从动棘轮 1 做单向的间歇运动。为了保证棘爪 2 工作可靠，常利用扭簧 3 使棘爪紧压齿面。

6.1.2 棘轮机构的类型和特点

常见棘轮机构可分为轮齿式和摩擦式两大类。

6.1.2.1 轮齿式棘轮机构

轮齿式棘轮机构是靠棘爪和棘轮齿啮合传动，轮齿式棘轮机构有外啮合（图 6-2）和内啮合（图 6-3）两种基本形式。内啮合棘轮机构由棘轮 1、棘爪 2 和 2′、弹簧 3 和 3′以及轴 4 组成，如图 6-3 所示。但从工作原理分析可知，这两种棘轮机构都只能用于单向间歇传动。

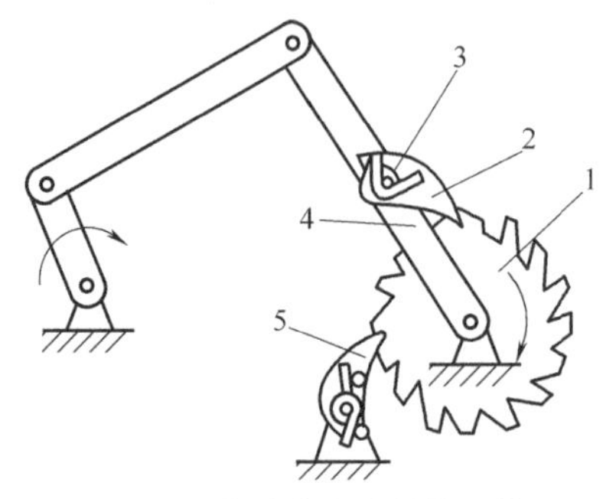

图 6-2 外啮合齿式棘轮机构

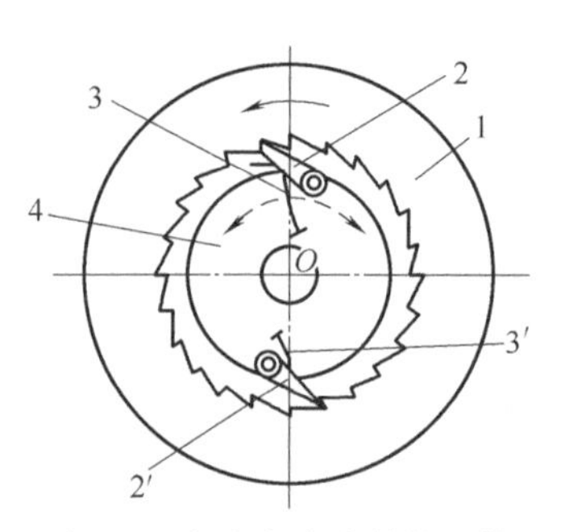

图 6-3 内啮合齿式棘轮机构

如果需要棘轮做不同转向的间歇运动时，则需要用到双向棘轮机构。如图 6-4（a）所示为矩形齿双向棘轮机构，当棘爪 2 处于实线位置时，摆杆 1 做往复摆动可使棘轮做单向逆时针转动；当棘爪处于虚线位置时，摆杆做往复摆动可使棘轮做单向顺时针转动。如图 6-4（b）所示为回转棘爪双向棘轮机构，当棘爪 1 如图示位置放置时，棘轮 2 可以得到单向逆时针的间歇运动；当提起棘爪并将其绕自身轴线扭转 180°后再按下（使得棘爪端部斜面换向），可以使得棘轮获得单向顺时针的间歇运动。

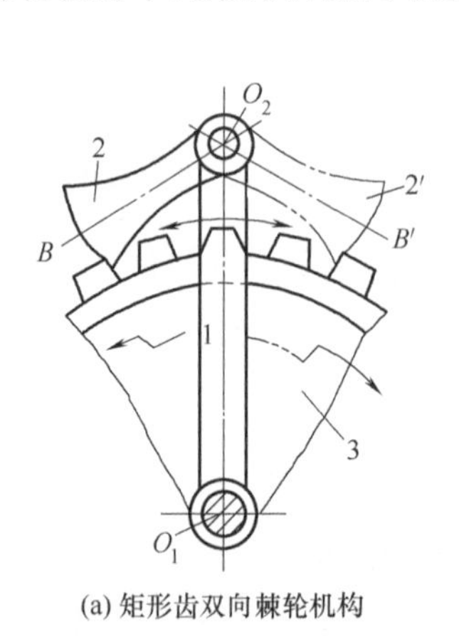

(a) 矩形齿双向棘轮机构

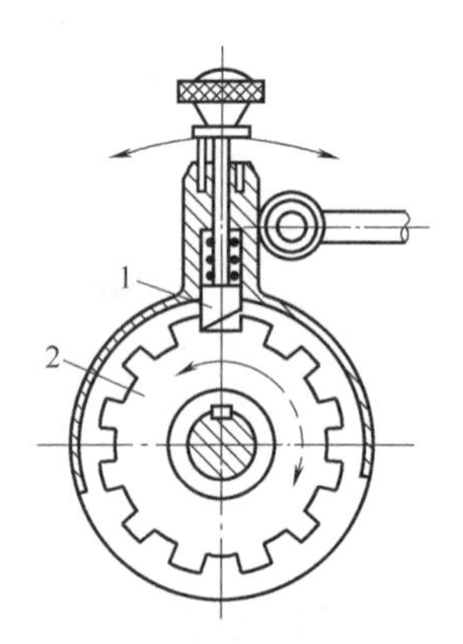

(b) 回转棘爪双向棘轮机构

图 6-4 双向棘轮机构

如果希望棘轮能够沿同一方向连续转动，则需要使用双动式棘轮机构，如图 6-5 所示。主动件做往复摆动时，棘轮能够获得单向连续转动。根据棘爪形式不同可以分为直头［见图 6-5（a）］和钩头［见图 6-5（b）］双动式棘轮机构。

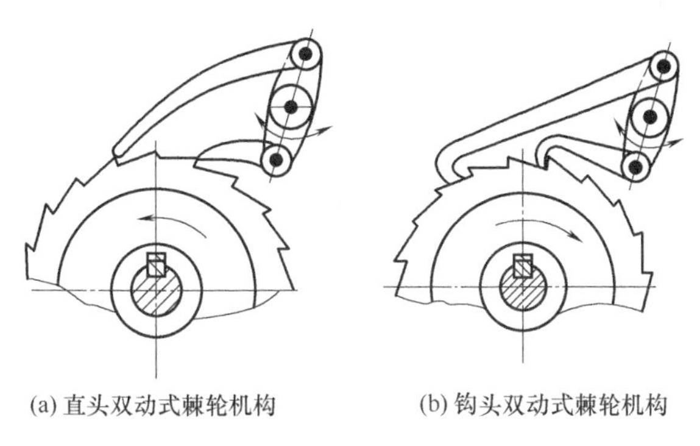

(a) 直头双动式棘轮机构　　(b) 钩头双动式棘轮机构

图 6-5　双动式棘轮机构

6.1.2.2　摩擦式棘轮机构

摩擦式棘轮机构如图 6-6 所示，棘轮上无棘齿，它靠棘爪 1、3 和棘轮 2 之间的摩擦力传动，棘轮转角可做无级调节，且传动平稳、无噪声，但因靠摩擦力传动，其接触表面容易发生滑动。其一方面可起过载保护作用，另一方面传动精度不高，故适用于低速、轻载的场合。

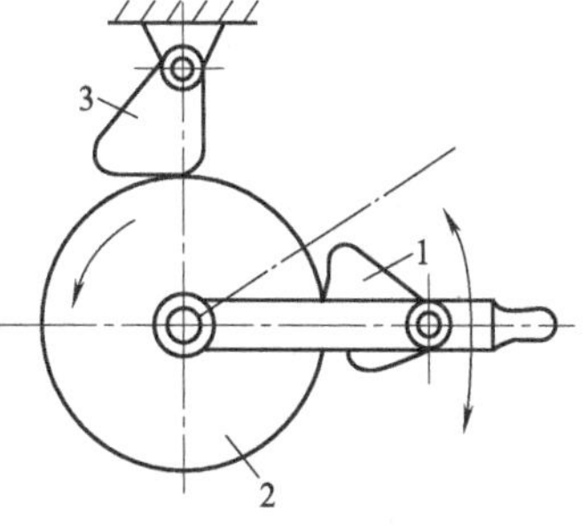

图 6-6　摩擦式棘轮机构

6.1.3　棘轮机构的优缺点和应用

棘轮机构结构简单、制造方便、运动可靠，且棘轮每次转过的角度容易实现有级调节，但由于结构原因其工作时有较大的冲击和噪声，运动精度相对较差，所以适用于低速、轻载下的间歇运动。棘轮机构一般用于机床及自动机械的进给机构、刀架的转位机构以及卷扬机中的逆转止动器等。

6.2　槽轮机构

笔记

6.2.1　槽轮机构的工作原理和类型

槽轮机构又称马氏机构。由带有圆销 3 的拨盘 1、具有径向槽的槽轮 2 及机架组成，如图 6-7 所示。

当主动件拨盘逆时针做等速连续转动，圆销 3 未进入槽轮的径向槽时，槽轮 2 的内凹锁止弧被拨盘 1 的外凸锁止弧锁住而静止；当圆销 3 开始进入径向槽时，内外锁止弧脱开，槽轮在圆销 3 的驱动下顺时针转动；当圆销 3 开始脱离径向槽时，槽轮 2 因另一锁止弧又被锁住而静止，直到圆销再次进入下一个径向槽时，锁止弧脱开，槽轮才能继续转动，从而实现从动槽轮的单向间歇运动。

槽轮机构有两种基本形式：外槽轮机构和内槽轮机构。图 6-7 所示为外槽轮机构，工作时槽轮的转动方向与拨盘相反。图 6-8 所示为内槽轮机构，工作时槽轮的转动方向与拨盘相同。两种形式相较之下，外槽轮机构应用更为广泛。

依据机构中圆销的数目，外槽轮机构又有单圆销（图 6-7）、双圆销（图 6-9）和多圆销槽轮机构之分。单圆销外槽轮机构工作时，拨盘转一周，槽轮反向转动一次；双圆销外槽轮机构工作时，拨盘转一周，槽轮反向转动两次；内槽轮机构的槽轮转动方向与拨盘转向相同。

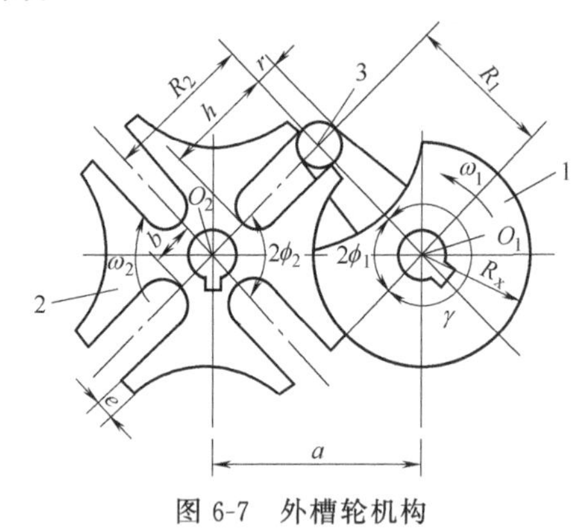

图 6-7 外槽轮机构

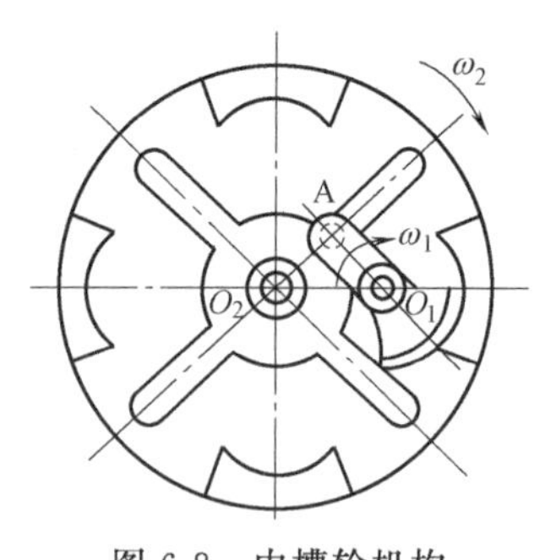

图 6-8 内槽轮机构

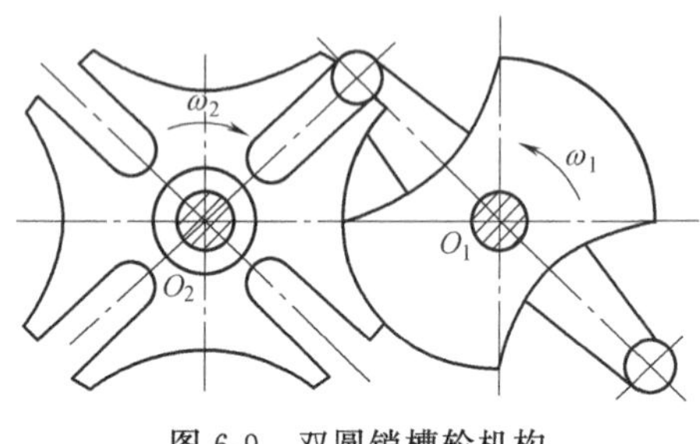

图 6-9 双圆销槽轮机构

6.2.2 槽轮机构的优缺点和应用

槽轮机构的优点是结构简单、制造容易、转位迅速、工作可靠，但制造与装配精度要求较高且转角大小不能调节，转动时有冲击，故不适用于高速。

槽轮机构一般用于转速不很高的间歇转动装置中。例如，如图 6-10 所示的工件转位传送机构，将 1 和 2 椭圆齿轮、2′和 3 圆锥齿轮的啮合连续转动，通过 3′和 4 的槽轮机构转变为了间歇运动状态，从而使 4′和 5 的链传动实现非匀速的间隙运动，这样可满足自动流水线装配作业。如图 6-11 所示的转塔车床的刀架转位机构，刀架 3 上装有 6 种刀具，槽轮 2 上有 6 个径向槽。当拨盘 1 回转一周时，圆销进入槽轮一次，驱使槽轮转过 60°，刀架 3 也随着转过 60°，从而将下一道工序所需刀具转换到工作位置。

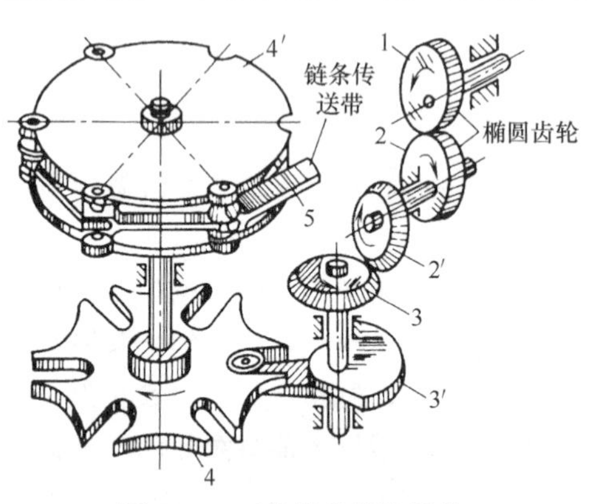

图 6-10 工件转位传送机构

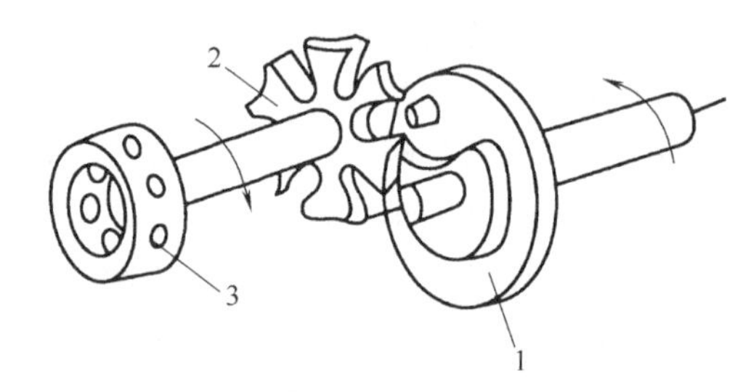

图 6-11 转塔车床的刀架转位机构

6.3 不完全齿轮机构

不完全齿轮机构是由齿轮传动机构演化而来的一种间歇运动机构。它与普通渐开线齿轮机构不同之处是轮齿不布满整个圆周，如图 6-12 所示。图中当主动轮 1 转一周时，从动轮 2 转四分之一周，从动轮每转一周停歇四次。当从动轮停歇时，主动轮上的锁住弧与从动轮上的锁住弧互相配合锁住，以保证从动轮停歇在预定的位置。

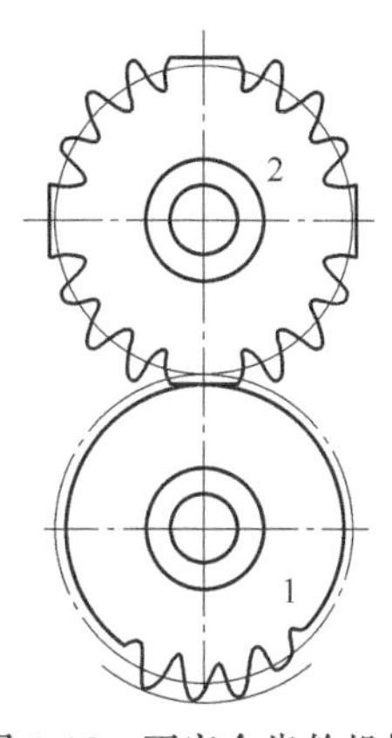

图 6-12 不完全齿轮机构

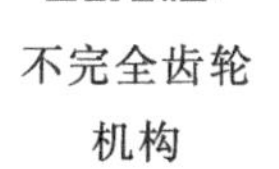
不完全齿轮机构

不完全齿轮机构与其他间歇机构相比，只要适当地选取齿轮的齿数、锁住弧的段数和锁住弧之间的齿数，就能使从动轮得到预期的停歇次数、停歇时间及每次转过的角度。由于不完全齿轮机构在从动轮进入或退出啮合时，因速度突变，从而引起刚性冲击，故一般只用于低速轻载场合，常在计数器和某些间歇进给机构中采用。

6.4 螺旋机构

螺旋机构是利用螺杆和螺母组成的螺旋副将回转运动转换为直线运动或将直线运动转换为回转运动。按螺旋副中的摩擦性质，螺旋机构可分为滑动螺旋机构和滚动螺旋机构。滑动螺旋机构中，螺旋副做相对运动时产生滑动摩擦。滚动螺旋机构中，螺旋副做相对运动时产生滚动摩擦。

6.4.1 滑动螺旋机构

6.4.1.1 滑动螺旋机构的工作原理和类型

如图 6-13 所示为最简单的三构件滑动螺旋机构。它是由螺杆 1、螺母 2 和机架 3 组成的单螺旋机构。其中 A 为转动副，B 为螺旋副，其导程为 p_B，C 为移动副。当螺杆 1 转过角 φ 时，螺母 2 的位移为

笔记

$$s=p_B\frac{\varphi}{2\pi} \tag{6-1}$$

若图 6-13 中的 A 也是螺旋副，其导程为 p_A，便得到如图 6-14 所示的双螺旋机构。

设 A、B 两螺旋副的导程分别为 p_A、p_B，当 A、B 两螺旋副的旋向相同（同为右旋或左旋）时，若螺杆转过 φ 角，则其螺母 2 的位移为

$$L=L_A-L_B=(p_A-p_B)\frac{\varphi}{2\pi} \tag{6-2}$$

式中 L_A——螺杆相对于机架向前的位移，mm；

L_B——螺母相对于螺杆向后的位移，mm。

由式（6-2）可知，当螺杆相对于机架转动较大的角度，螺母相对于机架的位移可以很小，从而达到微调的目的。这种螺旋机构称为差动螺旋机构或微调螺旋机构。

当 A、B 两螺旋副的旋向相反（一为右旋，一为左旋）时，若螺杆转过 φ 角，则其螺母 2 的位移为

$$L=L_A+L_B=(p_A+p_B)\frac{\varphi}{2\pi} \tag{6-3}$$

故螺母可产生快速移动。这种螺旋机构称为复式螺旋机构。

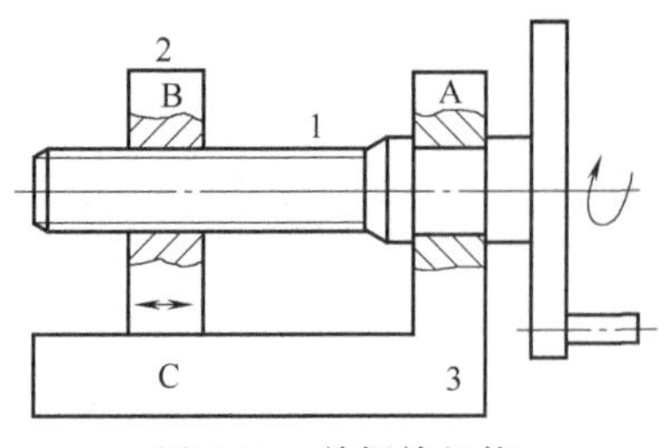

图 6-13 单螺旋机构

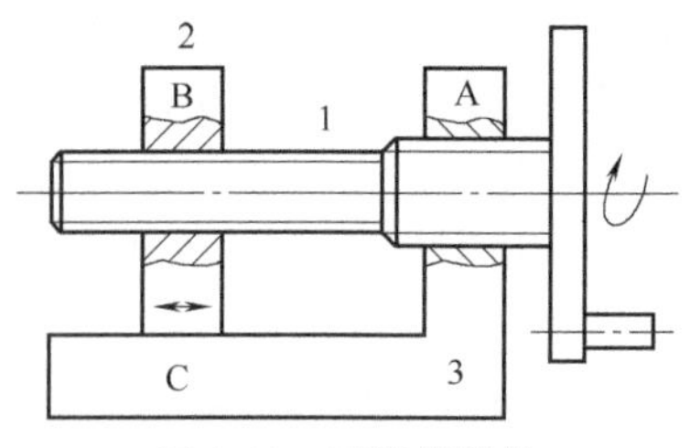

图 6-14 双螺旋机构

6.4.1.2 螺旋机构的应用

（1）传力螺旋 它主要用来传递轴向力，要求用较小的力矩转动螺杆（或螺母）而使螺母（或螺杆）产生直线移动和较大的轴向力，例如螺旋千斤顶（图 6-15）和螺旋压力机的螺旋（图 6-16）等。

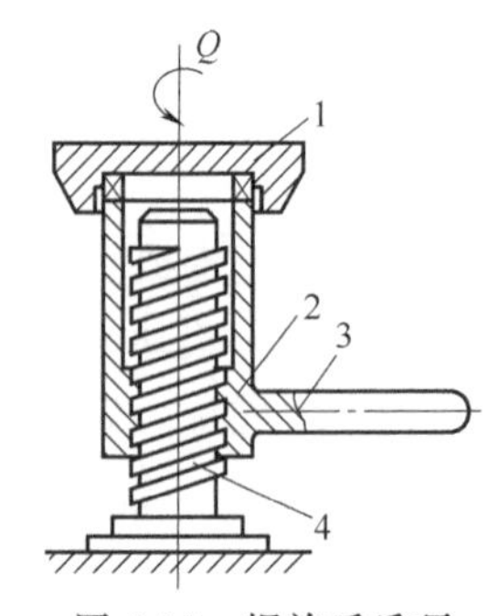

图 6-15 螺旋千斤顶

1—工件；2—螺母；3—手柄；4—螺杆

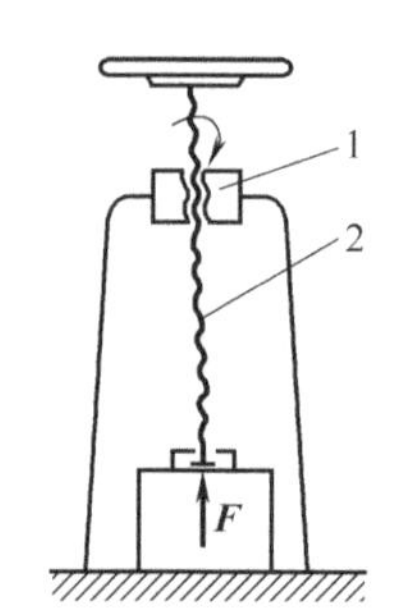

图 6-16 螺旋压力机

1—螺母；2—螺杆

（2）传导螺旋 它主要用来传递轴向运动，要求具有较高的传动精度，例如图 6-17 所示的车床刀架和进给机构的螺旋等。

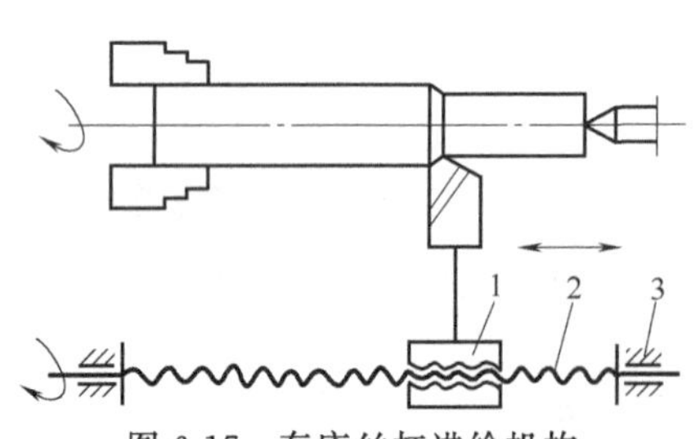

图 6-17 车床丝杠进给机构

1—刀架；2—丝杠；3—机架

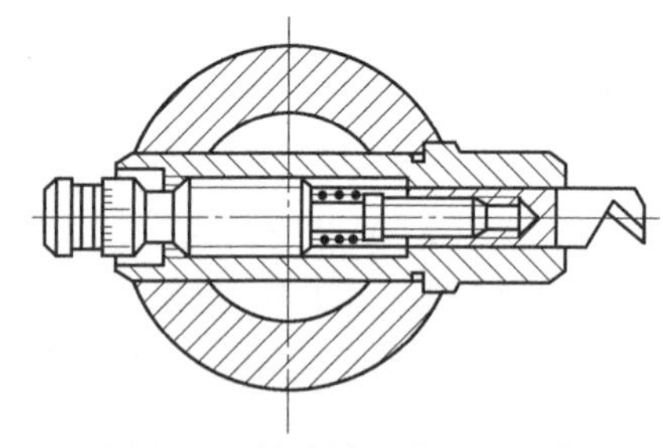
图 6-18 镗床镗刀的微调机构

（3）微调螺旋 图 6-18 所示为镗床镗刀的微调机构。螺杆为复式同向螺旋，当转动螺杆时，镗刀移动量非常小，实现微量调节功能。

（4）夹紧螺旋 图 6-19 所示为铣床夹具。螺杆为复式反向螺旋，当转动螺杆时，螺母 A 和螺母 B 能快速相向或相反运动，实现工件的快速加紧或松开。

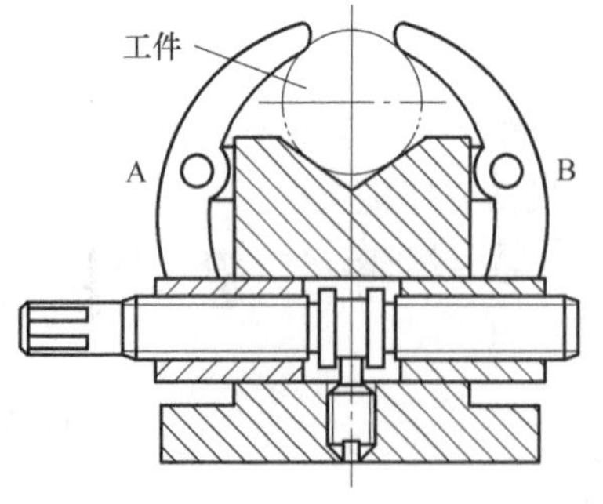

图 6-19 铣床夹具

6.4.2 滚动螺旋机构

滚动螺旋机构是指在具有螺旋槽的螺杆与螺母之间，

连续填满滚珠作为中间体的螺旋机构，如图 6-20 所示。当螺杆与螺母相对转动时，滚动体在螺纹滚道内滚动，使螺杆与螺母间以滚动摩擦代替滑动摩擦，提高了传动效率和传动精度。滚动螺旋机构按其滚动体循环方式的不同，可分为外循环（图 6-20）和内循环（图 6-21）两种形式。

滚动螺旋机构摩擦很小，效率高（多在 90%以上），可用调整的方法消除间隙，因而传动精度高。但其结构复杂，制造难度大，不能自锁。滚动螺旋机构已被广泛应用于数控机床，以及汽车、拖拉机转向机构等。

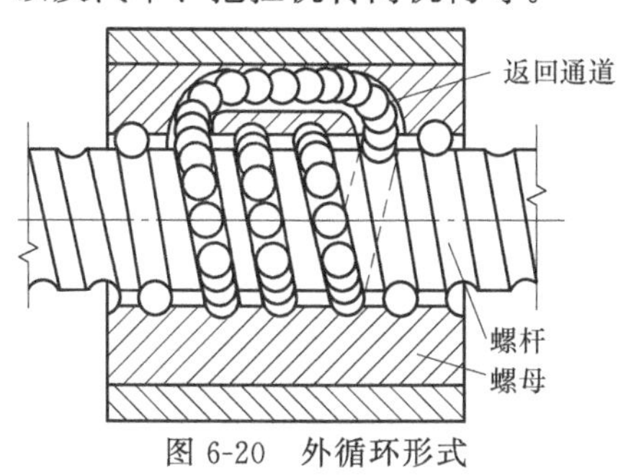

图 6-20　外循环形式

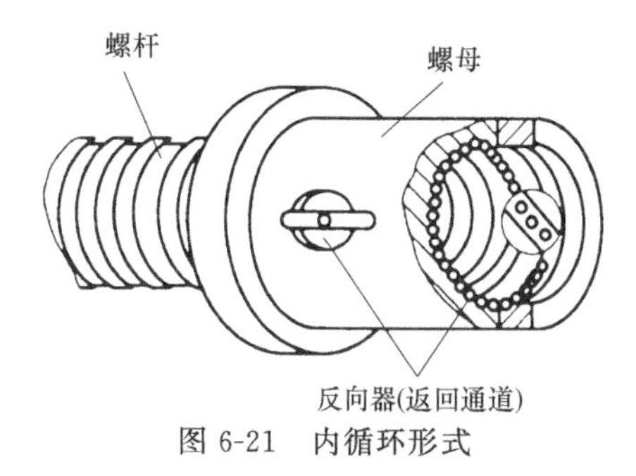

图 6-21　内循环形式

任务实施

根据任务导入要求，任务实施具体如下：

工作过程分析：

当销轮拨盘 1 上的凸圆弧锁住槽轮 2 上的凹圆弧时，槽轮保持静止不动，因而电影胶片 3 也静止不动，此时放映机的快门打开，灯光发出的射线将电影胶片上的影像投射到屏幕上。当销轮上的圆销快要进入从动槽轮的径向槽时，放映机的快门关闭，此时无灯光通过胶片，圆销进入槽轮的径向槽后，带动槽轮转过 1/4 圈，槽轮带动卷片器，将下一张胶片送到快门前，此后销轮的锁止圆弧锁住槽轮上凹圆弧，放映机快门打开，灯光发出的射线将下一张胶片上的静止影像投射在屏幕上，如此循环下去，就能使静止的影像在人的视网膜上形成动态影像。

笔记

项目练习

判断题

（1）间歇运动机构中的活动构件的运动状态都是时停时动的。（　　）

（2）棘轮机构中的主动件只能是棘爪。（　　）

（3）棘轮机构适用于高速场合。（　　）

（4）槽轮机构中槽轮的槽数最小为 3。（　　）

（5）槽轮机构中槽轮的运动时间必然少于销轮的运动时间。（　　）

（6）螺旋机构中的螺杆通常为主动件。（　　）

简答题

（1）何谓间歇运动机构？除本书介绍的以外，你还知道哪些？试举例说明。

（2）棘轮机构有何工作特点？通常应用于哪些工作场合？

（3）棘轮机构为什么通常要加一个止退棘爪？双向驱动的棘轮机构其棘轮为何种齿形？

（4）槽轮机构有何工作特点？它被广泛应用于何种机械中？

（5）快动夹具的双螺旋机构中，两处螺旋副旋向是否相同？

项目七

带传动设计

知识目标

1. 了解带传动的工作原理及类型；
2. 熟悉普通 V 带的结构及其标准，V 带传动的张紧方法和装置；
3. 掌握带传动的基本设计计算方法。

技能目标

1. 能够根据机构要实现的运动选择带传动的类型；
2. 能够设计简单的带传动，并使其能正常工作，不失效。

任务导入

完成带式输送机传动系统中的普通 V 带传动的设计任务（图 7-1）。其设计条件为：原动机为 Y132M1-6 型电动机，电动机额定功率 $P=4\text{kW}$，满载转速 $n=960\text{r/min}$，小带轮安装在电动机轴上，带的传动比 $i=3.14$，工作制为三班制，5 年寿命。

笔记

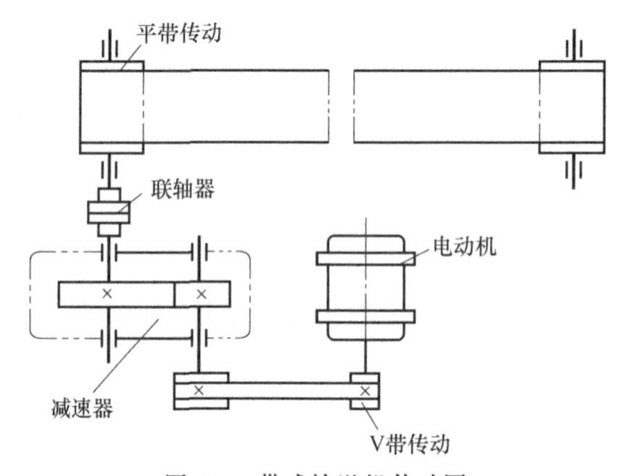

图 7-1　带式输送机传动图

知识链接

7.1　带传动的类型和特点

带传动一般由主动轮 1、从动轮 2 和中间的传动带 3 组成，如图 7-2 所示。带传动是一种依靠摩擦力来传递运动和动力的传动方式，在机床、交通运输、轻纺等领域广泛应用。

7.1.1　带传动的种类

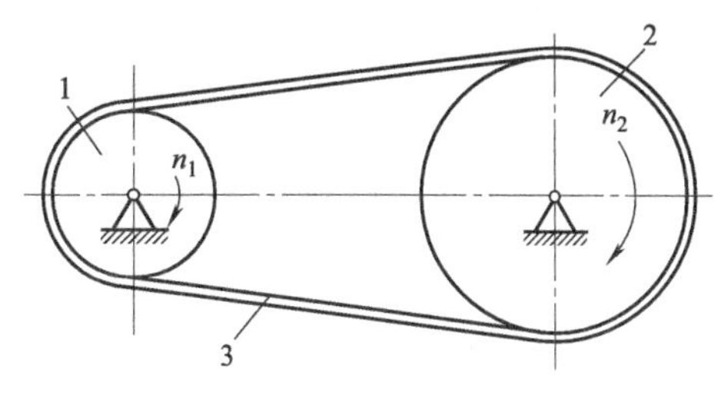

图 7-2　带传动的组成

根据工作原理不同，带传动可分为摩擦带传动和啮合带传动两类。

7.1.1.1　摩擦带传动

摩擦带传动是依靠带与带轮之间的摩擦力传递运动的。按带的横截面形状不同可分为下面四种类型。

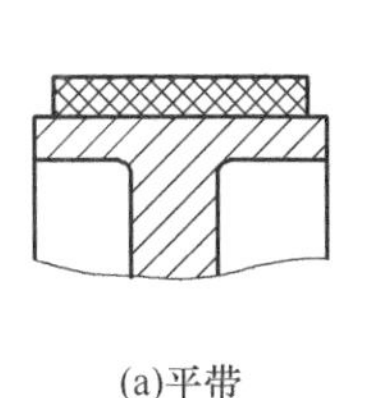

(a)平带

(b) V带

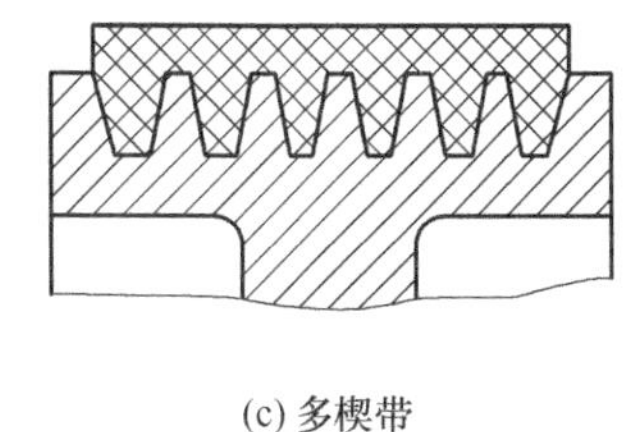

(c) 多楔带

(d) 圆带

图 7-3　摩擦带传动

（1）平带　传动带横截面为矩形，其内表面为工作表面，如图 7-3（a）所示。平带传动结构最简单，带轮也容易制造，传动效率较高，适用于较大中心距的远距离传动。

（2）V 带　传动带横截面为梯形，工作表面为带的两侧面，如图 7-3（b）所示。与平带相比较，V 带传动工作时由于摩擦力更大，所以传递功率也相对较大，而且结构更加紧凑，适用于较小中心距和加大传动比的场合。

（3）多楔带　相当于平带和 V 带的复合形式，如图 7-3（c）所示。其兼备了平带和 V 带的优点，并且解决了多根 V 带长短不一而使各带受力不均匀的问题，结构紧凑，能够传递很大的功率，适用于传递功率较大而结构要求紧凑的场合。

（4）圆带　传动带横截面为圆形，如图 7-3（d）所示，其结构简单，只适用于小功率传动，一般用于轻型机械或仪器仪表中。

7.1.1.2　啮合带传动

依靠带内周的等距横向齿与带轮相应齿槽间的啮合来传递运动和动力，如图 7-4 所示。啮合带传动具有传动比恒定、不打滑、效率高、初拉力小、对轴及轴承的压力小、速度及功率范围广等优点，但制造和安装的要求高，主要用于中小功率要求速比准确的传动。

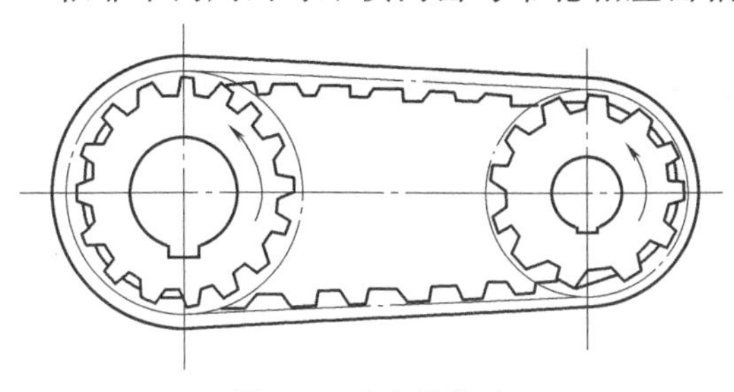

图 7-4　啮合带传动

7.1.2　带的传动形式

常见的带传动形式有开口传动、交叉传动和半交叉传动三种形式。

（1）开口传动　带传动中运用最广泛的一种布置形式，如图 7-2 所示，工作时两轴平行且转向相同。V 带传动常采用这种布置形式。

（2）交叉传动　这种传动形式可以用来使两平行轴的回转反向，如图 7-5（a）所示。由于带在交叉处会产生相互摩擦，致使带磨损加剧，所以这种形式的传动应用于带速较低、中心距较大的场合。

（3）半交叉传动　该种传动形式主要用来传递空间两交错轴间的回转运动，一般两轴交错角为90°，如图7-5（b）所示，它只能进行单向传动。

交叉传动和半交叉传动只能用平带，V带一般不宜用于交叉传动和半交叉传动。

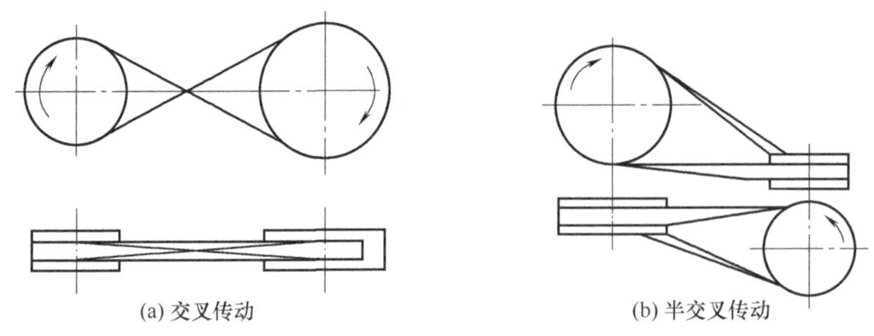

图7-5　带的传动形式

7.1.3　带传动的特点和应用范围

带传动主要优点：①由于带具有弹性，能缓和冲击、吸收振动，故传动平稳、噪声小；②过载时，带在带轮上打滑，具有过载保护作用；③结构简单，制造成本低，且便于安装和维护；④可用于中心距较大的传动。主要缺点：①带与带轮间存在弹性滑动，不能保证传动比恒定不变；②带必须张紧在带轮上，增加了对轴的压力；③带的寿命短，传动效率低；④外廓尺寸大；⑤不适用于高温、易爆及有腐蚀介质的场合。

带传动适用于要求传动平稳、传动比要求不很严格及传动中心距较大的场合。在多级减速装置中，带传动通常配置在高速级。普通V带传递的功率一般不超过50～100kW，带速为5～35m/s。

7.2　V带和V带轮

7.2.1　V带的类型与结构

V带有普通V带、窄V带、联组V带、齿型V带、大楔角V带等若干种类型，其中常用的是普通V带，窄V带目前也用得比较多。

7.2.1.1　普通V带的结构

标准普通V带都制成无接头的环形。其结构由顶胶、抗拉体、底胶和包布组成，如图7-6所示。抗拉体是承受负载拉力的主体，其上下的顶胶和底胶分别承受弯曲变形的拉伸和压缩作用，包布主要起保护作用。抗拉体的结构可分为帘布芯V带和绳芯V带两种类型。

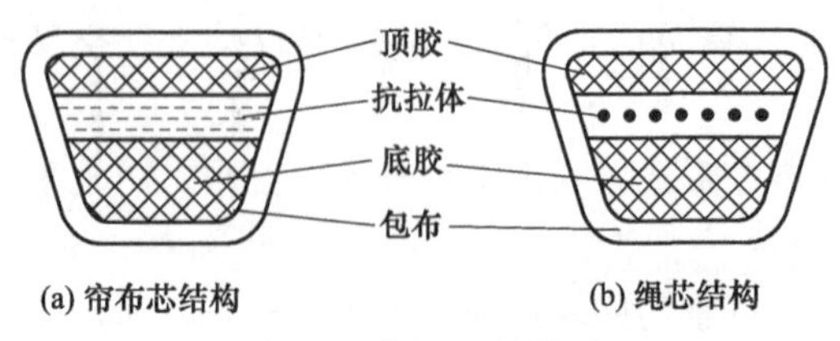

图7-6　普通V带结构

绳芯V带挠性好，抗弯强度高，适用于转速较高、载荷不大和带轮直径较小、要求结构紧凑的场合。帘布芯V带制造方便，抗拉强度较高，但易伸长、发热和脱层。

7.2.1.2　带的型号

普通V带和窄V带已经标准化。普通V

带按其截面尺寸不同，分为 Y、Z、A、B、C、D、E 七种；窄 V 带按其截面尺寸不同，分为 SPZ、SPA、SPB、SPC 四种。普通 V 带的基本尺寸见表 7-1。

V 带在规定张紧力下弯绕在带轮上时外层受拉伸变长，内层受压缩变短，两层之间存在一长度不变的中性层，沿中性层形成的面称为节面，节面的宽度称为节宽 b_d，见表 7-1 附图。在一定的张紧力下带的节面的周长称为带的基准长度，用 L_d 表示，也可称为节线长度。普通 V 带的基准长度见表 7-2。

表 7-1 普通 V 带基本尺寸（GB/T 13575.1—2008）

型号	Y	Z	A	B	C	D	E
顶宽 b	6	10	13	17	22	32	38
节宽 b_d	5.3	8.5	11	14	19	27	32
高度 h	4	6	8	11	14	19	25
楔角 φ	40°						
每米质量 q/(kg/m)	0.023	0.060	0.105	0.170	0.300	0.630	0.970

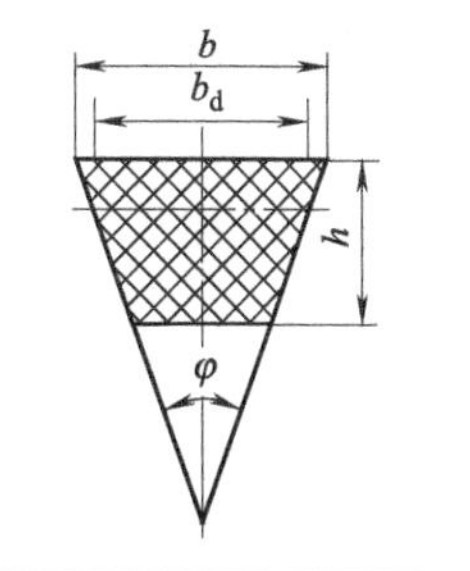

表 7-2 普通 V 带的长度系列和带长修正系数 K_L（GB/T 13575.1—2008）

基准长度 L_d/mm	K_L					基准长度 L_d/mm	K_L				
	Y	Z	A	B	C		A	B	C	D	E
200	0.81					2000	1.03	0.98	0.88		
224	0.82					2240	1.06	1.00	0.91		
250	0.84					2500	1.09	1.03	0.93		
280	0.87					2800	1.11	1.05	0.95	0.83	
315	0.89					3150	1.13	1.07	0.97	0.86	
355	0.92					3550	1.17	1.09	0.99	0.89	
400	0.96	0.87				4000	1.19	1.13	1.02	0.91	
450	1.00	0.89				4500		1.15	1.04	0.93	0.90
500	1.02	0.91				5000		1.18	1.07	0.96	0.92
560		0.94				5600			1.09	0.98	0.95
630		0.96	0.81			6300			1.12	1.00	0.97
710		0.99	0.83			7100			1.15	1.03	1.00
800		1.00	0.85			8000			1.18	1.06	1.02
900		1.03	0.87	0.82		9000			1.21	1.08	1.05
1000		1.06	0.89	0.84		10000			1.23	1.11	1.07
1120		1.08	0.91	0.86		11200				1.14	1.10
1250		1.11	0.93	0.88		12500				1.17	1.12
1400		1.14	0.96	0.90		14000				1.20	1.15
1600		1.16	0.99	0.92	0.83	16000				1.22	1.18
1800		1.18	1.01	0.95	0.86						

普通 V 带标记示例：A 1600 GB/T 13575.1—2008

A——型号（A 型）

1600——基准长度（1600mm）

7.2.2 普通 V 带轮的材料与结构

7.2.2.1 普通 V 带轮的材料

为了有效利用带传动的传动能力，常常将其布置于高速级。由此，带轮转速也会相应较高，所以在设计时就应该考虑让带轮具备足够的强度和刚度，同时拥有质轻、质量分布均匀以及制造工艺性良好等特性。

带轮材料常采用铸铁、钢、铝合金或工程塑料等。当带速 $v<25\text{m/s}$ 时，采用 HT150；当带速 $v>25\sim30\text{m/s}$ 时，采用 HT200；当 $v>25\sim45\text{m/s}$ 时，则采用球墨铸铁、铸钢或锻钢，也可采用钢板冲压后焊接成带轮。小功率传动时带轮可采用铸铝或塑料等材料。

7.2.2.2 普通 V 带轮的结构

普通 V 带轮是典型的盘类零件，由轮缘、轮辐及轮毂三部分组成。轮缘是带轮的外圈部分，是传动带安装及带轮工作的部分。轮槽的形状和尺寸与相应型号的带截面尺寸相适应。轮缘及轮槽的结构尺寸按表 7-3。当 V 带缠绕在带轮上发生弯曲时，会使截面变形进而减小 V 带的楔角，为了保证传动能力，必须使 V 带能够紧贴轮槽两侧，因此将轮槽角规定为 32°、34°、36°以及 38°。轮毂是带轮与轴的安装配合部分。轮辐是连接轮毂和轮缘的中间部分。

在 V 带轮上，与所配用 V 带的节宽 b_d 相对应的带轮直径，称为带轮的基准直径，以 d_d 表示。V 带轮的设计主要是根据带轮的基准直径选择结构形式，根据带的型号确定轮槽尺寸。

表 7-3 普通 V 带轮的轮槽尺寸（GB/T 13575.1—2008）

尺寸参数			V带型号						
			Y	Z	A	B	C	D	E
基准宽度 b_d/mm			5.3	8.5	11.0	14.0	19.0	27.0	32.0
基准线至槽顶高度 h_{amin}/mm			1.6	2.0	2.75	3.5	4.8	8.1	9.6
基准线至槽底高度 h_{fmin}/mm			4.7	7.0	8.7	10.8	14.3	19.9	23.4
第一槽对称线至端面距离 f/mm			7	8	10	12.5	17	23	29
槽间距 e/mm			8±0.3	12±0.3	15±0.3	19±0.4	25.5±0.5	37±0.6	45.5±0.7
最小轮缘厚度 δ/mm			5	5.5	6	7.5	10	12	15
轮缘宽度 B/mm			$B=(z-1)e+2f$（z 为轮槽数）						
槽角 φ	32°	d_d	≤60						
	34°			≤80	≤118	≤190	≤315		
	36°		>60					≤475	≤600
	38°			>80	>118	>190	>315	>475	>600

当采用铸铁材料制造时，根据轮辐结构不同，V 带轮有实心、腹板、孔板和轮辐四种典型结构形式，如图 7-7 所示。带轮基准直径 $d_d\leqslant(2.5\sim3)d$（d 为带轮轴直径）时可采用

S 型［实心式带轮，图 7-7（a）］；$d_d \leqslant 300$mm 时可采用 P 型［腹板式带轮，图 7-7（b）］；当 $d_r - d_h \geqslant 100$mm 时，可采用 H 型［孔板式带轮，图 7-7（c）］；$d_d > 300$mm 时可采用 E 型［轮辐式带轮，图 7-7（d）］。

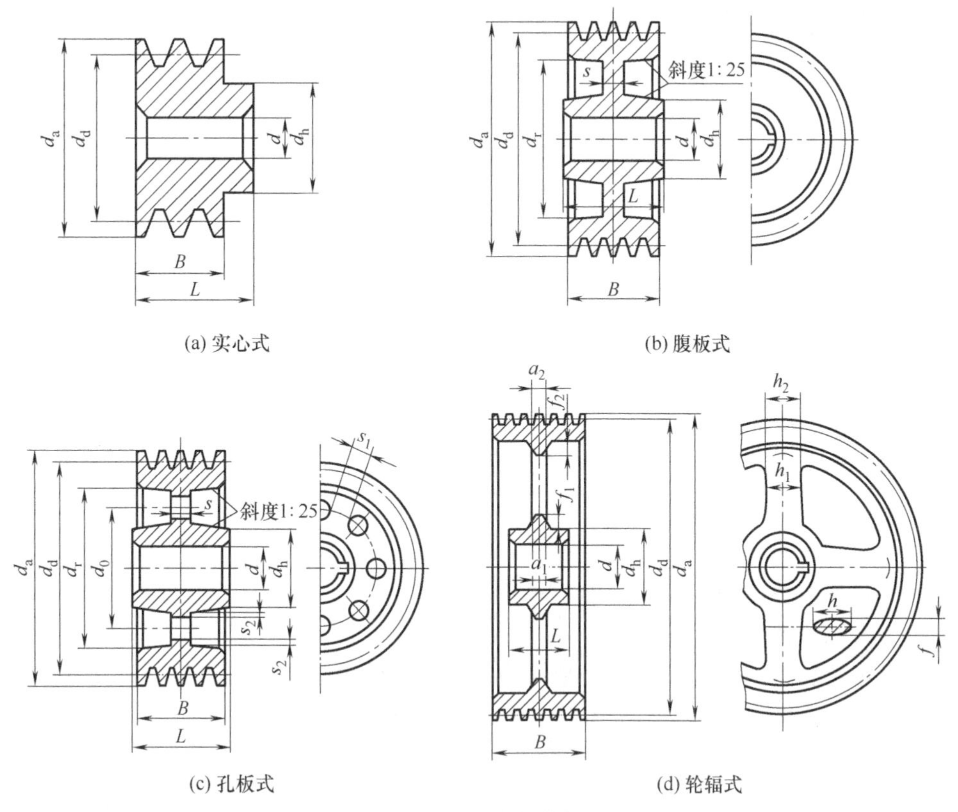

图 7-7 V 带轮结构

（图中带轮相关结构尺寸的计算和确定可查《简明机械零件设计实用手册》）

笔记

7.3 带传动工作情况分析

7.3.1 带传动的受力分析

摩擦型带传动主要是依靠带轮与传动带间的摩擦力来进行传动的。因此，带传动安装时，带必须张紧装在带轮上。静止时带轮两边的拉力相等，均为预紧力 F_0，如图 7-8（a）所示。负载转动时，由于带与带轮接触面摩擦力的作用，带绕上主动轮的一边被拉紧，称为紧边，紧边的拉力由 F_0 增加到 F_1；绕出主动轮的一边被放松，称为松边，拉力由 F_0 降至 F_2，如图 7-8（b）所示。

紧边与松边拉力的差值（$F_1 - F_2$）为带传动中起传递力矩作用的拉力，称为有效拉力 F。而有效拉力 F 与传动过程中产生的总摩擦力 F_f 相等，即

$$F = F_1 - F_2 = F_f \tag{7-1}$$

有效拉力 F(N)、带速 v(m/s) 和带传递的功率 P(kW) 之间的关系为

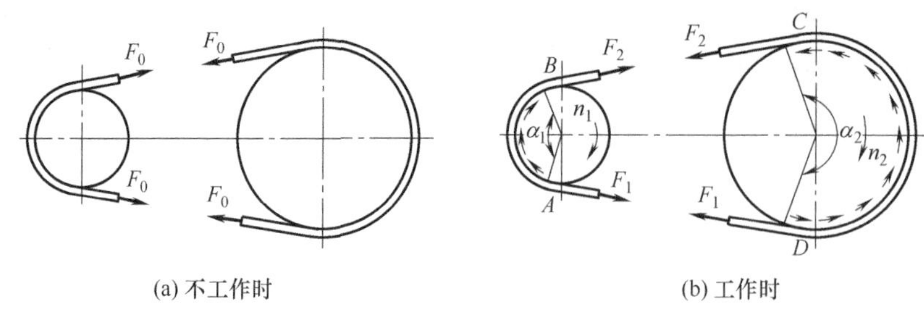

(a) 不工作时　　(b) 工作时

图 7-8　带传动的受力分析

$$P=\frac{Fv}{1000} \tag{7-2}$$

由式（7-1）可知，摩擦力 F_f 随着有效拉力 F 的变化而变化，当有效拉力增大到一定数值时，摩擦力变化到其最大值 F_{fmax}。若有效拉力 F 继续增大，则带与带轮之间开始发生相对滑动，即开始打滑。

当条件一定时，最大摩擦力 F_{fmax} 的大小也是一定的。因此带传动所能传递的最大有效拉力也是一定的，则带传动的最大有效拉力为

$$F_{max}=2F_0\left(1-\frac{2}{e^{f\alpha_1}+1}\right) \tag{7-3}$$

式中　e——自然对数的底，e≈2.718；

f——摩擦系数；

α_1——小带轮上的包角，即带与带轮接触弧对应的中心角，rad。

由式（7-3）分析可知，影响带传动工作能力的因素有：

（1）预紧力（初拉力）F_0　F_0 越大，带与带轮的正压力越大，F_{max} 也越大，即带传递载荷的能力也就越强。但 F_0 不宜过大，否则，带的磨损加剧，会降低带的使用寿命。安装时 F_0 要适当。

笔记

（2）小轮包角 α_1　α_1 增大，带与带轮之间 F_{max} 也增大，带传递载荷的能力也就越强，一般要求 $\alpha_{min}\geqslant 120°$。

（3）摩擦系数 f　摩擦系数 f 大则 F_{max} 也大。一般采用铸铁带轮以增加 f，不采取增加轮槽表面粗糙度的方法来增加 f，这样会加剧带的磨损。

7.3.2 带传动的应力分析

带传动工作时，在带的横截面上存在三种应力。

7.3.2.1 拉力产生的拉应力

带传动工作时，紧边拉应力为

$$\sigma_1=\frac{F_1}{A} \tag{7-4a}$$

松边拉应力为

$$\sigma_2=\frac{F_2}{A} \tag{7-4b}$$

式中　A——带的横截面面积，mm^2。

因紧边的拉力 F_1 大于松边的拉力 F_2，故 σ_1 大于 σ_2。带传动工作时，带绕过主动轮

时，拉应力由 σ_1 逐渐减小为 σ_2；而带绕过主动轮时，拉应力由 σ_2 逐渐增大为 σ_1。

7.3.2.2　离心力产生的离心拉应力

当带绕过带轮做圆周运动时，由于自身质量将产生离心力，离心力只发生在两带轮包角部分，但由此引起的拉力却作用于带的全长，其拉应力为

$$\sigma_c=\frac{qv^2}{A} \tag{7-5}$$

式中　q——带单位长度的质量，kg/m，见表 7-1。

由上式分析可知，q 和 v 越大，σ_c 越大，故传动带的速度不宜过高。

7.3.2.3　带绕过带轮时产生的弯曲应力

带绕过带轮时，因弯曲而产生弯曲应力。其弯曲应力为

$$\sigma_b=\frac{2Eh}{d_d} \tag{7-6}$$

式中　h——带的厚度，mm，见表 7-1；

E——带的弹性模量，MPa；

d_d——带轮的基准直径，mm。

由上式分析可知，带越厚、带轮直径越小，σ_b 就越大。σ_b 只发生在带的弯曲部分。显然，$\sigma_{b1}>\sigma_{b2}$。因此，为了防止弯曲应力过大，对每种型号的 V 带都规定了相应的最小带轮基准直径 d_{dmin}，见表 7-4。

表 7-4　V 带轮最小基准直径 d_{dmin} 和基准直径系列 d_d（GB/T 13575.1—2008）　mm

带型	Y	Z	A	B	C	D	E	SPZ	SPA	SPB	SPC
d_{dmin}/mm	20 ·	50	75	125	200	355	500	63	90	140	224
基准直径系列 d_d/mm	20　22.4　25　28　31.5　35.5　40　45　50　56　63　71　75　80　85　90　95　100　106　112　118　125　132　140　150　160　170　180　200　212　224　236　150　265　280　300　315　355　375　400　425　450　475　500　530　560　600　630　670　710　750　800　900　1000　1120　1250　1400　1500　1600　1800　2000										

笔记

带的三种应力分布如图 7-9 所示。将这三种应力加在一起，于是得出带传动时最大应力发生在紧边进入小带轮处，其值为

$$\sigma_{max}=\sigma_1+\sigma_c+\sigma_{b1} \tag{7-7}$$

带传动工作时，带绕着两个带轮做周期性的运动，因而带上某点的应力随着该点的运行位置的变化而变化。因此，带传动是在交变应力作用下工作，经历一定的应力循环次数后，最后导致疲劳断裂而失效。

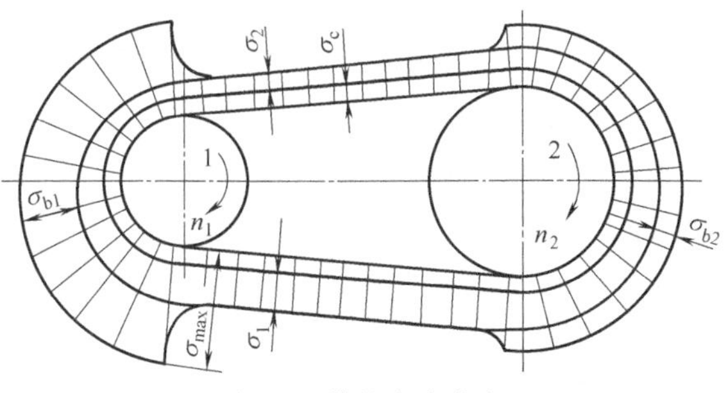

图 7-9　带的应力分布

7.3.3 弹性滑动与打滑

7.3.3.1 带的弹性滑动

由于传动带是弹性体，在受到拉力作用时会发生弹性变形，而弹性变形量随着拉力的变化而变化。当带传动工作时，带绕过主动轮其所受拉力由 F_1 逐渐降低至 F_2，因此带的伸长量也相应减小，从而使得带的速度 v 在绕出主动轮时低于主动轮的圆周速度 v_1，造成带与主动轮间产生相对滑动。同样，相对滑动也发生在从动轮上，情况恰好相反，即当带绕过从动轮时，其所受拉力由 F_2 升高为 F_1，因此带的伸长量也相应增大，从而使得带的速度 v 绕出从动轮时高于从动轮的圆周速度 v_2，带与从动轮间也将发生相对滑动。这种由于带的弹性变形以及松紧边拉力差而引起的从动轮圆周速度 v_2 落后于主动轮圆周速度 v_1 的现象，称为弹性滑动。

正是由于这种弹性滑动的存在，使得摩擦式带传动不能保证准确的传动比，同时，还会增加带的磨损，缩短带的使用寿命。

7.3.3.2 传动比

弹性滑动造成的对传动比的影响，通常用滑动率 ε 来表示。

$$\varepsilon=\frac{v_1-v_2}{v_1}\times 100\% \tag{7-8}$$

其中

$$v_1=\frac{\pi d_{d1} n_1}{60\times 1000} \tag{7-9a}$$

$$v_2=\frac{\pi d_{d2} n_2}{60\times 1000} \tag{7-9b}$$

式中 v_1，v_2——主、从动轮的圆周速度，m/s；

n_1，n_2——主、从动轮的转速，r/min；

d_{d1}，d_{d2}——主、从动轮的基准直径，mm。

将式（7-9a）和式（7-9b）代入式（7-8），整理得

$$i_{12}=\frac{n_1}{n_2}=\frac{d_{d2}}{d_{d1}(1-\varepsilon)}$$

在一般传动中，因滑动率不大（$\varepsilon=1\%\sim 2\%$），故可不考虑弹性滑动的影响，则其传动比为

$$i_{12}=\frac{n_1}{n_2}\approx\frac{d_{d2}}{d_{d1}} \tag{7-10}$$

7.3.3.3 带传动的打滑

当带传动所传递的外载荷增大时，有效拉力也必然增大，弹性滑动区域也随之扩大，当有效拉力达到某一极限值时，带与小带轮在整个接触弧上的摩擦力达到了极限，若外载荷继续增加，带将沿整个接触弧滑动，这种现象称为打滑。此时主动轮还在转动，但从动轮转速急剧下降，带迅速磨损、发热而损坏，使传动失效。

应当注意，弹性滑动和打滑是两个截然不同的概念。弹性滑动是因为带是弹性体，只要受到拉力作用，变形必然发生，它是带传动固有的特性，是不可避免的，也不会影响带传动的正常工作。而打滑则是由于过载而引起的带与小带轮之间的全面滑动，它会造成带传动失效，因此必须避免带传动的打滑。

7.4　V带传动的设计计算

7.4.1　带传动的失效形式和设计准则

根据带传动工作能力分析可知，带传动的主要失效形式为打滑和疲劳破坏。因此，为保证V带传动正常工作，其工作能力设计计算准则为：在保证带传动不打滑的前提下，带具有足够的疲劳强度，以保证一定的使用寿命。

7.4.2　单根V带的基本额定功率

为了保证不打滑，带的有效拉力不能超过最大有效拉力，即 $F \leqslant F_{max}$；为了保证带有足够的使用寿命，必须使带工作时的最大拉应力要小于或等于带的许用拉应力，即 $\sigma_{max} \leqslant [\sigma]$。根据这两个条件所制定的单根V带基本额定功率 P_0（见表7-5），是普通V带传动设计计算的依据。

制定表7-5的试验条件为：载荷平稳、传动比 $i=1$、$\alpha=180°$和特定带长、抗拉体材质为化纤，通过疲劳试验测得带的许用应力 $[\sigma]$ 后，通过计算可确定各种型号单根V带所能传递的基本额定功率 P_0。当实际的传动比、带的长度和载荷的平稳性发生变化时，用相应的系数和附加功率来修正基本额定功率 P_0 的值，即

$$[P_0]=(P_0+\Delta P_0)\cdot K_\alpha \cdot K_L \tag{7-11}$$

式中　P_0——单根V带的基本额定功率，kW，查表7-5；

ΔP_0——基本额定功率增量，kW，查表7-6；

K_α——小带轮包角修正系数，查表7-7；

K_L——带的长度修正系数，查表7-2。

表7-5　单根普通V带的基本额定功率 P_0（GB/T 13575.1—2008）　kW

带型	小带轮基准直径 d_{d1}/mm	小带轮转速 n_1/(r/min)						
		400	730	800	980	1200	1460	2800
Z	50	0.06	0.09	0.10	0.12	0.14	0.16	0.26
	63	0.08	0.13	0.15	0.18	0.22	0.25	0.41
	71	0.09	0.17	0.20	0.23	0.27	0.31	0.50
	80	0.14	0.20	0.22	0.26	0.30	0.36	0.56
A	75	0.27	0.42	0.45	0.52	0.60	0.68	1.00
	90	0.39	0.63	0.68	0.79	0.93	1.07	1.64
	100	0.47	0.77	0.83	0.97	1.14	1.32	2.05
	112	0.56	0.93	1.00	1.18	1.39	1.62	2.51
	125	0.67	1.11	1.19	1.40	1.66	1.93	2.98
B	125	0.84	1.34	1.44	1.67	1.93	2.20	2.96
	140	1.05	1.69	1.82	2.13	2.47	2.83	3.85
	160	1.32	2.16	2.32	2.72	3.17	3.64	4.89
	180	1.59	2.61	2.81	3.30	3.85	4.41	5.76
	200	1.85	3.05	3.30	3.86	4.50	5.15	6.43
C	200	2.41	3.80	4.07	4.66	5.29	5.86	5.01
	224	2.99	4.78	5.12	5.89	6.71	7.47	6.08
	250	3.62	5.82	6.23	7.18	8.21	9.06	6.56
	280	4.32	6.99	7.52	8.65	9.81	10.74	6.13
	315	5.14	8.34	8.92	10.23	11.53	12.48	4.16
	400	7.06	11.52	12.10	13.67	15.04	15.51	—

表 7-6　单根普通 V 带额定功率的增量 ΔP_0（GB/T 13575.1—2008）　kW

类型	传动比 i	小带轮转速 n_1/(r/min)								
		400	700	800	950	1200	1450	1600	2000	2400
Z	1.35～1.5	0.00	0.01	0.01	0.02	0.02	0.02	0.02	0.03	0.03
	1.51～1.99	0.01	0.01	0.02	0.02	0.02	0.02	0.03	0.03	0.04
	≥2.00	0.01	0.02	0.02	0.02	0.03	0.03	0.03	0.04	0.04
A	1.35～1.51	0.04	0.07	0.08	0.08	0.11	0.13	0.15	0.19	0.23
	1.52～1.99	0.04	0.08	0.09	0.10	0.13	0.15	0.17	0.22	0.26
	≥2.00	0.05	0.09	0.10	0.11	0.15	0.17	0.19	0.24	0.29
B	1.35～1.51	0.10	0.17	0.20	0.23	0.30	0.36	0.39	0.49	0.59
	1.52～1.99	0.11	0.20	0.23	0.26	0.34	0.40	0.45	0.56	0.68
	≥2.00	0.13	0.22	0.25	0.30	0.38	0.46	0.51	0.63	0.76
C	1.35～1.51	0.27	0.48	0.55	0.65	0.82	0.99	1.10	1.37	1.65
	1.52～1.99	0.31	0.55	0.63	0.74	0.94	1.14	1.25	1.57	1.88
	≥2.00	0.35	0.62	0.71	0.83	1.06	1.27	1.41	1.76	2.12

表 7-7　包角修正系数 K_α（GB/T 13575.1—2008）

包角 α_1	180°	175°	170°	165°	160°	155°	150°	145°	140°	135°	130°	125°	120°
K_α	1	0.99	0.98	0.96	0.95	0.93	0.92	0.91	0.89	0.88	0.86	0.84	0.82

7.4.3 普通 V 带传动的设计计算

设计 V 带传动时，一般已知条件是带传动的输入功率、传动比、主动轮的转速、传动的工作条件等。

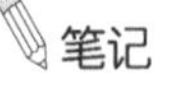

普通 V 带传动设计的内容包括：确定 V 带的型号、长度及根数，传动中心距，带轮的基准直径及带轮的结构等。

设计方法和步骤如下。

7.4.3.1 确定计算功率 P_c

$$P_c = K_A P \tag{7-12}$$

式中　P——带传动传递的功率，kW；

K_A——工况系数，查表 7-8。

表 7-8　工作情况系数 K_A

载荷性质	工作机	原动机					
		空、轻载启动			重载启动		
		每天工作小时数/h					
		<10	10～16	>16	<10	10～16	>16
载荷变动很小	液体搅拌机、通风机（≤7.5kW）、离心式水泵和压缩机、轻负荷输送机	1.0	1.1	1.2	1.1	1.2	1.3

续表

载荷性质	工作机	原动机					
		空、轻载启动			重载启动		
		每天工作小时数/h					
		＜10	10～16	＞16	＜10	10～16	＞16
载荷变动小	带式输送机(不均匀负荷)、通风机(＞7.5kW)、旋转式水泵和压缩机(非离心式)、发电机、金属切削机床、印刷机、旋转筛、锯木机和木工机械	1.1	1.2	1.3	1.2	1.3	1.4
载荷变动较大	制砖机、斗式提升机、往复式水泵和压缩机、起重机、磨粉机、冲剪机床、橡胶机械、振动筛、纺织机械、重载输送机	1.2	1.3	1.4	1.4	1.5	1.6
载荷变动很大	破碎机(旋转式、颚式等)、磨碎机(球磨、棒磨、管磨)	1.3	1.4	1.5	1.5	1.6	1.8

注：1. 空轻载启动—电动机（交流启动、三角启动、直流并励），四缸以上的内燃机，装有离心式离合器、液力联轴器的动力机；

2. 重载启动—电动机（联机交流启动、直流复励或串励）、四缸以下的内燃机；

3. 在反复启动、正反转频繁、工作条件恶劣等场合，普通 V 带 K_A 应乘以 1.2。

7.4.3.2 选择 V 带型号

根据计算功率 P_c 和小带轮转速 n_1 由图 7-10 选取 V 带的型号。当（P_c，n_1）点在型号的分界线上时，选择小型号，即往下选。

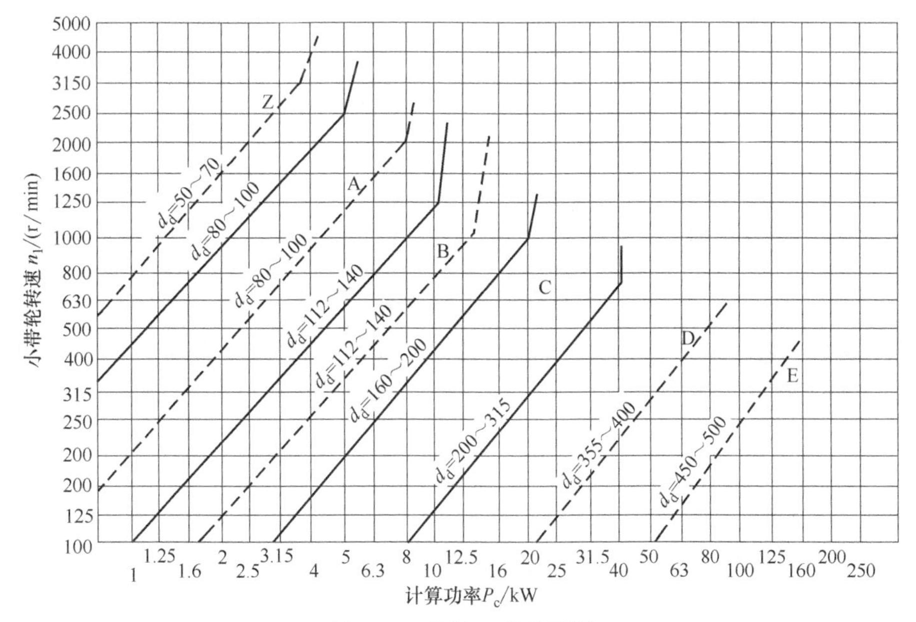

图 7-10 普通 V 带选型图

7.4.3.3 确定带轮基准直径

带轮直径小可使传动结构紧凑，但会使带在轮上的弯曲程度大，产生的弯曲应力增大，使带的寿命缩短。因此设计时应取小带轮的基准直径 $d_{d1} \geqslant d_{dmin}$。

按传动比计算大带轮基准直径

$$d_{d2}=id_{d1} \tag{7-13}$$

d_{d1}、d_{d2} 都应按表 7-4 中所列基准直径系列选取。

7.4.3.4 验算带的速度

根据式（7-9a）来计算带速 v，并满足在 5～25m/s 之间。带速过高，会因离心力过大而降低带和带轮间的正压力，从而降低传动能力，而且单位时间内应力循环次数增加，将降低带的疲劳寿命。若带速过低，则所需圆周力大，导致 V 带的根数增多，结构尺寸加大。若带速不符合上述要求时，应重新选择小带轮基准直径，直至符合带速要求为止。

7.4.3.5 确定中心距 a 和带的基准长度 L_d

带中心距的选择直接关系到带的基准长度 L_d 和小带轮包角 α_1 的大小，并影响传动的性能。中心距较小，传动较为紧凑，但带长较短，单位时间内带绕过带轮的次数增多，从而缩短带的疲劳寿命。而中心距过大，则传动的外廓尺寸大，容易引起带的颤动，影响带的正常工作。

一般来说，确定中心距时首先考虑结构尺寸要求，当传动设计对结构无特别要求时，可按下式初选中心距 a_0

$$0.7(d_{d1}+d_{d2})\leqslant a_0\leqslant 2(d_{d1}+d_{d2}) \tag{7-14}$$

a_0 确定后，根据带传动的几何关系，按下式计算所需带的基准长度

$$L_{d0}=2a_0+\frac{\pi}{2}(d_{d1}+d_{d2})+\frac{(d_{d2}-d_{d1})^2}{4a_0} \tag{7-15}$$

根据 L_{d0}，查表 7-2 选取相近的基准长度 L_d。

确定实际中心距 a

$$a\approx a_0+\frac{1}{2}(L_d-L_{d0}) \tag{7-16}$$

考虑到安装调整和张紧的需要，实际中心距的变动范围为

笔记

$$a_{\min}=a-0.015L_d$$

$$a_{\max}=a+0.03L_d$$

7.4.3.6 验算小带轮包角 α_1

$$\alpha_1=180°-\frac{57.3°}{a}(d_{d2}-d_{d1}) \tag{7-17}$$

对于 V 带，一般要求 $\alpha_1\geqslant 120°$，至少应使 $\alpha_1>90°$；否则应增大中心距或加张紧轮。

7.4.3.7 确定带的根数 z

$$z\geqslant\frac{P_c}{P_0}=\frac{P_c}{(P_0+\Delta P_0)K_\alpha K_L} \tag{7-18}$$

计算出的带的根数 z 应圆整为整数。一般情况下为了各根带的受力分布均匀，取 2～3 根为宜，最多不应超过 8 根。如果不满足此条件，则需重新选择截面尺寸较大的带，或者适当增加带轮基准直径并重新进行设计计算。

7.4.3.8 计算初拉力 F_0

对于 V 带传动，初拉力 F_0 越大，带对轮面的正压力和摩擦力也越大，越不易打滑，即传递载荷的能力也越强；但 F_0 太大会增加带的应力，从而缩短带的使用寿命，同时作用在轴上的载荷也大。故初拉力 F_0 的大小应适当，考虑离心力的影响时，单根带的初拉力为

$$F_0=500\frac{P_c}{zv}\left(\frac{2.5}{K_\alpha}-1\right)+qv^2 \quad (7\text{-}19)$$

由于新带容易松弛，所以对非自动张紧的带传动，安装新带时的初拉力应为式（7-19）计算基础上的 1.5 倍。

初拉力是否恰当，可用下述方法进行近似测量。如图 7-11 所示，在带与两轮切点距离之中点处加一垂直带边的载荷 F_G，使带沿跨距每 100 mm 处产生挠度 $y=1.6$mm 时的初拉力 F_0 作为合适值。

7.4.3.9 计算带传动作用在轴上的压轴力 F_Q

为了计算带轮轴的强度和轴承的寿命，必须知道压轴力 F_Q，计算时忽略带两端的拉力差，则压轴力可近似地按 V 带两边的初拉力的合力计算，由图 7-12 得

$$F_Q=2zF_0\sin\frac{\alpha_1}{2} \quad (7\text{-}20)$$

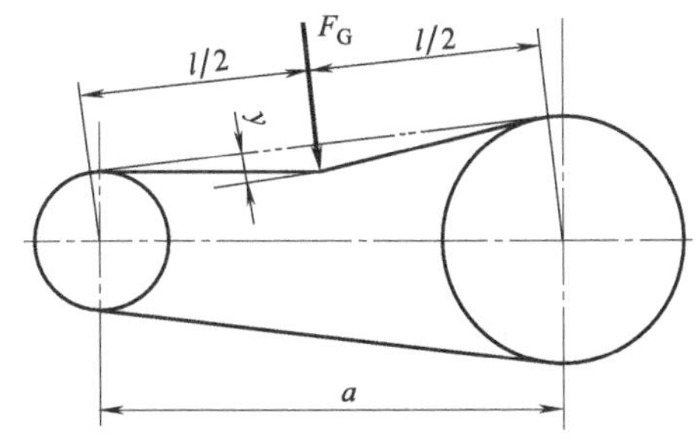

图 7-11 初拉力的测定

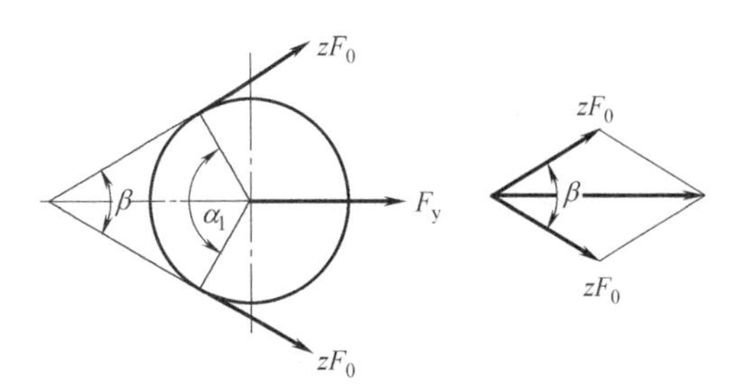

图 7-12 带传动作用在轴上的力

7.4.3.10 V 带轮的结构设计

确定带轮的材料、结构尺寸和加工要求，绘制带轮工作图。

【例 7-1】 设计某铣床上电动机与主轴箱的普通 V 带传动。已知：电动机额定功率 $P=4$kW，转速 $n_1=1440$r/min，传动比 $i_{12}=3.6$，中心距 a 为 450mm 左右，两班制工作，载荷变动较小。

解： 设计步骤和过程见表 7-9。

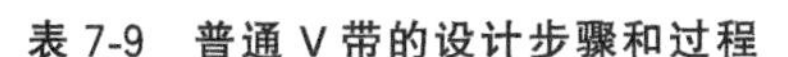
表 7-9 普通 V 带的设计步骤和过程

序号	设计项目	计算公式和过程	计算结果
1	确定计算功率 P_c	查表 7-8 取工况系数 $K_A=1.2$ $P_c=K_AP=1.2\times4=4.8$(kW)	$K_A=1.2$ $P_c=4.8$kW
2	选择 V 带型号	根据 $P_c=4.8$kW 和 $n_1=1440$r/min，由图 7-10 选取 A 型 V 带	A 型 V 带
3	确定带轮基准直径 d_{d1}、d_{d2}	根据 A 型带，查表 7-4，取 $d_{d1}=100$mm，由带传动比 $i_{12}=3.6$ 得，大带轮基准直径为 $d_{d2}=id_{d1}=3.6\times100=360$(mm) 按表 7-4 取基准直径为 355mm	$d_{d1}=100$mm $d_{d2}=355$mm
4	验算带速 v	$v=\frac{\pi d_{d1}n_1}{60\times1000}=\frac{3.14\times100\times1440}{60\times1000}=7.54$(m/s)	带速在 5～25m/s 范围内，故符合要求

续表

序号	设计项目	计算公式和过程	计算结果
5	确定中心距 a 和带的基准长度 L_d	(1)初定中心距 a_0 根据已知条件取 $a_0=450\text{mm}$ (2)初算带的长度 $L_{d0}=2a_0+\frac{\pi}{2}(d_{d1}+d_{d2})+\frac{(d_{d2}-d_{d1})^2}{4a_0}$ $=2\times450+\frac{3.14}{2}\times(100+355)+\frac{(355-100)^2}{4\times450}$ $=1650.5(\text{mm})$ 查表7-2选取带的基准长度 $L_d=1600\text{mm}$ (3)确定实际中心距 a $a\approx a_0+\frac{1}{2}(L_d-L_{d0})$ $=450+\frac{1}{2}\times(1600-1650.5)=425(\text{mm})$ $a_{\min}=a-0.015L_d=425-0.015\times1600=401(\text{mm})$ $a_{\max}=a+0.03L_d=425+0.03\times1600=473(\text{mm})$	$a=425\text{mm}$ $L_d=1600\text{mm}$
6	验算小带轮包角 α_1	$\alpha_1=180°-\frac{57.3°}{a}(d_{d2}-d_{d1})$ $=180°-\frac{57.3°}{425}\times(355-100)=145.6°>120°$	α_1 符合要求
7	确定V带的根数 z	(1)根据带的型号、d_{d1} 和 n_1 查表7-5得 $P_0=1.32\text{kW}$ (2)根据 $i_{12}=3.6$ 查表7-6得 $\Delta P_0=0.17\text{kW}$ (3)根据 $\alpha_1=145.6°$查表7-7得 $K_\alpha=0.91$ (4)根据 $L_d=1600\text{mm}$ 查表7-2得 $K_L=0.99$ $z\geqslant\frac{P_c}{P_0}=\frac{P_c}{(P_0+\Delta P_0)K_\alpha K_L}$ $=\frac{4.8}{(1.32+0.17)\times0.91\times0.99}=3.58$ 取 $z=4$	$z=4$
8	计算初拉力 F_0	根据A型带，查表7-1得 $q=0.1\text{kg/m}$ $F_0=500\frac{P_c}{zv}\left(\frac{2.5}{K_\alpha}-1\right)+qv^2$ $=500\times\frac{4.8}{4\times7.54}\times\left(\frac{2.5}{0.91}-1\right)+0.1\times7.54^2$ $=144.7(\text{N})$	$F_0=144.7\text{N}$
9	计算带传动作用在轴上的压轴力 F_Q	$F_Q=2zF_0\sin\frac{\alpha_1}{2}$ $=2\times4\times144.7\times\sin\frac{145.6°}{2}=1105.8(\text{N})$	$F_Q=1105.8\text{N}$
10	V带轮的结构设计	略	

笔记

7.5 V带传动的张紧与维护

7.5.1 V带传动的张紧

带传动必须带有张紧装置。因为传动带工作一定时间后会由于塑性变形而出现松弛的现象，这会在一定程度上降低带传动的传动性能，从而影响 V 带正常工作。所以应针对带的松弛现象采取相应的防止措施，以确保带传动工作正常，这些防止措施称为带传动的张紧。在张紧过程中运用的装置称为张紧装置。常用的张紧装置见表 7-10。

张紧轮

表 7-10 带传动的张紧装置

张紧方法		结构形式	特点和应用
用调节轴的位置张紧	定期张紧	滑轨 调节螺钉 (a) 摆动架 调节螺杆 (b)	(a)用于水平或接近水平的传动 (b)用于垂直或接近垂直的传动
	自动张紧	摆动架 W_0 e	用于小功率传动。利用自重自动张紧传动带
用张紧轮张紧	定期张紧		用于固定中心距传动张紧轮安装在带的松边。为了不使小带轮的包角减小过多，应将张紧轮尽量靠近大带轮
	自动张紧	张紧轮 F_y G	用于中心距小、传动比大的场合，但寿命短，适宜平带传动。张紧轮可安装在带松边的外侧，并尽量靠近小带轮处，这样可以增大小带轮上的包角

笔记

7.5.2 V带传动的安装与维护

正确安装和维护是保证带传动正常工作、延长带使用寿命的有效措施。在进行新设备的安装以及旧设备的维护保养时，一般应注意以下几点：

(1) 平行轴传动时各带轮的轴线必须保持规定的平行度。V带传动主、从动轮轮槽必须调整在同一平面内同时垂直于轴线，其偏角误差不得超过20′，如图7-13所示，否则会引起V带的扭曲使两侧面过早磨损。

(2) 套装带时不得强行撬入。对中心距可调的，应先将中心距缩小，将带套在带轮上，再逐渐调大中心距拉紧带，直至符合中心距的要求完成张紧。对中心距不可调的，切忌硬将传动带从带轮上扳下或扳上，严禁用撬棍等工具将带强行撬入或撬出带轮。

(3) 张紧过程中应按规定的初拉力进行张紧，可按规定数值安装。但在实践中，可根据经验调整，如图7-14所示，能将带按下15mm的张紧程度为最佳。V带在轮槽中要有一正确位置，如图7-15所示。V带的顶面与带轮的外缘平齐，底面与轮槽间留有一定的间隙。

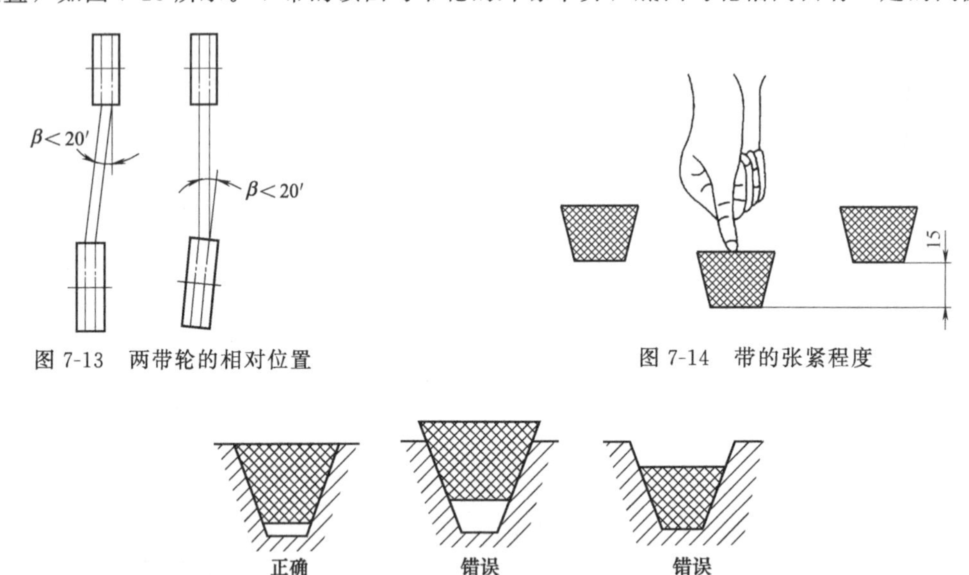

图7-13 两带轮的相对位置

图7-14 带的张紧程度

图7-15 V带的安装位置

笔记

(4) 对带传动应定期检查及时调整，发现损坏的V带应及时更换，新旧带、普通V带和窄V带、不同规格的V带均不能混合使用。

(5) 带传动装置必须安装安全防护罩。这样既可防止绞伤人，又可以防止灰尘、油及其他杂物飞溅到带上影响传动。

(6) 带传动的工作温度不应超过60°。

(7) 若带传动久置后再用，应将传动带放松。

任务实施

根据任务导入要求，任务实施具体如下：

(1) 确定计算功率P_c　查表7-8取工况系数$K_A=1.4$

$$P_c=K_AP=1.4\times4=5.6\ (\mathrm{kW})$$

(2) 选择V带型号　根据$P_c=5.6\mathrm{kW}$和$n_1=960\mathrm{r/min}$，由图7-10选取A型V带。

(3) 确定带轮基准直径 d_{d1}、d_{d2} 根据A型带，查表7-4，取 $d_{d1}=112mm$，由带传动比 $i_{12}=3.14$ 得大带轮基准直径为

$$d_{d2}=id_{d1}=3.14\times112=351.68\ (mm)$$

按表7-4取基准直径为355mm。

(4) 验算带速 v $v=\frac{\pi d_{d1}n_1}{60\times1000}=\frac{3.14\times112\times960}{60\times1000}=5.63\ (m/s)$

带速在5～25m/s范围内，故符合要求。

(5) 确定中心距 a 和带的基准长度 L_d

① 初定中心距 a_0

由 $0.7(d_{d1}+d_{d2})<a_0<2(d_{d1}+d_{d2})$

得 $326.9mm<a_0<934mm$，取 $a_0=600mm$

② 初算带的长度 L_{d0}

$$L_{d0}=2a_0+\frac{\pi}{2}(d_{d1}+d_{d2})+\frac{(d_{d2}-d_{d1})^2}{4a_0}$$

$$=2\times600+\frac{3.14}{2}\times(112+355)+\frac{(355-112)^2}{4\times600}\approx1958\ (mm)$$

查表7-2选取带的基准长度 $L_d=2000mm$

③ 确定实际中心距 a

$$a\approx a_0+\frac{1}{2}(L_d-L_{d0})=600+\frac{1}{2}\times(2000-1958)\approx620\ (mm)$$

$$a_{min}=a-0.015L_d=620-0.015\times2000=590\ (mm)$$

$$a_{max}=a+0.03L_d=620+0.03\times2000=680\ (mm)$$

(6) 验算小带轮包角 α_1

$$\alpha_1=180°-\frac{57.3°}{a}(d_{d2}-d_{d1})$$

$$=180°-\frac{57.3°}{620}\times(355-112)=157.5°>120°$$

α_1 符合要求。

(7) 确定V带的根数 z

① 根据带的型号、d_{d1} 和 n_1 查表7-5得 $P_0=1.16kW$

② 根据 $i_{12}=3.14$ 查表7-6得 $\Delta P_0=0.119kW$

③ 根据 $\alpha_1=157.5°$ 查表7-7得 $K_\alpha=0.93$

④ 根据 $L_d=2000mm$ 查表7-2得 $K_L=1.03$

$$z\geqslant\frac{P_c}{P_0}=\frac{P_c}{(P_0+\Delta P_0)K_\alpha K_L}$$

$$=\frac{5.6}{(1.16+0.119)\times0.93\times1.03}=4.57$$

取 $z=5$。

(8) 计算初拉力 F_0 根据A型带，查表7-1得

$$q=0.1kg/m$$

笔记

$$F_0=500\frac{P_c}{zv}\left(\frac{2.5}{K_\alpha}-1\right)+qv^2$$

$$=500\times\frac{5.6}{5\times5.63}\times\left(\frac{2.5}{0.93}-1\right)+0.1\times5.63^2=171.09\ (\text{N})$$

（9）计算带传动作用在轴上的压轴力 F_Q

$$F_Q=2zF_0\sin\frac{\alpha_1}{2}=2\times5\times171.09\times\sin\frac{157.5^\circ}{2}=1678\ (\text{N})$$

（10）V 带轮的结构设计（略）

项目练习

判断题

（1）V 带和平带一样，都是利用底面与带轮之间的摩擦力来传递动力的。（ ）

（2）带传动的从动轮圆周速度低于主动轮圆周速度的原因是带的弹性滑动。（ ）

（3）V 带的基准长度是指在规定的紧张力下，位于带轮基准直径上的周线长度。（ ）

（4）弹性滑动是可以避免的。（ ）

（5）V 带传动是依靠传动带与带轮之间的摩擦力来传递运动的。（ ）

（6）V 带的截面形状是等腰梯形，两侧面是工作面，其夹角等于 40°。（ ）

（7）V 带传动中配对的大、小带轮的槽角必须相等。（ ）

（8）带传动中，如果包角偏小，可考虑增加大带轮的直径来增大包角。（ ）

（9）V 带型号是根据计算功率和主动轮的转速来选定的。（ ）

（10）为了保证 V 带的工作面与带轮轮槽工作面之间的紧密贴合，轮槽的夹角应略小于带的楔角。（ ）

（11）V 带根数越多，受力越不均匀，故设计时一般 V 带不应超过 8～10 根。（ ）

（12）为了保证 V 带传动具有一定的传动能力，小带轮包角通常要求大于或等于 120°。（ ）

笔记

（13）限制普通 V 带传动中带轮的最小基准直径的主要目的是：减小传动时 V 带的弯曲应力，以提高 V 带的使用寿命。（ ）

（14）$i\neq1$ 的带传动，两带轮直径不变，中心距越大，小带轮上的包角就越大。（ ）

（15）打滑现象是带传动不能保证传动比准确的原因。（ ）

选择题

（1）在多级传动中，带传动一般布置在（ ）级。

A. 高速　　B. 中速　　C. 低速

（2）大带轮轮槽处带的弯曲应力（ ）小带轮轮槽处带的弯曲应力。

A. 大于　　B. 小于　　C. 等于

（3）带传功的主要失效形式之一是（ ）。

A. 弹性滑动　　B. 带的疲劳破坏　　C. 带的断裂　　D. 带的老化

（4）带传动中紧边拉力为 F_1，松边拉力为 F_2，其传递的有效圆周力为（ ）。

A. F_1+F_2　　B. $(F_1-F_2)/2$　　C. F_1-F_2　　D. $(F_1+F_2)/2$

（5）设计 V 带传动时发现 V 带根数过多，最有效的解决方法是（ ）。

A. 增大传动比　　B. 加大传动中心　　C. 选用更大截面型号

(6) 设计时，带速超出许用范围时应（　　）。

A. 更换带型号　B. 降低对传动能力的要求　C. 重选带轮直径

(7) 带传动的中心距过大将引起（　　）。

A. 带抖动　B. 带脱落　C. 带疲劳破坏

(8) 设计 V 带传动时，如小带轮包角过小，最有效的解决方法是（　　）。

A. 增大中心距　B. 减小中心距　C. 减小带轮直径

(9) 单根 V 带所能传递的功率主要与（　　）等因素有关。

A. 小带轮转速、型号、小带轮基准直径　B. 带速、型号、中心距

C. 小带轮包角、型号、工作情况　D. 小带轮基准直径、小带轮包角、中心距

(10) 带传动中，带截面楔角为 40°，为了保证传动中 V 带两个侧面与轮槽工作面紧密贴合，带轮的轮槽角应（　　）40°。

A. 大于　B. 小于　C. 等于

(11) 选取带的型号，主要取决于（　　）。

A. 带传递的功率和小带轮转速　B. 带的速度

C. 带的紧边拉力　D. 带的松边拉力

(12) 两带轮直径一定时，减小中心距将引起（　　）。

A. 带的弹性滑动加剧　B. 带传动效率低

C. 带工作噪声增大　D. 小带轮包角减小

(13) 带传动的设计准则是（　　）。

A. 保证带具有一定的寿命，保证带不被拉断

B. 在保证不发生滑动的情况下，带不被拉断

C. 在保证传动不打滑的条件下，带具有一定的疲劳强度和寿命

(14) 带传动工作时产生弹性滑动是因为（　　）。

A. 带的紧边和松边拉力不等　B. 带绕过带轮时有离心力

C. 带和带轮间摩擦力不够　D. 带的预紧力不够

(15) 带传动采用张紧装置的目的是（　　）。

A. 调节带的预紧力　B. 提高带的寿命

C. 改变带的运动方向　D. 减轻带的弹性滑动

笔记

简答题

(1) 带传动工作时，带上所受应力有哪几种？最大应力在何处？

(2) V 带的楔角为 40°，为什么带轮槽角分别为 32°、34°、36°、38°？带轮槽角取决于什么因素？

(3) 带传动的主要失效形式是什么？设计计算准则又是什么？

(4) 带传动为什么要设置张紧装置？常用的张紧装置有哪些？

(5) 新、旧带为什么不能混合使用？带传动装置如何维护？

实作题

7-1　已知单根普通 V 带能传递的最大功率 $P=6$kW，主动带轮基准直径 $d_1=100$mm，转速为 $n_1=1460$r/min，主动带轮上的包角 $\alpha_1=150°$，带与带轮之间的当量摩擦系数 $f=0.51$。试求带的紧边拉力 F_1、松边拉力 F_2、预紧力 F_0 及最大有效圆周力 F_e（不考虑离心力）。

7-2　设计一减速机用普通 V 带传动。动力机为 Y 系列三相异步电动机，功率 $P=$

7kW，转速 n_1=1420r/min，减速机工作平稳，转速 n_2=700r/min，每天工作 8h，中心距大约为 600mm。

7-3 设计一带式输送机传动系统中的高速级普通 V 带传动。电动机额定功率 P=4kW，转速 n_1=1440r/min，带的传动比 i=3，双班制工作，工作机有轻微冲击。

7-4 试设计一普通 V 带传动，主动轮转速 n_1=960r/min，从动轮转速 n_2=320r/min，带型为 B 型，电动机功率 P=4kW，两班制工作，载荷平稳。

7-5 有一普通 V 带传动，已知小带轮转速 n_1=1440r/min，小带轮基准直径 d_1=180mm，大带轮基准直径 d_2=180mm，中心距 a=916mm，B 型带 3 根，工作载荷平稳，Y 系列电动机驱动，一天工作 16h，试求该 V 带传动所能传递的功率。

笔记

项目八

齿轮传动设计

知识目标

1. 了解齿轮常用材料和齿轮传动精度等级的选择原则；
2. 熟悉齿轮传动中轮齿常见的失效形式和设计准则；
3. 掌握直齿圆柱齿轮、斜齿圆柱齿轮传动的强度计算和设计步骤。

技能目标

1. 能够根据齿轮传动应用的场合正确选择齿轮的材料和精度；
2. 能够设计简单的齿轮传动，并采取措施避免齿轮传动的失效；
3. 能够根据需要选择适当的齿轮结构与润滑形式。

任务导入

试完成带式输送机减速器中的单级直齿圆柱齿轮传动任务。如图 8-1 所示，设计条件为：传动比 $i=3.5$，高速轴转速 $n_1=1440\mathrm{r/min}$，传递功率 $P=10\mathrm{kW}$，单班制工作，单向运转，载荷有中等冲击，齿轮相对于支承对称布置。

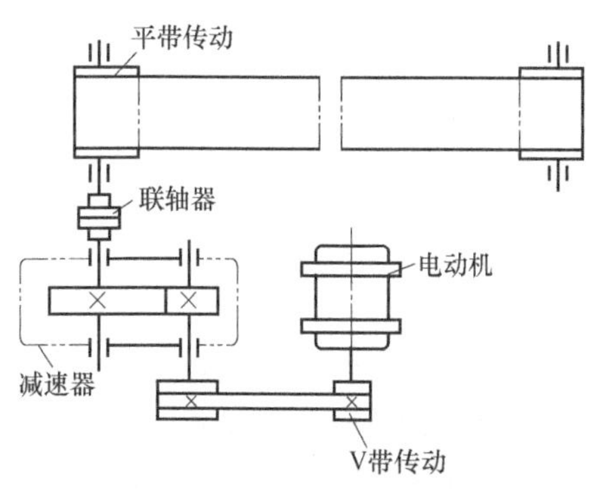

图 8-1　带式输送机传动图

笔记

知识链接

大多数齿轮传动不仅用来传递运动，而且还要传递动力。因此，齿轮传动除必须运转平稳外，还必须具有足够的承载能力。有关齿轮机构的啮合原理、几何计算和切齿方法已在项目四论述了，在这里主要论述齿轮传动的强度计算。

8.1　齿轮轮齿的失效形式和设计准则

8.1.1　齿轮轮齿的失效形式

齿轮轮齿的失效形式主要有以下五种：

（1）轮齿折断　一对轮齿进入啮合时，在载荷作用下，轮齿相当于悬臂梁，齿根处弯曲应力最大，而且在齿根过渡处常有应力集中现象，故轮齿折断一般发生在齿根部分。

轮齿折断有两种情况。一种是疲劳折断，它是由于轮齿齿根部分受到较大交变弯曲应力的多次重复作用，在齿根受拉的一侧产生疲劳裂纹，随着裂纹不断扩展，最后导致轮齿折断，如图 8-2 所示。另一种是过载折断，即轮齿受到短时严重过载或冲击载荷作用引起的突然折断，用淬火钢或铸铁等脆性材料制造的齿轮容易发生过载折断。

齿宽较小的直齿圆柱齿轮往往会产生全齿折断，齿宽较大的直齿圆柱齿轮，由于制造安装的误差，使其局部受载过大时，则产生局部折断。对于斜齿圆柱齿轮，由于齿面接触线倾斜的缘故，其轮齿通常也产生局部折断。

轮齿折断是轮齿最严重的失效形式，它会导致停机甚至造成严重事故。为提高轮齿抗折断的能力，可采用下列措施：①增大齿根的过渡圆角半径及消除加工刀痕来降低齿根处的应力集中；②增大轴及支承刚度，使轮齿接触线上受载较均匀；③降低齿面粗糙度；④采用喷丸、滚压等工艺措施对齿面进行强化处理。

（2）齿面点蚀　轮齿工作时，两齿面在理论上是线接触，由于齿面的弹性变形，实际上形成微小的接触面积，其表层的局部应力很大，此应力称为接触应力。在传动过程中，齿面上各点依次进入和退出啮合，接触应力按脉动循环变化，当齿面的接触应力超过材料的接触疲劳极限时，在载荷多次重复作用下，首先在靠近节线的齿根表面处产生微小的疲劳裂纹，随着裂纹扩展，最后导致齿面金属小块剥落下来，形成一些小麻坑，这种现象称为疲劳点蚀，又称点蚀，如图 8-3 所示。由于在靠近节线处的齿根面抵抗点蚀的能力最差，因此点蚀发生在此处。

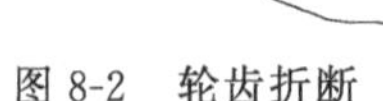
图 8-2　轮齿折断

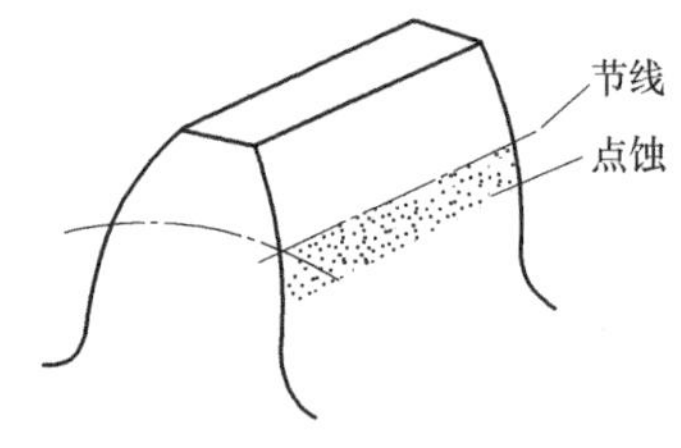

图 8-3　齿面点蚀

笔记

齿面点蚀常出现在润滑良好、齿面硬度较低（HBW≤350）的闭式齿轮传动中。开式齿轮传动由于润滑不良，灰尘、金属杂质较多，致使磨损较快，难以形成点蚀。

齿面点蚀破坏了齿轮的正常工作，并引起振动和噪声。为防止出现点蚀，可采用提高齿面硬度、降低齿面粗糙度、选用黏度较高的润滑油及适当的添加剂等办法。

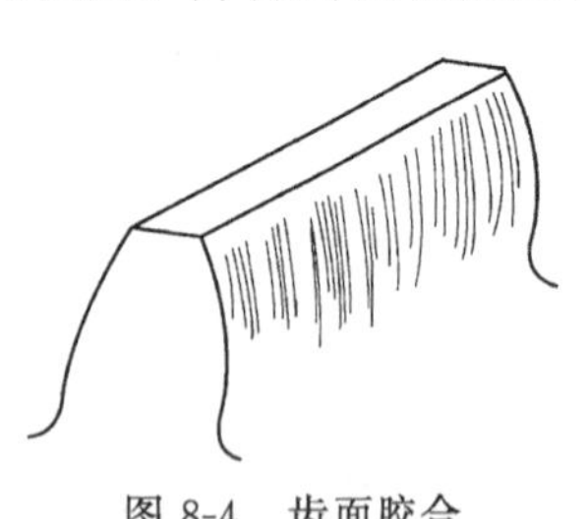

图 8-4　齿面胶合

（3）齿面胶合　在高速重载的齿轮传动中，常因啮合处的高压接触使温升过高，破坏了齿面的润滑油膜，造成润滑失效，使两齿轮齿面金属直接接触，导致局部金属黏结在一起，随着传动过程的继续，较硬金属齿面将较软的金属表层沿滑动方向撕划出沟痕，这种现象称为齿面胶合，如图 8-4 所示。在低速重载情况下，由于油膜不易形成，也可能产生胶合。

为防止齿面胶合，可采用抗胶合的添加剂或抗胶合能力强的润滑油（如硫化油）、加强冷却、限制齿面的温度、选用不同材料制造配对齿轮等措施。

（4）齿面磨损　互相啮合的两齿廓表面间有相对滑动，在载荷作用下会引起齿面的磨损。尤其在开式传动中，由于灰尘、砂粒等硬颗粒容易进入齿面间而发生磨损。齿面严重磨损后，轮齿将失去正确的齿形，会导致严重的噪声和振动，影响轮齿正常工作，最终使传动失效，如图 8-5 所示，因此齿面磨损是开式齿轮传动的主要失效形式。

在闭式齿轮传动中，如果润滑油中混有金属屑或其他较硬的颗粒，就可能引起磨料磨损。因此要经常注意清洗润滑油。对于开式齿轮传动，特别是在多灰尘的场合下，将开式改为闭式就可有效地避免齿面磨损的发生。

（5）齿面塑性变形　对于齿面硬度较低的齿轮，在低速重载时，轮齿齿面在啮合时因屈服强度不足而产生的局部金属流动现象，称为齿面塑性变形，如图 8-6 所示。齿面塑性变形一般产生于齿面硬度较低、重载及频繁启动的场合。

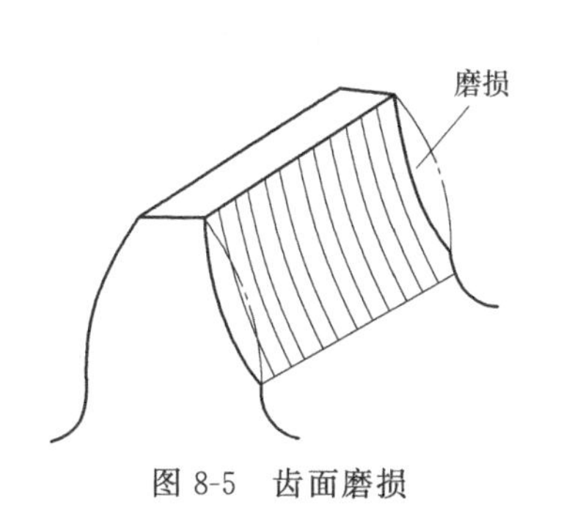

图 8-5　齿面磨损

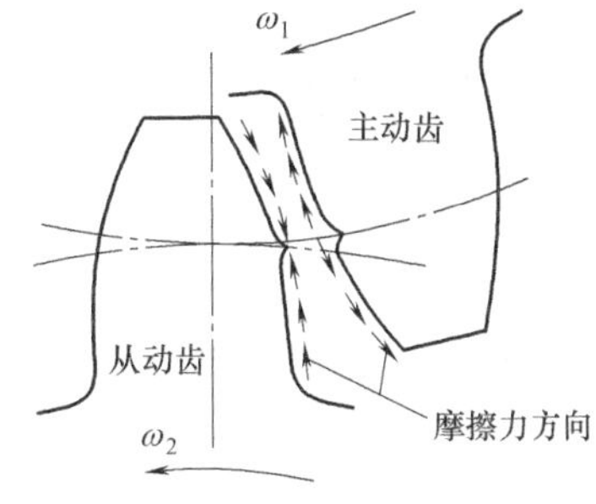

图 8-6　齿面塑性变形

轮齿的失效形式很多，除上述五种主要形式外，还可能出现齿面融化、齿面烧伤、电蚀、异物啮入和由于不同原因产生的多种腐蚀和裂纹等，若想深入了解，可参看有关文献资料。

8.1.2　齿轮设计准则

齿轮传动在不同的工作情况下发生的失效形式不一样，但在一定条件下，必有一种为其主要失效形式，因此，齿轮的设计准则应根据齿轮的主要失效形式来确定。

在齿轮的设计公式中，保证齿根弯曲疲劳强度以避免轮齿折断，以及保证齿面接触疲劳强度以避免齿面点蚀这两个设计准则比较成熟，因此，目前设计一般使用的齿轮传动时，通常只按这两个设计准则进行设计计算。至于抵抗其他失效形式的能力，目前一般不进行计算，但应采用相应的措施，以在工程实际中增强轮齿抵抗这些失效的能力。

对于软齿面（HBW≤350HBS）闭式齿轮传动，其主要失效形式是齿面点蚀，应按齿面接触疲劳强度进行设计计算，再校核齿根弯曲疲劳强度。

对于硬齿面（HBW＞350HBS）闭式齿轮传动，齿面抗点蚀能力强，其主要失效形式是齿根疲劳折断，故应按齿根弯曲疲劳强度进行设计计算，然后校核齿面接触疲劳强度。

对于开式齿轮传动或铸铁齿轮，仅按齿根弯曲疲劳强度设计计算，考虑磨损的影响可将模数加大 10%～20%，对齿轮的其他部分（如轮缘、轮辐、轮毂等）的尺寸，通常仅按经验公式作结构设计，不进行强度计算。

8.1.3　齿轮的材料及热处理

由轮齿失效形式可知，选择齿轮材料时，应考虑以下要求：齿面具有较高的抗磨损、抗点蚀、抗胶合及抗塑性变形的能力，而齿根要有足够的抗弯曲能力。因此，在选择齿轮材料时要求：齿面要硬，齿芯要韧，并具有良好的加工性和热处理性。

8.1.3.1　齿轮常用材料

制造齿轮的材料主要是各种钢材，其次是铸铁，还有其他非金属材料。

（1）钢　齿轮常用钢材为优质碳素钢、合金钢和铸钢，一般多用锻件或轧制钢材。分度圆直径 $d<400$mm 时，一般采用锻钢类材料，如 45、40Cr、20CrMnTi 等；当分度圆直径 $d>400\sim600$mm 时，齿轮不宜锻造，需采用铸钢，如 ZG310-570、ZG340-640、ZG40Cr 等。

① 软齿面齿轮　齿面硬度≤350HBS，这类齿轮通常对强度与精度要求不高，一般选择 45、50 钢等正火处理或 45、40Cr、35SiMn 等调质处理即可，热处理后切齿精度可达 8 级，精切时可达 7 级。

② 硬齿面齿轮　齿面硬度>350HBS，这类齿轮由于齿面硬度高，承载能力大，一般用锻钢经正火或调质后切齿，需再做表面硬化处理，最后进行磨齿等精加工，精度可达 5 级或 4 级。若载荷无冲击可选择 45、40Cr、35SiMn 等材料，表面硬化采用表面淬火即可；若载荷有冲击，则应选择 20Cr、20CrMnTi 等材料，表面硬化采用表面渗碳淬火。硬齿面齿轮常用于高速、重载、精密传动。

（2）铸铁　铸铁的抗弯曲和耐冲击性能较差，但抗胶合及抗点蚀的能力较好，并且价格低廉、浇铸简单、加工方便，因此主要用于低速、工作平稳、传递功率不大和对尺寸与重量无严格要求的开式齿轮传动。常用材料有 HT300、HT350 和 QT500-7 等。

（3）非金属材料　对高速、小功率、精度不高及要求低噪声的齿轮传动，常用非金属（如夹布胶木、尼龙等）做小齿轮，大齿轮仍用钢或铸铁制造。为使大齿轮具有足够的抗磨损及抗点蚀的能力，齿面硬度一般应为 250～350HBS。

常用的齿轮材料、热处理方法、硬度、应用举例见表 8-1。

表 8-1　常用的齿轮材料、热处理方法、硬度、应用举例

笔记

类别	材料牌号	热处理方法	硬度(HBS/HRC)	应用举例
优质碳素钢	35	正火	150～180HBS	低速轻载的齿轮或中速中载的大齿轮
		调质	190～230HBS	
	45	正火	169～217HBS	
		调质	229～286HBS	
		表面淬火	40～50HRC	高速中载、无剧烈冲击的齿轮。如机床变速箱中的齿轮
	50	正火	180～220HBS	低速轻载的齿轮或中速中载的大齿轮
合金结构钢	40Cr	调质	240～258HBS	高速中载、无剧烈冲击的齿轮。如机床变速箱中的齿轮
		表面淬火	48～55HRC	
	35SiMn	调质	217～269HBS	
		表面淬火	45～55HRC	
	40MnB	调质	241～286HBS	
		表面淬火	45～55HRC	
	20Cr	渗碳淬火后回火	56～62HRC	高速中载、承受冲击载荷的齿轮。如汽车、拖拉机中的重要齿轮
	20CrMnTi		56～62 HRC	
	38CrMnAlA	渗氮	850HV	载荷平稳、润滑良好的齿轮
铸钢	ZG310-570	正火	156～217HBS	重型机械中的低速齿轮
	ZG340-640		169～229HBS	

续表

类别	材料牌号	热处理方法	硬度(HBS/HRC)	应用举例
灰铸铁	HT300		185～278HBS	低速中载、不受冲击的齿轮。如机床操纵机构的齿轮
	HT350		202～304HBS	
球墨铸铁	QT600-3		190～270HBS	可用来代替铸钢
	QT700-2		225～305HBS	

8.1.3.2 齿轮常用的热处理方法

(1) 表面淬火 表面淬火一般用于中碳钢和中碳合金钢，如 45、40Cr 钢等。表面淬火处理后齿面硬度可达 40～50HRC。特点是耐磨性好，齿面接触强度高，抗疲劳点蚀。表面淬火的方法有高频淬火和火焰淬火等。

(2) 渗碳淬火 渗碳淬火用于处理低碳钢和低碳合金钢，如 20、20Cr 钢等。渗碳淬火后齿面硬度可达 56～62HRC，轮齿心部仍保持有较高的韧性，齿面接触强度高，耐磨性好，常用于受冲击载荷的重要齿轮传动。

(3) 调质 调质处理一般用于处理中碳钢和中碳合金钢，如 45、40Cr35SiMn 钢等。调质处理后齿面硬度可达 229～286HBS。由于硬度不高，轮齿的精加工可在热处理时进行。

(4) 正火 正火能消除内应力，细化晶粒，改善力学性能和切削性能。中碳钢正火处理可用于机械强度要求不高的齿轮传动。

经调质和正火后的齿面一般为软齿面，表面淬火或渗碳淬火后的齿面为硬齿面。当大、小齿轮均为软齿面时，由于单位时间内小齿轮应力循环次数多，为了使大、小齿轮的寿命接近相等，推荐小齿轮的齿面硬度比大齿轮高 30～50HBS。对于高速、重载的齿轮传动，采用硬齿面齿轮组合，硬度差宜小不宜大。

8.2 齿轮精度等级简介

笔记

齿轮加工时，由于轮坯、刀具在机床上的安装误差，机床和刀具的制造误差以及加工时引起的振动等原因，加工出来的齿轮存在不同程度的误差（如齿形误差、齿距误差、齿向误差、两轴线不平行等）。这些误差将影响齿轮的传动质量和承载能力，因此，根据齿轮的实际工作条件，对齿轮加工精度提出适当的要求至关重要。

8.2.1 精度等级的分类

渐开线圆柱齿轮精度标准（GB/T 10095—2008）中对圆柱齿轮规定了 12 个精度等级，其中 1 级精度最高，12 级精度最低。圆锥齿轮精度标准（GB/T 11365—2019）中规定了 10 个精度等级，从 2 级到 11 级，其中 2 级的公差最小，11 级的公差最大，精度等级用规范的公差几何级数加以划分，并且其公差数值不再是根据表格查取，而是通过计算得到。但是，无论是渐开线圆柱齿轮还是圆锥齿轮，它们常用的都是 6～9 级精度。

按照误差的特性及它们对传动性能的主要影响，将齿轮的各项公差分成三个组，分别反映下列三种精度。

(1) 传动准确性精度 指传递运动的准确程度。要求齿轮在一转范围内最大转角误差不超过允许的限度。其相应公差定为第Ⅰ组。

(2) 传动平稳性精度　指齿轮传动的平稳程度，冲击、振动及噪声的大小。要求齿轮在一转内瞬时传动比的变化不超过工作要求允许的范围。其相应公差定为第Ⅱ组。

(3) 载荷分布均匀性精度　指啮合齿面沿齿宽和齿高的实际接触程度。要求齿轮在啮合时齿面接触良好，以免引起载荷集中，造成齿面局部磨损，影响齿轮寿命。其相应公差定为第Ⅲ组。

由于齿轮传动应用场合不同，对上述三方面的精度要求也有主次之分。例如，仪表及机床分度机构中的齿轮传动，主要要求传递运动的准确性；汽车、机床进给箱中的齿轮传动，主要要求传动的平稳性；而轧钢机、起重机中的低速、重载齿轮传动，则主要要求齿面载荷分布的均匀性。所要求的主要精度可选取比其他精度更高的精度等级。

8.2.2 齿轮传动精度等级选择

齿轮精度等级，应根据齿轮传动的用途、工作条件、传递功率和圆周速度的大小及其他技术要求等来选择。在传递功率大、圆周速度高、要求传动平稳和噪声低等场合，应选较高的精度等级；反之，为了降低制造成本，可选较低的精度等级。在一般情况下，三个公差组的精度等级一致，但根据齿轮使用的要求也允许各公差组选用不同的精度等级。当三个公差组选用不同的精度等级时，第Ⅱ公差组的精度等级可以高于或低于第Ⅰ公差组（但不得高过2级或低过1级），第Ⅲ公差组的精度等级不能低于第Ⅱ公差组。

表8-2列出了各类机器所用齿轮传动的精度等级范围，表8-3列出了精度等级适用的圆周速度范围及应用举例。

表8-2　各类机器所用齿轮传动的精度等级范围

机器名称	精度等级	机器名称	精度等级
汽轮机	3～6	拖拉机	6～8
金属切削机床	3～8	通用减速器	6～8
航空发动机	4～8	锻压机床	6～9
轻型汽车	5～8	起重机	7～10
载重汽车	7～9	农用机器	8～11

注：主传动齿轮或重要的齿轮传动，精度等级偏上选择；辅助传动的齿轮或一般齿轮传动，精度等级居中或偏下选择。

笔记

表8-3　齿轮传动精度等级的选择及应用

精度等级	齿面硬度(HBS)	圆周速度 v/(m/s)			应用举例
		直齿圆柱齿轮	斜齿圆柱齿轮	直齿圆锥齿轮	
6(高精度)	≤350	≤18	≤36	≤9	高速重载的齿轮传动，如机床、汽车中的重要齿轮，分度机构的齿轮，高速减速器的齿轮等
	>350	≤15	≤30		
7(精密)	≤350	≤12	≤25	≤6	高速中载或中速重载的齿轮传动，如标准系列减速器的齿轮，机床和汽车变速箱中的齿轮等
	>350	≤10	≤20		
8(中等精度)	≤350	≤6	≤12	≤3	一般机械中的齿轮传动，如机床、汽车和拖拉机中的一般齿轮，起重机械中的齿轮，农业机械中的重要齿轮等
	>350	≤5	≤9		
9(低精度)	≤350	≤4	≤8	≤2.5	低速重载的齿轮，低精度机械中的齿轮等
	>350	≤3	≤6		

8.3 标准直齿圆柱齿轮传动设计

8.3.1 齿轮受力分析

为了计算齿轮的强度以及设计轴和轴承，首先应分析轮齿上所受的力。如图 8-7 所示，一对渐开线齿轮啮合时，若略去齿面间的摩擦力时，轮齿上的法向力 F_n 应沿啮合线方向且垂直于齿面。在分度圆上，F_n 可分解为两个互相垂直的分力：切于分度圆的圆周力 F_t 和沿半径方向的径向力 F_r。由此可得主动轮各力的大小为

$$\left.\begin{aligned} F_{t1}&=\frac{2T_1}{d_1} \\ F_{r1}&=F_{t1}\tan\alpha \\ F_n&=\frac{F_{t1}}{\cos\alpha} \end{aligned}\right\} \tag{8-1}$$

式中　T_1——主动齿轮传递的名义转矩，N·mm，$T_1=9.55\times10^6\dfrac{P_1}{n_1}$；

P_1——主动齿轮传递的功率，kW；

n_1——主动齿轮的转速，r/min；

d_1——主动齿轮分度圆直径，mm；

α——分度圆压力角，(°)。

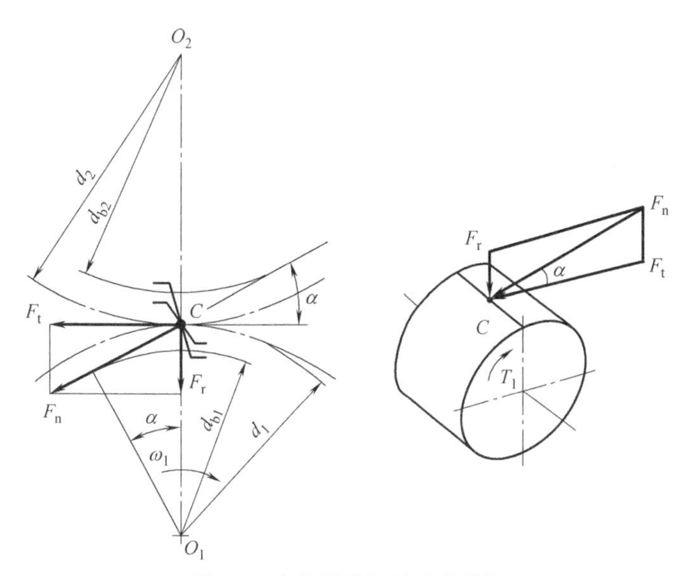

图 8-7　直齿圆柱齿轮受力分析

作用在主动轮和从动轮上的各对分力等值反向。各分力的方向可用下列方法来判断：

（1）圆周力 F_t　主动轮上的圆周力 F_{t1} 是阻力，其方向与主动轮回转方向相反；从动轮上的圆周力 F_{t2} 是驱动力，其方向与从动轮回转方向相同。

（2）径向力 F_r　两轮的径向力 F_{r1} 和 F_{r2} 的方向分别指向各自的轮心。

$F_{t1}=-F_{t2}$，$F_{r1}=-F_{r2}$（式中负号表示两轮转动的方向相反）。

笔记

8.3.2 计算载荷

按式（8-1）计算的 F_n 是理想状况下的名义载荷，实际上，由于齿轮、轴、轴承等零部件的制造、安装误差以及载荷下的变形等因素的影响，造成轮齿沿齿宽的载荷分布非均匀，故应将名义载荷修正为计算载荷。进行齿轮的强度设计或核算时，应按计算载荷进行。计算载荷 F_c 按下式确定

$$F_c = KF_n$$

式中 K——载荷系数，查表 8-4。

表 8-4 载荷系数 K

载荷状态	工作机举例	原动机		
		电动机	多缸内燃机	单缸内燃机
平稳轻微冲击	均匀加料的运输机、发电机、透平鼓风机和压缩机、机床辅助传动等	1～1.2	1.6～1.8	1.6～1.8
中等冲击	不均匀加料的运输机、重型卷扬机、球磨机、多缸往复式压缩机等	1.2～1.6	1.6～1.8	1.8～2.0
较大冲击	冲床、剪床、钻机、轧机、挖掘机、重型给水泵、破碎机、单缸往复式压缩机等	1.6～1.8	1.9～2.1	2.2～2.4

注：斜齿、圆周速度低、精度高、齿宽系数小时取小值；直齿、圆周速度高、精度低、齿宽系数大时取大值。齿轮在两轴承之间并对称布置时取小值，齿轮在两轴承之间不对称布置及悬臂布置时取大值。

8.3.3 齿面接触疲劳强度计算

为避免齿面发生点蚀失效，应进行齿面接触疲劳强度计算。

8.3.3.1 计算依据

一对渐开线齿轮啮合传动，齿面接触近似于一对圆柱体接触，轮齿在节点工作时往往是一对齿传力，是受力较大的状态，容易发生点蚀。所以设计时以节点处的接触应力作为计算依据，限制节点处接触应力 $\sigma_H \leqslant [\sigma_H]$。

8.3.3.2 接触疲劳强度公式

（1）接触应力计算 齿面最大接触应力为

$$\sigma_H = Z_E Z_H \sqrt{\frac{2KT_1(u \pm 1)}{\psi_d d_1^3 u}}$$

式中 σ_H——计算接触应力，MPa；

T_1——小齿轮（主动轮）传递的转矩，N·mm；

“±”——分别用于外啮合、内啮合齿轮；

Z_E——齿轮材料弹性系数，见表 8-5；

Z_H——节点区域系数，标准直齿轮正确安装时 $Z_H = 2.5$；

u——齿数比，即大齿轮齿数与小齿轮齿数之比；

ψ_d——齿宽系数。

（2）接触疲劳强度公式 齿面接触疲劳强度计算公式分为校核公式和设计公式。

校核公式

$$\sigma_H = Z_E Z_H \sqrt{\frac{2KT_1}{\psi_d d_1^3} \times \frac{u \pm 1}{u}} \leqslant [\sigma_H] \tag{8-2}$$

式中 $[\sigma_H]$——许用接触应力，MPa。

表 8-5 齿轮材料弹性系数 Z_E　　$\sqrt{N/mm^2}$

项目		大齿轮材料			
		钢	铸钢	铸铁	球墨铸铁
小齿轮材料	钢	189.8	188.9	165.4	181.4
	铸钢	188.9	188.0	161.4	180.5
	铸铁	165.4	161.4	146.0	156.6
	球墨铸铁	181.4	180.5	156.6	173.9

设计公式

$$d_1 \geqslant \sqrt[3]{\frac{2KT_1}{\psi_d} \times \frac{u \pm 1}{u} \left(\frac{Z_E Z_H}{[\sigma_H]} \right)^2} \tag{8-3}$$

(3) 接触疲劳强度的许用应力　主、从动轮的许用接触应力 $[\sigma_H]_1$、$[\sigma_H]_2$ 分别按下式计算

$$[\sigma_H] = \frac{\sigma_{Hlim}}{S_H} \tag{8-4}$$

式中 σ_{Hlim}——实验齿轮的接触疲劳极限，该数值由实验获得，按图 8-8 查取；

S_H——接触疲劳强度的安全系数，按表 8-6 选取。

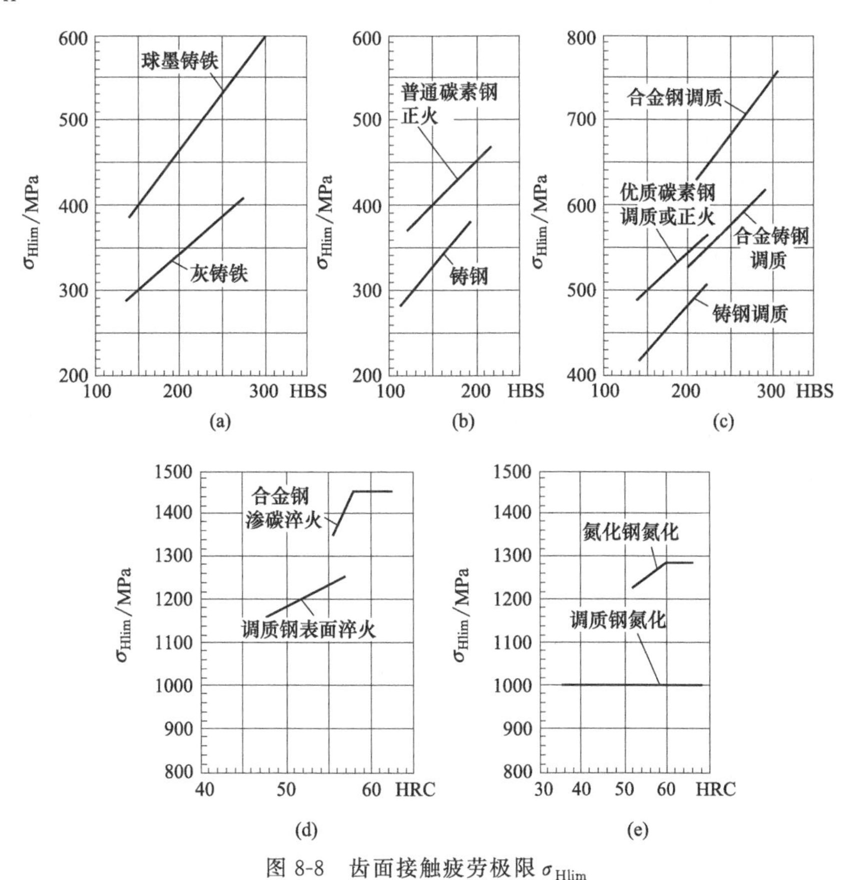

图 8-8 齿面接触疲劳极限 σ_{Hlim}

笔记

一对齿轮相啮合时，齿面间的接触应力相等，即 $\sigma_{H1} = \sigma_{H2}$。由于大、小齿轮的材料有

可能不同，因此接触应力 $[\sigma_H]_1$、$[\sigma_H]_2$ 也不一定相等。在计算时，应取二者较小的一个值代入计算。

表 8-6 安全系数 S_H 和 S_F

安全系数	软齿面(≤350HBS)	硬齿面(>350HBS)	重要的传动、渗碳淬火齿轮或铸铁齿轮
S_H	1.0～1.1	1.1～1.2	1.3
S_F	1.3～1.4	1.4～1.6	1.6～2.2

8.3.4 齿根弯曲疲劳强度计算

进行齿根弯曲疲劳强度计算的目的，是防止轮齿疲劳折断。

8.3.4.1 计算依据

根据一对轮齿啮合时力作用于齿顶的条件，限制齿根危险截面拉应力边的弯曲应力 $\sigma_F \leqslant [\sigma_F]$。轮齿受弯时其力学模型如悬臂梁，受力后齿根产生弯曲应力，而圆角部分又有应力集中，故齿根是弯曲强度的薄弱环节。齿根受拉应力边裂纹易扩展，是弯曲疲劳的危险区。

8.3.4.2 齿根弯曲疲劳强度公式

（1）齿根弯曲应力计算　齿根最大弯曲应力为

$$\sigma_F = \frac{2KT_1Y_{FS}}{bm^2z_1}$$

式中 σ_F——齿根弯曲应力，MPa；

K——载荷因数；

T_1——小齿轮（主动轮）传递的转矩，N·mm；

Y_{FS}——复合齿形系数，反映轮齿的形状对抗弯能力的影响，同时考虑齿根部应力集中的影响，如图 8-9 所示；

b——齿宽，mm；

m——模数，mm；

z_1——小齿轮（主动轮）齿数。

（2）弯曲疲劳强度公式　齿根弯曲疲劳强度计算公式分为校核公式和设计公式。

校核公式

$$\sigma_F = \frac{2KT_1Y_{FS}}{bm^2z_1} \leqslant [\sigma_F] \tag{8-5}$$

引入齿宽系数 $\psi_d = b/d_1$，代入上式可得

$$m \geqslant \sqrt[3]{\frac{2KT_1Y_{FS}}{\psi_d z_1^2[\sigma_F]}} \tag{8-6}$$

式中 $[\sigma_F]$——许用弯曲应力，MPa。

（3）弯曲疲劳强度的许用应力　主、从动轮的许用弯曲应力 $[\sigma_F]_1$、$[\sigma_F]_2$ 分别按下式计算

$$[\sigma_F] = \frac{\sigma_{Flim}}{S_F} \tag{8-7}$$

式中 σ_{Flim}——实验齿轮的齿根弯曲疲劳极限，该数值由实验获得，按图 8-10 查取；

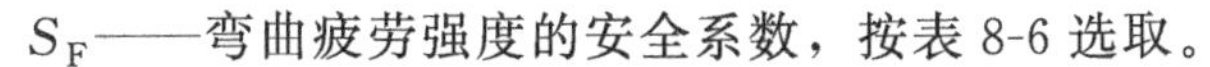

S_F——弯曲疲劳强度的安全系数，按表 8-6 选取。

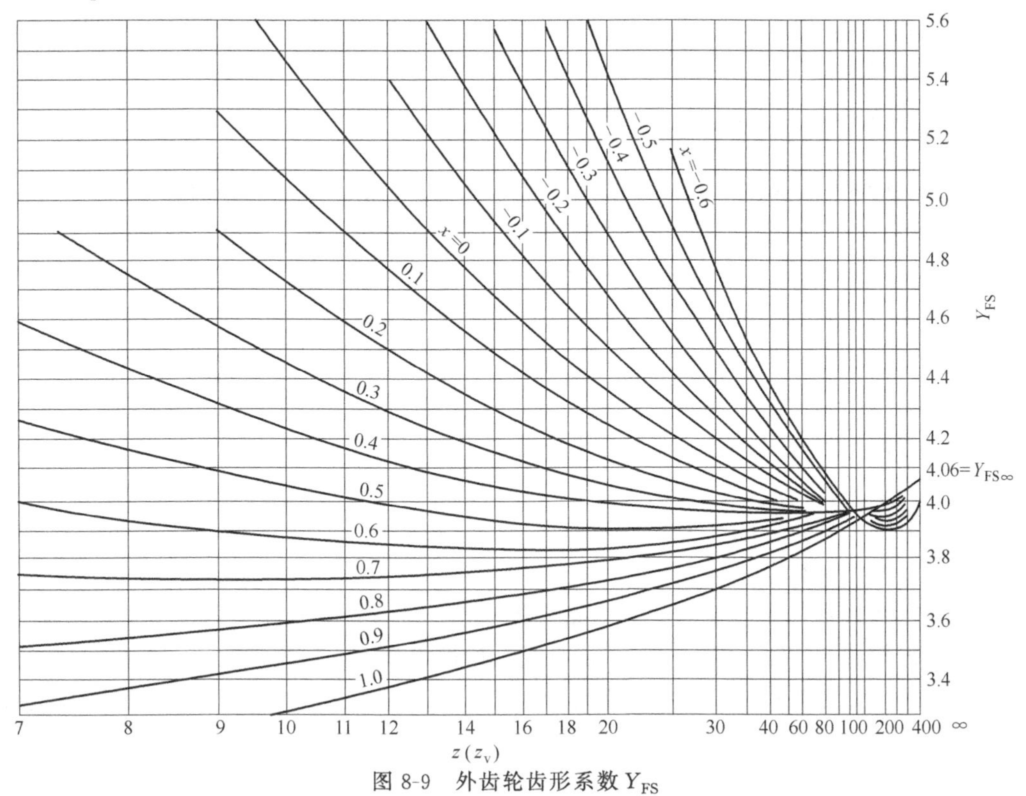

图 8-9　外齿轮齿形系数 Y_{FS}

图 8-10 所提供的数据，适合齿轮单向传动，对于长期双侧工作的齿轮传动，其齿根弯曲应力为对称循环变应力，故应将图中所得数据乘以 0.7。

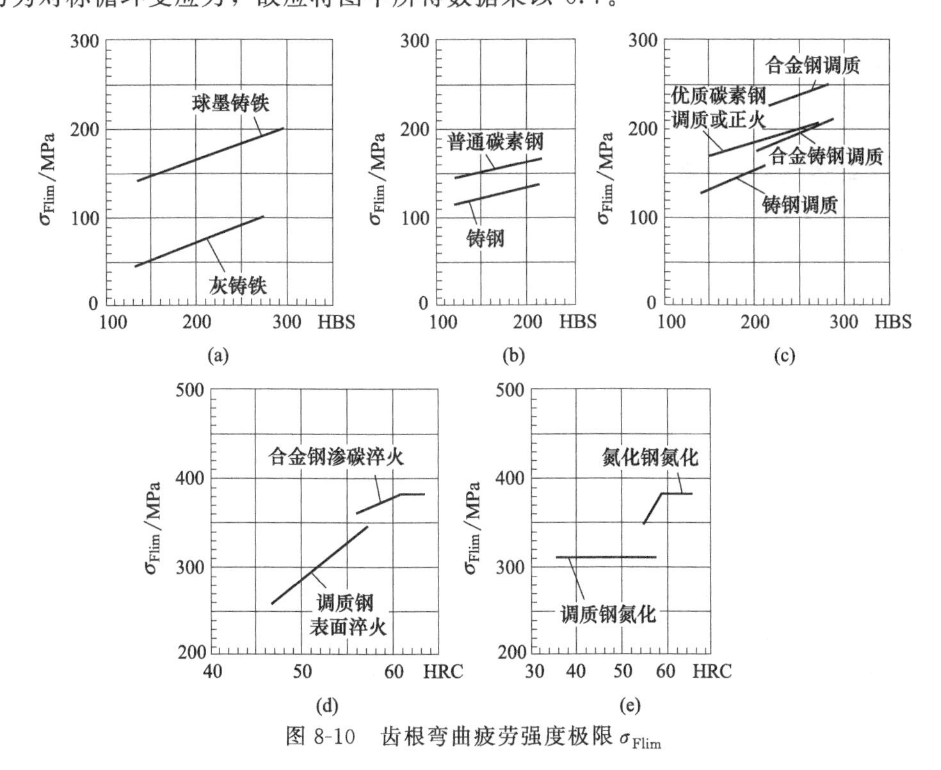

图 8-10　齿根弯曲疲劳强度极限 σ_{Flim}

笔记

通常两齿轮的复合齿形系数 Y_{FS1}、Y_{FS2} 不等，两齿轮的许用弯曲应力 $[\sigma_F]_1$、$[\sigma_F]_2$ 也会不等，$Y_{FS1}/[\sigma_F]_1$ 和 $Y_{FS2}/[\sigma_F]_2$ 值大者的强度较弱。因此，计算时应将其比值较大者代入式（8-6）进行计算。

8.3.5 直齿圆柱齿轮传动设计

8.3.5.1 齿轮参数的选择

（1）齿数　大小齿数选择应符合传动比 i 的要求。齿数取整可能会影响传动比数值，误差一般应控制在5%以内。为使轮齿避免根切，标准直齿圆柱齿轮的最少齿数为17。为了保证齿面磨损均匀，宜使大小轮齿互为质数，有利于提高寿命。

对于软齿面的闭式传动，在满足弯曲疲劳强度的条件下，宜采用较多齿数，一般取 $z_1=20\sim40$。因为当中心距确定后，齿数多，则重合度大，可提高传动的平稳性。对于硬齿面的闭式传动，首先应具有足够大的模数以保证齿根弯曲强度，为减小传动尺寸，宜取较少齿数，但要避免发生根切，一般取 $z_1=17\sim20$。

（2）模数 m　模数影响轮齿的抗弯强度，一般在满足轮齿弯曲疲劳强度条件下，宜取较小模数，以增大齿数，减少切齿量。

（3）齿宽系数 ψ_d　齿宽系数是大齿轮齿宽 b 和小齿轮分度圆直径 d_1 之比，增大齿宽系数，可减小齿轮传动装置的径向尺寸，降低齿轮的圆周速度。但是齿宽越大，载荷分布越不均匀。为便于装配和调整，通常小齿轮的齿宽取 $b_1=b+(5\sim10)$ mm，齿宽都应圆整为整数，见表8-7。

表 8-7　齿宽系数 $\psi_d=b/d_1$

齿轮相对轴承位置	齿面硬度	
	≤350HBS	>350HBS
对称布置	0.8～1.4	0.4～0.9
非对称布置	0.6～1.2	0.3～0.6
悬臂布置	0.3～0.4	0.2～0.25

笔记

8.3.5.2 齿轮传动设计步骤

齿轮传动的设计主要是：选择齿轮材料和热处理方式，确定主要参数、几何尺寸、结构形式、精度等级，最后绘出零件工作图。其设计步骤如下：

（1）根据给定的已知条件，选择合适的材料和热处理方法，计算出相应的许用应力。

（2）分析齿轮传动的失效形式，判定设计准则，设计计算 m 或 d_1。

（3）确定参数，计算主要几何尺寸。

（4）根据设计准则进行齿面接触疲劳强度或齿根弯曲疲劳强度校核。

（5）验算齿轮的圆周速度，选择齿轮的精度等级和润滑方式。

（6）齿轮结构设计，绘制齿轮工作图，如图8-11所示。

【例8-1】 某带式输送机减速器用电动机驱动，采用直齿圆柱齿轮，单向运转，载荷平稳。已知传动比 $i=4.6$，转速 $n_1=1440$r/min，传动功率 $P=5$kW。试设计该传动。

解：（1）选择材料及确定许用应力　由于是一般减速器，转速不高，载荷平稳，故选用闭式软齿面材料传动。查表8-1，小齿轮选用45调质处理，硬度为229～286HBS，查图8-8（c）得 $\sigma_{H1lim}=580$MPa，查图8-10（c）得 $\sigma_{Flim}=200$MPa；大齿轮选用45正火处理，硬度

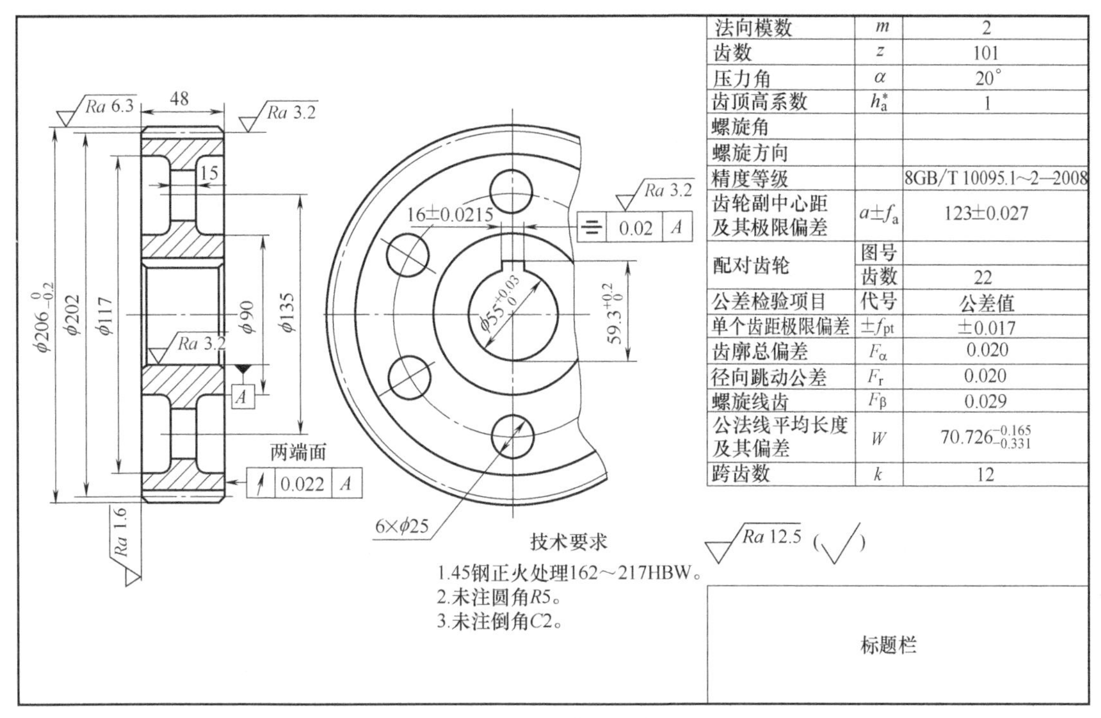

图 8-11 圆柱齿轮零件图

为 169～217HBS，查图 8-8（c）得 $\sigma_{H2lim}=540$MPa，查图 8-10（c）得 $\sigma_{Flim}=180$MPa。该齿轮传动速度不高，查表 8-3，选择 8 级精度。

查表 8-6 得 $S_H=1.1$，$S_F=1.4$。

由式（8-4）计算得

$$[\sigma_H]_1=\frac{\sigma_{H1lim}}{S_H}=\frac{580}{1.1}=527(\mathrm{MPa})$$

$$[\sigma_H]_2=\frac{\sigma_{H2lim}}{S_H}=\frac{540}{1.1}=491(\mathrm{MPa})$$

由式（8-7）计算得

$$[\sigma_F]_1=\frac{\sigma_{F1lim}}{S_F}=\frac{200}{1.4}=143(\mathrm{MPa})$$

$$[\sigma_F]_2=\frac{\sigma_{F2lim}}{S_F}=\frac{180}{1.4}=129(\mathrm{MPa})$$

（2）按齿面接触疲劳强度设计　根据齿面接触疲劳强度，按式（8-3）计算分度圆直径，即

$$d_1\geqslant\sqrt[3]{\frac{2KT_1}{\psi_d}\times\frac{u\pm1}{u}\left(\frac{Z_EZ_H}{[\sigma_H]}\right)^2}$$

按表 8-4 选载荷系数 $K=1.2$。转矩为

$$T_1=9.55\times10^6\frac{P}{n_1}=9.55\times10^6\times\frac{5}{1440}=33159.7(\mathrm{N\cdot mm})$$

查表 8-5，取弹性系数 $Z_E=189.8$，$Z_H=2.5$；由表 8-7，取 $\psi_d=1.1$。代入后计算得

笔记

$$d_1 \geqslant \sqrt[3]{\frac{2\times1.2\times33159.7}{1.1}\times\frac{4.6+1}{4.6}\times\left(\frac{2.5\times189.8}{491}\right)^2}=43.5(\text{mm})$$

(3) 确定参数，计算主要几何尺寸

① 齿数：取 $z_1=22$，则 $z_2=iz_1=4.6\times22=101$

② 模数：$m=\frac{d_1}{z_1}=\frac{43.5}{22}=1.98$ (mm)。由表 4-1 取标准模数 $m=2$mm。

实际传动比 $i=\frac{z_2}{z_1}=\frac{101}{22}=4.59$，$\Delta i=\frac{4.6-4.59}{4.6}=2.2\%$，传动比误差小于允许范围 ±5%。

③ 实际中心距：$a=\frac{m}{2}(z_1+z_2)=\frac{2}{2}\times(22+101)=123$ (mm)

④ 齿宽：$b=\psi_d d=mz\psi_d=1.1\times2\times22=48.4$ (mm)

取 $b_2=50$mm，$b_1=b_2+5=55$ (mm)

⑤ 齿轮主要几何尺寸：

分度圆直径：　$d_1=mz_1=2\times22=44$ (mm)

　　　　　　　$d_2=mz_2=2\times101=202$ (mm)

齿顶圆直径：　$d_{a1}=d_1+2m=44+2\times2=48$ (mm)

　　　　　　　$d_{a2}=d_2+2m=202+2\times2=206$ (mm)

齿根圆直径：　$d_{f1}=d_1-2.5m=44-2.5\times2=39$ (mm)

　　　　　　　$d_{f2}=d_2-2.5m=202-2.5\times2=197$ (mm)

全齿高：　　　$h=2.25m=2.25\times2=4.5$ (mm)

(4) 校核齿根弯曲疲劳强度　由于大小齿轮的齿数和材质硬度不一样，故应该按式 (8-5) 分别校核。

根据 $z_1=22$，$z_2=101$，查图 8-9 得 $Y_{FS1}=4.35$，$Y_{FS2}=3.93$ (变位系数 $x=0$)，则

笔记

$$\sigma_F=\frac{2KT_1Y_{FS}}{bm^2z_1}=\frac{2\times1.2\times33159.7\times4.35}{50\times2^2\times22}=78.7(\text{MPa})<[\sigma_F]_1$$

$$\sigma_{F2}=\frac{2KT_1Y_{FS2}}{bm^2z_1}=\sigma_{F1}\frac{Y_{FS2}}{Y_{FS1}}=78.7\times\frac{3.93}{4.35}=71.1(\text{MPa})<[\sigma_F]_2$$

则两齿轮的齿根弯曲疲劳强度足够。

(5) 验算齿轮的圆周速度　$v=\frac{\pi d_1 n_1}{60\times1000}=\frac{3.14\times44\times1440}{60\times1000}=3.32$ (m/s) <6 (m/s)

由表 8-3 选择的 8 级精度合适。

(6) 绘制齿轮工作图 (略)

8.4 标准斜齿圆柱齿轮传动设计

8.4.1 齿轮受力分析

斜齿轮在啮合传动中，作用于齿面的法向力 F_n 仍与齿面垂直，斜齿圆柱齿轮的受力情况如图 8-12 所示，轮齿所受是法向力 F_n 可分解为圆周力 F_t、径向力 F_r、轴向力 F_a。其

大小可按下式计算

$$\left.\begin{aligned} F_t &= \frac{2T_1}{d_1} \\ F_r &= \frac{F_t \tan\alpha_n}{\cos\beta} \\ F_a &= F_t \tan\beta \end{aligned}\right\} \tag{8-8}$$

式中　α_n——法面压力角；

β——螺旋角。

圆周力 F_t、径向力 F_r、轴向力 F_a 受力方向：圆周力 F_t 的方向，在主动轮上与转动方向相反，在从动轮上与转动方向相同；径向力 F_r 的方向均指向各自轮心；轴向力 F_a 的方向根据螺旋法则来判定。

轴向力 F_a 的判定方法：主动轮为右旋时，用右手按齿轮的转动方向握轴，以四指弯曲方向表示主动轴的回转方向，此时大拇指的指向即为主动轮上轴向力的指向；若主动轮为左旋，则用左手来判定主动轮的轴向力，如图 8-13 所示。轴向力的判定只能在主动轮上进行，从动轮轴向力的指向与主动轮轴向力大小相等、方向相反。

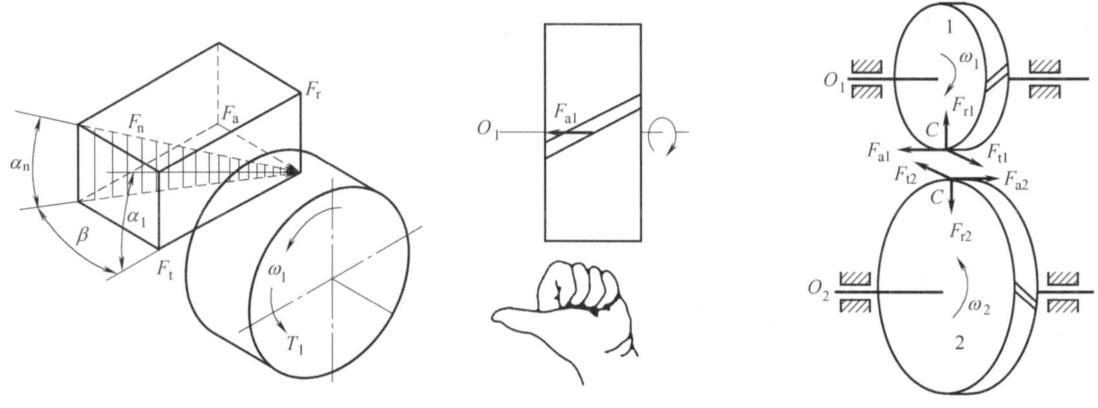

图 8-12　斜齿轮的轮齿受力分析　　　　图 8-13　主动轮轴向力方向判定

笔记

8.4.2　强度计算

斜齿圆柱齿轮传动的强度计算是按轮齿的法面进行分析的，其计算原理基本与直齿圆柱齿轮一致。由于斜齿轮的接触线是倾斜的，而且在法面上的当量齿数大于实际齿数，因此斜齿轮的接触应力和弯曲应力均比直齿轮有所降低，则斜齿轮强度计算公式如下。

8.4.2.1　钢制标准斜齿圆柱齿轮传动的齿面接触疲劳强度公式

校核公式

$$\sigma_H = Z_H Z_E Z_\beta \sqrt{\frac{2KT_1}{bd_1^2} \times \frac{u \pm 1}{u}} \leqslant [\sigma_H] \tag{8-9}$$

设计公式

$$d_1 \geqslant \sqrt[3]{\frac{2KT_1}{\psi_d} \times \frac{u \pm 1}{u} \left(\frac{Z_H Z_E Z_\beta}{[\alpha_H]}\right)^2} \tag{8-10}$$

式中　Z_E——材料弹性系数，由表 8-5 查取；

Z_H——节点区域系数，标准材料的为 2.5；

Z_β——螺旋角系数，$Z_\beta=\sqrt{\cos\beta}$。

8.4.2.2 钢制标准斜齿圆柱齿轮传动的齿根弯曲疲劳强度公式

校核公式

$$\sigma_F=\frac{1.6KT_1Y_{FS}\cos\beta}{bm_n^2z_1}\leqslant[\sigma_F] \tag{8-11}$$

设计公式

$$m_n\geqslant\sqrt[3]{\frac{3.2KT_1Y_{FS}\cos^2\beta}{\psi_d(u\pm1)z_1^2[\sigma_F]}} \tag{8-12}$$

式中 m_n——法向模数，mm；

Y_{FS}——齿形系数，按当量齿数 z_v 查图 8-9；

β——螺旋角，(°)。

设计斜齿圆柱齿轮程度时，在主要齿数的选择方面，比直齿轮多了一个螺旋角 β，从而增加了设计的灵活性，其设计步骤与直齿轮基本一致。

8.5 标准直齿圆锥齿轮传动设计

8.5.1 齿轮受力分析

作用在直齿圆锥齿轮齿面上的法向力通常可看作集中力作用在平均分度圆上，即作用在齿宽中点的法线截面 N-N 内，如图 8-14（a）所示。法向力分解为圆周力 F_t、径向力 F_r、轴向力 F_a 三个分力。其大小可按下式计算

$$\left.\begin{aligned}F_{t1}&=\frac{2T_1}{d_{m1}}=-F_{t2}\\F_{r1}&=F_t\tan\alpha\cos\delta_1=-F_{a2}\\F_{a1}&=F_t\tan\alpha\sin\delta_1=-F_{r2}\end{aligned}\right\} \tag{8-13}$$

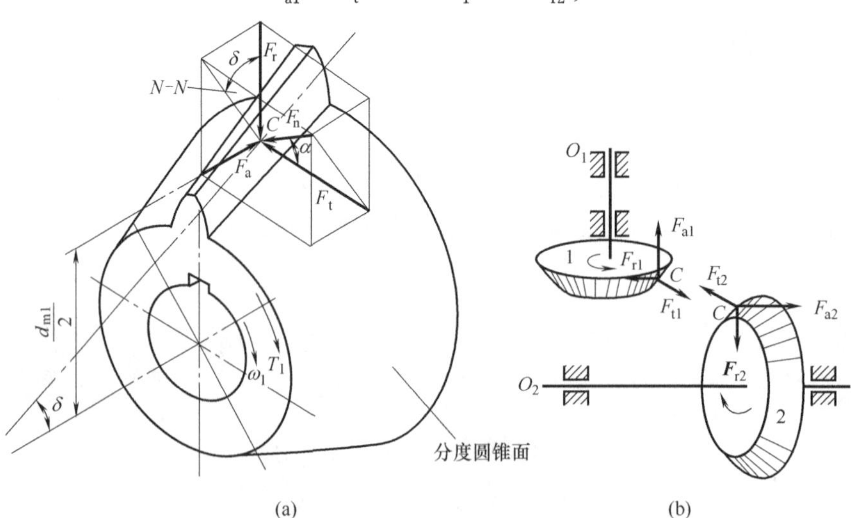

图 8-14 圆锥齿轮轮齿的受力分析

式中　d_{m1}——小齿轮（主动轮）的平均分度圆直径，mm，$d_{m1}=d_1-b\sin\delta_1$；

　　δ_1——小齿轮的分度圆锥角，(°)。

圆周力 F_t、径向力 F_r、轴向力 F_a 受力方向：圆周力 F_t、径向力 F_r 的判定与圆柱齿轮相同。轴向力 F_a 的方向在主从动轮上均由小端指向大端，如图 8-14（b）所示。

8.5.2 强度计算

直齿圆锥齿轮传动的强度计算按齿宽中点的一对当量直齿轮的强度近似计算，当两轴交角$\Sigma=90°$时，其强度计算公式如下。

8.5.2.1 齿面接触疲劳强度计算

校核公式

$$\alpha_H=Z_EZ_H\sqrt{\frac{KF_{t1}\sqrt{u^2+1}}{bd_1(1-0.5\psi_R)u}}\leqslant[\sigma_H] \tag{8-14}$$

设计公式

$$d_1\geqslant\sqrt[3]{\frac{4KT_1}{\psi_R u(1-0.5\psi_R)^2}\left(\frac{Z_EZ_H}{[\sigma_H]}\right)^2} \tag{8-15}$$

式中　ψ_R——齿宽系数，$\psi_R=b/R_e$，b 为齿宽，R_e 为锥距。一般取 $\psi_R=0.25\sim0.3$。

8.5.2.2 齿根弯曲疲劳强度计算

校核公式

$$\sigma_F=\frac{2KT_1Y_{FS}}{bm^2Z_1(1-0.5\psi_R)^2}\leqslant[\sigma_F] \tag{8-16}$$

设计公式

$$m\geqslant\sqrt[3]{\frac{4KT_1Y_{FS}}{\psi_R(1-0.5\psi_R)^2Z_1^2[\sigma_F]\sqrt{u^2+1}}} \tag{8-17}$$

式中　m——大端模数，mm；

　　Y_{FS}——齿形系数，按当量齿数 z_v 查图 8-9。

笔记

8.6 齿轮的结构设计

齿轮的结构设计包括齿轮的齿圈结构、轮辐的形状、轮毂与轴的连接方式等。设计时要综合考虑齿轮的尺寸，毛坯的类型、材料、加工工艺性、使用要求和经济性等因素，通常是按齿轮的直径大小初选结构。齿轮的结构形式有多种，主要有齿轮轴、实体式、腹板式和轮辐式。

齿轮的毛坯的制造方法有锻造毛坯和铸造毛坯两种。

8.6.1 锻造齿轮

当齿轮的齿顶圆直径 $d_a\leqslant500$mm 时，一般用锻造毛坯。

8.6.1.1 实体式齿轮

当齿轮的齿顶圆直径 $d_a\leqslant200$mm 时，若齿根圆到键槽底部的径向距离 $x>(2\sim2.5)m_n$，可采用实体式结构，如图 8-15 所示。

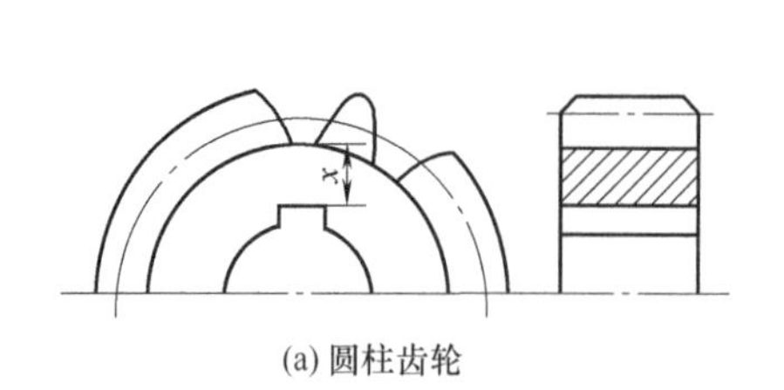

(a) 圆柱齿轮　　(b) 圆锥齿轮

图 8-15　实体式齿轮

8.6.1.2　齿轮轴

对于直径较小的钢制齿轮，其齿根圆直径与轴径相差不大。当圆柱齿轮齿根圆至键槽底部的距离 $x \leqslant (2 \sim 2.5)m_n$ 时，如图 8-15（a）所示，或当圆锥齿轮小端的齿根圆至槽底部的距离 $x \leqslant (1.6 \sim 2)m$ 时，如图 8-15（b）所示，应将齿轮与轴制成一体，称为齿轮轴，如图 8-16 所示。

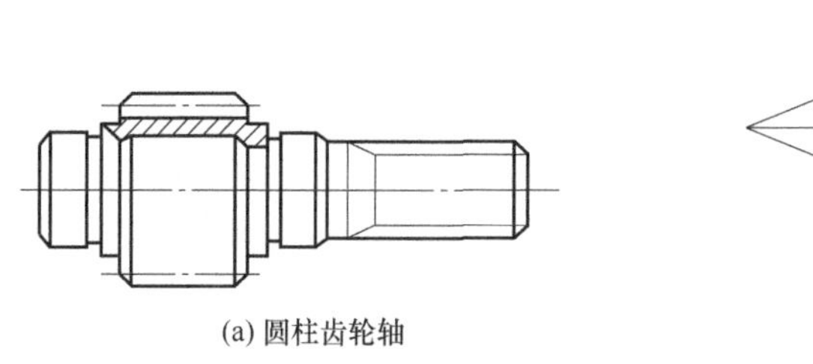

(a) 圆柱齿轮轴　　(b) 圆锥齿轮轴

图 8-16　齿轮轴

8.6.1.3　腹板式齿轮

当齿轮的齿顶圆直径 $200\text{mm} < d_a \leqslant 500\text{mm}$ 时，为减轻齿轮的重量，可采用腹板式结构，如图 8-17 所示，其各部分尺寸由图中经验公式确定。

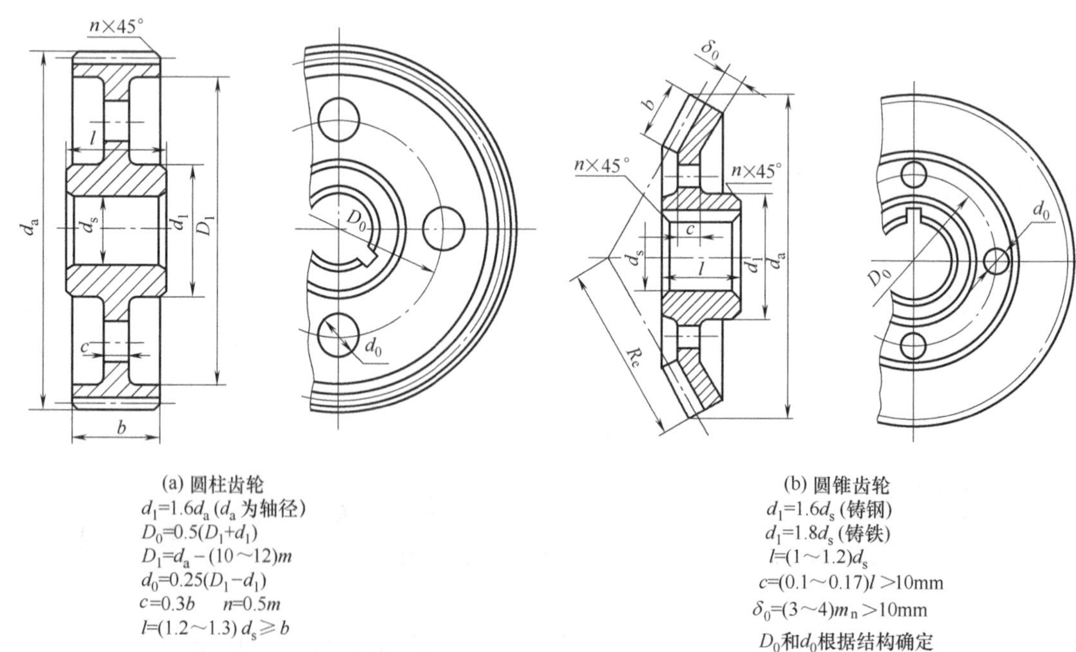

(a) 圆柱齿轮
$d_1=1.6d_a$（d_a 为轴径）
$D_0=0.5(D_1+d_1)$
$D_1=d_a-(10\sim12)m$
$d_0=0.25(D_1-d_1)$
$c=0.3b$　$n=0.5m$
$l=(1.2\sim1.3)d_s \geqslant b$

(b) 圆锥齿轮
$d_1=1.6d_s$（铸钢）
$d_1=1.8d_s$（铸铁）
$l=(1\sim1.2)d_s$
$c=(0.1\sim0.17)l>10\text{mm}$
$\delta_0=(3\sim4)m_n>10\text{mm}$
D_0和d_0根据结构确定

图 8-17　腹板式齿轮

8.6.2 铸造齿轮

当齿顶圆直径 d_a＞500mm 时，齿轮的毛坯制造因受锻压设备的限制，往往改为铸铁或铸钢浇铸而成。铸造齿轮常做成轮辐式结构，如图 8-18 所示，其各部分尺寸由图中经验公式确定。

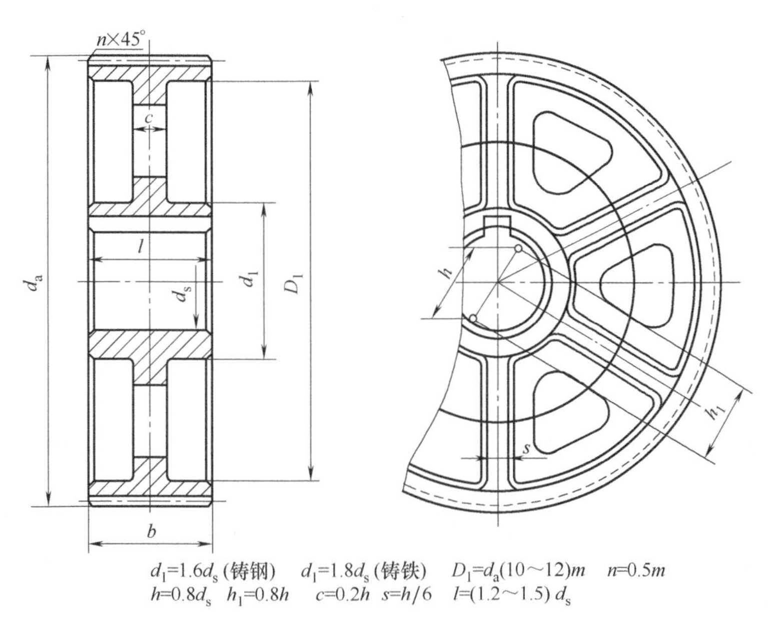

图 8-18 轮辐式圆柱齿轮

【例 8-2】 某标准正常齿直齿圆柱齿轮，测得其齿高 $h=9$mm，齿数 $z=35$，其他尺寸如图 8-19 所示。试通过必要的计算和根据，判断该齿轮的结构是否是齿轮轴。若不是齿轮轴，判断其结构形式。

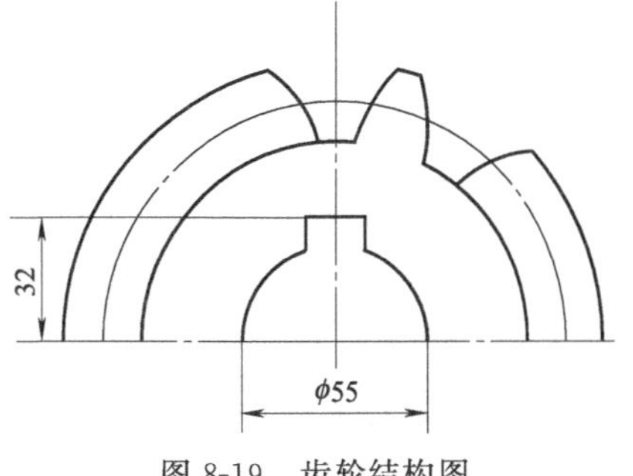

图 8-19 齿轮结构图

解： 正常齿制

$h_a^*=1$，$c^*=0.25$

由 $h=(2h_a^*+c^*)m$ 得

$$m=\frac{h}{2h_a^*+c^*}=\frac{9}{2\times1+0.25}=4(\text{mm})$$

根据表 4-1 得，该齿轮的模数 $m=4$mm。

齿根圆 $d_f=m(z-2h_a^*-2c^*)=4\times(35-2\times1-2\times0.25)=130$ (mm)

齿顶圆 $d_a=m(z+2h_a^*)=4\times(35+2\times1)=148$ (mm)

则齿根圆至键槽底部的距离

$$x=\frac{d_f}{2}-32=\frac{130}{2}-32=33(\text{mm})>(2\sim2.5)m$$

故该齿轮不是齿轮轴。

由于 d_a＜200mm，则该齿轮的结构为实体式齿轮。

8.7 齿轮传动的润滑

为保证齿轮传动的正常工作，在正确安装齿轮后，保持良好的润滑条件就是一项非常重要的工作了。齿轮传动往往会因润滑不充分或润滑油选取不合适，以及润滑油不清洁等因素，造成齿轮提前损坏。为此，对齿轮传动必须进行润滑，润滑后可以减少齿面间的摩擦和磨损，还可以缓解腐蚀和降低噪声，从而提高齿轮传动效率和延长齿轮的使用寿命。

8.7.1 齿轮传动的润滑方式

对于开式及半开式齿轮传动，由于其传动速度较低，通常采用人工定期加润滑油或润滑脂的方式进行润滑。

闭式齿轮传动的润滑方式有浸油润滑（又称油浴润滑或油池润滑）和喷油润滑两种，一般根据齿轮的圆周速度确定采用哪种方式。

当齿轮的圆周速度 $v \leqslant 12\mathrm{m/s}$ 时，通常采用浸油润滑，如图 8-20（a）所示。大齿轮浸入油池一定的深度，其齿顶圆距离油箱底面一般为 30～50mm，若 v 较大时，浸入深度约为一个齿高；若 v 较小时（0.5～0.8m/s），可达到 1/6 的齿轮半径。在多级齿轮传动中，可采用带油轮将油带到未浸入油池内的轮齿面上，如图 8-20（b）所示。齿轮运转时把润滑油带到啮合区，同时也甩到箱壁上，借以散热。

当齿轮的圆周速度 $v > 12\mathrm{m/s}$ 时，由于圆周速度大，离心力较大，会使黏附在齿面上的润滑油被甩掉，因此应采用喷油润滑，如图 8-21 所示，即由液压泵以一定的压力借喷嘴将润滑油喷到轮齿的啮合面上。

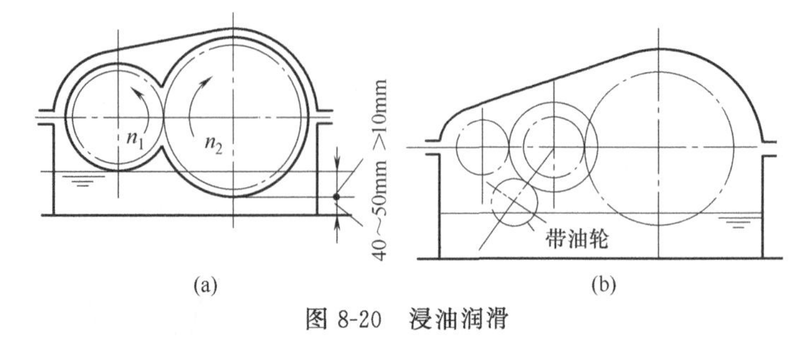

图 8-20 浸油润滑

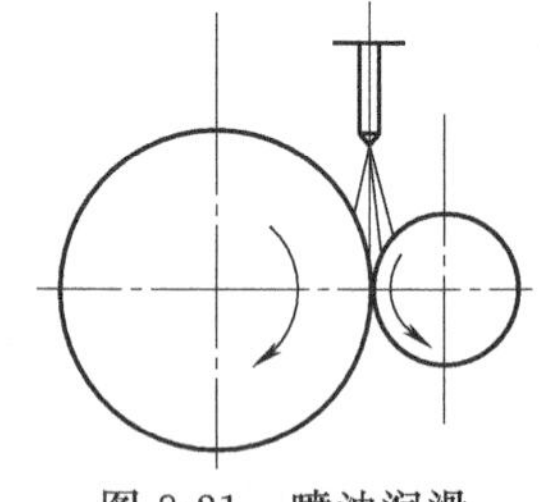

图 8-21 喷油润滑

8.7.2 润滑油的选择

选择润滑油时，先根据齿轮的工作条件以及圆周速度由表 8-8 查得运动黏度值，再根据选定的黏度值确定润滑油的牌号。

表 8-8 齿轮传动润滑油黏度荐用值

齿轮材料	强度极限 σ_B/MPa	圆周速度 v/(m/s)						
		<0.5	0.5～1	1～2.5	2.5～5	5～12.5	12.5～25	>25
		运动黏度 ν/(mm^2/s)(50℃)						
塑料、铸铁、青铜		177	118	81.5	59	44	32.4	—
钢	450～1000	266	177	118	81.5	59	44	32.4
	1000～1250	266	266	177	118	81.5	59	44
渗碳或表面淬火钢	1250～1580	444	266	266	177	118	81.5	59

注：1. 多级材料传动，采用各级传动圆周速度的平均值来选取润滑油黏度；

2. 对于 800MPa 的镍铬钢制齿轮（不渗碳），其润滑油黏度应取高一档的数值。

8.8 蜗杆传动设计

8.8.1 蜗杆传动的失效形式、设计准则及常用材料和结构

8.8.1.1 蜗杆传动的失效形式及设计准则

蜗杆传动的失效形式与齿轮传动基本相同，有疲劳点蚀、齿面胶合、过度磨损，有时也会出现轮齿折断。由于蜗杆传动啮合面间的相对滑动速度较大、效率低、发热量大，在润滑和散热不良时，齿面胶合和磨损为主要失效形式。由于蜗杆齿是连续的螺旋齿，且蜗杆材料比蜗轮强度高，因此失效通常出现在蜗轮轮齿上，设计时只需对蜗轮轮齿进行强度计算。

蜗杆传动强度计算准则为：对开式蜗杆传动，失效形式主要是齿面磨损和轮齿折断，因此只按齿根弯曲疲劳强度进行设计；对闭式蜗杆传动，失效形式主要是齿面点蚀或齿面胶合，因此，通常按蜗轮轮齿的齿面接触疲劳强度设计，按齿根弯曲疲劳强度校核，由于散热较为困难，故还应进行热平衡核算。对蜗杆来说，主要是控制蜗杆轴变形，应对其进行刚度计算。

8.8.1.2 蜗杆和蜗轮材料选择

由蜗杆传动的失效形式可知，蜗杆、蜗轮的材料不仅要求有足够的强度，更重要的是具有良好的减摩、耐磨和抗胶合性能。蜗杆一般用碳钢或合金钢制造，蜗轮常用的材料为铸锡青铜、铸铝青铜或灰铸铁。蜗杆、蜗轮的常用材料见表 8-9 和表 8-10。

表 8-9 蜗杆常用材料及应用

蜗杆材料	热处理	硬度(HRC)	表面粗糙度 $Ra/\mu m$	应用举例
40Cr、40CrNi	表面淬火	45～55	1.6～0.8	中速、中载、一般传动
15CrMn、20CrNi	渗碳淬火	58～63	1.6～0.8	高速、重载、重要传动
45	调质			低速、轻载、不重要传动

笔记

表 8-10 蜗轮常用材料及应用

蜗轮材料	铸锡青铜				铸铝铁青铜		灰铸铁	
牌号	ZCuSn10P1		ZCuSn5Pb5Zn5		ZCuAl10Fe3		HT150	HT200
铸造方法	砂模	金属模	砂模	金属模	砂模	金属模	砂模	砂模
适用的滑动速度 v_s/(m/s)	≤12	≤25	≤10	≤12	≤10		≤2	≤2～5
特性	耐磨性、跑合性、抗胶合能力、切削性能较好，但成本高、强度低				耐冲击，强度较高，切削性能好，价格较低，但抗胶合能力较差		铸造性能、切削性能好，价格低，抗点蚀和胶合能力强，但抗弯强度低，冲击韧性差	
应用	连续工作的高速、重载的重要传动		速度较高的轻、中、重载传动		速度较低的重载传动		低速、轻载而且直径大的开式传动，手动传动	

8.8.2 蜗杆蜗轮的结构

8.8.2.1 蜗杆的结构

蜗杆螺旋部分的直径不大，通常与轴做成一体，称为蜗杆轴。除螺旋部分的结构尺寸取决于蜗杆的几何尺寸外，其余的结构尺寸可参考轴的结构尺寸而定，如图 8-22（a）所示为铣制蜗杆，在轴上直接铣出螺旋部分，刚性较好。图 8-22（b）所示为车制蜗杆，刚性较差。

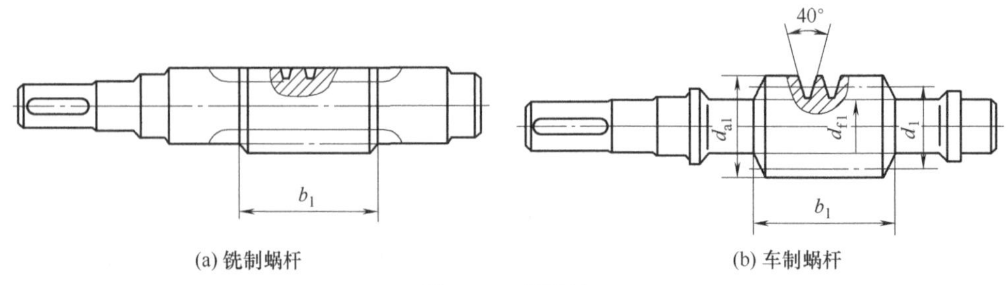

图 8-22 蜗杆轴

8.8.2.2 蜗轮的结构

（1）直径较小的蜗轮可制造成整体式，如图 8-23（a）所示。

（2）对于尺寸较大的蜗轮，为了节省有色金属，齿圈采用青铜材料，而轮芯采用铸铁或钢。蜗轮结构形式有以下几种：

① 组合式结构。齿圈和轮芯可用过盈连接，为防止齿圈和轮芯因发热而松动，常在接缝处拧入 4～8 个螺钉，以增强连接的可靠性。为了便于钻孔，应将螺孔中心线向材料较硬的一边偏移 2～3mm，如图 8-23（b）所示。这种结构用于尺寸不大而工作温度变化较小的场合。

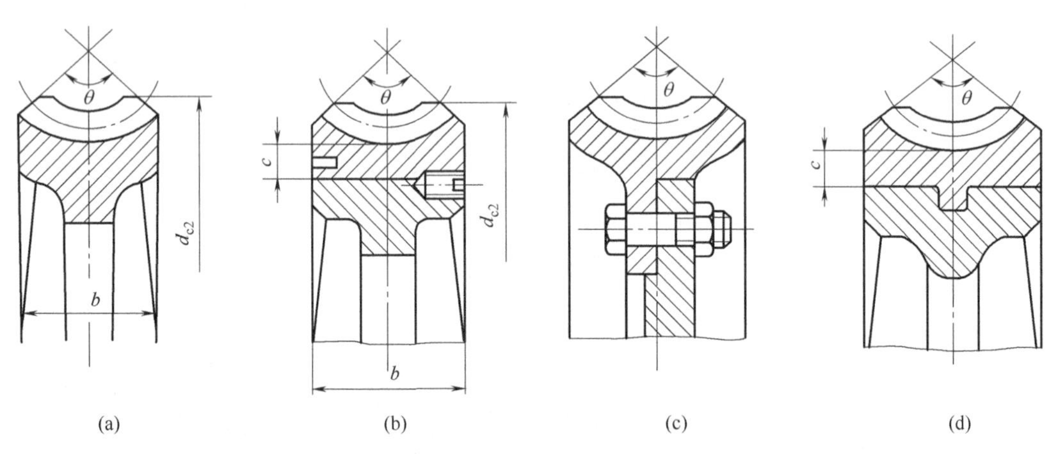

图 8-23 蜗轮的结构

② 螺栓连接式结构。当蜗轮分度圆直径更大（$d>400$mm）时，可采用螺栓连接式，如图 8-23（c）所示，其齿圈与轮芯用铰制孔螺栓连接。

③ 镶铸式结构。当大批生产时，采用镶铸式结构，如图 8-23（d）所示，即将青铜轮缘镶铸在铸铁轮芯上，在浇铸前先在轮芯上预制出榫槽，以防滑动。

8.8.3　蜗杆传动的强度计算

8.8.3.1　蜗杆传动的受力分析

蜗杆传功的受力分析与斜齿圆柱齿轮传动相似。为简化计算，通常不考虑摩擦力的影响，可认为蜗杆传动的载荷 F_n是垂直作用于齿面上的。如图 8-24 所示，它可分解为三个相互垂直的分力：圆周力 F_t、径向力 F_r、轴向力 F_a。由图可知各力的大小为

$$\left.\begin{aligned} F_{t1}&=\frac{2T_1}{d_1}=-F_{a2}\\ F_{t2}&=\frac{2T_2}{d_2}=-F_{a1}\\ F_{r2}&=F_{t2}\tan\alpha=-F_{r1}\end{aligned}\right\}\tag{8-18}$$

式中　T_1——蜗杆的转矩，N・mm；

T_2——蜗轮的转矩，N・mm，$T_2=T_1\eta i$；

η——蜗杆传动的效率；

i——传动比。

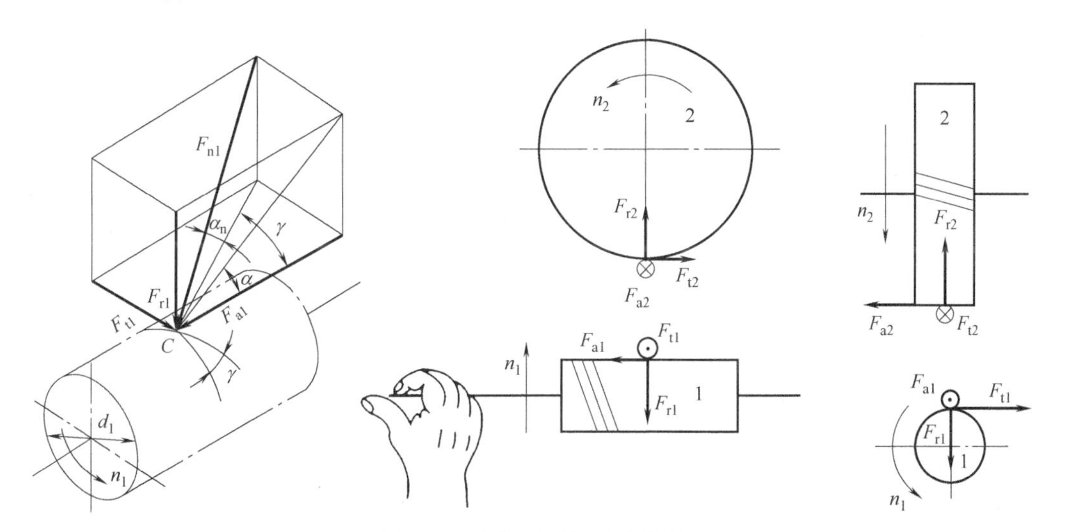

图 8-24　蜗杆传动的受力分析

笔记

各力的方向为：主动蜗杆上圆周力 F_{t1} 方向与蜗杆转动方向相反，作用在蜗轮上的圆周力 F_{t2} 与蜗轮回转方向相同；径向力 F_{r1}、F_{r2} 分别指向各自的轴心；蜗杆轴向力 F_{a1} 的方向与蜗杆螺旋线旋向和蜗杆的转向有关，若主动蜗杆左旋用左手，主动蜗杆右旋用右手，握紧的四指表示蜗杆的回转方向，大拇指伸直的方向表示主动蜗杆所受轴向力的方向，蜗轮的轴向力 F_{a2} 方向与蜗杆的圆周力方向相反。

8.8.3.2　蜗杆传动的强度计算

（1）计算公式　蜗轮齿面接触疲劳强度的校核公式和设计公式分别为

$$\sigma_H=500\sqrt{\frac{KT_2}{d_1d_2^2}}=500\sqrt{\frac{KT_2}{m^2d_1z_2^2}}\leqslant[\sigma_H]\tag{8-19}$$

$$m^2d_1\geqslant KT_2\left(\frac{500}{z_2[\sigma_H]}\right)^2\tag{8-20}$$

式中 K——载荷系数，$K=1.1\sim1.4$，载荷冲击大、环境温度高（$t>35$℃）、速度较高时，取大值；

$[\sigma_H]$——许用接触应力，MPa，见表 8-11 和表 8-12。

蜗轮轮齿的弯曲疲劳强度所限定的承载能力大多超过齿面的承载能力，只有在受到强烈冲击或采用脆性材料时才需计算。

（2）许用接触应力 $[\sigma_H]$　对于铸锡青铜，可由表 8-11 查取；对于铸铝青铜及灰铸铁，其主要失效形式是胶合，而胶合与相对速度有关，其值应查表 8-12。

表 8-11　铸锡青铜蜗轮的许用接触应力 $[\sigma_H]$　　MPa

蜗轮材料	铸造方法	适用的滑动速度 v_s/(m/s)	蜗杆齿面硬度(HRC)	
			≤45	≥45
ZCuSn10P1	砂模铸造	≤12	180	200
	金属模铸造	≤25	200	220
ZCuSn5Pb5Zn5	砂模铸造	≤10	110	125
	金属模铸造	≤12	135	150

表 8-12　铸铝青铜及灰铸铁蜗轮的许用接触应力 $[\sigma_H]$　　MPa

蜗轮材料	蜗杆材料	适用的滑动速度 v_s/(m/s)						
		<0.25	0.25	0.5	1	2	3	4
HT150	20 或 20Cr 渗碳淬火，45 钢淬火	206	166	150	127	95	—	—
HT200		250	202	182	154	115	—	—
ZCuAl10Fe3		—	—	250	230	210	180	160
HT150	45 钢或 Q275	172	139	125	106	79	—	—
HT200		208	168	152	128	96	—	—

笔记

8.8.4 蜗杆传动的效率和热平衡计算

8.8.4.1 蜗杆传动的效率

闭式蜗杆传动工作时，功率的损耗有三部分：轮齿啮合损耗、轴承摩擦损耗和箱体内润滑油搅动的损耗，后两项损失不大，其效率一般为 0.95～0.97，所以闭式蜗杆传动的总效率为

$$\eta=(0.95\sim0.97)\frac{\tan\gamma}{\tan(\gamma+\rho_v)} \tag{8-21}$$

式中 γ——蜗杆导程角；

ρ_v——当量摩擦角。

在设计之初，蜗杆传动的总效率可按表 8-13 估取。

表 8-13　估算 η 值

蜗杆头数	z_1	1	2	4	6
总效率	η	0.7	0.8	0.9	0.95

8.8.4.2 蜗杆传动的热平衡计算

由于蜗杆传动的效率较低，工作时将产生大量的热。若散热不良，会引起温升过高而降

低润滑油的黏度，使润滑不良，导致蜗轮齿面磨损和胶合。所以，对连续工作的闭式蜗杆传动要进行热平衡计算。

在闭式传动中，热量通过机体散发，要求箱体内的油温 t 和周围空气温度 t_0（常温下可取 20℃）之差不超过允许值，即

$$\Delta t=\frac{1000P_1(1-\eta)}{K_sA}\leqslant[\Delta t] \tag{8-22}$$

式中 Δt——温度差，℃，$\Delta t=t-t_0$；

P_1——蜗杆传递功率，kW；

η——传动总效率；

K_s——散热系数，一般取 $K_s=10\sim17$，W/(m²·℃)；

A——散热面积，m²；

$[\Delta t]$——润滑油的许用温差，℃，一般为 60～70℃，并应使油温 t（$t=t_0+\Delta t$）小于 90℃。

如果润滑油的工作温度超过许用温度，可采用下述冷却措施：

(1) 增加散热面积，合理设计箱体结构，在箱体上铸出或焊上散热片。

(2) 提高表面传热系数。在蜗杆轴上装置风扇，如图 8-25 (a) 所示；或在箱体油池内装设蛇形冷却水管，如图 8-25 (b) 所示；或用循环油冷却，如图 8-25 (c) 所示。

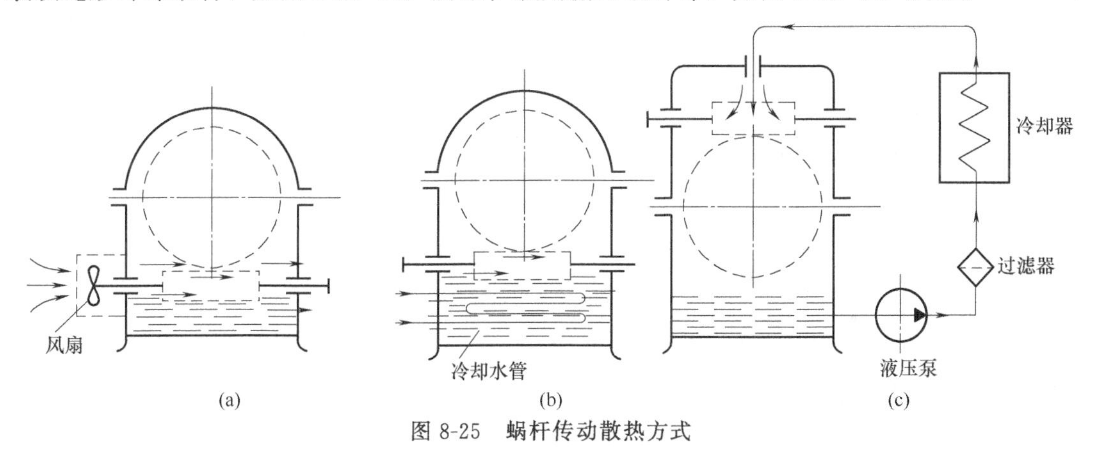

图 8-25 蜗杆传动散热方式

任务实施

根据任务导入要求，任务实施具体如下：

(1) 选择材料及确定许用应力 由于是一般通用机械，故选用闭式软齿面钢制齿轮。查表 8-1，小齿轮选用 45 钢，调质处理，硬度为 260HBS；大齿轮选用 45 钢，正火处理，硬度为 210HBS。

由图 8-8 (c) 和图 8-10 (c)，分别查得

$$\sigma_{H1lim}=590\text{MPa} \qquad \sigma_{H2lim}=550\text{MPa}$$

$$\sigma_{Flim}=200\text{MPa} \qquad \sigma_{Flim}=180\text{MPa}$$

查表 8-6 得

$$S_H=1.1,\ S_F=1.3$$

由式 (8-4) 计算得

$$[\sigma_H]_1=\frac{\sigma_{H1lim}}{S_H}=\frac{590}{1.1}=536.4(\text{MPa})$$

$$[\sigma_H]_2=\frac{\sigma_{H2lim}}{S_H}=\frac{550}{1.1}=500(\text{MPa})$$

由式（8-7）计算得

$$[\sigma_F]_1=\frac{\sigma_{F1lim}}{S_F}=\frac{200}{1.3}=153.8(\text{MPa})$$

$$[\sigma_F]_2=\frac{\sigma_{F2lim}}{S_F}=\frac{180}{1.3}=138.5(\text{MPa})$$

（2）按齿面接触疲劳强度设计　由于是软齿面，则先按齿面接触疲劳强度设计，再校核齿根弯曲疲劳强度。

按式（8-3）计算分度圆直径，即

$$d_1\geqslant\sqrt[3]{\frac{2KT_1}{\psi_d}\times\frac{u\pm1}{u}\left(\frac{Z_EZ_H}{[\sigma_H]}\right)^2}$$

按表 8-4 选载荷系数 $K=1.5$。转矩为

$$T_1=9.55\times10^6\frac{P}{n_1}=9.55\times10^6\times\frac{10}{1440}=66319.4(\text{N}\cdot\text{mm})$$

查表 8-5，取弹性系数 $Z_E=189.8$，$Z_H=2.5$；由表 8-7，取 $\psi_d=1.1$。代入后计算得

$$d_1\geqslant\sqrt[3]{\frac{2\times1.5\times66319.4}{1.1}\times\frac{3.5+1}{3.5}\left(\frac{2.5\times189.8}{500}\right)^2}=59.4(\text{mm})$$

（3）确定参数，计算主要几何尺寸

① 齿数：取 $z_1=30$，则 $z_2=iz_1=3.5\times30=105$

② 模数：$m=\frac{d_1}{z_1}=\frac{59.4}{30}=1.98$（mm）。由表 4-1 取标准模数 $m=2$mm。

笔记

实际传动比 $i=\frac{z_2}{z_1}=\frac{105}{30}=3.5$，$\Delta i=\frac{3.5-3.5}{3.5}=0$，传动比误差小于允许范围±5%。

③ 实际中心距：$a=\frac{m}{2}(z_1+z_2)=\frac{2}{2}\times(30+105)=135$（mm）

④ 齿宽：$b=\psi_d d_1=\psi_d mz=1.1\times2\times30=66$（mm）

取 $b_2=65$mm，$b_1=b_2+5=70$（mm）

⑤ 齿轮主要几何尺寸：

分度圆直径：　$d_1=mz_1=2\times30=60$（mm）

$d_2=mz_2=2\times105=210$（mm）

齿顶圆直径：　$d_{a1}=d_1+2m=60+2\times2=64$（mm）

$d_{a2}=d_2+2m=210+2\times2=214$（mm）

齿根圆直径：　$d_{f1}=d_1-2.5m=60-2.5\times2=55$（mm）

$d_{f2}=d_2-2.5m=210-2.5\times2=205$（mm）

全齿高：　$h=2.25m=2.25\times2=4.5$（mm）

（4）校核齿根弯曲疲劳强度　由于大小齿轮的齿数和材质硬度不一样，故应该按式（8-5）分别校核。

根据 $z_1=30$，$z_2=105$，查图 8-9 得，$Y_{FS1}=4.12$、$Y_{FS2}=3.93$（变位系数 $x=0$），则

$$\sigma_F=\frac{2KT_1Y_{FS}}{bm^2z_1}=\frac{2\times1.5\times66319.4\times4.12}{50\times2^2\times30}=136.6(\text{MPa})<[\sigma_F]_1$$

$$\sigma_{F2}=\frac{2KT_1Y_{FS2}}{bm^2z_1}=\sigma_{F1}\frac{Y_{FS2}}{Y_{FS1}}=136.6\times\frac{3.93}{4.12}=130.3(\text{MPa})<[\sigma_F]_2$$

则两齿轮的齿根弯曲疲劳强度足够。

（5）验算齿轮的圆周速度

$$v=\frac{\pi d_1n_1}{60\times1000}=\frac{3.14\times60\times1440}{60\times1000}=4.52(\text{m/s})<6(\text{m/s})$$

由表 8-3 选择 8 级精度合适。

（6）设计齿轮结构，绘制齿轮工作图　由于 $200\text{mm}<d_a=214\text{mm}\leqslant500\text{mm}$，采用腹板式结构。大齿轮的工作图略。

项目练习

选择题

（1）一般开式齿轮传动的主要失效形式是（　　）。

A. 齿面点蚀　B. 齿面磨损　C. 齿面塑性变形　D. 齿面胶合

（2）对于齿面硬度≤350HBS 的闭式钢制齿轮传动，其主要失效形式为（　　）。

A. 轮齿折断　B. 齿面磨损　C. 齿面点蚀　D. 齿面胶合

（3）对于齿面硬度≥350HBS 的闭式钢制齿轮传动，其主要失效形式为（　　）。

A. 轮齿折断　B. 齿面磨损　C. 齿面点蚀　D. 齿面胶合

（4）在闭式齿轮传动中，高速重载齿轮的主要失效形式是（　　）。

A. 轮齿折断　B. 齿面磨损　C. 齿面点蚀　D. 齿面胶合

（5）一对圆柱齿轮传动中，当齿面产生疲劳点蚀时，通常发生在（　　）。

A. 靠近齿顶处　B. 靠近齿根处

C. 靠近节线的齿顶部分　D. 靠近节线的齿根部分

（6）闭式齿轮传动硬齿面的设计计算准则是（　　）。

A. 按齿根弯曲疲劳强度设计，然后校核齿面接触疲劳强度

B. 按齿面接触疲劳强度设计，然后校核齿根弯曲疲劳强度

C. 按齿面磨损进行设计

D. 按齿面胶合进行设计

（7）对于齿面硬度≤350HBS 的齿轮传动，当大、小齿轮均采用 45 钢时，一般采取的热处理方式为（　　）。

A. 小齿轮淬火，大齿轮调质　B. 小齿轮淬火，大齿轮正火

C. 小齿轮正火，大齿轮调质　D. 小齿轮调质，大齿轮正火

（8）一减速齿轮传动，主动轮用 45 钢调质，从动轮用 45 钢正火，则它们齿面接触应力的关系是（　　）。

A. $\sigma_{H1}=\sigma_{H2}$　B. $\sigma_{H1}>\sigma_{H2}$

C. $\sigma_{H1}<\sigma_{H2}$　D. 无法确定

（9）蜗杆传动的失效形式与齿轮传动相类似，其中（　　）最易发生。

A. 点蚀与磨损　　B. 胶合与磨损　　C. 轮齿折断　　D. 塑性变形

(10) 蜗杆传动中，轮齿承载能力的计算主要是通过校核（　　）进行的。

A. 蜗杆齿面接触强度和蜗轮齿根抗弯强度

B. 蜗轮齿面接触强度和蜗杆齿根抗弯强度

C. 蜗杆齿面接触强度和齿根抗弯强度

D. 蜗轮齿面接触强度和齿根抗弯强度

判断题

(1) 闭式传动中的硬齿面齿轮的主要失效形式是轮齿折断。（　　）

(2) 开式传动中的齿轮，疲劳点蚀是常见的失效形式。（　　）

(3) 目前，齿轮传动的强度计算主要是针对齿轮的磨损和胶合失效形式进行的。（　　）

(4) 由于大齿轮的直径大，所以一般情况下，一对相互啮合的直齿圆柱齿轮中大齿轮齿的宽度大于小齿轮齿的宽度。（　　）

(5) 在直齿圆柱齿轮传动中，忽略齿面的摩擦力，则轮齿间受法向力、圆周力和径向力三个力的作用。（　　）

(6) 对于一对齿轮传动，其中许用接触应力小的那个齿轮的齿面接触疲劳强度较低。（　　）

(7) 标准圆柱齿轮传动中，大齿轮的齿根弯曲疲劳强度一定高于小齿轮。（　　）

(8) 齿轮传动中，齿根弯曲应力的大小与材料种类无关，但弯曲强度的高低却与材料种类有关。（　　）

(9) 一般情况下，标准直齿圆柱齿轮的模数越大，其齿形系数就越小，轮齿的弯曲强度就越高。（　　）

(10) 为防止齿轮因装配后轴向稍微有错位而导致啮合齿宽减小，常把小齿轮的齿宽在计算齿宽 b 的基础上人为地加宽 5～10mm，取整数并尽量取偶数。（　　）

简答题

笔记

(1) 简述齿轮传动的失效形式和时间准则。

(2) 齿面接触疲劳强度计算和齿根弯曲疲劳强度计算各针对何种失效形式？要提高轮齿的抗弯疲劳强度和齿面抗点蚀能力有哪些可能的措施？

(3) 齿轮的精度等级与齿轮的选材及热处理方法有什么关系？

(4) 闭式软齿面齿轮传动中，为什么要求小齿轮的齿面硬度比大齿轮的齿面硬度高30～50HBS？

(5) 与齿轮传动相比，蜗杆传动的失效形式有何特点？蜗杆传动的设计准则是什么？

(6) 蜗杆传动的缺点计算中，为什么只需计算蜗轮轮齿的缺点？

实作题

8-1　已知直齿圆柱齿轮 1 顺时针方向转动，分析并标出图中齿轮 2 的圆周力和径向力。

(1) 当齿轮 1 为主动轮时；

(2) 当齿轮 2 为主动轮时。

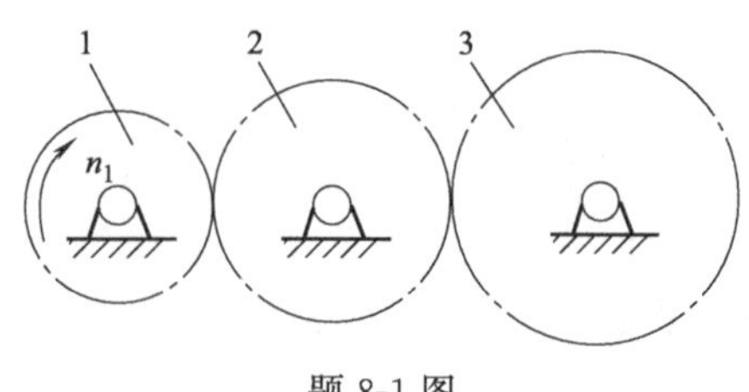

题 8-1 图

8-2　已知一对外啮合标准直齿圆柱齿轮传动，$m=3\text{mm}$，$z_1=24$，$z_2=20$，$P=7.5\text{kW}$，$n_1=$

960r/min。试计算作用于各齿轮上的圆周力 F_t 和径向力 F_r。

8-3　设计铣床中的一对标准直齿圆柱齿轮传动。已知 $P=7.5$kW，$n_1=1450$r/min，$z_1=26$，$z_2=54$，预期使用寿命 12000h，小齿轮对轴承为不对称布置，传动精度为 7 级，载荷平稳，单向连续运转。

8-4　有一台单级直齿圆柱齿轮减速器。已知 $n_1=1460$r/min，$z_1=18$，中心距 $a=510$mm，齿宽 $b=75$mm，大、小齿轮的材料均为 45 钢，小齿轮调质处理，硬度为 250～270HBS，齿轮传动精度为 8 级。电动机驱动，载荷平稳。试求该材料传动所允许传递的最大功率。

8-5　试分析如图所示齿轮传动中各齿轮所受的力，用受力图表示出各力的作用位置和方向。

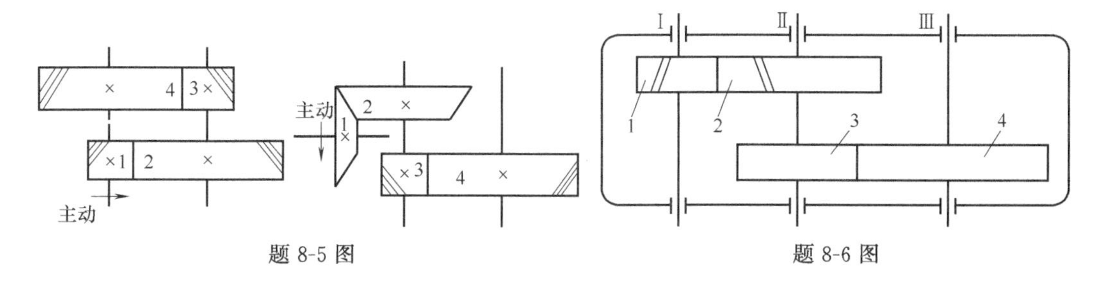

题 8-5 图　　　　题 8-6 图

8-6　图示为两级斜齿圆柱齿轮减速器，已知高速级齿轮的 $\beta_{\text{I}}=15°$，$z_1=21$，$m_{n1}=3$mm，$m_{n3}=5$mm，$z_3=17$，功率 $P=40$kW，传动比 $i=3.3$，转速 $n_1=1470$r/min。试求：

(1) 低速级小齿轮采用何旋向才能使得中间轴上的轴承所受轴向力最小；

(2) 低速级斜齿轮分度圆螺旋角 β_{II} 应为多大，才能使中间轴上的轴向力完全抵消；

(3) 齿轮各啮合点作用力的方向。

8-7　设计一对闭式斜齿圆柱齿轮传动。已知：用单缸内燃机驱动，载荷平稳，双向传动，齿轮相对于轴承位置对称，要求结构紧凑。传递功率 $P=12$kW，低速级主动轮转速为 350r/min，传动比 $i=3$。

笔记

8-8　某两级直齿圆柱齿轮减速器用电动机驱动，单向运转，载荷有中等冲击。高速级传动比 $i=3.7$，高速级转速 $n_1=745$r/min，传动功率 $P=17$kW，采用软齿面，试计算此高速级传动。

8-9　试分析如图所示蜗杆传动中各轴的回转方向、蜗轮轮齿的螺旋方向及蜗杆、蜗轮所受各力的作用位置及方向。

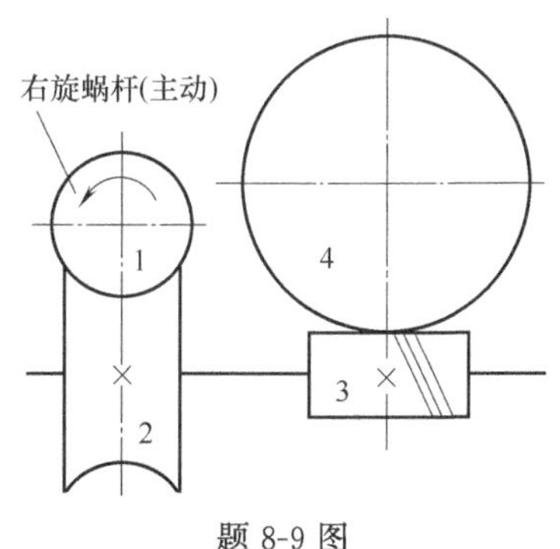

题 8-9 图

8-10 如图所示为一起重装置，由电动机、锥齿轮 1 和 2、斜齿轮 3 和 4、蜗杆传动 5 和 6 组成，蜗杆 5 右旋，欲使重物上升，试求：

(1) 画出各轴转向；

(2) 为使Ⅱ、Ⅲ轴上轴向力最小，试决定两个斜齿圆柱齿轮及蜗轮的螺旋线方向；

(3) 画出所有齿轮、蜗杆及蜗轮的轴向力方向。

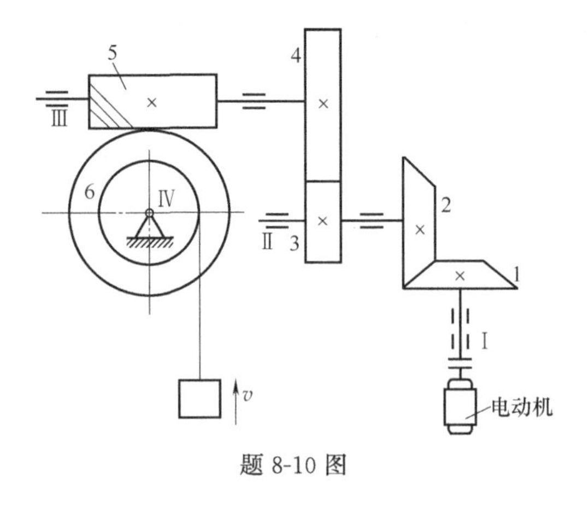

题 8-10 图

项目九

连　　接

知识目标

1. 掌握螺纹连接的类型、特点，螺纹连接的预紧和防松；
2. 掌握键连接、花键连接的类型、特点及应用；
3. 了解销连接、联轴器和离合器的类型、特点及应用。

技能目标

1. 能够根据机构（部件）连接的需要，选择正确的连接方式；
2. 能够设计简单的键连接、销连接、螺纹连接。

任务导入

试完成某减速器中一钢制齿轮与钢轴的平键连接的选择任务。任务条件为：传递的转矩 $T=600\mathrm{N\cdot m}$，载荷具有轻微冲击，与齿轮配合处的轴颈 $d=75\mathrm{mm}$，轮毂长度$L=80\mathrm{mm}$。

知识链接

笔记

机器是由许多零部件所组成，这些零部件需要通过连接来实现机器的功能，因而连接是构成机器的重要环节。连接就是将两个或两个以上的零件组合成一体的结构，其中，起连接作用的零件，如螺栓、螺母、键及铆钉等，称为连接件；需要连接起来的零件，如齿轮与轴等，称为被连接件。

按被连接件之间是否可以有相对运动，可以分为：①动连接。被连接的零件其相对位置在工作时按一定的规律变化，如滑移齿轮与轴之间的连接。②静连接。被连接的零件在工作时其相对位置不允许产生相对运动的连接，如带轮与轴之间的连接。

按连接是否可拆，分为：①可拆连接。允许多次装拆，不会破坏或损伤连接中的任何一个零件，具有通用性强、可随时更换、维修方便等特点，如键连接、螺纹连接和销连接等所有零部件。②不可拆连接。若不破坏或损伤连接中的零件就不能将连接拆开的连接方式，具有结构简单、成本低廉、简便易行的特点，如焊接、铆接、粘接等。

按连接件使用的位置不同，可分为：①轴毂连接。轴与轴上零件的连接，如键连接、花键连接和销连接等。②轴间连接。轴与轴之间的连接，如连轴器与离合器。③紧固连接。除以上两种连接位置以外的连接，如螺纹连接等。如图 9-1 所示是减速器上所有零部件之间的连接。

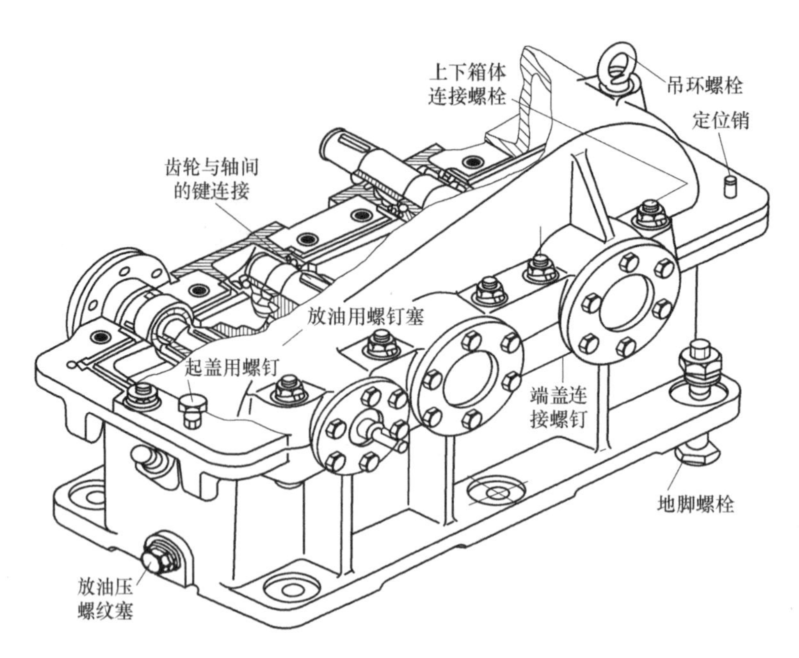

图 9-1 减速器上的连接件

9.1 螺纹连接

螺纹连接是采用螺纹和螺纹连接件来实现的连接。螺纹连接具有结构简单、拆装方便、工作可靠等特点。螺纹和螺纹连接件绝大多数已经标准化了。螺纹连接设计的主要任务就是正确选用连接方式，在有些重要的场合进行强度计算。

9.1.1 螺纹

笔记

9.1.1.1 螺纹的形成和类型

（1）螺纹的形成 在直径为 d_2 的圆柱体上，绕一底边长为 πd_2 的直角三角形，则直角三角形的斜边在圆柱体表面上形成一螺旋线，如图 9-2 所示。再取一平面图形，使它沿着螺旋线运动，运动时保持此图形通过圆柱体轴线，则该平面图形在空间形成一个螺旋体，就得到了螺纹。

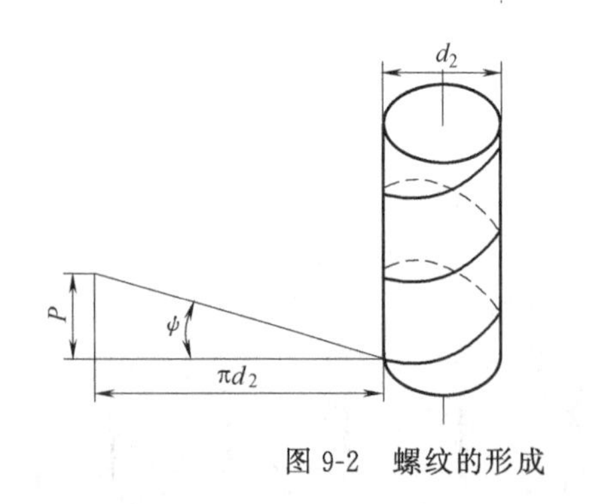

图 9-2 螺纹的形成

（2）螺纹的类型 根据螺纹轴向剖面的形状（即轴剖面的牙型形状），可以分为普通螺纹（即三角形螺纹）、矩形螺纹、梯形螺纹和锯齿形螺纹等，如图 9-3 所示。其中普通螺纹主要用于连接，其余几种主要用于传动。

根据螺旋线绕行方向，可以分为右旋螺纹［见图 9-4（a）］和左旋螺纹［见图 9-4（b）］。机械中常用右旋螺纹，有特殊要求时才用左旋螺纹。

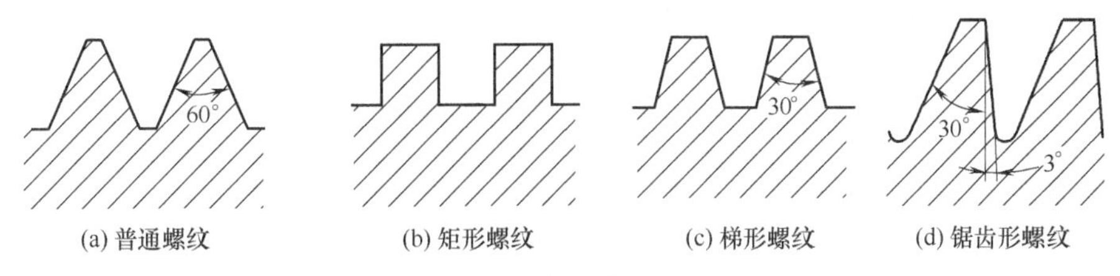

图 9-3 螺纹的牙型

根据螺旋线的数目，螺纹可以分为单线螺纹和多线螺纹。沿一条螺旋线所形成的螺纹称为单线螺纹［见图 9-5（a）］，沿两条或两条以上螺旋线所形成的螺纹称为多线螺纹［见图 9-5（b）］，连接螺纹一般用单线。

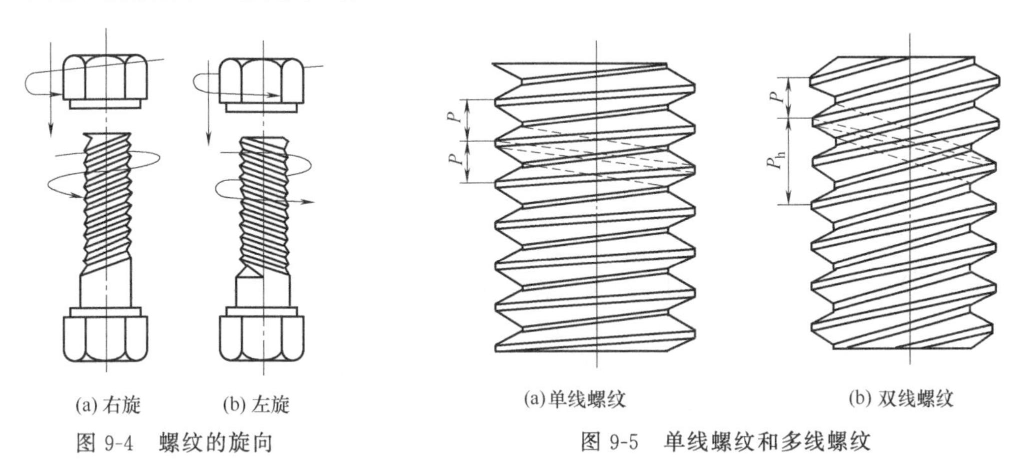

图 9-4 螺纹的旋向

图 9-5 单线螺纹和多线螺纹

按尺寸机制可分为普通螺纹和管螺纹。在国家标准中，将牙型角 $\alpha=60°$的三角形米制螺纹称为普通螺纹。普通螺纹按螺距的大小可分为粗牙螺纹和细牙螺纹，一般连接用粗牙螺纹，细牙螺纹因其螺距小，自锁性好，强度高，但不耐磨，多用于强度要求较高的薄壁零件或受变载、冲击及振动的连接中。

笔记

管螺纹为英制螺纹，它是牙型角 $\alpha=55°$的三角形英制螺纹。管螺纹又分为用螺纹 55°非密封管螺纹［见图 9-6（a）］、密封管螺纹［见图 9-6（b）］。管螺纹的公称直径是管子的公称通径。55°非密封管螺纹广泛用于水、煤气和润滑管路系统中管件的连接，而 55°密封管螺纹密封效果好，旋合迅速，适用于紧密性要求较高的管路连接中。

螺纹还可以分为外螺纹和内螺纹，两者共同组成螺纹副用于连接和传动。

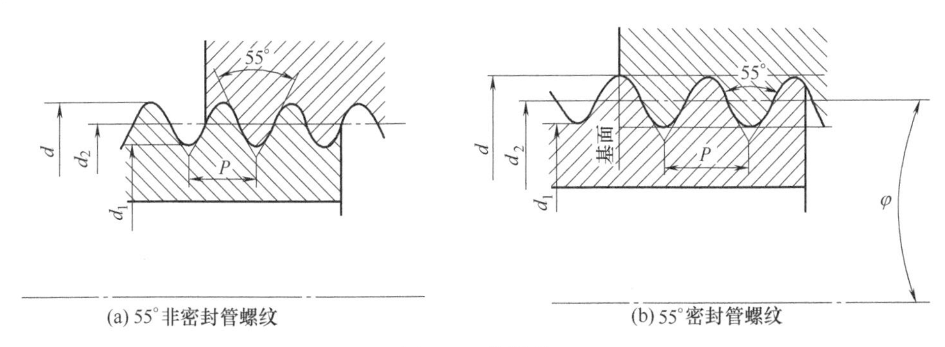

图 9-6 管螺纹

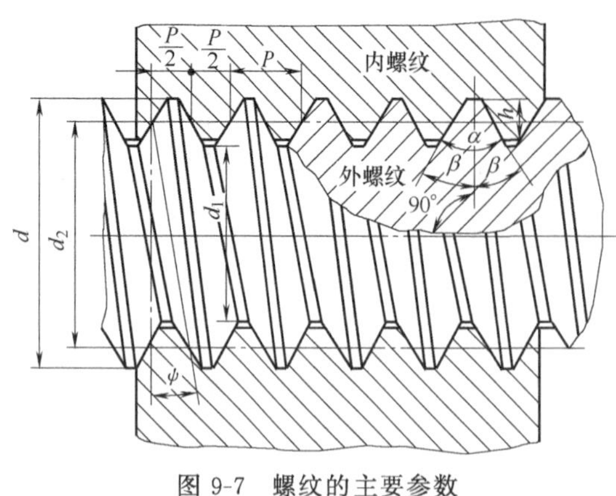

图 9-7 螺纹的主要参数

9.1.1.2 螺纹的主要参数

如图 9-7 所示，现以圆柱普通螺纹为例说明螺纹的主要几何参数。

(1) 大径　与外螺纹牙顶或内螺纹牙底相重合的假想圆柱体的直径，是螺纹的最大直径，又称螺纹的公称直径。外螺纹用 d 表示，内螺纹用 D 表示。

(2) 小径　与外螺纹牙底或内螺纹牙顶相重合的假想圆柱体的直径，是螺纹的最小直径。内、外螺纹分别用 D_1 和 d_1 表示。

(3) 中径　在螺纹牙厚与牙间宽相等处的假想圆柱体的直径。内、外螺纹分别用 D_2 和 d_2 表示。

(4) 螺距　螺纹相邻两牙在中径线上对应两点间的轴向距离，用 P 表示。

(5) 导程　同一螺旋线上相邻两牙在中径线上对应两点间的轴向距离，用 P_h 表示［图 9-5 (b)］。

对于多线螺纹，导程 P_h、螺距 P 和螺纹线数 n 之间的关系为

$$P_h = nP \tag{9-1}$$

(6) 螺纹升角　螺纹中径圆柱上螺旋线切线与垂直于螺纹轴线的平面间的夹角，用 ψ 表示。

$$\tan\psi = P_h/\pi d_2 = nP/\pi d_2 \tag{9-2}$$

(7) 牙型角　轴向剖面内螺纹牙型两侧间的夹角，用 α 表示。牙型侧边与螺纹轴线的垂线之间的夹角称为牙侧角，用 β 表示。

9.1.2 螺纹连接及其预紧与防松

9.1.2.1 常用螺纹连接件

螺纹连接件的结构形式和尺寸已经标准化，设计时查阅有关标准选用即可。常用螺纹连接件的类型、结构特点和应用见表 9-1。

笔记

表 9-1 常用螺纹连接件的类型、结构特点和应用

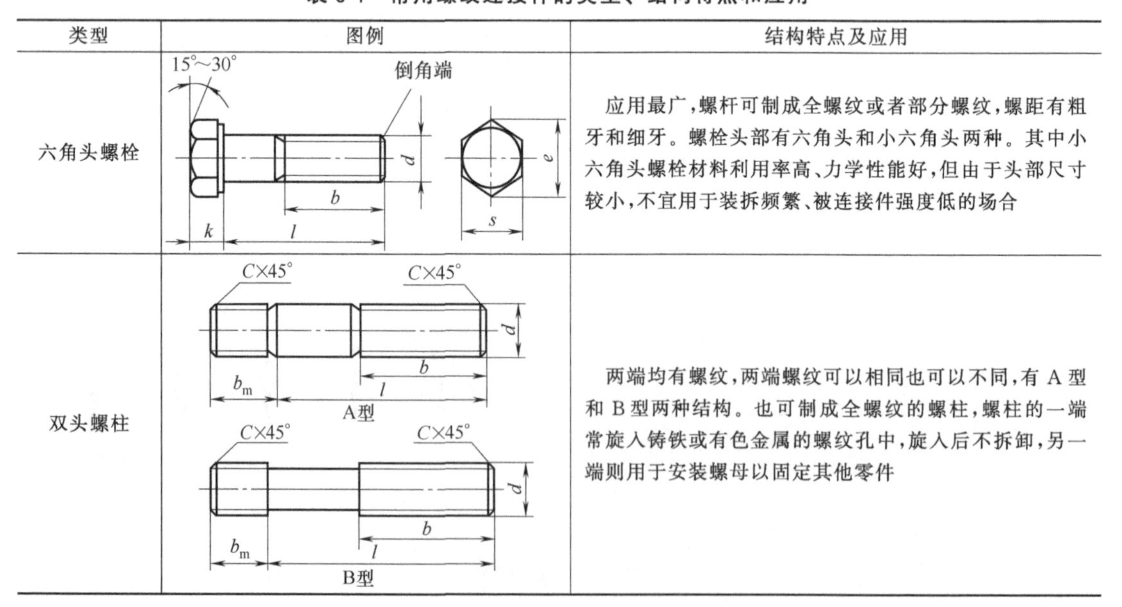

类型	图例	结构特点及应用
六角头螺栓		应用最广，螺杆可制成全螺纹或者部分螺纹，螺距有粗牙和细牙。螺栓头部有六角头和小六角头两种。其中小六角头螺栓材料利用率高、力学性能好，但由于头部尺寸较小，不宜用于装拆频繁、被连接件强度低的场合
双头螺柱		两端均有螺纹，两端螺纹可以相同也可以不同，有 A 型和 B 型两种结构。也可制成全螺纹的螺柱，螺柱的一端常旋入铸铁或有色金属的螺纹孔中，旋入后不拆卸，另一端则用于安装螺母以固定其他零件

续表

类型	图例	结构特点及应用
螺钉	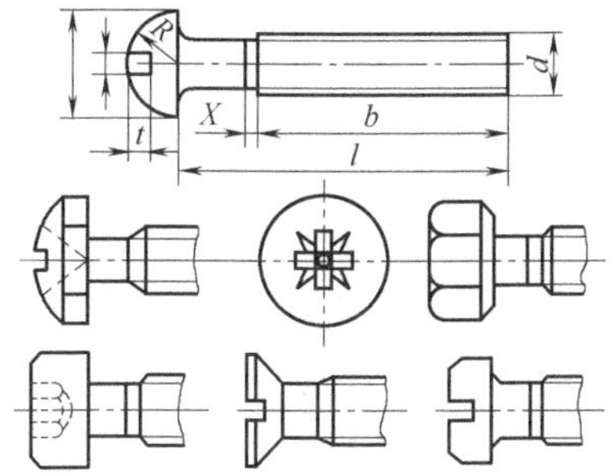 R d X b t l	头部形状有圆头、扁圆头、六角头、圆柱头和沉头等。头部的起子槽有一字槽、十字槽和内六角孔等形式。十字槽螺钉头部强度高、对中性好，便于自动装配。内六角孔螺钉可承受较大的扳手扭矩，可替代六角头螺栓，用于要求结构紧凑的场合
紧定螺钉	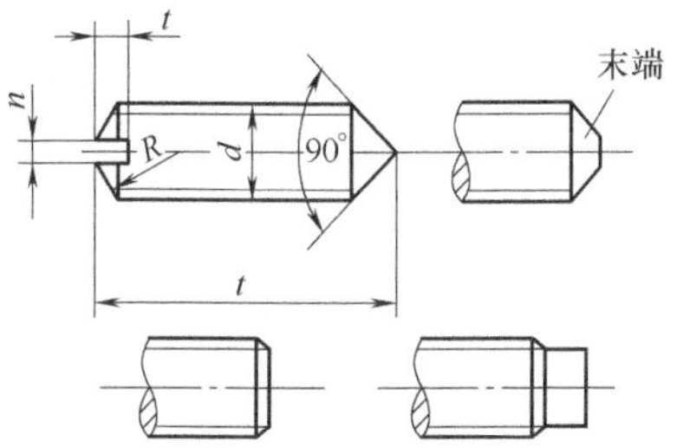 t 末端 n R d 90° t	紧定螺钉常用的末端形状有锥端、平端和圆柱端。锥端适用于被紧定零件的表面硬度较低或不经常拆卸的场合；平端接触面积大，不会损伤零件表面，常用于顶紧硬度较大的平面或经常装拆的场合；圆柱端压入轴上的凹槽中，适用于紧定空心轴上的零件位置
六角螺母	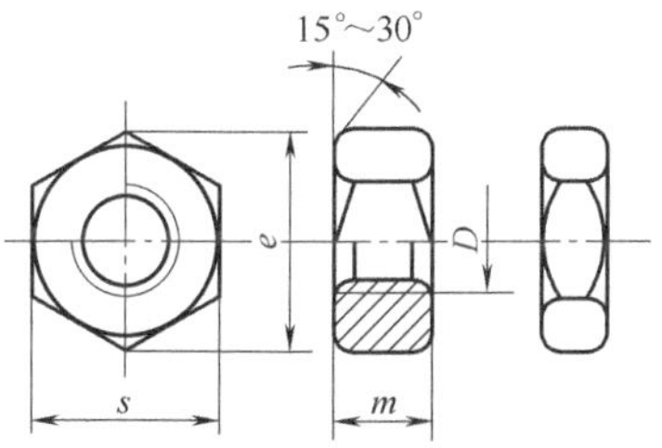 15°～30° e D s m	六角螺母按厚度分为标准螺母和薄螺母。标准螺母用于需要经常拆卸的场合，薄螺母用于尺寸受限的场合。螺母的制造精度和螺栓相同，分为A级、J级、C级三级，分别与同级别的螺栓配用
圆螺母	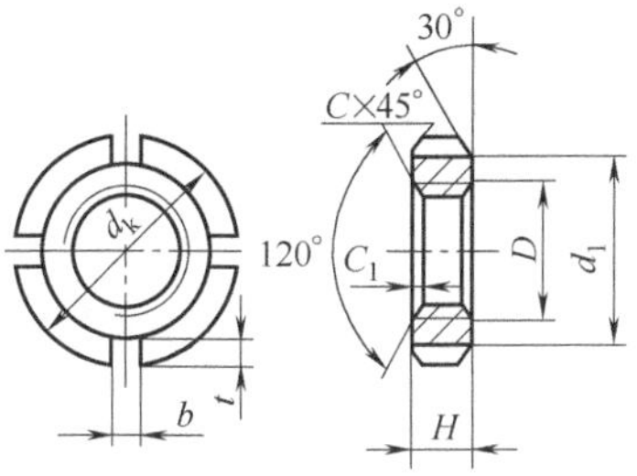 30° C×45° d_k 120° C_1 D d_1 b t H	圆螺母常与止推垫圈配用，装配时将垫圈内舌插入轴上的槽内，将垫圈的外舌嵌入圆螺母的槽内，即可锁紧螺母，起到防松作用。常用于滚动轴承的轴向固定
垫圈	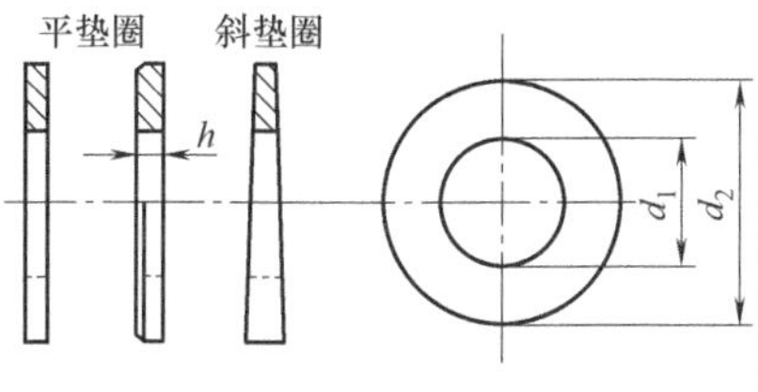 平垫圈 斜垫圈 h d_1 d_2	垫圈是螺纹连接中不可缺少的附件，常放在螺母与被连接件中间。垫圈有平垫圈、斜垫圈和弹簧垫圈三种。平垫圈通用；斜垫圈主要用于倾斜的支承面；弹簧垫圈主要用于要求防松的场合

笔记

9.1.2.2 螺纹连接的基本形式

螺纹连接是利用螺纹连接件将被连接件连接起来而构成的一种可拆式连接。在机械中应用比较广泛。常见的连接类型见表9-2。

表 9-2　螺纹连接的基本类型、特点及应用

类型	构造	主要尺寸关系	特点及应用
螺栓连接	普通螺栓连接 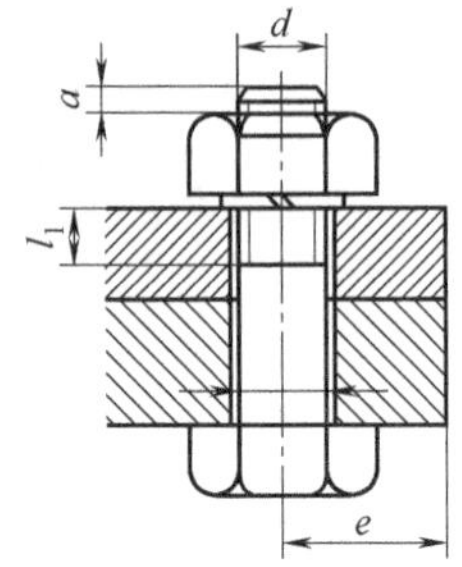	螺纹余留长度 l_1 静载荷　$l_1 \geqslant (0.3 \sim 0.5)d$ 变载荷　$l_1 \geqslant 0.75d$ 冲击载荷或弯曲载荷 $l_1 \geqslant d$ 铰制孔用螺栓 $l_1 \approx 0$ 螺纹伸出长度 $a=(0.2 \sim 0.3)d$ 螺栓轴线到被连接件边缘的距离 $e=d+(3 \sim 6)\mathrm{mm}$	普通螺栓连接结构工作时主要承受轴向载荷。这种连接结构简单，装拆方便，对通孔加工精度要求低，应用最广泛。一般用于被连接的两个零件厚度不大，且容易钻出通孔，并能从两边进行装配的场合
	铰制孔用螺栓连接 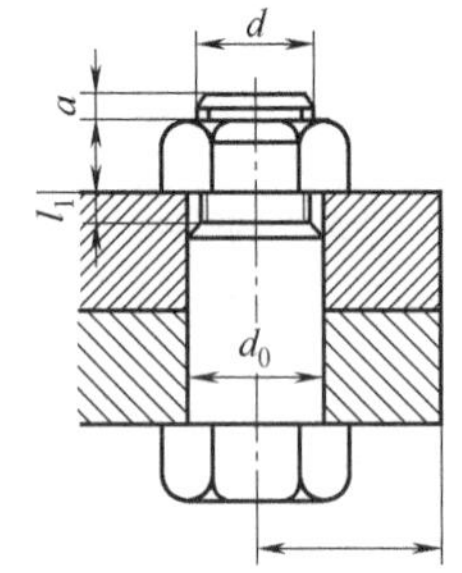		孔与螺栓杆之间没有间隙，对孔的加工精度要求较高。工作时螺栓杆承受横向载荷或者固定被连接件的相对位置
双头螺柱连接	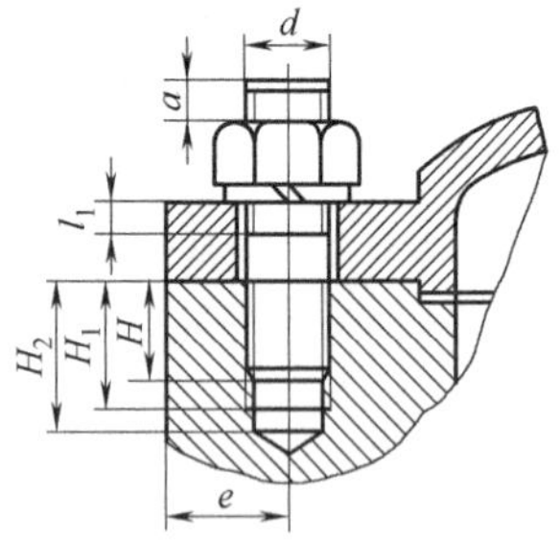	座端拧入深度 H，当螺孔材料为： 铜或青铜 $H \approx d$ 铸铁 $H=(1.25 \sim 1.5)d$ 铝合金 $H=(1.5 \sim 2.5)d$ 螺纹孔深度 $H_1=H+(2 \sim 2.5)P$ 钻孔深度 $H_2=H_1+(0.5 \sim 1)P$	螺栓的一端旋紧在一被连接件的螺纹孔中，另一端则穿过另一被连接件的孔，通常用于被连接件之一太厚不便穿孔、结构要求紧凑或经常装拆的场合
螺钉连接	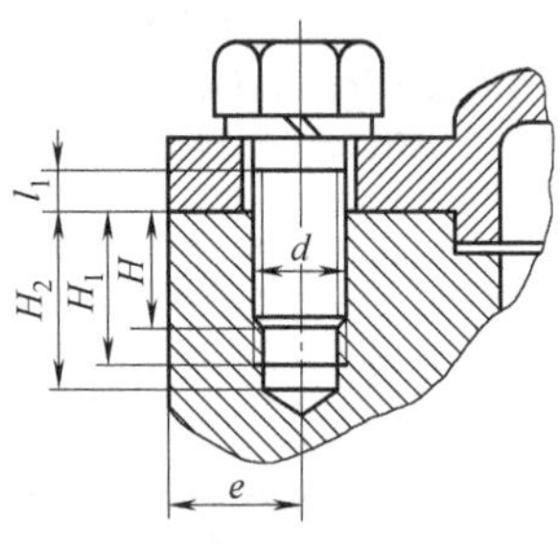		螺钉穿过较薄被连接件的通孔，直接旋入较厚被连接件的螺纹孔中，不用螺母，结构紧凑，适用于被连接件之一较厚、受力不大且不经常装拆的场合
紧定螺钉连接	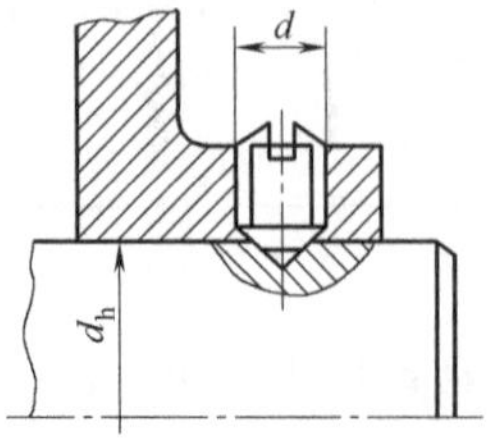		螺钉的末端顶住零件的表面或者顶入该零件的凹坑中，将零件固定；它可以传递不大的载荷

笔记

9.1.2.3 螺纹连接的预紧和防松

(1) 螺纹连接的预紧 在实际应用中，绝大多数螺纹连接在装配时需要拧紧，使连接件在承受工作载荷之前，预先受到力的作用，这个预加的作用力称为预紧力。预紧的目的是为了增大连接的紧密性和可靠性。此外，适当地提高预紧力还能提高螺栓的疲劳强度。预紧力的大小对螺纹连接的可靠性、强度和紧密性都有很大的影响。若预紧力过小，在承受工作载荷之后，被连接件之间可能会出现缝隙，或者发生相对移动。若预紧力过大，则可能使连接件过载拉断。因此，在装配时应控制其预紧力的大小。

预紧力的大小可以根据螺栓的受力情况和连接工作要求来决定。拧紧时，扳手施加拧紧力矩 T，以克服螺纹副中的阻力矩 T_1 和螺母支承面上的摩擦阻力矩 T_2，故拧紧力矩 $T=T_1+T_2$。

对于 M10～M68 的粗牙普通螺纹，无润滑时可取

$$T\approx 0.2F'd \tag{9-3}$$

式中 F'——预紧力，N；

d——螺纹公称直径，mm。

为了保证预紧力 F'不致过小或过大，可在拧紧过程中控制拧紧力矩 T 的大小，其方法有采用测力矩扳手（见图 9-8）或定力矩扳手（见图 9-9），必要时测定螺栓伸长量等。

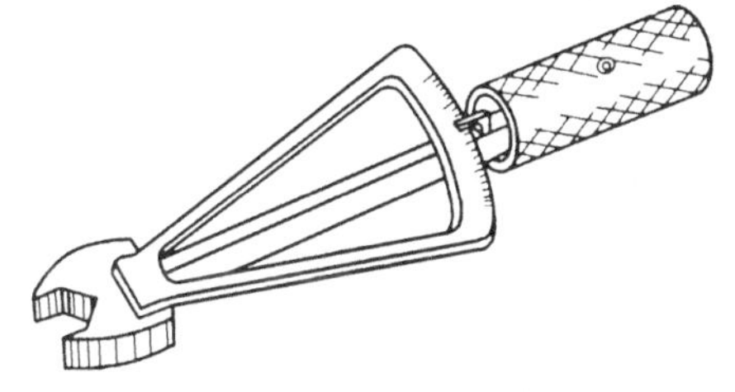

图 9-8 测力矩扳手

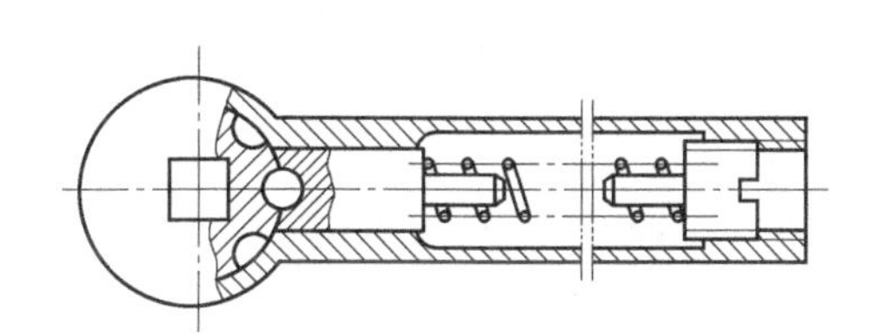

图 9-9 定力矩扳手

(2) 螺纹连接的防松 常用的螺纹连接件为单线普通螺纹，具有自锁性，因此在静载和环境温度变化不大的情况下工作，在拧紧之后一般不会自动松动。但若连接在有冲击、振动、变载或温度变化较大条件下工作时，螺纹表面间摩擦阻力将可能出现瞬时减小甚至消失的情况，这就会使内外螺纹产生相对转动，最终致使连接失效。所以，要保证螺纹连接在各种情况下工作的可靠性，必须对其采取合理的防松措施，根据其工作原理可以分为三大类，见表 9-3。

笔记

表 9-3 常用的防松方法

利用摩擦防松	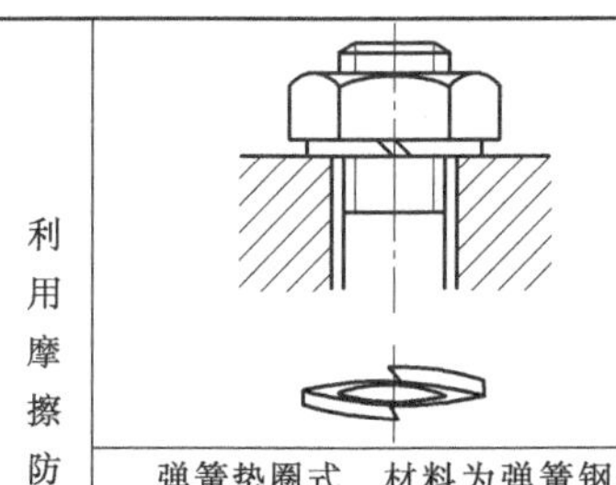	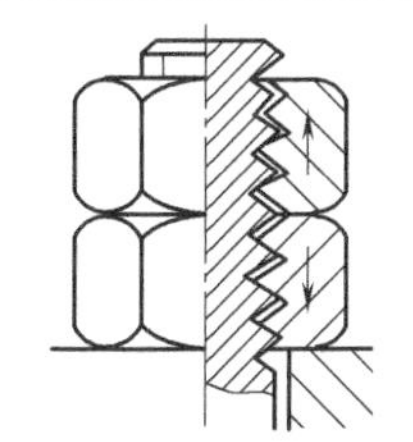	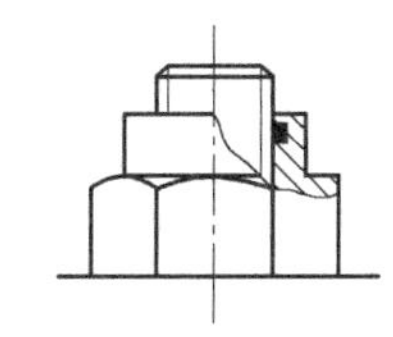
	弹簧垫圈式 材料为弹簧钢，装配后垫圈被压平，弹簧变形会产生反弹力。依靠这种变形力，使得螺纹之间的摩擦力增大。由此可防止螺母自动松动	对顶螺母 利用两螺母之间所产生的对顶作用，使螺栓始终受到附加的轴向拉力，而螺母受压，增大了螺纹之间的摩擦力和变形，从而达到防止螺母自动松动的目的	自锁螺母 螺母尾部做得弹性较大(开槽或镶弹性材料)且螺纹中径比螺杆稍小，旋合后产生附加径向压力而防松

续表

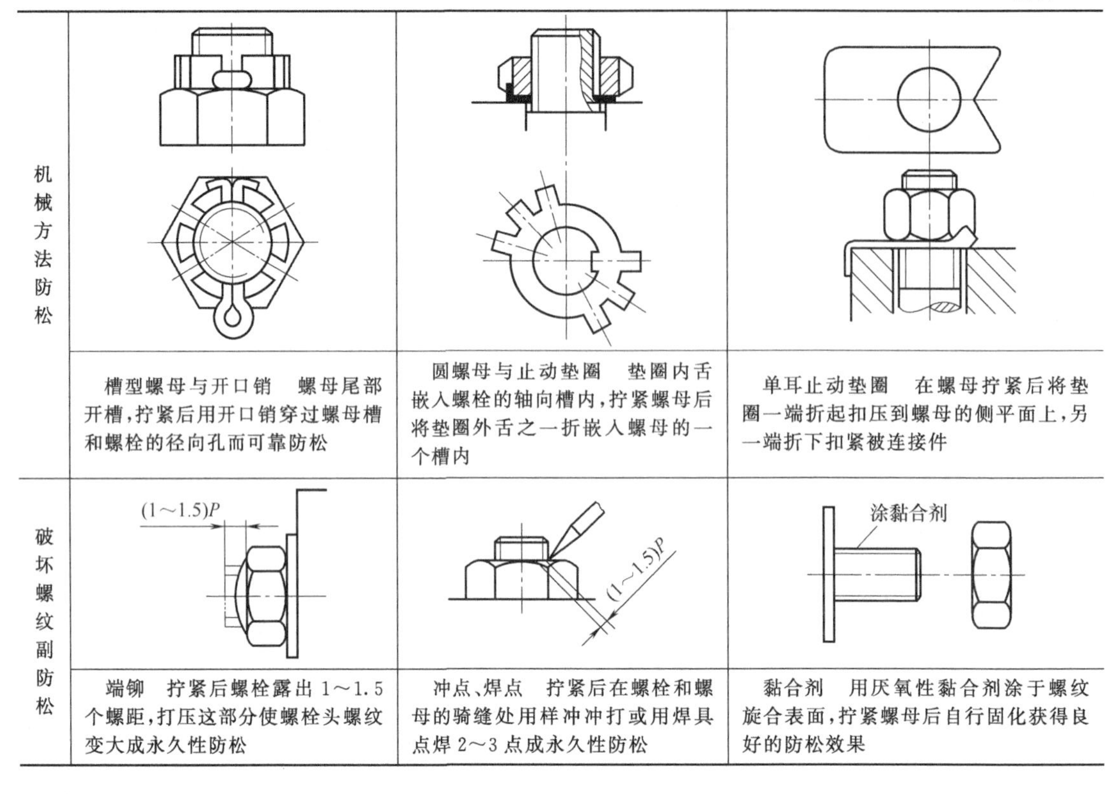

机械方法防松	槽型螺母与开口销　螺母尾部开槽，拧紧后用开口销穿过螺母槽和螺栓的径向孔而可靠防松	圆螺母与止动垫圈　垫圈内舌嵌入螺栓的轴向槽内，拧紧螺母后将垫圈外舌之一折嵌入螺母的一个槽内	单耳止动垫圈　在螺母拧紧后将垫圈一端折起扣压到螺母的侧平面上，另一端折下扣紧被连接件
破坏螺纹副防松	端铆　拧紧后螺栓露出 1～1.5 个螺距，打压这部分使螺栓头螺纹变大成永久性防松	冲点、焊点　拧紧后在螺栓和螺母的骑缝处用样冲冲打或用焊具点焊 2～3 点成永久性防松	黏合剂　用厌氧性黏合剂涂于螺纹旋合表面，拧紧螺母后自行固化获得良好的防松效果

9.1.3 螺栓组的结构设计

螺栓组连接结构设计的主要目的，在于合理地布置同一组内螺栓的位置，力求各个螺栓受力尽可能均匀，并便于加工装配。为了获得合理的结构，螺栓组结构设计时，应考虑以下几个问题：

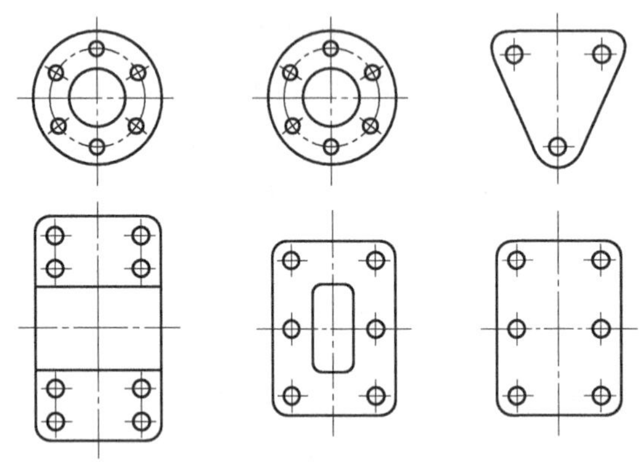

图 9-10　螺栓组连接接合面常用的形状

(1) 在连接的接合面上，合理地布置螺栓。螺栓组的布置应尽可能对称，以使接合面受力比较均匀。一般都将接合面设计成对称的简单几何形状，并使螺栓组的对称中心与接合面的几何形心重合。为了便于画线钻孔，如是圆形接合面，螺栓应布置在同一圆周上，并取易于等分圆周的螺栓个数，如图 9-10 所示。

(2) 螺栓的布置应使各螺栓受力合理。当被连接件承受转矩时，应使螺栓适当靠近接合面边缘，以减小螺栓受力，使各螺栓的受力合理。对于铰制孔用螺栓连接，不要在平行于工作载荷的方向上成排地布置 8 个以上的螺栓，以免载荷分布过于不均。当螺栓组承受弯矩或扭矩时，螺栓远离对称中心布置，以减小螺栓的受力，如图 9-11 所示。

(3) 一般情况下，为了安装方便，同一组螺栓中不论个体受力大小，均采用同样的材料和尺寸。

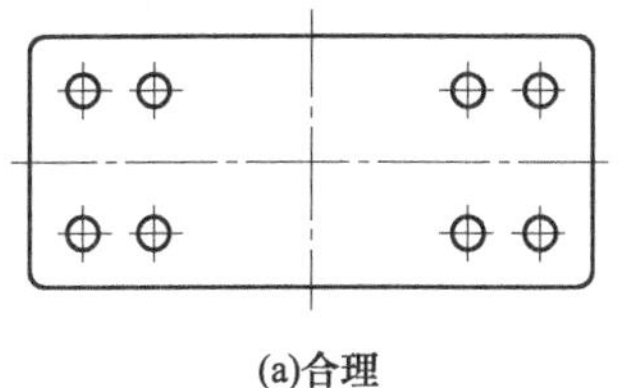

(a)合理

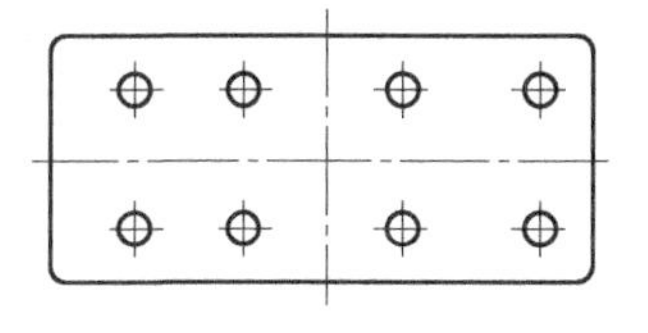

(b)不合理

图 9-11　接合面受弯矩或扭矩时的螺栓布置

（4）如果螺栓同时承受轴向载荷、横向载荷，应采用键、套筒、销等抗剪零件来承受横向载荷，以减小螺栓的预紧力及其结构尺寸，如图 9-12 所示。

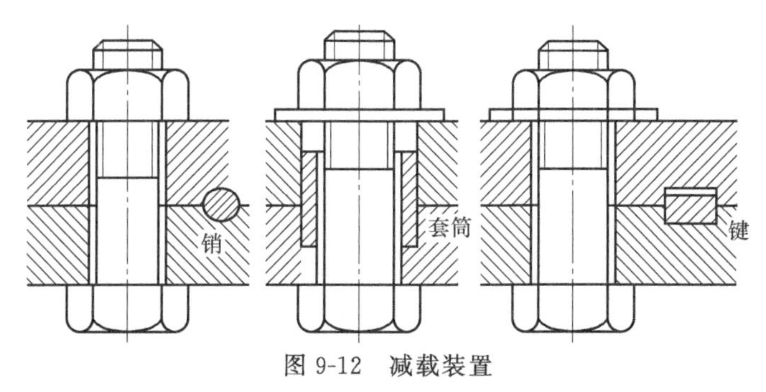

图 9-12　减载装置

（5）螺栓排列应有合理的间距、边距。布置螺栓时，各螺栓轴线间以及螺栓轴线和机体壁间的最小距离，应根据扳手所需活动空间的大小来决定，如图 9-13 所示。扳手空间的尺寸可查有关手册。

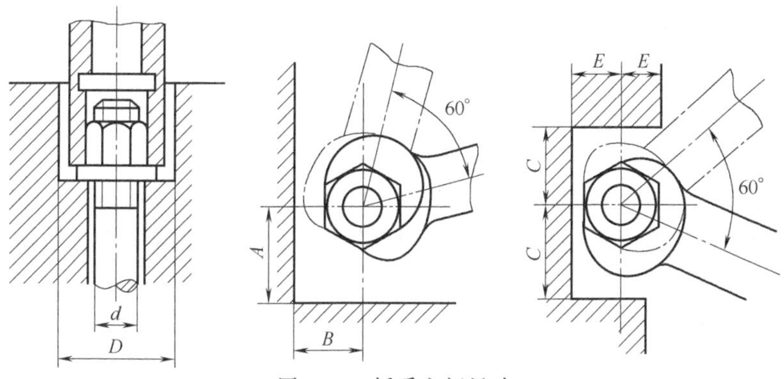

图 9-13　扳手空间尺寸

（6）对于压力容器等有紧密性要求的重要连接，螺栓的间距 t 不得大于表 9-4 所推荐的数值。

表 9-4　螺栓间距

t　d	工作压力/MPa					
	≤1.6	1.6～4	4～10	10～16	16～20	20～30
	t/mm					
	$7d$	$5.5d$	$4.5d$	$4d$	$3.5d$	$3d$

注：d 为螺纹公称直径。

（7）避免螺栓承受附加的弯曲载荷。除了要在结构上设法保证载荷不偏心外，还应在工艺上保证被连接件、螺母和螺栓头部的支承面平整，并与螺栓轴线相垂直。当在铸、锻件等粗糙表面上安装螺栓时，应制成凸台或沉头座，如图 9-14 所示。当支承面为倾斜表面时，应采用斜垫圈，如图 9-15 所示。

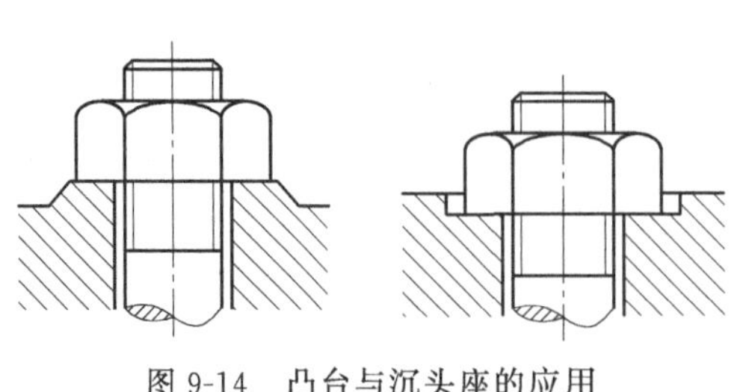

图 9-14　凸台与沉头座的应用

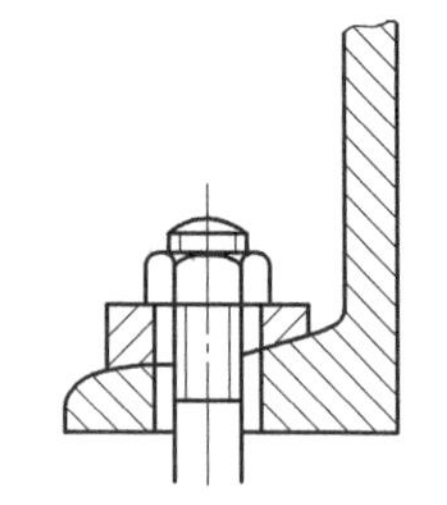

图 9-15　斜垫圈的应用

平键 A

9.2 键和花键连接

键连接是一种可拆连接，主要用来连接轴和轴上的回转零件（如带轮、齿轮、飞轮、凸轮等）。由于键连接的结构简单、工作可靠及拆卸方便，因而得到了广泛的应用，且已经标准化。

平键 C

9.2.1 键连接的类型和特点

键是连接件，根据具体的使用要求不同，键分为多种类型。常用的键有平键、半圆键和楔键，它们都是标准件。

9.2.1.1 平键连接

如图 9-16 所示，键的两侧面为工作表面，靠键与键槽间的挤压力传递扭矩，上表面与轮毂槽底之间留有间隙。

笔记

平键连接结构简单、装拆方便、对中较好，能够承受冲击或变载荷，因而广泛用于传动精度要求较高的场合。但是，这种连接不能承受轴向力，因此对轴上零件不能起到轴向固定的作用。

按用途将平键分为如下三种：

（1）普通平键　普通平键主要用于轴上零件与轴之间没有轴向移动的静连接，按端部形状分为圆头（A 型）、平头（B 型）和单圆头（C 型）三种，见表 9-5。A 型键定位好，应用广泛。C 型键用于轴端。A、C 型键的轴上键槽用端铣刀加工，如图 9-17（a）所示，但当轴工作时，轴上键槽端部的应力集中较大。B 型键的轴上键槽用盘铣刀加工，如图 9-17（b）所示，轴上应力集中较小，但键在键槽中的轴向固定不好，故尺寸较大的键要用紧定螺钉压紧。

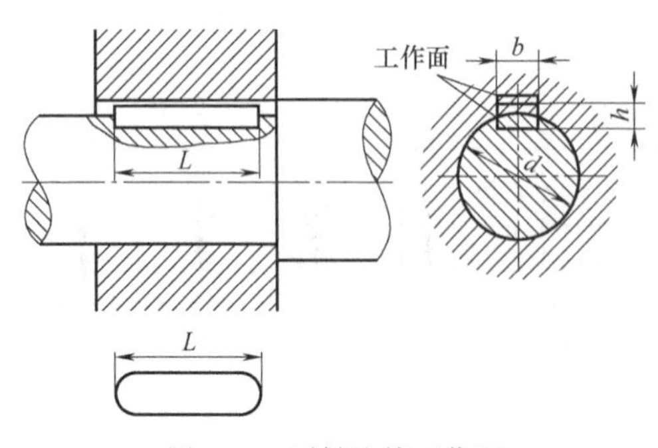

图 9-16　平键连接工作面

（2）导向平键　导向平键主要用于动连接，如图 9-18 所示。导向平键与普通平键结构

导向键

相似，但比较长，其长度等于轮毂宽度与轮毂轴向移动距离之和，键用螺钉固定在轴槽中，键与毂槽为间隙配合，故轮毂件可在键上做轴向滑动。为了拆卸方便，键上制有起键螺孔，拧入螺钉即可将键顶出。导向平键用于轴上零件移动量不大的场合。

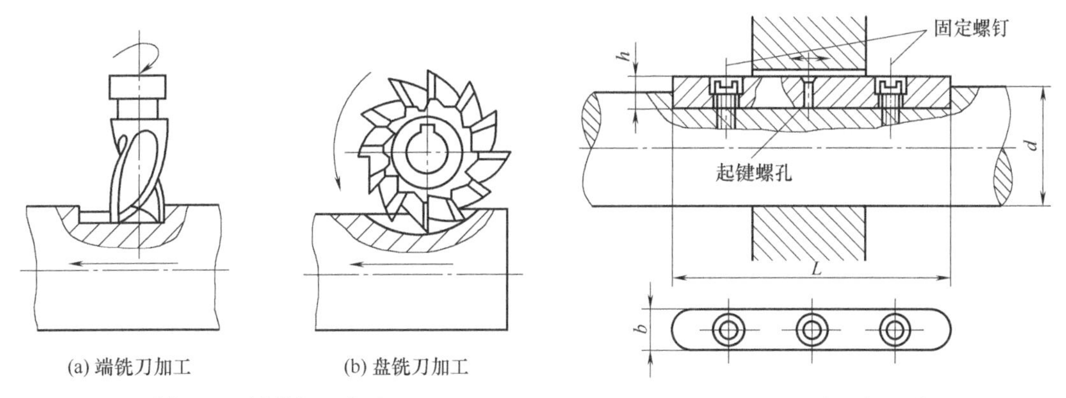

图 9-17 键槽加工方法　　图 9-18 导向平键连接

滑键

半圆键

（3）滑键　滑键主要用于动连接。当零件需要滑移的距离较大时，因所需的导向平键长度过大，制造困难，一般采用滑键，如图 9-19 所示。滑键固定在轮毂上，轮毂带动滑键在轴上的键槽中做轴向滑移。这样，只需要在轴上铣出较长的键槽，而键可以做得很短，因此，滑键用在轴上零件移动量较大的场合。

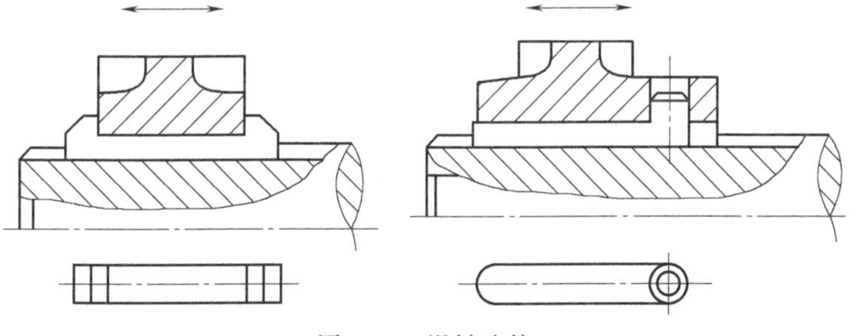

图 9-19 滑键连接

笔记

9.2.1.2 半圆键连接

半圆键连接如图 9-20（a）所示。半圆键用于静连接，其两侧面是工作面。半圆键能在轴槽中摆动以适应毂槽底面，装配方便，工艺性好。但轴上的键槽较深，对轴的强度影响较大，所以一般多用于轻载情况的锥形轴端连接，如图 9-20（b）所示。

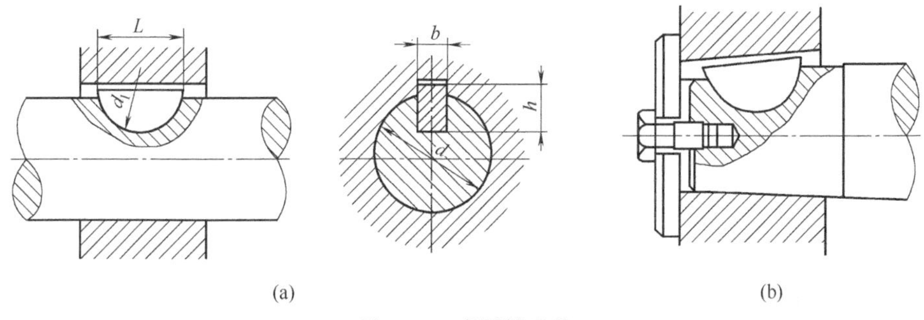

图 9-20 半圆键连接

9.2.1.3 楔键连接

楔键

楔键的上下两面是工作面，键的上表面和轮毂键槽底部各有 1∶100 的斜度。装配时，通常先将轮毂装好，再把键放入并打紧，使键楔紧在轴与毂的键槽中。工作时，主要靠键、轴和毂之间的摩擦力传递转矩，同时还可以承受单向的轴向载荷，对轮毂起到单向轴向固定作用，其缺点是楔紧后，使轴和轮毂产生偏心和倾斜，故多用于定心精度要求不高和低速的场合。

楔键分为普通楔键和钩头楔键两种。使用钩头楔键时，拆卸方便［图 9-21（b）］。

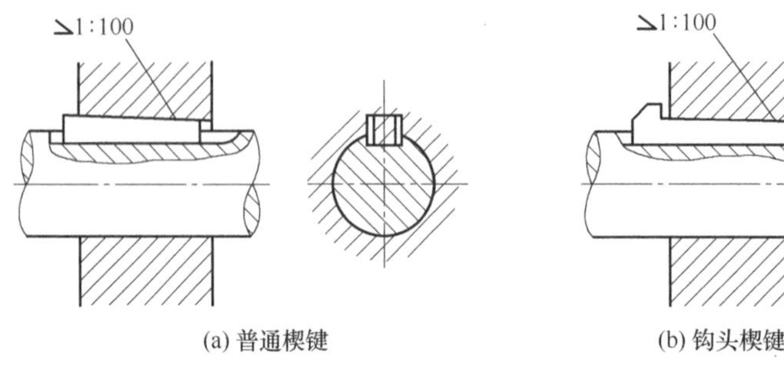

(a) 普通楔键　　(b) 钩头楔键

图 9-21　楔键连接

9.2.1.4 切向键连接

切向键

切向键是由一对楔键组成的，如图 9-22 所示。装配时，先将轮毂装好，然后将两楔键从轮毂两端装入键槽并打紧，使键楔紧在轴与毂的键槽中。切向键的上下两面为工作面，工作时，靠工作面上的挤压应力及轴与毂间的摩擦力来传递转矩。同时还可以承受双向的轴向载荷，对轮毂起到双向轴向固定作用。

用一个切向键时只能传递单向转矩，当要传递双向转矩时，必须使用两个切向键，两个切向键之间的夹角为 120°～130°。由于切向键的键槽对轴的削弱较大，因而只适用于直径大于 100mm 的轴上及对中要求不高的重型机械中。

笔记

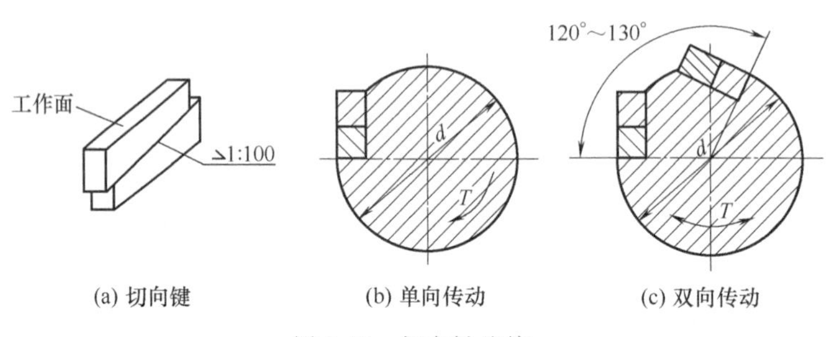

(a) 切向键　　(b) 单向传动　　(c) 双向传动

图 9-22　切向键连接

9.2.2 平键连接的选用和强度计算

9.2.2.1 键的选择

（1）键的类型选择　根据键连接的工作要求和使用特点，选择键连接的类型。

（2）键的尺寸选择　键的剖面尺寸 $b \times h$ 按照轴的公称直径 d 从标准中选择。键的长度 L 略小于轮毂宽度 B，一般 $L=B-(5\sim10)$ mm，并符合标准规定的长度系列，见表 9-5。

9.2.2.2 平键连接的强度计算

键连接的主要失效形式是较弱工作面的压溃（静连接）或过度磨损（动连接），因此应

按照挤压应力 σ_p 或压强 p 进行条件性的强度计算。假定载荷在键的工作面上均匀分布，则普通平键连接的强度条件为

静连接
$$\sigma_p=\frac{4T}{dhl}\leqslant[\sigma_p] \tag{9-4}$$

动连接
$$p=\frac{4T}{dhl}\leqslant[p] \tag{9-5}$$

式中　σ_p——工作面上的挤压应力，MPa；

T——轴所传递的转矩，N·mm；

d——轴的直径，mm；

h——键的高度，mm；

l——键的工作长度，mm（A 型键 $l=L-b$，B 型键 $l=L$，C 型键 $l=L-b/2$）；

$[\sigma_p]$——键连接中最弱材料的许用挤压应力，MPa，见表 9-6；

$[p]$——键连接中最弱材料的许用压强，MPa，见表 9-6。

当强度不够时，若相差不大，可适当地加大毂长和键长，但键长不得大于（1.6～1.8）d，以免压力沿键长分布不均；若强度相差较大或加大轮毂长受限时，可采用两个键按 180°间隔布置。考虑到载荷分布的不均匀性，在强度校核中可按 1.5 个键计算。应注意，普通平键最多允许同一轴段使用两个，如果双键仍无法保证强度，则应当改用其他连接方式，如选择花键连接。

表 9-5　普通平键和键槽的尺寸（GB/T 1095—2003，GB/T 1096—2003）　　mm

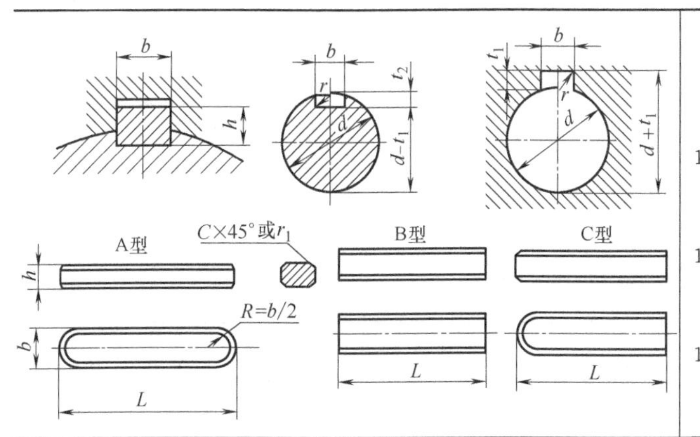

标记示例 1：GB/T 1096—2003 键 12×8×100

标记示例 1 意义：圆头普通平键（A 型）$b=12$mm，$h=8$mm，$L=100$mm

标记示例 2：GB/T 1096—2003 键 B 16×10×100

标记示例 2 意义：平头普通平键（B 型）$b=16$mm，$h=10$mm，$L=100$mm

标记示例 3：GB/T 1096—2003 键 C 16×10×100

标记示例 3 意义：单圆头普通平键（C 型）$b=16$mm，$h=10$mm，$L=100$mm

键	键槽											
键尺寸 $b\times h$	宽度 b						深度				半径 r	
	公称尺寸 b	极限偏差					轴 t_1		毂 t_2			
		较松连接		正常连接		紧密连接						
		轴 H9	毂 D10	轴 N9	毂 JS9	轴和毂 P9	公称尺寸	极限偏差	公称尺寸	极限偏差	最小	最大
2×2	2	+0.025 0	+0.060 +0.020	−0.004 −0.029	±0.0125	−0.006 −0.031	1.2	+0.1 0	1.0	+0.1 0	0.08	0.16
3×3	3						1.8		1.4			
4×4	4	+0.030 0	+0.078 +0.030	0 −0.030	±0.015	−0.012 −0.042	2.5		1.8			
5×5	5						3.0		2.3		0.16	0.25
6×6	6						3.5		2.8			

续表

<table>
<tr><th>键</th><th colspan="12">键槽</th></tr>
<tr><th rowspan="4">键尺寸
$b\times h$</th><th colspan="6">宽度 b</th><th colspan="4">深度</th><th colspan="2" rowspan="3">半径 r</th></tr>
<tr><th rowspan="3">公称尺寸
b</th><th colspan="5">极限偏差</th><th colspan="2" rowspan="2">轴 t_1</th><th colspan="2" rowspan="2">毂 t_2</th></tr>
<tr><th colspan="2">较松连接</th><th colspan="2">正常连接</th><th>紧密连接</th></tr>
<tr><th>轴 H9</th><th>毂 D10</th><th>轴 N9</th><th>毂 JS9</th><th>轴和毂 P9</th><th>公称尺寸</th><th>极限偏差</th><th>公称尺寸</th><th>极限偏差</th><th>最小</th><th>最大</th></tr>
<tr><td>8×7</td><td>8</td><td rowspan="2">+0.036
0</td><td rowspan="2">+0.098
+0.040</td><td rowspan="2">0
−0.036</td><td rowspan="2">±0.018</td><td rowspan="2">−0.015
−0.051</td><td>4.0</td><td rowspan="10">+0.2
0</td><td>3.3</td><td rowspan="10">+0.2
0</td><td>0.16</td><td>0.25</td></tr>
<tr><td>10×8</td><td>10</td><td>5.0</td><td>3.3</td><td rowspan="5">0.25</td><td rowspan="5">0.40</td></tr>
<tr><td>12×8</td><td>12</td><td rowspan="4">+0.043
0</td><td rowspan="4">+0.120
+0.050</td><td rowspan="4">0
−0.043</td><td rowspan="4">±0.0215</td><td rowspan="4">−0.018
−0.061</td><td>5.0</td><td>3.3</td></tr>
<tr><td>14×9</td><td>14</td><td>5.5</td><td>3.8</td></tr>
<tr><td>16×10</td><td>16</td><td>6.0</td><td>4.3</td></tr>
<tr><td>18×11</td><td>18</td><td>7.0</td><td>4.4</td></tr>
<tr><td>20×12</td><td>20</td><td rowspan="4">+0.052
0</td><td rowspan="4">+0.149
+0.065</td><td rowspan="4">0
−0.052</td><td rowspan="4">±0.026</td><td rowspan="4">−0.022
−0.074</td><td>7.5</td><td>4.9</td><td rowspan="4">0.40</td><td rowspan="4">0.60</td></tr>
<tr><td>22×14</td><td>22</td><td>9.0</td><td>5.4</td></tr>
<tr><td>25×14</td><td>25</td><td>9.0</td><td>5.4</td></tr>
<tr><td>28×16</td><td>28</td><td>10.0</td><td>6.4</td></tr>
</table>

注：1. 在工作图中，轴槽深用 t_1 或（$d-t_1$）标注，但（$d-t_1$）的偏差应取负号。

2. 较松键连接用于导向平键；一般键连接用于载荷不大的场合；较紧键连接用于载荷较大、有冲击和双向转矩的场合。

表 9-6　键连接材料的许用应力（压强）　　MPa

<table>
<tr><th rowspan="2">项目</th><th rowspan="2">连接性质</th><th rowspan="2">键、轴或毂薄弱零件的材料</th><th colspan="3">载荷性质</th></tr>
<tr><th>静载荷</th><th>轻微冲击</th><th>冲击</th></tr>
<tr><td rowspan="2">[σ_p]</td><td rowspan="2">静连接</td><td>钢</td><td>120～150</td><td>100～120</td><td>60～90</td></tr>
<tr><td>铸铁</td><td>70～80</td><td>50～60</td><td>30～45</td></tr>
<tr><td>[p]</td><td>动连接</td><td>钢</td><td>50</td><td>40</td><td>30</td></tr>
</table>

笔记

【例 9-1】 一铸铁直齿圆柱齿轮，用普通平键与钢轴连接，齿轮轮毂的宽度为 90mm，安装齿轮处轴的直径 $d=60$mm。该连接传递的转矩 $T=500$N·m，工作有轻微冲击。试确定此键连接的型号及尺寸。

解：(1) 键类型与尺寸选择　为保证齿轮传动啮合良好，要求轴毂对中性好，故选用 A 型普通平键连接。

按轴径 $d=60$mm，由表 9-5 查得键宽 $b=18$mm，键高 $h=11$mm，键长 $L=90$mm$-$(5～10)mm =(85～80)mm，取 $L=80$mm。标记为 GB/T 1096—2003 键 18×11×80。

(2) 校核键连接的强度　由表 9-6 查铸铁材料 [σ_p]=50～60MPa，由式 (9-4) 计算键连接的挤压强度

$$\sigma_p=\frac{4T}{dhl}=\frac{4\times500\times10^3}{60\times11\times(80-18)}=49(\text{MPa})<[\sigma_p]$$

故所选平键连接满足强度要求。

(3) 标注键连接公差　轴、毂键槽公差的标注如图 9-23 所示。

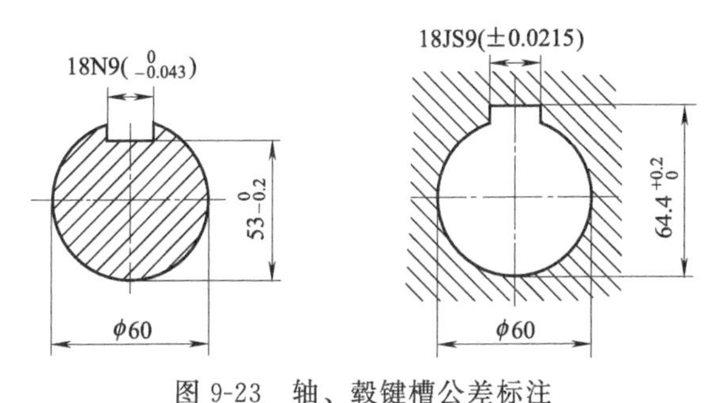

图 9-23 轴、毂键槽公差标注

9.2.3 花键连接

在轴上加工出多个键齿称为花键轴，在轮毂孔上加工出多个键槽称为花键孔，二者组成的连接称为花键连接，如图 9-24 所示。花键齿的侧面为工作面，靠轴与轮毂的齿侧面的挤压传递转矩。由于多键传递载荷，所以它比平键连接的承载能力强，对中性和导向性好；由于键槽浅，齿根应力集中小，故对轴的强度削弱小。因此，花键一般用于定心精度要求高、载荷大的静连接和动连接。但花键连接的制造需要专用设备，故成本较高。花键已标准化，其类型、特点和应用见表 9-7。

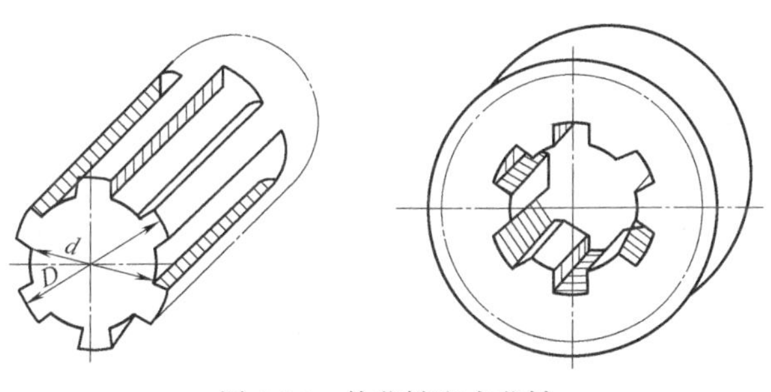

图 9-24 外花键和内花键

笔记

表 9-7 花键的类型、特点和应用

类型	齿形	特点	应用
矩形花键	d	加工方便，可用磨削方法获得较高的精度。按齿数和齿高的不同规定有轻、中两个系列：轻系列多用于轻载连接或固定连接；中系列多用于中等载荷连接或空载下移动的动连接	应用很广泛。如飞机、汽车、拖拉机、机床制造业、农业机械及一般机械传动装置等中等载荷连接
渐开线花键	s	齿廓为渐开线。受载时齿上有径向分力，能起自动定心作用，使各齿载荷作用均匀，强度高，寿命长。加工工艺与齿轮加工相同，刀具比较经济，易获得较高的精度和互换性。齿根有平齿根和圆齿根。渐开线标准压力角有 30°和 45°两种	用于载荷较大，定心精度要求较高，以及尺寸较大的连接

9.2.4 销连接

销连接也是工程中常用的一种重要连接形式，主要用于两零件之间的定位和连接。

9.2.4.1 根据销连接的功能分类

根据销连接的功能，销可分为定位销、连接销和安全销等。

定位销一般不承受载荷或只能承受很小的载荷，用于固定两个零件之间的相对位置，数目不得少于两个，如图 9-25（a）所示；连接销只承受不大的载荷，用于两个零件间的连接，如图 9-25（b）所示；安全销只是作为安全装置中的过载剪断元件，如图 9-25（c）所示。

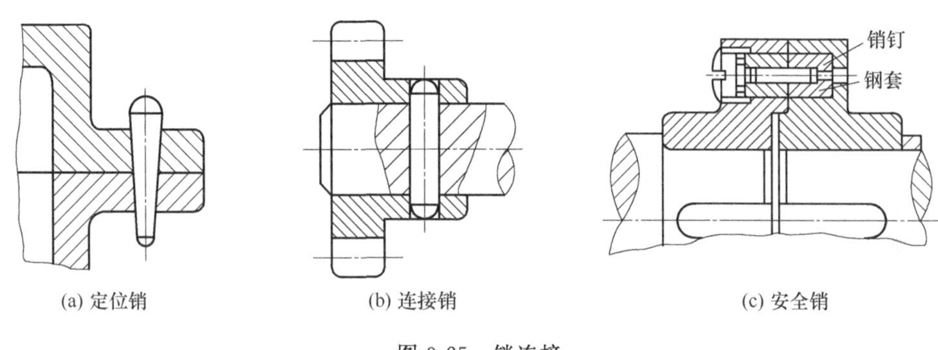

(a) 定位销 (b) 连接销 (c) 安全销

图 9-25 销连接

9.2.4.2 按销的形状分类

按销的形状，销可分为圆柱销、圆锥销和开口销。

圆柱销既可用于定位，也可用于连接。为了保证其定位精度和连接的紧固性，不宜经常拆卸，如图 9-25（b）所示。

圆锥销主要用于定位，其具有自锁性能，便于拆卸，定位精度比较高，大多用于经常拆卸的场合，如图 9-25（a）所示。

笔记

开口销经常与槽形圆螺母配合使用，用于螺纹连接的防松装置中，以锁定螺纹连接件，见表 9-3。

销还有许多特殊形式，图 9-26 所示为大端有外螺纹的圆锥销，主要用于盲孔的连接。图 9-27 所示为小端有外螺纹的圆锥销，可用螺母锁紧，适用于有冲击的场合。

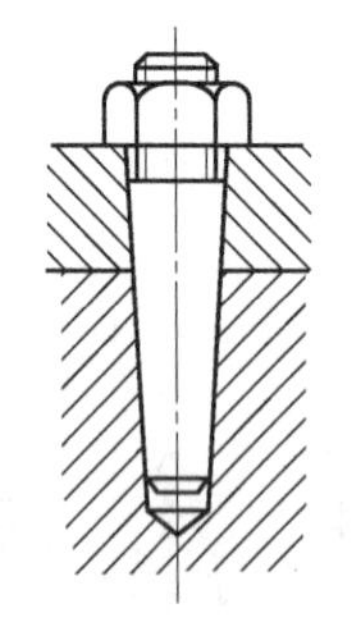

图 9-26 大端有外螺纹的圆锥销

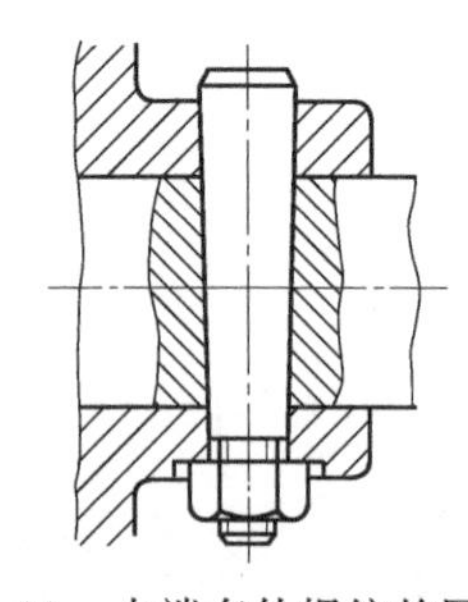

图 9-27 小端有外螺纹的圆锥销

销也是标准件，设计时，可以根据连接结构的特点和工作要求来选择销的类型、材料和尺寸，必要时进行强度校核计算。

9.3 联轴器和离合器

在机械传动中，常需将机器中不同机构的轴连接起来，以传递运动和动力。将两轴直接连接起来以传递运动和动力的连接称为轴间连接。轴间连接通常采用联轴器和离合器来实现。联轴器连接的两轴只有在机器停车后，经拆卸才能使其分离；而用离合器连接的两轴一般可在机器运转中随时使它们分离与接合。

联轴器和离合器的类型很多，其中多数已标准化、系列化，设计选用时可根据工作要求查阅有关技术手册，选择合适的类型，必要时对其中的主要零部件进行强度校核。

9.3.1 联轴器

9.3.1.1 联轴器的类型和特点

在机器中，由于零部件的制造、安装等误差，相连两轴的轴线很难精确地对中。而且机器工作时，由于工作载荷的变化、工作温度的升降以及支承的弹性变形等，也会引起两轴相对位置的变化。图 9-28（a）所示为轴向位移误差，图 9-28（b）所示为径向位移误差，图 9-28（c）所示为角位移误差，图 9-28（d）所示为综合位移误差。如果这些位移得不到补偿，将会在轴、轴承、联轴器上引起附加的载荷，甚至发生振动。

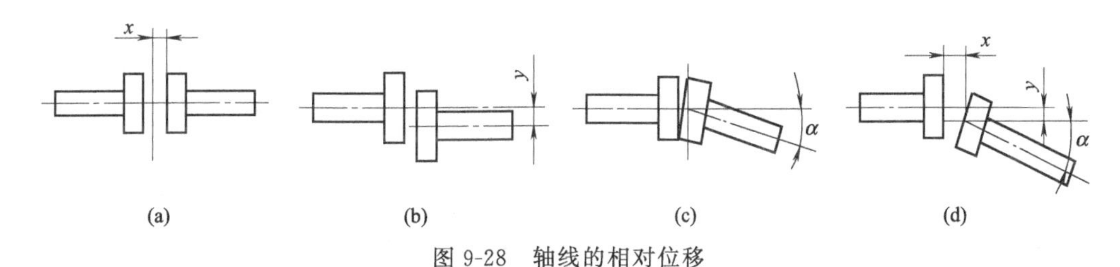

图 9-28 轴线的相对位移

联轴器按有无弹性元件分为刚性联轴器和弹性联轴器。

笔记

(1) 刚性联轴器 由于这种联轴器没有弹性元件，不能缓冲吸振，因此一般适用于两轴能严格对中且工作过程中不发生相对位移的地方。刚性联轴器按能否补偿轴线偏移又可分为固定式刚性联轴器和可移式刚性联轴器。

① 固定式刚性联轴器

a. 套筒联轴器 如图 9-29 所示，套筒联轴器由套筒和键（销）组成。套筒用平键（或花键）连接时，可传递较大的转矩，但必须考虑轴向固定。当用套筒和轴用圆柱销连接时，传递的转矩较小，当超载时会被剪断，即可作为安全联轴器使用。套筒联轴器结构简单，制造容易，径向尺寸小；但两轴线要求严格对中，装拆时必须做轴向移动。它适用于工作平稳、无冲击载荷的低速、轻载、小尺寸轴，在金属切削机床中应用较多。

b. 凸缘联轴器 凸缘联轴器是由两个带凸缘的半联轴器组成，两个半联轴器分别用键与轴连接，再用螺栓将两个半联轴器连接成一体，如图 9-30 所示。凸缘联轴器按照两轴对中方式不同又分为两种类型：图 9-30（a）所示采用铰制孔用螺栓连接，此时螺栓杆与孔为过渡配合，靠铰制孔与螺杆的配合实现两轴的对中，转矩直接通过螺杆受剪和受挤压来传递；图 9-30（b）所示采用普通螺栓连接，此时螺栓杆与孔壁之间存在间隙，依靠两个半联轴器的凸肩和凹槽的配合使两轴对中，转矩是靠两个半联轴器接触面间的摩擦力来传递的。

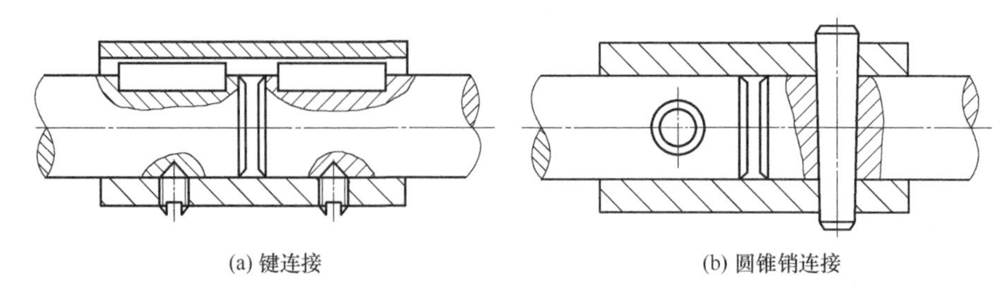

图 9-29　套筒联轴器

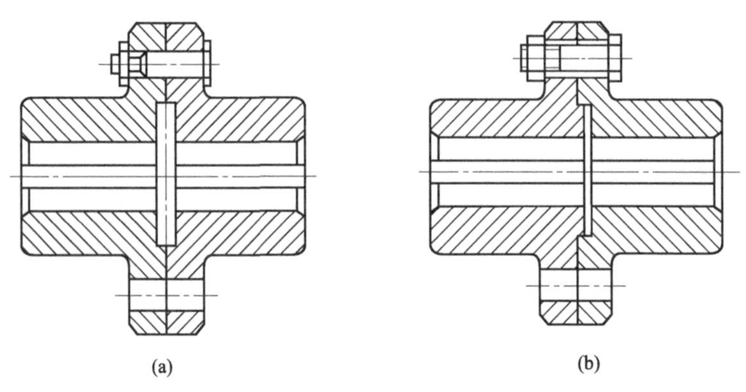

图 9-30　凸缘联轴器

凸缘联轴器结构简单，使用和维护方便，可传递较大的转矩，但要求两轴的同轴度要好，适用于刚性大、振动冲击小和低速大转矩的连接场合，是固定式刚性联轴器中最常用的一种。

十字滑块联轴器

② 可移式刚性联轴器　可移式刚性联轴器是利用自身具有相对可动的元件或间隙，允许相连两轴间存在一定的相对位移，所以具有一定的位移补偿能力。这类联轴器适用于调整和运转时很难达到两轴完全对中或要达到精确对中所花代价过高的场合。

笔记

a. 十字滑块联轴器　十字滑块联轴器是由两个端面开有径向凹槽的半联轴器 1、3 和两端各具凸榫的中间滑块 2 所组成，如图 9-31（a）所示。滑块两端凸榫的中线相互垂直，并分别嵌在两半联轴器的凹槽中，构成移动副。运转时，若两轴线有相对径向偏移，则可借中间滑块两端面上的凸榫在其两侧半联轴器的凹槽中的滑动来得到径向偏移量 Δy 的补偿，还能补偿角位移 $\Delta\alpha$，如图 9-31（b）所示。凹槽和滑块工作面需润滑。

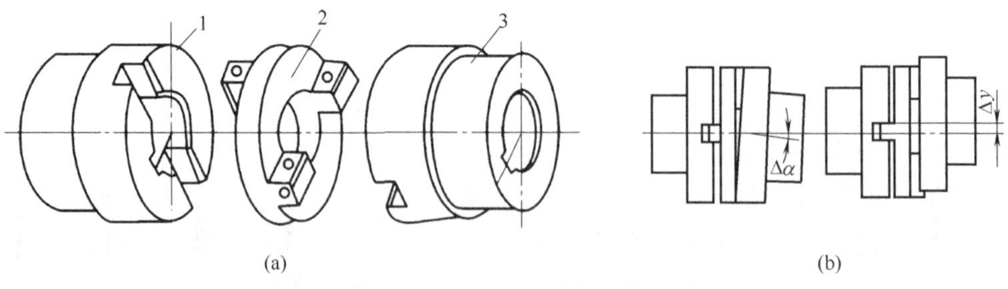

图 9-31　十字滑块联轴器

十字滑块联轴器结构简单，径向尺寸小，能补偿轴的径向偏移，但不耐冲击，易于磨损，适用于低速（$n<300$r/min）、两轴线的径向偏移量 $\Delta y\leqslant 0.04d$（d 为轴的直径）的情

况，常用于冲击小、传递转矩较大的场合。

b. 万向联轴器　图 9-32 所示为单万向联轴器的结构简图。它主要由两个分别固定在主、从动轴上的叉形接头 1、3 和一个十字形（称十字头）2 组成。十字头的中心与两个叉形接头轴线交于 O 点，两轴线所夹的锐角为 α，由于叉形接头与十字头是铰接的，因此允许被连接的两轴线夹角 α 很大，一般夹角 α 可达 35°～45°。但 α 角越大，传动效率越低。当两轴线不重合时，若主动轴以 ω_1 等角速度转动，从动轴角速度 ω_3 呈周期性变化，这将引起附加动载荷，因此在机器中很少使用单万向联轴器。

为了改善这种状况，常将万向联轴器成对使用，组成双万向联轴器。但安装时应保证主、从动轴与中间轴间的夹角相等，且中间轴的两端叉形接头应在同一平面内，如图 9-33 所示。这样便可使主、从动轴的角速度相等。万向联轴器已标准化了，选用时可根据不同的工作条件确定类型及其相应标准。由于万向联轴器允许被连接的两轴线间的角位移较大，所以在汽车、拖拉机、机床和轧钢机等机械中得到广泛应用。

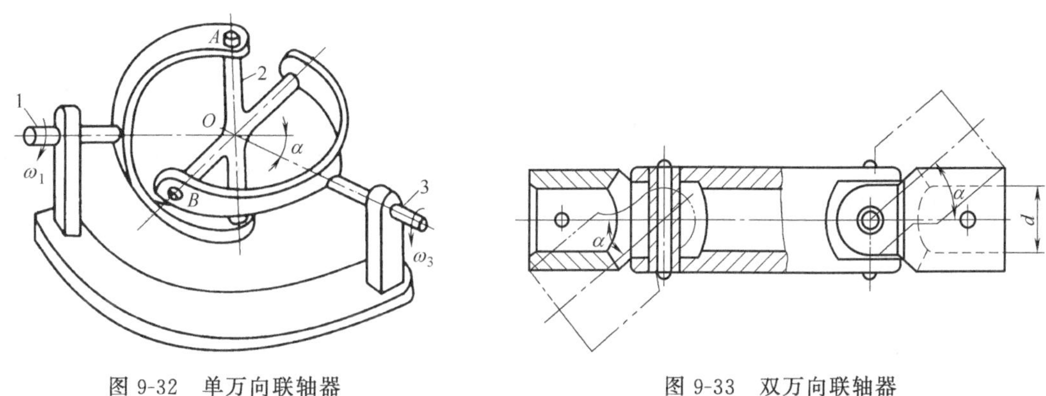

图 9-32　单万向联轴器　　图 9-33　双万向联轴器

c. 齿式联轴器　图 9-34（a）所示为齿式联轴器，它是由两个有内齿的外壳 2、3 和两个有外齿的轴套 1、4 组成。轴套与轴用键相连，两个外壳用螺栓 6 连成一体，外壳与轴套

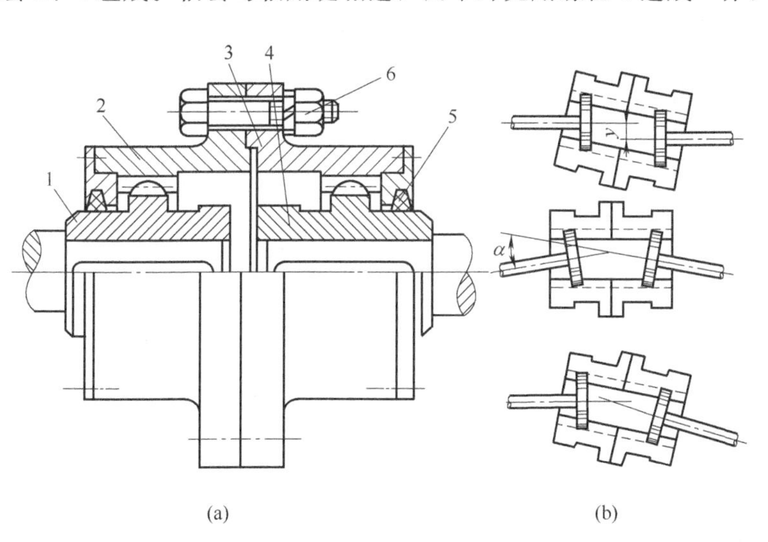

图 9-34　齿式联轴器

1，4—轴套；2，3—外壳；5—密封圈；6—螺栓

之间设有密封圈 5。内齿轮齿数和外齿轮齿数相等，通常采用压力角为 20°的渐开线齿廓。工作时靠啮合的轮齿传递转矩。由于轮齿间留有较大的间隙和外齿的齿顶制成球面，所以能补偿两轴的不同心和偏斜，见图 9-34（b）。为了减少轮齿的磨损和相对移动时的摩擦力，在壳内储有润滑油。

齿式联轴器能传递较大的转矩，使用的速度范围广，但其结构复杂，制造成本高，多用于启动频繁且反转多变的大功率重型机械中。

（2）弹性联轴器　这类联轴器中装有弹性元件，利用弹性元件的弹性变形来补偿两轴间的相对位移，而且有缓冲减振的能力，故适用于频繁启动，经常正反转、变载荷及高速运转的场合。由有弹性元件的挠性联轴器所用弹性元件的不同，可分为装有金属弹性元件的和非金属弹性元件的两类。下面仅介绍已标准化了的几种有弹性元件的挠性联轴器。

① 弹性套柱销联轴器　如图 9-35 所示，弹性套柱销联轴器与凸缘联轴器很相似，只是两个半联轴器的连接不是用螺栓，而是用套有弹性圈的柱销连接。弹性圈一般用橡胶或皮革制成，利用套圈的弹性，可以补偿两轴偏移、吸振和缓冲，多用于双向运转、启动频繁、转速较高、转矩不大的场合。

② 弹性柱销联轴器　如图 9-36 所示为弹性柱销联轴器，它利用若干非金属材料制成的柱销置于两个半联轴器凸缘的孔中，以实现两轴的连接。柱销通常用尼龙制成，而尼龙具有一定的弹性，这种联轴器的结构简单、更换柱销方便，可以补偿两轴偏移、吸振和缓冲，多用于双向运转、启动频繁、转速较高、转矩不大的场合。为了防止柱销滑出，在柱销两端配置挡板，装配挡板时应注意留出间隙。

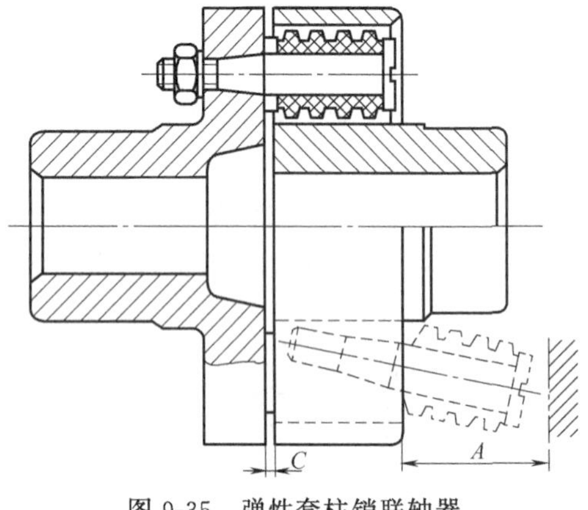

图 9-35　弹性套柱销联轴器

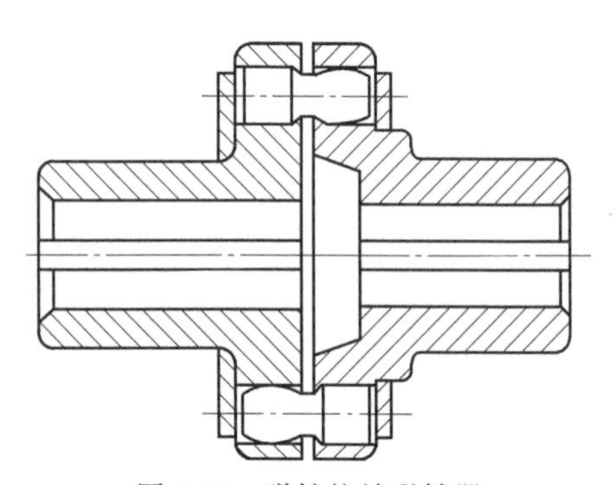

图 9-36　弹性柱销联轴器

笔记

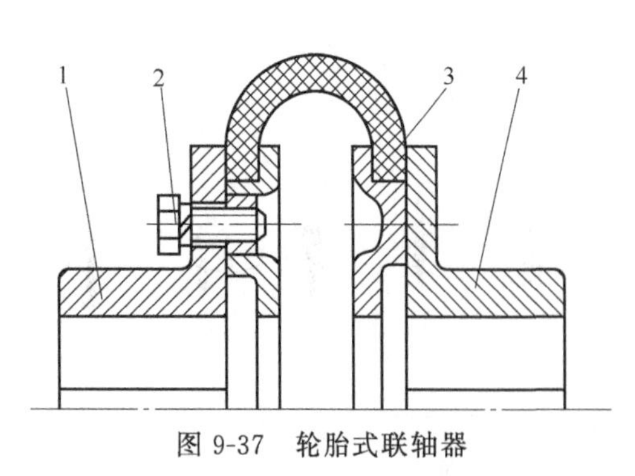

图 9-37　轮胎式联轴器

③ 轮胎式联轴器　如图 9-37 所示为轮胎式联轴器，它由两个半联轴器 1 和 4、螺栓 2 及橡胶元件 3 等组成。橡胶元件 3 呈轮胎状，且与金属板粘在一起，装配时用螺栓直接与两个半联轴器 1 连接。这种联轴器有很高的柔性、阻力大、补偿两轴相对位移大，且结构简单、易装配，但承载能力不强，外形尺寸较大，一般可用于潮湿多尘、频繁启动、正反转时有较大的冲击及外缘线速度不超过 30m/s 的场合。

9.3.1.2 联轴器的选择

对于标准联轴器，一般选择步骤为：根据机器的工作条件与使用要求选择合适的类型；按轴径、计算转矩及转速从标准中选定型号；必要时对易损件进行校核计算。

（1）联轴器类型的选择　确定联轴器的类型时，应考虑的主要因素有：被连接两轴的对中性、载荷大小及特性、工作转速、工作转矩等。一般对低速、刚度大、能严格对中的轴，可选用固定式刚性联轴器；对低速、刚度小、对中性差的轴，可选用对轴的偏移具有补偿能力的可移式刚性联轴器或弹性联轴器；对传递转矩较大的轴，可选用齿式联轴器；对高速有振动的轴，应选用弹性联轴器；对轴线相交的轴，应选用万向联轴器。当工作环境温度较高（大于 60℃）时，一般不宜选用具有橡胶或尼龙弹性元件的联轴器。

（2）联轴器型号的选择　联轴器类型选定后，可根据联轴器的轴径、转矩和转速从标准中选择合适的联轴器型号。应注意的是，所选联轴器的孔径、孔长及结构形式应能与被连接轴相配，另外联轴器的许用转矩和许用转速应大于被连接轴的计算转矩和实际转速。

联轴器的计算转矩为

$$T_c \leqslant K_A T \tag{9-6}$$

式中　K_A——工作情况系数，见表 9-8；

T——联轴器的工作转矩，N·mm。

一般刚性联轴器选用较大的值，弹性联轴器选用较小的值；从动件的转动惯量小、载荷平稳时取较小值。

所选型号应使计算转矩不超过联轴器的公称转矩 T_n，工作转速不超过许用转速 $[n]$，联轴器的孔径、长度与相连接两轴的相关参数协调一致。联轴器轴孔和键槽形式见有关设计手册。

表 9-8　工作情况系数 K_A

原动机	工作机械	K_A
电动机	带运输机、鼓风机、连续运转的金属切削机床	1.25～1.5
	链式运输机、刮板运输机、螺旋运输机、离心泵、木工机械	1.5～2.0
	往复运动的金属切削机床、水泥搅拌机	1.5～2.0
	往复式泵、往复式压缩机、球磨机、破碎机、冲剪机	2.0～3.0
	起重机、升降机、轧钢机	3.0～4.0
涡轮机	发电机、离心泵、鼓风机	1.2～1.5
往复式发动机	发电机	1.5～2.0
	离心泵	3～4
	往复式工作机	4～5

笔记

【例 9-2】 电动机经减速器驱动水泥搅拌机工作。已知电动机的功率 $P=11$kW，转速 $n=970$r/min，电动机轴的直径为 42mm，减速器输入轴的直径为 40mm，试选择电动机与减速器之间的联轴器。

解： 选择与计算过程为

计算项目	计算内容、过程及说明	主要结果
①选择联轴器类型	为了缓和冲击和减轻振动，选用 LT 型弹性套柱销联轴器（GB/T 4323—2017）	LT 型

续表

计算项目	计算内容、过程及说明	主要结果
②求计算转矩	需要传递的转矩： $T=9550\dfrac{P}{n}=9550\times\dfrac{11}{970}=108(\text{N}\cdot\text{m})$ 由表 9-8 查得，工作机为水泥搅拌机时工作情况系数 $K_A=1.9$，故计算转矩 $T_c\leqslant K_A T=1.9\times108=205(\text{N}\cdot\text{m})$	$T_c=205\text{N}\cdot\text{m}$
③确定规格型号	由设计手册选取弹性套柱销联轴器 LT6。它的公称转矩为 250N·m，半联轴器材料为钢时，许用转速为 3800r/min，允许的轴孔直径在 32～42mm 之间。以上数据均能满足本题的要求，故适用。 根据轴伸直径，在设计手册中确定联轴器轴孔类型和直径，从而确定联轴器的规格型号。本例中，电动机轴伸为 ϕ42mm 圆柱形，故选 Y 型（或 J 型）轴孔，A 型键槽；减速器轴伸为 ϕ40mm 圆柱形，故选 J 型（或 Y 型）轴孔，B 型键槽。轴孔长度均取 $L=112$mm	LT6 联轴器 $\dfrac{\text{Y}42\times112}{\text{JB}40\times112}$

9.3.2 离合器

用离合器接合的两轴可在机器运转的过程中随时分离或接合，如汽车临时停车而不熄火。离合器的基本性能要求是：离合平稳迅速，操纵省力方便，质量和外廓尺寸小，维护和调节方便，耐磨性好，散热能力好。

离合器的类型很多，按控制方法的不同，可分为操纵离合器、自动离合器两大类。可自动离合的离合器有超越离合器、离心离合器和安全离合器等，它们能在特定条件下，自动地接合或分离。按离合的原理可分为牙嵌式离合器、摩擦式离合器、超越式离合器。下面介绍几种常见离合器的结构和特点。

笔记

9.3.2.1 牙嵌式离合器

如图 9-38 所示，牙嵌式离合器由两个端面有齿的半离合器组成。其中半离合器 1 由平键固定在主动轴上，半离合器 2 用导向键与从动轴连接，并可由操纵机构移动滑环 4 使两个半离合器端面上的牙接合或分离，从而实现离合器的接合或分离。为了对中，在半离合器 1 中装有对中环 3，从动轴在其中自由转动。

牙嵌式离合器牙型如图 9-39 所示。梯形牙接合容易，可补偿磨损后的牙间隙，应用较广。牙嵌式离合器结构简单、外廓尺寸小、两轴间没有相对滑动，它不能在转速差较大时接合，以免因受冲击载荷而使凸牙断裂。

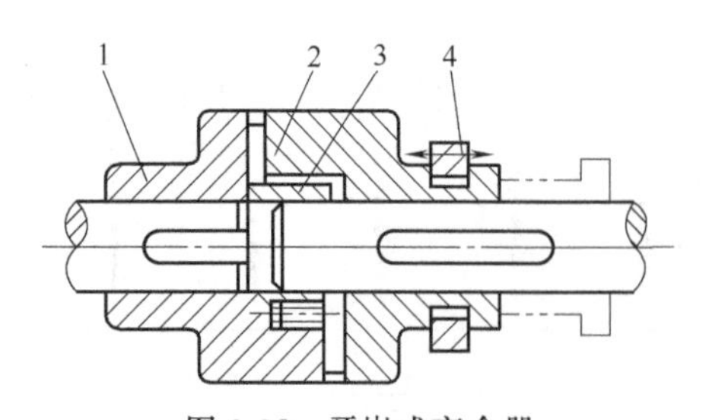

图 9-38　牙嵌式离合器

1，2—半离合器；3—对中环；4—移动滑环

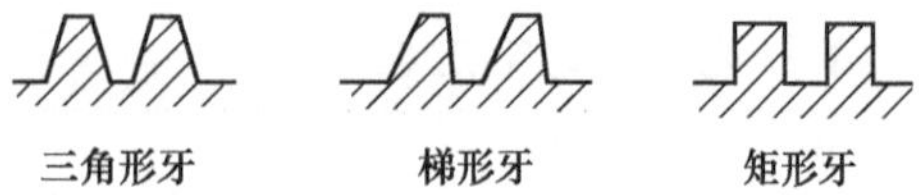

三角形牙　梯形牙　矩形牙

图 9-39　牙嵌式离合器的牙型

牙嵌式离合器的尺寸已经系列化，通常根据轴的直径及传递的转矩选定尺寸，并校核牙面的压强和牙根的弯曲强度。

9.3.2.2　摩擦式离合器

摩擦式离合器是靠工作面上的摩擦力来传递转矩的，在接合过程中由于接合面的压力是逐渐增加的，故能在主、从动轴有较大的转速差的情况下平稳地进行接合。过载时，摩擦面间将发生打滑，从而避免其他零件的损坏。

按结构形式不同，可分为圆盘式、圆锥式、块式、带式等类型。圆盘式摩擦离合器又分为单片式和多片式两种。

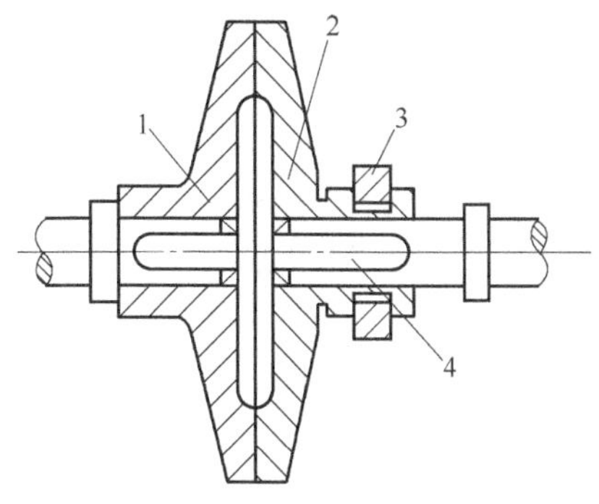

图 9-40　单片式摩擦离合器

1—主动盘；2—从动盘；3—滑环；4—导向键

如图 9-40 所示的单片式摩擦离合器由摩擦圆盘 1、2 和滑环 3 组成。主动盘 1 与主动轴连接，从动盘 2 通过导向键 4 与从动轴连接并可在轴上移动。操纵滑环 3 可使两圆盘接合或分离。轴向力使两摩擦圆盘压紧时，主动轴上的转矩就通过两盘接触面上的摩擦力传到了从动轴上。单片式摩擦离合器结构简单，但能传递的转矩小，径向尺寸大。

若要求传递的转矩大时，可采用如图 9-41（a）所示的多片式摩擦离合器。图中外摩擦片 4［图 9-41（b）］与外套筒 2 用花键相连，内摩擦片 5［图 9-41（c）］和内套筒 9 也用花

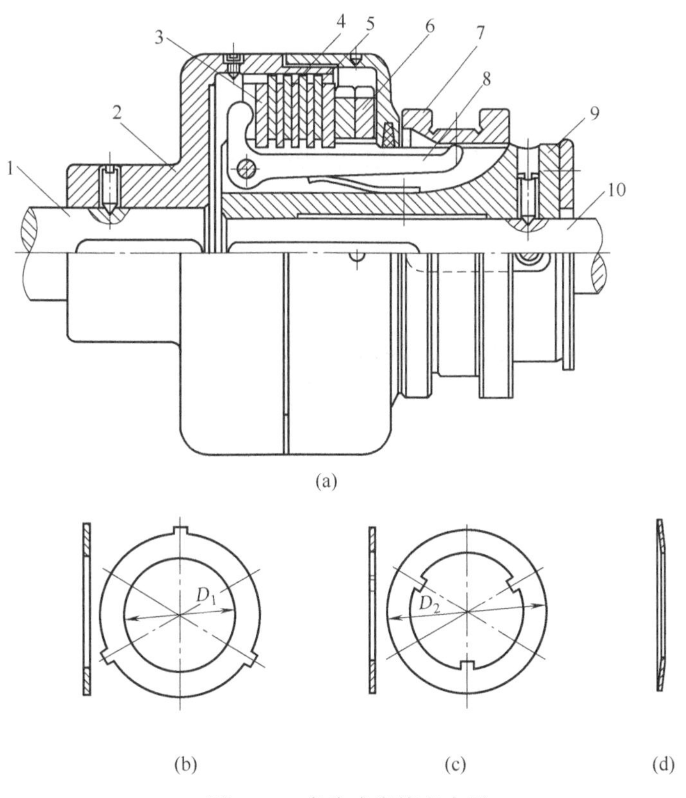

图 9-41　多片式摩擦离合器

1—主动轴；2—外套筒；3—压板；4—外摩擦片；5—内摩擦片；6—螺母；
7—滑环；8—曲臂压杆；9—内套筒；10—从动轴

键相连。内、外套筒分别用于键与主动轴 1 和从动轴 10 相固定。当滑环 7 左移时，压下曲臂压杆 8，使内、外摩擦片相互压紧，离合器接合。当滑环右移时，曲臂压杆被弹簧抬起，内、外摩擦片松开，使离合器分离。内摩擦盘也可做成蝶形［图 9-41（d)]，当承压时，可被压平而与外摩擦盘贴紧；松脱时，由于内摩擦盘的弹力作用可以迅速与外摩擦盘分离。

多片式摩擦离合器可以通过增加摩擦片的数目而不增加轴向压力来传递较大的转矩，常用于汽车、拖拉机等转速差较大的场合。

9.3.2.3 超越式离合器

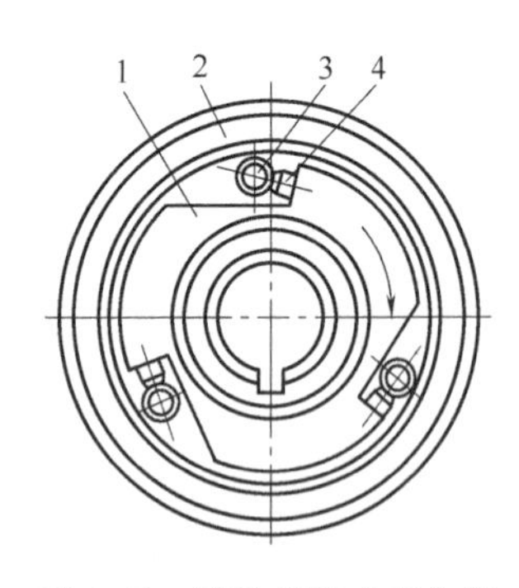

图 9-42 滚柱超越式离合器
1—星轮；2—外圈；
3—滚柱；4—弹簧顶杆

超越式离合器又称定向离合器，是一种自动离合器。目前广泛应用的是滚柱超越式离合器，如图 9-42 所示。它是由星轮 1、外圈 2、滚柱 3 和弹簧顶杆 4 组成，星轮和外圈都可作主动件。当星轮为主动件并做顺时针转动时，滚柱受摩擦力作用被楔紧在星轮与外圈之间，从而带动外圈一起回转，离合器为接合状态；当星轮逆时针转动时，滚柱被推到楔形空间的宽敞部分而不再楔紧，离合器为分离状态。若外圈和星轮做顺时针同向回转，则当外圈转速大于星轮转速时，离合器为分离状态；当外圈转速小于星轮转速时，离合器为接合状态。

滚柱一般为 3～8 个。超越式离合器尺寸小，接合和分离平稳，可用于高速传动。

9.4 其他常用连接

除螺纹连接，键、花键连接和销连接外，在机械连接中还经常用到一些其他形式，如铆接、焊接、粘接、成形以及过盈配合连接等，这里就其基本知识做一简单介绍。

9.4.1 成形连接

笔记

成形连接是利用非圆截面轴与轮毂上相应的孔构成的连接，由于不用键或花键，故又称为无键连接。

轴与轮毂孔可以是柱形的［图 9-43（a)]，也可以是锥形的［图 9-43（b)]。柱形成形连接加工较容易，可用于静连接，也可用于无载荷下做轴向移动的动连接；锥形成形连接的对中性好，拆装方便，承载能力强，但加工较困难，故目前应用不普遍。

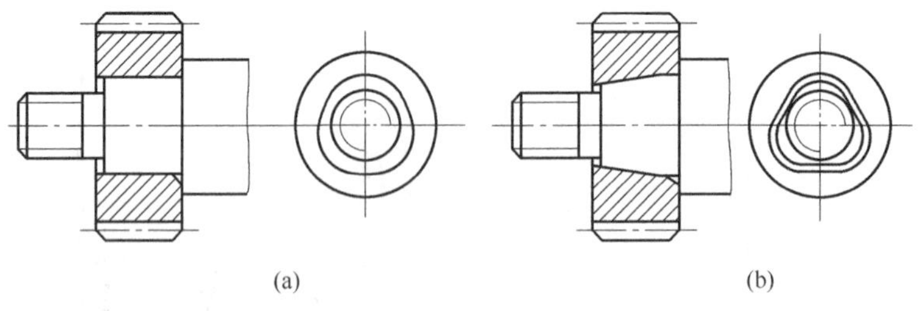

图 9-43 成形连接

9.4.2 铆接

铆接是将铆钉穿过连接件上的预制孔，经铆合而成的一种不可拆连接，如图 9-44 所示。

铆接结构简单，抗冲击载荷能力较强，但加工时噪声较大，一般运用于薄壁板件的连接和有色金属件的连接，如食品机械、飞机制造等。铆接已逐渐被焊接和粘接所取代。

9.4.3 焊接

焊接指通过适当的手段，如通过加热或加压，或两者并用（用或不用填充材料），使两个分离的金属物体（同种金属或异种金属）产生原子（分子）间结合而连接成一体的连接方法。其接头形式可分为对接、搭接、角接和T形接，如图9-45所示为对接。焊接不仅可以解决各种钢材的连接，而且还可以解决铝、铜等有色金属及钛、锆等特种金属材料的连接。焊接主要用于金属构架、容器和壳体的制造。

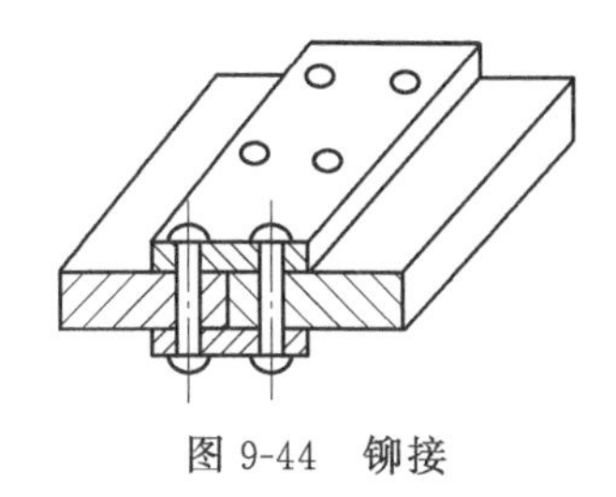

图9-44 铆接

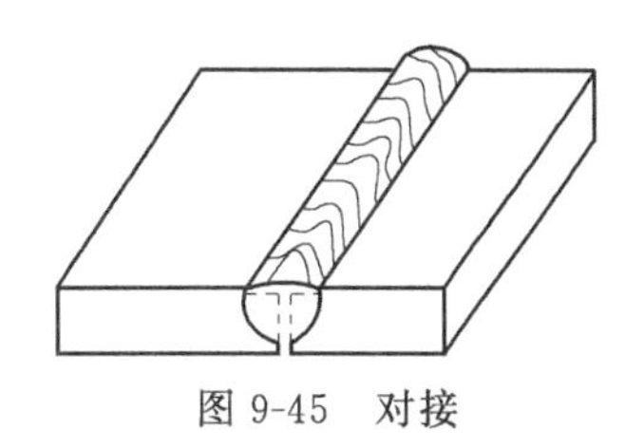

图9-45 对接

9.4.4 粘接

粘接是借助黏合剂在固体表面上所产生的黏合力，将同种或不同种材料牢固地连接在一起的方法。粘接的工艺特点是工艺简单、无残余应力、质量轻、密封性好，可用于不同材料的连接，有良好的密封性、绝缘性和防腐性。缺点是对粘接接头载荷的方向有限制，且不宜承受大的冲击载荷，也不适用于高温场合。

9.4.5 过盈配合连接

过盈配合连接是一种利用材料的弹性变形，通过零件间的装配过盈量来实现连接的方式，常用于轴与轴毂的连接，如图9-46所示。过盈配合连接结构简单，对中性好，耐冲击性好，但对配合尺寸的精度要求高。

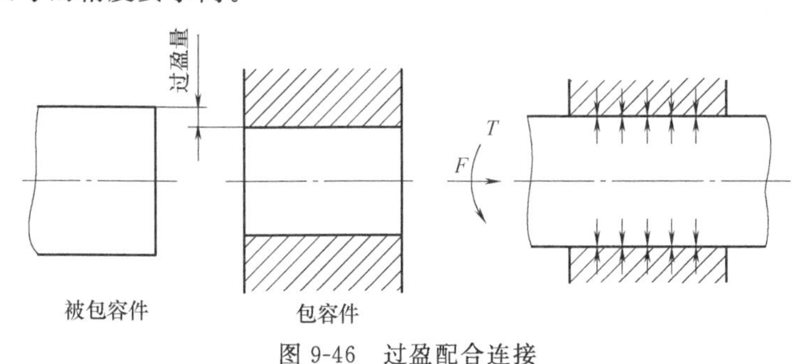

图9-46 过盈配合连接

任务实施

根据任务导入要求，任务实施具体如下：

（1）选择键的类型　该连接为静连接，为了便于安装固定，选A型普通平键。

（2）确定键的尺寸　根据轴的直径$d=75$mm，由表9-5查得$b\times h=20\times12$。根据轮毂

长度 $B=80\text{mm}$ 和键长系列，取键长为 70mm。

键的标记为：GB/T 1096—2003 键 20×12×70

(3) 键的强度校核　因轴、轮毂均为钢材料，由表 9-6 查得 $[\sigma_p]=100\text{MPa}$。由式 (9-4) 计算键连接的挤压强度

$$\sigma_p=\frac{4T}{dhl}=\frac{4\times600\times10^3}{75\times12\times(70-20)}=53.33(\text{MPa})<[\sigma_p]$$

故键连接强度足够。

项目练习

选择题

(1) 螺纹的牙型有三角形、矩形、梯形、锯齿形四种。其中用于连接和用于传动的各有(　　)。

A. 一种和三种　　B. 两种和两种　　C. 三种和一种

(2) 螺纹的公称直径（管螺纹除外）是指它的(　　)。

A. 内径 d_1　　B. 中径 d_2　　C. 外径 d

(3) 常见的连接螺纹是(　　)。

A. 左旋单线　　B. 右旋双线　　C. 右旋单线　　D. 左旋双线

(4) 螺纹连接预紧的目的之一是(　　)。

A. 增强连接的可靠性和紧密性

B. 增加被连接件的刚性

C. 减小螺栓的刚性

(5) 用于薄壁零件连接的螺纹，应采用(　　)。

A. 三角细牙螺纹　　B. 梯形螺纹

C. 锯齿螺纹　　D. 多线的三角粗牙螺纹

(6) 当两个被连接件之一太厚不宜制成通孔，且连接不需要经常拆装时，宜采用(　　)。

A. 螺栓连接　　B. 螺钉连接

C. 双头螺柱连接　　D. 紧定螺钉连接

(7) (　　) 连接对中性较差，可承受不大的单向轴向力。

A. 平键　　B. 楔键　　C. 半圆键　　D. 切向键

(8) (　　) 连接能使轴和轴上零件同时实现周向和轴向固定。

A. 花键　　B. 楔键　　C. 半圆键　　D. 导向平键

(9) 普通平键连接如不能满足强度条件要求，可在轴上安装一对平键，使它们沿圆周相隔(　　)。

A. 90°　　B. 120°　　C. 135°　　D. 180°

(10) 为了不严重削弱轴和轮毂的强度，两个切向键最好布置成(　　)。

A. 在轴的同一母线上　　B. 180°　　C. 120°～130°　　D. 90°

(11) 普通平键的剖面尺寸 $b\times h$ 通常根据(　　)从标准中选取。

A. 传递的转矩　　B. 传递的功率　　C. 轮毂的长度　　D. 轴的直径

(12) 键 B20×12×80 GB/T 1096—2003 中的 20×12×80 表示(　　)。

A. 键宽×轴径×键高　　B. 键高×轴径×键宽

C. 键宽×键长×键高　　D. 键宽×键高×键长

笔记

(13) 凸缘联轴器是一种（　　）联轴器。

A. 固定式刚性　　B. 金属弹性元件弹性

C. 可移式刚性　　D. 非金属弹性元件弹性

(14) 用来连接两轴，并需在转动中随意接合和分离的连接件为（　　）。

A. 联轴器　　B. 离合器　　C. 制动器

(15) 在下列四种类型的联轴器中，能补偿两轴相对位移以及缓和冲击并吸收振动的是（　　）。

A. 凸缘联轴器　　B. 万向联轴器

C. 齿式联轴器　　D. 弹性柱销联轴器

判断题

(1) 连接螺纹要求自锁性好，传动螺纹要求效率高。（　　）

(2) 铰制孔用螺栓连接的尺寸精度要求较高，不适合用于受轴向工作载荷的螺栓连接。（　　）

(3) 受相同横向工作载荷的螺纹连接中，采用铰制孔用螺栓连接时的螺栓直径通常比采用普通螺栓连接的小一些。（　　）

(4) 双头螺柱连接不适用于被连接件太厚，且需要经常装拆的连接。（　　）

(5) 直径相同的普通粗牙螺纹强度高于细牙螺纹。（　　）

(6) 键连接主要用于对轴上零件实现周向固定而传递运动或传递转矩。（　　）

(7) 设计键连接时，键的截面尺寸通常根据传递转矩的大小来确定。（　　）

(8) 对中性差的紧键连接只适于在低速传动。（　　）

(9) 半圆键多用于锥形轴辅助连接。（　　）

(10) 楔键连接通常用于要求轴与轮毂严格对中的场合。（　　）

(11) 花键连接多用于载荷较大和定心精度要求较高的场合。（　　）

(12) 多片式摩擦离合器片数越多，传递的转矩越大。（　　）

(13) 齿式联轴器、万向联轴器和弹性柱销联轴器都属于弹性联轴器。（　　）

(14) 齿式联轴器及凸缘联轴器均属于可移式刚性联轴器。（　　）

(15) 联轴器连接的两轴直径必须相等，否则无法工作。（　　）

笔记

简答题

(1) 螺纹的主要参数有哪些？螺距与导程有什么不同？

(2) 常用螺纹连接有哪几种类型？各用于什么场合？

(3) 连接的作用是什么？连接一般分为可拆连接和不可拆连接，何为可拆连接？何为不可拆连接？对于可拆连接和不可拆连接分别举出三个例子。存在既能做成可拆连接，又能做成不可拆连接的连接形式吗？如果有，请举例。

(4) 普通平键用在什么场合？尺寸如何确定？如何标记？

(5) 如何用公式表示普通平键的强度条件？如果在进行强度计算时，强度条件不能满足可采用哪些措施？

(6) 联轴器和离合器的功用是什么？两者的根本区别是什么？

(7) 在带式运输机的驱动装置中，电动机与减速器之间、齿轮减速器与带式运转机之间分别用联轴器连接。有两种方案：

① 高速级选用弹性联轴器，低速级选用刚性联轴器；

② 高速级选用刚性联轴器，低速级选用弹性联轴器。

试问上述两种方案哪个好？为什么？

（8）下列情况下，分别选用何种类型的联轴器较为合适？

① 刚性大、对中性好的两轴间的连接；

② 正反转多变、启动频繁、冲击大的两轴间的连接；

③ 转速高、载荷平稳、中小功率的两轴间的连接；

④ 轴间径向位移大、转速低、无冲击的两轴间的连接；

⑤ 轴线相交的两轴间的连接。

实作题

9-1 试找出图中螺纹连接结构的错误，说明其原因并在图上改正。

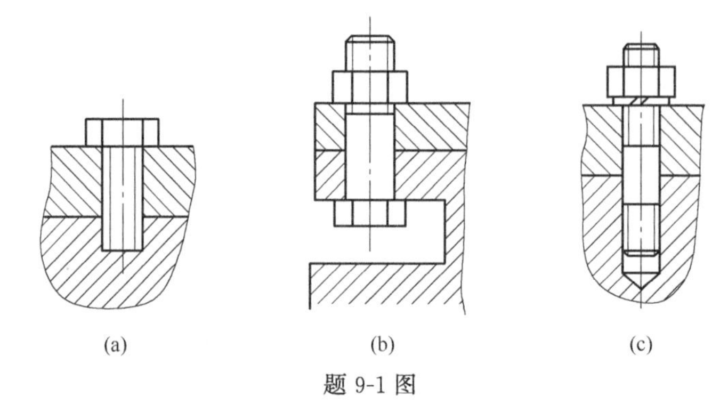

题 9-1 图

9-2 某蜗轮与轴用A型普通平键连接。已知轴径 $d=40$mm，转矩 $T=522000$N·mm，轻微冲击。初定键的尺寸为 $b=12$mm，$h=8$mm，$L=100$mm，轴、键和蜗轮的材料分别为45钢、35钢和灰铸铁。试校核键连接的强度。若强度不够，请提出改进措施。

9-3 如图所示，在一直径 $d=80$mm 的轴端安装一钢制直齿圆柱齿轮，轮毂的宽度 $B=1.5d$，工作时有轻微冲击。试确定平键连接的尺寸，并计算其传递的最大转矩。

笔记

9-4 如图所示的凸缘半联轴器及圆柱齿轮，分别用键与减速器的低速轴连接。试选择两处键的类型和尺寸，并校核其连接强度。已知：轴的材料为45钢，传递转矩 $T=1000$N·m，齿轮用锻钢制成，半联轴器用灰铸铁制成，工作时有轻微冲击。

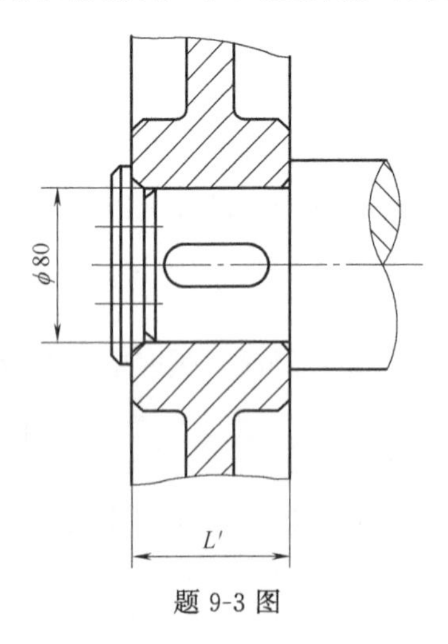

题 9-3 图

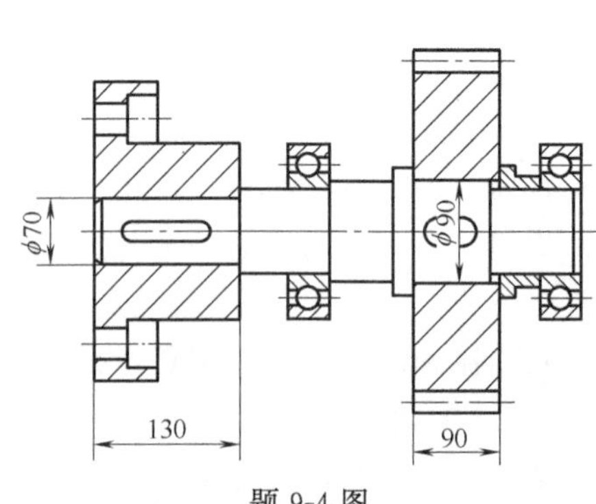

题 9-4 图

9-5　带式输送机中减速器的高速轴与电动机之间采用弹性套联轴器。已知电动机的功率 $P=21\text{kW}$，转速 $n=970\text{r/min}$，电动机轴的直径 $d=44\text{mm}$。试选择此联轴器的型号。

9-6　选择如图所示的蜗轮、蜗杆减速器与电动机及卷筒轴之间的联轴器。已知电动机功率 $P=7.5\text{kW}$，转速 $n=970\text{r/min}$，电动机轴直径 $d=42\text{mm}$，减速器传动比 $i=30$，传动效率为0.8，输出轴直径 $d=60\text{mm}$，工作机为轻型起重机。

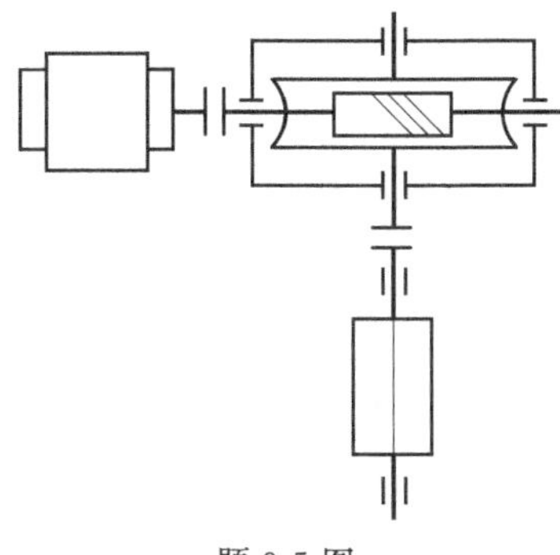

题9-5图

笔记

项目十

轴　承

知识目标

1. 了解滑动轴承的类型、结构和应用；
2. 熟悉滚动轴承的结构、类型、特性及应用；
3. 掌握滚动轴承类型选择、失效形式及寿命计算。

技能目标

1. 能够根据轴上承载方式正确选用轴承类型；
2. 具有滚动轴承组合结构设计能力。

任务导入

任务条件如下：某减速器输入轴转速 $n=2900\text{r/min}$，轴颈直径 $d=35\text{mm}$，轴承的两端受径向载荷 $F_{r1}=F_{r2}=1810\text{N}$，轴向载荷 $F_A=740\text{N}$，预期寿命 $L'_h=5000\text{h}$。试选择轴承型号。

知识链接

轴承用来支承轴和轴上零件，使其回转并保持一定的旋转精度，减少轴与支承之间的摩擦和磨损。合理地选择和使用轴承对提高机器的使用性能、延长使用寿命起着重要的作用。

按摩擦性质，轴承可分为滑动轴承和滚动轴承两大类。在一般机器中，如无特殊使用要求，优先推荐使用滚动轴承。

10.1 滚动轴承的类型、代号及选用

10.1.1 滚动轴承的结构和材料

滚动轴承的基本结构如图 10-1 所示。滚动轴承主要由外圈、内圈、滚动体和保持架等组成。滚动体位于内外圈的滚道之间，是滚动轴承中必不可少的基本元件。内圈用来和轴颈装配，外圈用来和轴承座装配。当内、外圈相对转动时，滚动体即在内外圈滚道间滚动。保持架的主要作用是均匀地隔开滚动体。

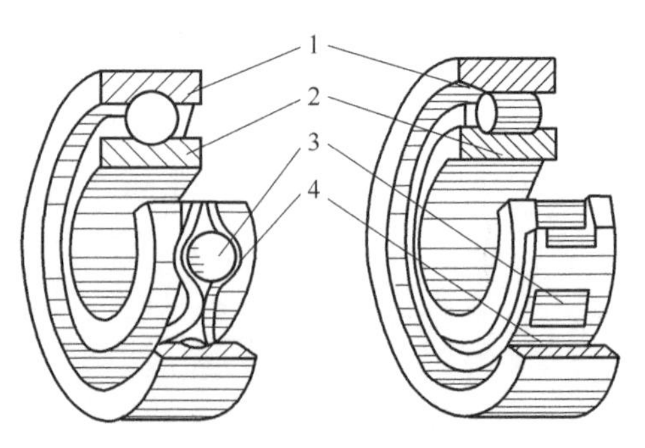

图 10-1　滚动轴承的基本结构

1—外圈；2 —内圈；3—滚动体；4—保持架

滚动轴承的内、外圈和滚动体一般由轴承钢制造，工作表面经过磨削和抛光，其硬度不低于 60HRC。保持架一般用低碳钢板冲压制成，也可用有色金属和塑料制成。

10.1.2　滚动轴承的结构性

（1）接触角　滚动体和外圈接触处的法线 n-n 与轴承径向平面（垂直于轴承轴心线的平面）的夹角 α 称为接触角，如图 10-2 所示。α 越大，轴承承受轴向载荷的能力就越强。

（2）游隙　滚动体和内、外圈之间存在一定的间隙，因此内、外圈之间可以产生相对位移。其最大位移量称为游隙，分为轴向游隙和径向游隙，如图 10-3 所示。游隙的大小对轴承寿命、噪声、温升等有很大影响，应按使用要求进行游隙的选择或调整。

（3）偏位角　轴承内、外圈轴线相对倾斜时所夹的锐角称为偏位角，用 θ 表示，如图 10-4 所示。能自动适应角偏移的轴承，称为调心轴承。

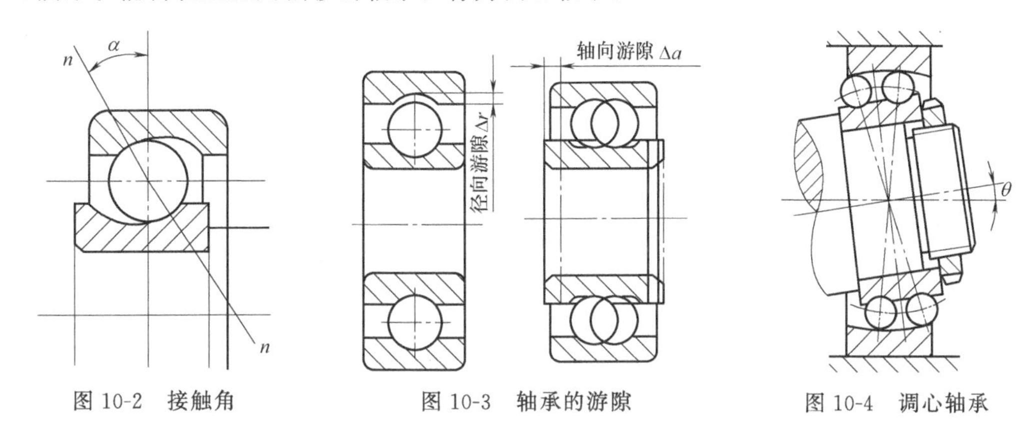

图 10-2　接触角　　图 10-3　轴承的游隙　　图 10-4　调心轴承

10.1.3　常用滚动轴承的类型及应用

10.1.3.1　按滚动体的形状不同划分（图 10-5）

（1）球轴承　滚动体的形状为球的轴承称为球轴承。球与滚道之间为点接触，故其承载能力、耐冲击能力较弱，但球的制造工艺简单，极限转速较高，价格便宜。

（2）滚子轴承　除了球轴承以外，其他均称为滚子轴承。滚子与滚道之间为线接触，故其承载能力、耐冲击能力均较强，但制造工艺较球复杂，价格较高。

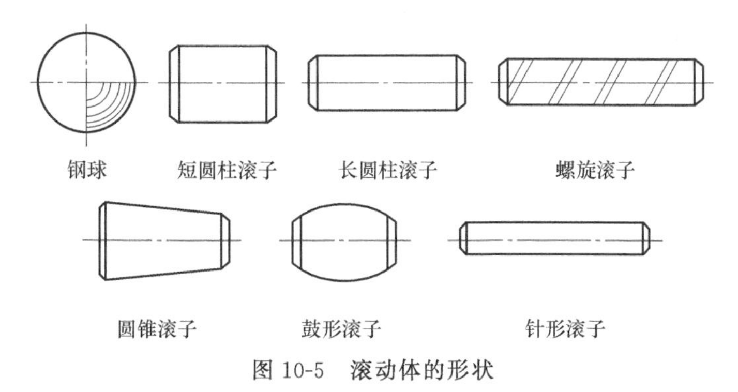

图 10-5　滚动体的形状

10.1.3.2　按承受载荷的方向不同划分

（1）向心轴承　向心轴承主要承受径向载荷（表 10-1）。

① 径向接触轴承（$\alpha=0°$） 主要承受径向载荷，也可承受较小的轴向载荷，如深沟球轴承、调心轴承等。

② 向心角接触轴承（$0°<\alpha\leqslant45°$） 能同时承受径向载荷和轴向载荷的联合作用，如角接触球轴承、圆锥滚子轴承等。其接触角越大，承受轴向载荷的能力越强。圆锥滚子轴承能同时承受较大的径向和单向轴向载荷，内、外圈沿轴向可以分离，装拆方便，间隙可调。

也有的向心轴承不能承受轴向载荷，只能承受径向载荷，如圆柱滚子轴承 N、滚针轴承 NA 等。

（2）推力轴承 推力轴承只能或主要承受轴向载荷。

① 轴向推力轴承（$\alpha=90°$） 只能承受轴向载荷，如单、双向推力球轴承，推力滚子轴承等。推力球轴承的两个套圈的内孔直径不同。直径较小的套圈紧配在轴颈上，称为轴圈，直径较大的套圈安放在机座上，称为座圈。由于套圈上滚道深度浅，当转速较高时，滚动体的离心力大，轴承对滚动体的约束力不够，故允许的转速较低。

② 推力角接触轴承（$45°<\alpha<90°$） 主要承受轴向载荷，如推力调心球面滚子轴承等。

表 10-1 滚动轴承的分类

轴承种类	向心轴承		推力轴承	
	径向接触	向心角接触	推力角接触	轴向推力
接触角 α	$\alpha=0°$	$0°<\alpha\leqslant45°$	$45°<\alpha<90°$	$\alpha=90°$
图例				
所受载荷性质	主要承受径向载荷	主要承受径向载荷，也能承受轴向载荷	主要承受轴向载荷，也能承受不大的径向载荷	只能承受轴向载荷

笔记

滚动轴承因其结构类型多样化而具有不同的性能和特点。常用滚动轴承类型及主要性能见表 10-2。

表 10-2 滚动轴承的基本类型及特性

类型及代号	结构简图	承载方向	主要性能及应用
调心球轴承 1			其外圈的内表面是球面，内、外圈轴线间允许角偏移为2°～3°，极限转速低于深沟球轴承。可承受径向载荷及较小的双向轴向载荷。用于轴变形较大及不能精确对中的支承处
调心滚子轴承 2			轴承外圈滚道是球面，主要承受径向载荷及一定的双向轴向载荷，但不能承受纯轴向载荷，允许角偏移为0.5°～2°。常用在长轴或受载荷作用后轴有较大变形及多支点的轴上

续表

类型及代号	结构简图	承载方向	主要性能及应用
圆锥滚子轴承 3			可同时承受较大的径向及轴向载荷，承载能力大于“7”类轴承。外圈可分离，装拆方便，成对使用
推力球轴承 51			只能承受轴向载荷，而且载荷作用线必须与轴线相重合，不允许有角偏移，极限转速低
双向推力轴承 52			能承受双向轴向载荷。其余与推力轴承相同
深沟球轴承 6			可承受径向载荷及一定的双向轴向载荷。内、外圈轴线间允许角偏移为8′～16′
角接触球轴承 7			可同时承受径向及轴向载荷。承受轴向载荷的能力由接触角α的大小决定，α大，承受轴向载荷的能力强。由于存在接触角α，承受纯径向载荷时，会产生内部轴向力，使内、外圈有分离的趋势，因此这类轴承要成对使用。极限转速较高
推力滚子轴承 8			能承受较大的单向轴向载荷，极限转速低
圆柱滚子轴承 N			能承受较大的径向载荷，不能承受轴向载荷，极限转速也较高，但允许的角偏移很小，约2′～4′。设计时，要求轴的刚度大、对中性好
滚针轴承 NA			不能承受轴向载荷，不允许有角度偏移，极限转速较低。结构紧凑，在内径相同的条件下，与其他轴承比较，其外径最小。适用于径向尺寸受限制的部件

10.1.4 滚动轴承的代号

国家标准（GB/T 272—2007）规定，轴承的类型、尺寸、精度和结构特点，由轴承代号表示。轴承代号由基本代号、前置代号和后置代号三部分构成。代号一般刻在外圈端面上，排列顺序见表 10-3。

表 10-3 滚动轴承代号的构成表

<table>
<tr><td>前置代号</td><td colspan="5">基本代号</td><td colspan="8">后置代号</td></tr>
<tr><td rowspan="3">轴承分部件代号</td><td>一</td><td>二</td><td>三</td><td>四</td><td>五</td><td rowspan="3">内部结构代号</td><td rowspan="3">密封与防尘结构代号</td><td rowspan="3">保持架及其材料代号</td><td rowspan="3">特殊轴承材料代号</td><td rowspan="3">公差等级代号</td><td rowspan="3">游隙代号</td><td rowspan="3">配置代号</td><td rowspan="3">其他代号</td></tr>
<tr><td rowspan="2">类型代号</td><td colspan="2">尺寸系列代号</td><td colspan="2" rowspan="2">内径代号</td></tr>
<tr><td>宽度系列代号</td><td>直径系列代号</td></tr>
</table>

（1）前置代号　在基本代号左侧用字母表示成套轴承的分部件，如 L 表示可分离的轴承是分离内圈或外圈，R 表示不可分离内圈或外圈的轴承，K 表示滚子和保持架组件，WS 表示推力圆柱滚子轴承轴圈，GS 表示推力圆柱滚子轴承座圈。例如 LN308，表示（0）3 尺寸系列的单列圆柱滚子轴承可分离外圈。

（2）基本代号　基本代号表示轴承的类型、结构和尺寸。一般由五个数字或字母加四个数字表示。各代号意义见表 10-4。

表 10-4 基本代号

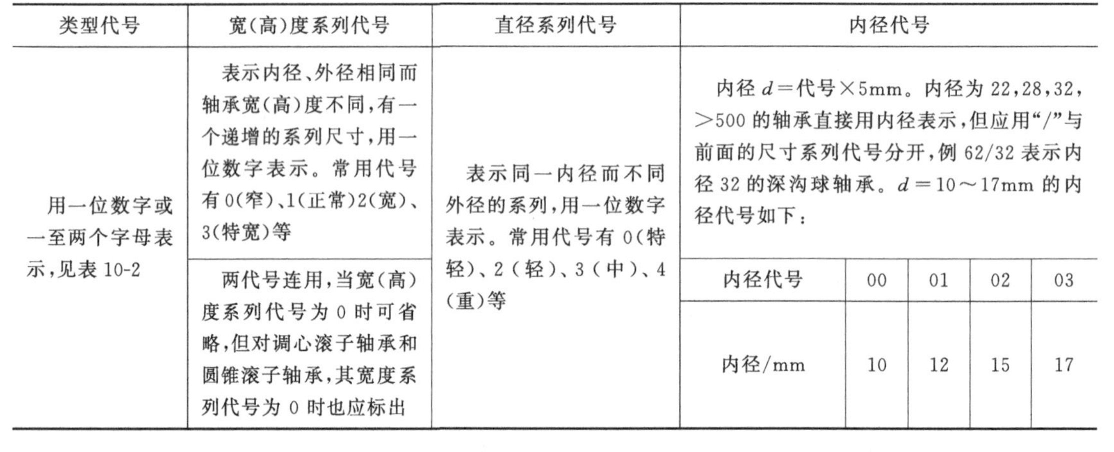

<table>
<tr><td>类型代号</td><td>宽(高)度系列代号</td><td>直径系列代号</td><td colspan="5">内径代号</td></tr>
<tr><td rowspan="3">用一位数字或一至两个字母表示,见表 10-2</td><td>表示内径、外径相同而轴承宽(高)度不同,有一个递增的系列尺寸,用一位数字表示。常用代号有 0(窄)、1(正常)2(宽)、3(特宽)等</td><td rowspan="3">表示同一内径而不同外径的系列,用一位数字表示。常用代号有 0(特轻)、2(轻)、3(中)、4(重)等</td><td colspan="5">内径 d＝代号×5mm。内径为 22,28,32,>500 的轴承直接用内径表示,但应用“/”与前面的尺寸系列代号分开,例 62/32 表示内径 32 的深沟球轴承。d＝10～17mm 的内径代号如下:</td></tr>
<tr><td rowspan="2">两代号连用,当宽(高)度系列代号为 0 时可省略,但对调心滚子轴承和圆锥滚子轴承,其宽度系列代号为 0 时也应标出</td><td>内径代号</td><td>00</td><td>01</td><td>02</td><td>03</td></tr>
<tr><td>内径/mm</td><td>10</td><td>12</td><td>15</td><td>17</td></tr>
</table>

（3）后置代号　后置代号用字母和数字表示轴承在结构、公差和材料等方面的特殊要求。它置于基本代号的右边，并与基本代号空半个汉字距或用符号“—”“/”分隔。后置代号内容较多。下面介绍几个常用代号。

① 内部结构代号　表示同一类型轴承的不同内部结构，用字母紧跟着基本代号表示。如接触角为 15°、25°、40°的角接触轴承，分别用 C、AC 和 B 表示结构的不同。

② 轴承的公差等级　共分为 0 级、6 级、6x 级、5 级、4 级、2 级、SP 和 UP 8 个级别，依次由低级到高级。其代号分别为/P0、/P6、/P6x、/P5、/P4、/P2、/SP 和/UP。公差等级中 6x 级仅适用于圆锥滚子轴承；P0 级为普通级，在轴承代号中不标出。

③ 轴承的径向游隙　为 2 组、N 组、3 组、4 组、5 组、A 组、M 组、N 组和 9 组共 9 个组别，依次由小到大。其中，N 组游隙是常用游隙组别，在轴承代号中不标出，其余的游隙组别在轴承代号中分别用/C2、/C3、/C4、/C5、/CA、/CM、/CN 和/C9 表示。

【例 10-1】 试说明滚动轴承代号 7210AC 和 NU2208/P6 的含义。

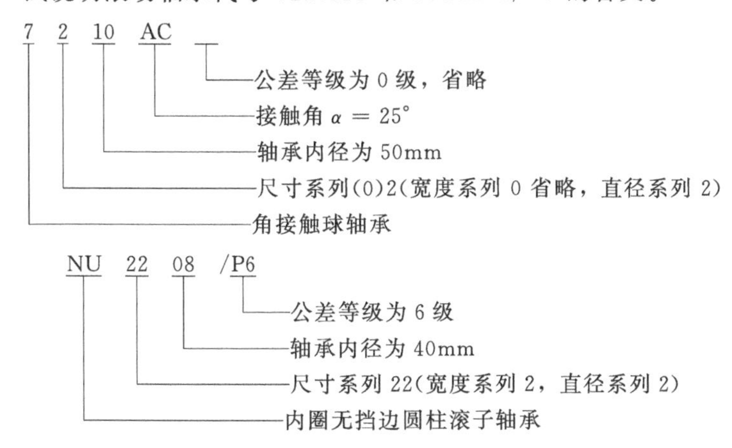

10.1.5 滚动轴承的类型选择

选择滚动轴承的类型时，应根据轴承的工作载荷（大小、方向、性质）、转速、轴的刚度以及其他特殊要求，在对各类轴承的性能和结构充分了解的基础上，参考以下建议选择。

（1）载荷特性　载荷的大小、方向和性质是选择轴承类型的主要依据。受纯径向载荷时应选用向心轴承中的径向接触轴承，如 60000 型、N0000 型等。主要承受径向载荷时应选用 60000 型。受纯轴向载荷时应选用推力轴承，如 50000 型。同时承受径向载荷和轴向载荷时应选用角接触轴承。随着接触角的增大，承受轴向载荷的能力增强。轴向载荷比径向载荷大很多时，常用推力轴承和深沟球轴承的组合结构。载荷大或有冲击载荷时，应考虑选用滚子轴承。应注意，推力轴承不能承受径向载荷，圆柱滚子轴承不能承受轴向载荷。

笔记

（2）转速特性　轴的转速较高时，宜选用球轴承。高速、轻载时，宜选用超轻、特轻或轻系列轴承。低速、重载时可采用重或特重系列轴承或滚子轴承。还要考虑不能超过轴承允许的极限转速。若轴的转速超过轴承的极限转速，可通过提高轴承的公差等级、改善润滑条件等来满足。

（3）调心特性　各类轴承内、外圈轴线的相对偏移角度是有限制的，超过限制角度，会使轴承寿命缩短。当支点跨距大、轴的弯曲变形大时，以及多支点轴，可选用调心性能好的调心轴承，如图 10-6 所示。

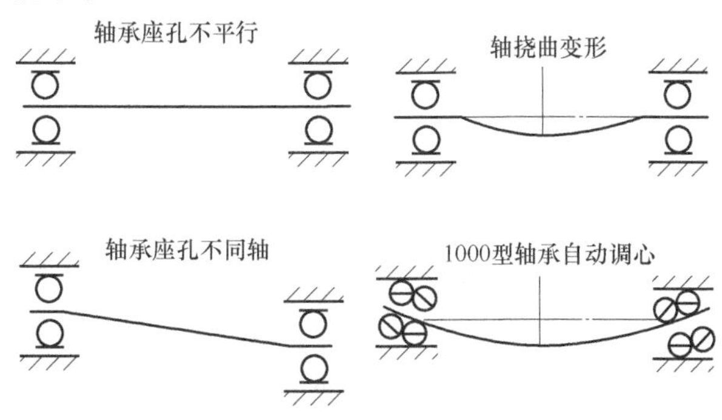

图 10-6　轴线偏斜的几种情况

（4）安装和调整性能　安装和调整也是选择轴承时应考虑的因素。例如，由于安装尺寸的限制，必须要减小轴承径向尺寸时，宜选用轻系列、特轻系列轴承，或滚针轴承；当轴向尺寸受到限制时，宜选用窄系列轴承；在轴承座没有剖分面而必须沿轴向安装和拆卸轴承部件时，应优先选用内、外圈可分离轴承。

（5）成本条件　选择轴承时还应考虑经济性、允许空间、噪声与振动方面的要求。

10.2 滚动轴承的失效形式和计算准则

选择轴承的类型之后，还要选定轴承的尺寸（即具体型号）。轴承尺寸选择的基本计算准则是根据其失效形式建立的。

10.2.1 滚动轴承的主要失效形式

滚动轴承在通过轴心线的轴向载荷（中心轴向载荷）F_a 作用下，可认为各滚动体所承受的载荷是相等的。当轴承受纯径向载荷 F_r 作用时，如图 10-7 所示，内圈沿 F_r 方向下移一距离 δ，上半圈滚动体不承载，而下半圈各滚动体承受不同的载荷（由于各接触点上的弹性变形量不同）。处于 F_r 作用线最下位置的滚动体承载最大 F_{max}，而远离作用线的各滚动体，其承载就逐渐减小。

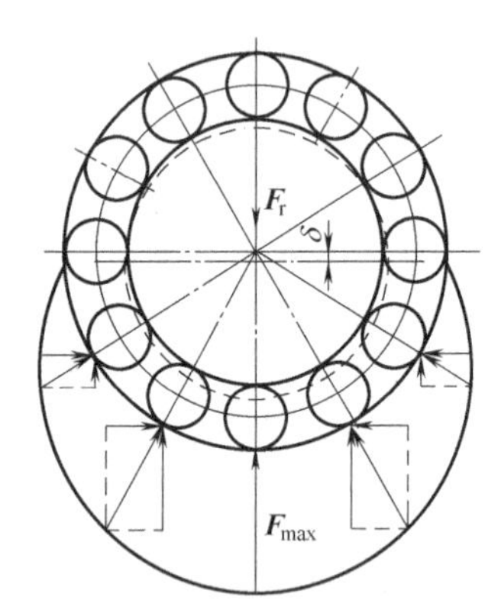

图 10-7　滚动轴承的载荷分布图

滚动轴承的主要失效形式有以下几种：

（1）疲劳点蚀　滚动轴承工作过程中，滚动体和内圈（或外圈）不断地转动，滚动体与滚道接触表面受交变接触应力作用，因此在工作一段时间后，接触表面就会产生疲劳点蚀。点蚀发生后，噪声和振动加剧，轴承失效。

（2）塑性变形　在过大的静载荷和冲击载荷作用下，滚动体与套圈滚道表面上将出现不均匀的塑性变形凹坑。塑性变形发生后，增加了轴承的摩擦力矩、振动和噪声，降低了旋转精度。

（3）磨损　滚动轴承如润滑不良或密封不可靠，相互运动的表面会产生磨损，磨损后使游隙增大，精度降低。

其他还有因安装、拆卸、维护不当引起的元件断裂、锈蚀等。

10.2.2 滚动轴承的计算准则

滚动轴承的计算准则主要是针对其三种失效形式进行的，同时还应采取其他适当的措施，以保证轴承的正常工作。

（1）对于在润滑良好的闭式传动中做正常回转运动的滚动轴承，其主要失效形式是疲劳点蚀，故通常对轴承进行寿命计算。

（2）对于做低速回转运动的滚动轴承或间歇摆动的轴承，由于这类轴承的接触应力的循环次数较少，所以滚动轴承的塑性变形成为其主要失效形式，故对该种滚动轴承进行静强度计算。

（3）对于做高速运转的轴承，主要失效形式是由于发热而引起的磨损和烧伤，所以除需进行寿命计算外，还应验算其极限转速；对于润滑不良的滚动轴承，磨损也是主要的失效形式，所以也应验算其极限转速。

10.3 滚动轴承的寿命及静载荷计算

10.3.1 滚动轴承的寿命计算

10.3.1.1 基本概念

（1）轴承寿命 轴承寿命是指滚动轴承中任一元件出现疲劳点蚀前所经历的总转数，或在一定转速下总的工作小时数。

（2）基本额定寿命 一批同样型号、同样材料的轴承，即使在完全相同的条件下工作，由于材料的不均匀程度、工艺及精度等差异，它们的寿命是不相同的，相差可达几倍、几十倍。目前规定：将一组同型号的轴承在相同的常规条件下运转，其中，以10%的轴承发生点蚀破坏而90%的轴承不发生点蚀破坏前的总转数（10^6r为单位）或工作小时数作为轴承寿命，并称为轴承的基本额定寿命，用L或L_h表示。

（3）基本额定动载荷 基本额定动载荷是指基本额定寿命恰好为10^6r时，轴承所能承受的载荷，用C表示。基本额定动载荷表征了滚动轴承的承载能力。对于推力轴承，基本额定动载荷是指纯轴向载荷，用C_a表示；对于向心轴承，基本额定动载荷是指纯径向载荷，用C_r表示。

基本额定动载荷代表滚动轴承的承载能力。C_r值越大，轴承的承载能力越强。各种轴承的C_r值可查轴承手册或其他机械手册。

（4）基本额定静载荷 轴承工作时，受载最大的滚动体和内、外圈滚道接触处的接触应力达到一定值（向心和推力球轴承为4200MPa，滚子轴承为4000MPa）时的静载荷，称为基本额定静载荷，用C_{0r}表示。

10.3.1.2 当量动载荷

轴承的基本额定动载荷C是在一定的试验条件下确定的，而作用在轴承上的实际载荷一般与上述条件不同，必须将实际载荷换算为与试验条件相同的载荷后，才能和基本额定动载荷相互比较。换算后的载荷是一个假想的载荷，称为当量动载荷，用P表示。

笔记

滚动轴承的当量动载荷的计算公式为

$$P=f_P(XF_r+YF_a) \tag{10-1}$$

式中 f_P——载荷系数，见表10-5；

F_r——轴承所承受的实际径向载荷，N；

F_a——轴承所承受的实际轴向载荷，N；

X——径向载荷系数，见表10-6；

Y——轴向载荷系数，见表10-6。

表10-5 载荷系数f_P

载荷性质	机器举例	f_P
无冲击或轻微冲击	电动机、汽轮机、水泵、通风机	1.0～1.2
中等冲击振动	车辆、机床、传动装置、起重机、冶金设备、内燃机、减速器	1.2～1.8
强大冲击振动	破碎机、轧钢机、石油钻机、振动筛	1.8～3.0

表 10-6 当量动载荷的 X、Y 系数

轴承类型		$\frac{F_a}{C_{0r}}$①	e	单列轴承				双列轴承(成对安装单列轴承)			
				$F_a/F_r \leqslant e$		$F_a/F_r > e$		$F_a/F_r \leqslant e$		$F_a/F_r > e$	
				X	Y	X	Y	X	Y	X	Y
深沟球轴承(60000 型)		0.025	0.22	1	0	0.56	2.0	1	0	0.56	2.0
		0.04	0.24	1	0	0.56	1.8	1	0	0.56	1.8
		0.07	0.27	1	0	0.56	1.6	1	0	0.56	1.6
		0.13	0.31	1	0	0.56	1.4	1	0	0.56	1.4
		0.25	0.37	1	0	0.56	1.2	1	0	0.56	1.2
		0.50	0.44	1	0	0.56	1.0	1	0	0.56	1.0
角接触球轴承	70000C 型	0.015	0.38	1	0	0.44	1.47	1	1.65	0.72	2.39
		0.029	0.40	1	0	0.44	1.40	1	1.57	0.72	2.28
		0.058	0.43	1	0	0.44	1.30	1	1.46	0.72	2.11
		0.087	0.46	1	0	0.44	1.23	1	1.38	0.72	2.00
		0.120	0.47	1	0	0.44	1.19	1	1.34	0.72	1.93
		0.170	0.50	1	0	0.44	1.12	1	1.26	0.72	1.82
		0.290	0.55	1	0	0.44	1.02	1	1.14	0.72	1.66
		0.440	0.56	1	0	0.44	1.00	1	1.12	0.72	1.63
		0.580	0.56	1	0	0.44	1.00	1	1.12	0.72	1.63
	70000AC 型	—	0.68	1	0	0.41	0.87	1	0.92	0.67	1.41
	70000B 型	—	1.14	1	0	0.35	0.57	1	0.55	0.57	0.93
圆锥滚子轴承(30000 型)		—	e②	1	0	0.4	Y②	1	$Y_1$②	0.67	$Y_2$②

① C_{0r} 为径向基本额定静载荷，见机械设计手册；

② Y，Y_1，Y_2，e（轴向载荷影响系数）的数值可根据轴承型号由机械设计手册查出。

对于只承受纯径向载荷的向心轴承（6 类、7 类、3 类），当量动载荷

$$P = f_P F_r \tag{10-2}$$

对于只承受纯轴向载荷的向心轴承（5 类），当量动载荷

$$P = f_P F_a \tag{10-3}$$

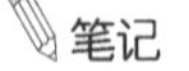
笔记

10.3.1.3 滚动轴承的寿命计算

轴承的载荷 P 与寿命 L 之间的关系曲线如图 10-8 所示，其公式为

$$P^{\varepsilon} L_{10} = 常数 \tag{10-4}$$

式中 P——当量动载荷，N；

L_{10}——基本额定寿命，10^6r；

ε——寿命系数，球轴承 $\varepsilon=3$，滚子轴承 $\varepsilon=10/3$。

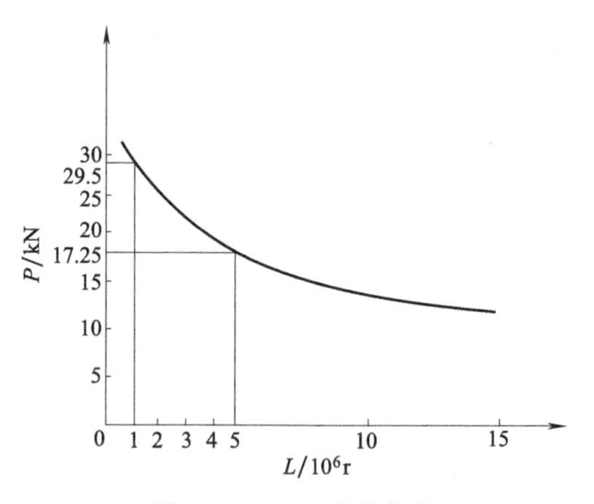

图 10-8 P-L 疲劳曲线

当轴承的基本额定寿命 $L_{10}=1\times10^6$r，可靠度为 90%时，该轴承能承受的载荷就是基本额定动载荷 C，因此可得轴承的寿命计算公式为

$$P^{\varepsilon} L_{10} = C^{\varepsilon} \cdot 1$$

$$L_{10} = \left(\frac{C}{P}\right)^{\varepsilon}$$

实际计算时，用小时数 L_h 表示比较方便，设轴承转速为 n(r/min)，则有

$$L_h=\frac{L_{10}}{60n}=\frac{10^6}{60n}\left(\frac{C}{P}\right)^{\varepsilon}=\frac{16670}{n}\left(\frac{C}{P}\right)^{\varepsilon}\geqslant[L_h] \tag{10-5}$$

式中　$[L_h]$——轴承的预期寿命，一般可将机器的中修或大修年限作为轴承的预期寿命，表 10-7 中的轴承预期寿命荐用值可供参考。

当轴承温度高于 120℃时，基本额定动载荷 C 值将降低，应引入温度系数 f_t 加以修正，f_t 由表 10-8 查取，此时轴承的基本额定寿命公式变为

$$L_h=\frac{16670}{n}\left(\frac{f_tC}{P}\right)^{\varepsilon}\geqslant[L_h] \tag{10-6}$$

在轴承寿命计算的设计过程中，往往已知载荷 P、转速 n 和轴承的预期寿命 $[L_h]$，这时可求出轴承所需的基本额定动载荷 C'值，即

$$C'=\frac{P}{f_t}\left(\frac{n[L_h]}{16670}\right)^{\frac{1}{\varepsilon}} \tag{10-7}$$

式（10-6）和式（10-7）分别为滚动轴承寿命计算的校核公式和设计公式。当轴承型号已定时，用式（10-6）校核轴承的寿命，要求 $L_h\geqslant[L_h]$；若轴承型号未定，用式（10-7）求出轴承所需的基本额定动载荷 C'值，再由该计算值查轴承标准来选择轴承型号，要求 $C'\leqslant C$。

表 10-7　轴承预期寿命的荐用值

机器类型	预期计算寿命/h
不经常使用的仪器或设备，如闸门开闭装置等	300～3000
短期或间断使用的机械，中断使用不致引起严重后果，如手动机械等	3000～8000
间断使用的机械，中断使用后果严重，如发动机辅助设备、流水作业线自动传送装置、升降机、车间吊车、不常使用的机床等	8000～12000
每日 8h 工作的机械(利用率不高)，如一般的齿轮传动、某些固定电动机等	12000～20000
每日 8h 工作的机械(利用率较高)，如金属切削机床、连续使用的起重机、木材加工机械、印刷机械等	20000～30000
24h 连续工作的机械，如矿山升降机、纺织机械、泵、电机等	40000～60000
24h 连续工作的机械，中断使用后果严重，如纤维生产或造纸设备、发电站主电机、矿井水泵、船舶螺旋桨轴等	100000～200000

表 10-8　温度系数 f_t

轴承工作温度/℃	100	125	150	200	250	300
f_t	1	0.95	0.90	0.80	0.70	0.60

笔记

10.3.1.4 角接触轴承轴向载荷的计算

（1）向心角接触轴承的内部轴向力　由于结构的原因，角接触轴承存在着接触角 α。当轴承受到径向载荷 F_r 作用时，作用在承载区第 i 个滚动体上的法向力 F_i 可分解为径向分力 F_{ir} 和轴向分力 F_{is}，如图 10-9 所示。各滚动体上所受轴向分力总和即为轴承的内部轴向力，用 F_s 表示。其数值的近似计算公式见表 10-9。

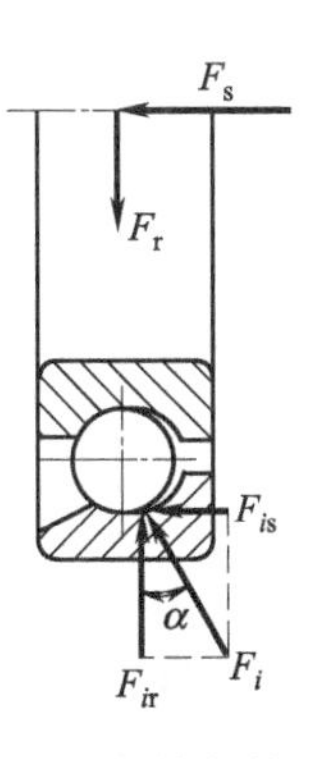

图 10-9　角接触轴承的受力分析

表 10-9 向心角接触轴承的内部轴向力

轴承类型	角接触球轴承			圆锥滚子轴承
	70000($\alpha=15°$)	70000($\alpha=25°$)	70000($\alpha=40°$)	30000
F_s	$0.4F_r$	$0.68F_r$	$1.14F_r$	$F_r/2Y$

(2) 向心角接触轴承轴向载荷的计算　在实际使用中，为了使角接触轴承的内部轴向力得到平衡，通常这种轴承都要成对使用。其安装方式有两种，图 10-10（a）所示为两外圈窄边相对，称为正装；图 10-10（b）所示为两外圈宽边相对，称为反装。图中 F_A 为轴向外载荷。计算向心角接触轴承的轴向载荷 F_a时，还需将由径向载荷产生的内部轴向力 F_s 考虑进去。

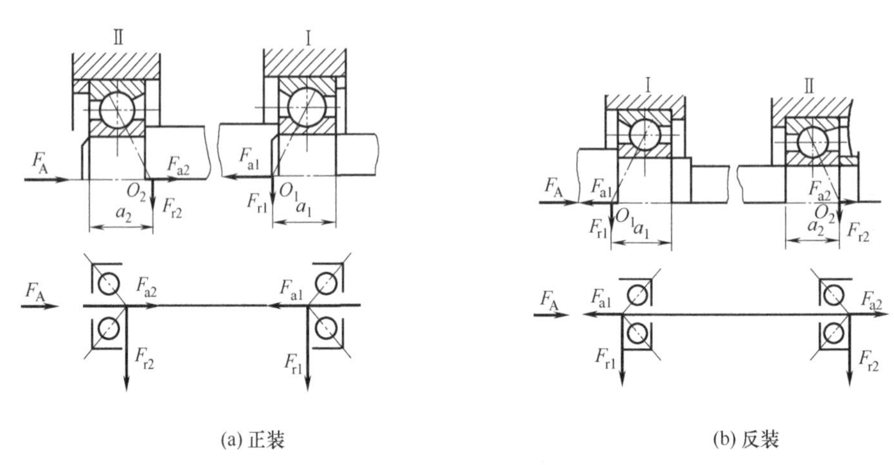

(a) 正装　　(b) 反装

图 10-10　轴向载荷分析

图中 O_1、O_2 分别为轴承Ⅰ和轴承Ⅱ的压力中心，即约束反力的作用点。为了简化计算，通常可认为轴承宽度中点即为约束反力作用位置。F_{s1}、F_{s2} 分别为轴承Ⅰ和轴承Ⅱ的内部轴向力。若把轴和内圈视为一体，并以它为分离体，根据轴系的轴向力平衡条件，当达到轴的平衡时，有如下两种情况：

① 若 $F_A+F_{s2}>F_{s1}$，则轴有右移趋势，轴承Ⅰ被压紧，轴承Ⅰ（压紧端）承受的轴向载荷 $F_{a1}=F_A+F_{s2}$。轴承Ⅱ（放松端）承受的轴向载荷 F_{a2} 仅为其内部轴向力，即 $F_{a2}=F_{s2}$。

② 若 $F_A+F_{s2}<F_{s1}$，则轴有向左移动趋势，轴承Ⅱ被压紧，此时轴承Ⅱ（压紧端）承受的轴向载荷为 $F_{a2}=F_{s1}-F_A$。轴承Ⅰ（放松端）所受的轴向载荷 F_{a1} 仅为其内部轴向力，即 $F_{a1}=F_{s1}$。

由上述分析，可将向心角接触轴承轴向载荷的计算方法归纳如下：

① 计算分析轴上全部轴向力（包括外载荷和轴承内部轴向力）的合力指向，判断“压紧端”和“放松端”轴承；

② “压紧端”轴承的轴向力等于除本身的内部轴向力外其余各轴向力的代数和；

③ “放松端”轴承的轴向力等于它本身的内部轴向力。

【例 10-2】 某机械传动中的轴，其轴径 $d=40\text{mm}$。根据工作条件拟采用一对角接触球轴承，如图 10-11 所示。已知轴承载荷 $F_{r1}=1000\text{N}$，$F_{r2}=2060\text{N}$，轴向外载荷 $F_A=880\text{N}$，转速 $n=5000\text{r/min}$，运转中受中等冲击，预期寿命 $L_h=2000\text{h}$。试选择轴承型号。

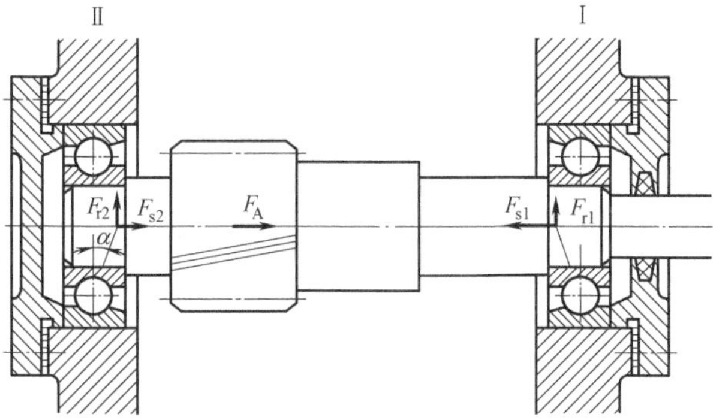

图 10-11 轴承装置

解：(1) 计算轴承Ⅰ、Ⅱ的轴向力 F_{a1}、F_{a2} 要计算 F_{a1}、F_{a2}，须先求出内部轴向力 F_{s1}、F_{s2}，但轴承型号未选出之前，暂不知其接触角，故用试算法，暂定 $\alpha=25°$。由表 10-9 查得 $\alpha=25°$的角接触球轴承的内部轴向力为

$F_{s1}=0.68F_{r1}=0.68\times1000=680N$（方向如图 10-11 所示）

$F_{s2}=0.68F_{r2}=0.68\times2060=1400N$（方向如图 10-11 所示）

因 $F_A+F_{s2}=880+1400=2280\ (N)>F_{s1}$，故轴承Ⅰ为压紧端

$$F_{a1}=F_A+F_{s2}=880+1400=2280\ (N)$$

轴承Ⅱ为放松端

$$F_{a2}=F_{s2}=1400N$$

(2) 计算轴承Ⅰ、Ⅱ当量动载荷

$\dfrac{F_{a1}}{F_{r1}}=\dfrac{2280}{1000}=2.28>e$，由表 10-6 查得 $X_1=0.41$，$Y_1=0.87$

$\dfrac{F_{a2}}{F_{r2}}=\dfrac{1400}{2060}=0.68=e$，由表 10-6 查得 $X_2=1$，$Y_2=0$

因此，轴承Ⅰ、Ⅱ的当量动载荷为

$P_1=0.41F_{r1}+0.87F_{a1}=0.41\times1000+0.87\times2280=2394\ (N)$

$P_2=1\times F_{r2}+0\times F_{a2}=1\times2060+0\times1400=2060\ (N)$

(3) 计算所需轴承的额定动载荷 C' 由于轴的结构要求两端选用同样型号的轴承，故以受载最大的 P_1 一端作为计算依据。因有中等冲击，查表 10-5 取 $f_P=1.5$；工作温度正常，查表 10-8 得 $f_t=1$，由式 (10-7)

$$C'=\frac{f_P P}{f_t}\left(\frac{n\,[L_h]}{16670}\right)^{\frac{1}{\varepsilon}}=\frac{1.5\times2394}{1}\times\left(\frac{5000\times2000}{16670}\right)^{\frac{1}{3}}=30290(N)$$

(4) 确定轴承型号 根据轴的直径 $d=40mm$ 及所求得的 C'值，由机械设计手册选轴承型号为 7208AC，$C=35200N>30290N$，故适用。

10.3.2 滚动轴承的静强度计算

为了避免滚动轴承在静载荷或冲击载荷作用下产生过大的塑性变形，需对轴承进行静强度校核计算。尤其对于那些在工作载荷作用下基本不旋转，或者慢慢摆动以及转速极低的轴承，应按轴承的静强度来选择轴承尺寸。

笔记

（1）基本额定静载荷　基本额定静载荷对于向心轴承为径向额定静载荷 C_{0r}；对推力轴承为轴向额定静载荷 C_{0a}。各种轴承的 C_{0r} 或 C_{0a} 值可查轴承手册。

（2）当量静载荷　当量静载荷是一个假想的静载荷，在该载荷的作用下，承载最大的滚动体与内圈或外圈滚道接触处的总的塑性变形量，与实际复合载荷作用下所产生的塑性变形量相等。当量静载荷的计算公式为

$$P_0 = X_0 F_r + Y_0 F_a \tag{10-8}$$

式中　X_0——静径向载荷系数，可查有关机械设计手册；

Y_0——静轴向载荷系数，可查有关机械设计手册。

（3）静强度计算　限制轴承产生过大塑性变形的静强度计算公式为

$$C_{0r} \geqslant S_0 P_0$$

式中　C_{0r}——额定静载荷，N；

S_0——安全系数，可查有关机械设计手册。

10.4　滚动轴承组合设计

为保证轴承在机器中正常工作，除合理选择轴承类型、尺寸外还应正确进行轴承的组合设计，处理好轴承与其周围零件之间的关系，也就是要解决轴承的轴向位置固定、轴承与其他零件的配合、间隙调整、装拆和润滑密封等一系列同题。

10.4.1　轴承的固定

轴承固定的目的是防止轴工作时发生轴向窜动，保证轴上零件有确定的工作位置。检验轴承固定与否的标志，是看轴受轴向外载荷作用时力能否有效而且正确地传到机架上去，常用的固定方式有以下两种。

10.4.1.1　滚动轴承的内、外圈的轴向固定

为了防止轴承在承受轴向载荷时，相对于轴和轴承座孔产生轴向移动，轴承内圈与轴，外圈与座孔必须进行轴向固定。

（1）轴承内圈常用的轴向固定方法　如图 10-12 所示，图（a）为利用轴肩做单向固定，它能承受大的单向的轴向力；图（b）为利用轴肩和轴用弹性挡圈做双向固定，挡圈能承受的轴向力不大；图（c）为利用轴肩和轴端挡板做双向固定，挡板能承受中等的轴向力；图（d）为利用轴肩和圆螺母、止动垫圈做双向固定，能受大的轴向力。

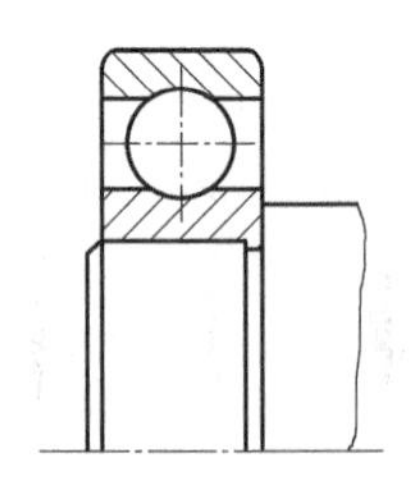

(a) 轴肩单向固定

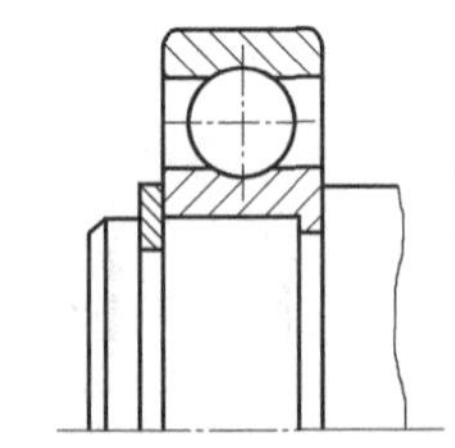

(b) 轴肩与弹性挡圈双向固定

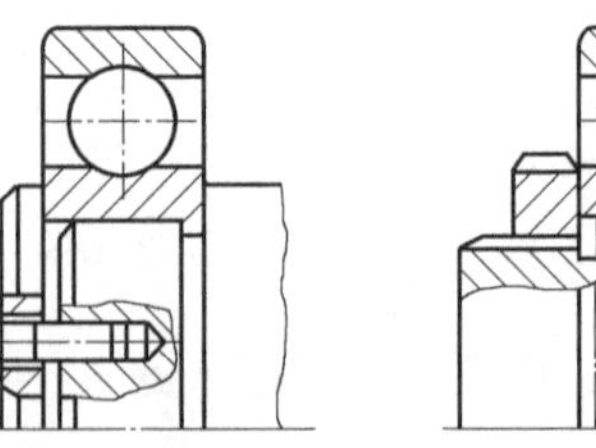

(c) 轴肩和轴端挡板双向固定　(d) 轴肩和圆螺母、止动垫圈双向固定

图 10-12　轴承内圈常用的轴向固定方法

（2）轴承外圈常用的轴向固定方法　如图 10-13 所示，图（a）为利用轴承盖做单向固定，能受大的轴向力；图（b）为利用孔内凸肩和孔用弹性挡圈做双向固定，挡圈能承受的轴向力不大；图（c）为利用孔内凸肩和轴承盖做双向固定，能受大的轴向力。

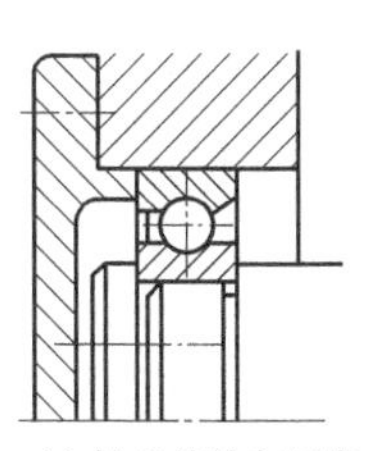

(a) 轴承盖单向固定

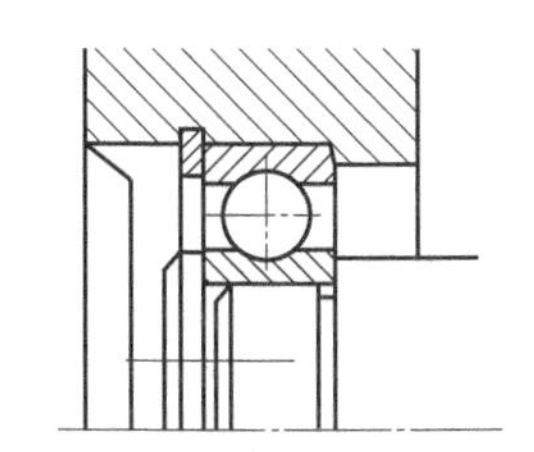

(b) 孔内凸肩和孔用弹性挡圈双向固定

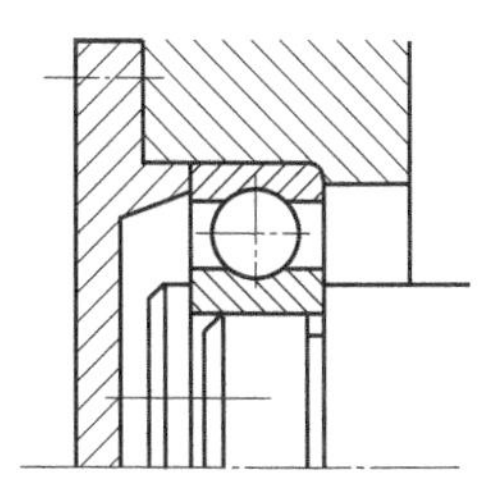

(c) 孔内凸肩和轴承盖双向固定

图 10-13　轴承外圈常用的轴向固定方法

10.4.1.2　滚动轴承组合的轴向固定

轴承组合的轴向固定的目的是防止轴工作时发生轴向窜动，保证轴上零件有确定的工作位置。

（1）两端单向固定（双固式）　如图 10-14 所示，轴的两个支点分别限制轴在不同方向的单向移动，两个支点合起来便可限制轴的双向移动，它适用于工作温度变化不大的短轴。考虑到轴因受热伸长，对于深沟球轴承，可在轴承盖与外圈端面之间留出补偿间隙 a，a 一般取 0.2～0.3mm；对于角接触球轴承和圆锥滚子轴承，在装配时将补偿间隙留在轴承内部。

间隙 a 和轴承游隙的大小可通过调整垫片组的厚度［见图 10-14（a）］或用调整螺钉［见图 10-14（b）］等来调节。

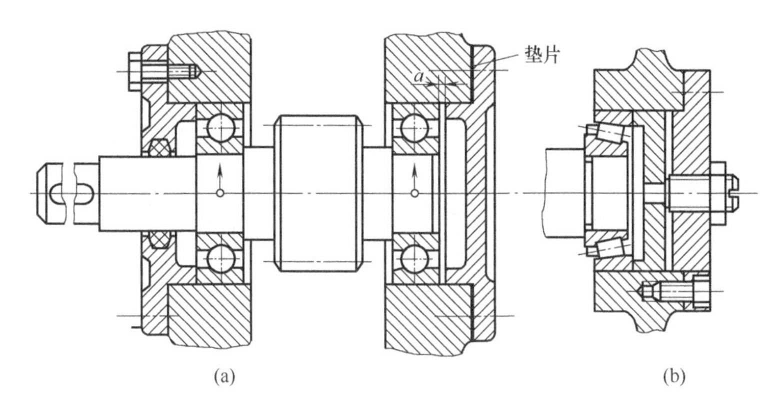

(a)　　(b)

图 10-14　两端单向固定

（2）一端固定，一端游动（固游式）　这种支承是指一端轴承内、外圈都为双向固定（称为固定端），以限制轴的双向移动，另一端为游动支承（称为游动端）。

游动端有两种结构：一种是外圈两侧均不固定，而内圈用弹性挡圈锁紧，轴承外圈和座孔间采用间隙配合。这种情况下，游动支承与轴承盖之间应留有足够大的间隙，一般 $a=3$～8mm，以便当轴受热膨胀伸长时能在孔中自由游动，如图 10-15（a）所示。

另一种情况如图 10-15（b）所示，游动端采用外圈无挡边的可分离型轴承（如圆柱滚子轴承、滚针轴承），内、外圈均需做双向固定。这种情况下，当轴受热伸长时，内圈连带

笔记

滚动体沿外圈内表面游动。

固游式支承的运转精度高，对各种工作条件的适用性强，因此在各种机床主轴、工作温度较高的蜗杆轴以及跨距较大（L＞350mm）的长轴支承中得到广泛的应用。

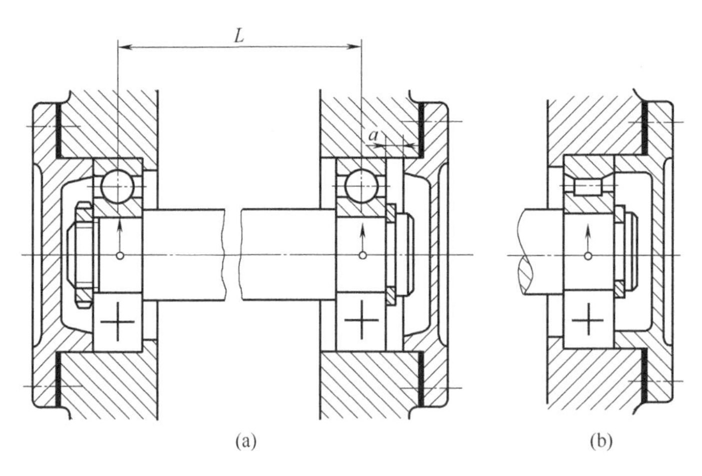

(a) (b)

图 10-15 一端固定，一端游动

（3）两端游动（全游式） 人字齿轮主动轴，由于轮齿两侧螺旋角不易做到完全对称，为了防止轮齿卡死或两侧受力不均匀，应采用轴系能有左右微量轴向游动的结构，如图 10-16 所示。图中两端都选用圆柱滚子轴承，滚动体与外圈间可轴向移动。与其相啮合的另一轴系则必须两端固定，以使该轴系在箱体中有固定位置。这种支承只在某些特殊情况下使用。

笔记

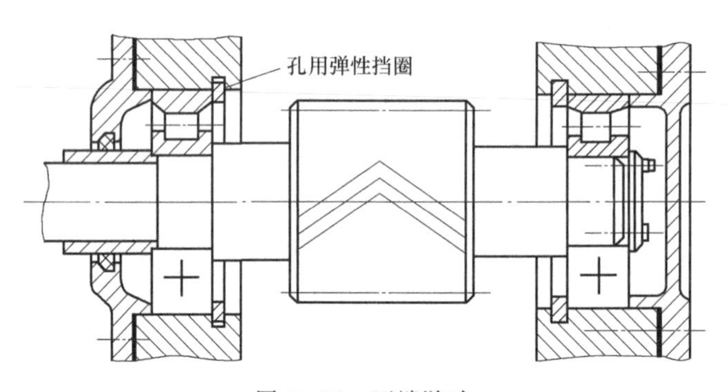

图 10-16 两端游动

10.4.2 滚动轴承的预紧

轴承预紧的目的是为了提高轴承的精度和刚度，以满足机器的要求。在安装时要加一定的轴向压力（预紧力），消除内部原始游隙，并使滚动体和内、外圈接触处产生弹性预变形。其常用方法：

（1）在一对轴承内圈之间加金属垫片，如图 10-17（a）所示。

（2）磨窄套圈，如图 10-17（b）所示。

（3）内、外圈分别安装长度不同的套筒，如图 10-17（c）所示。

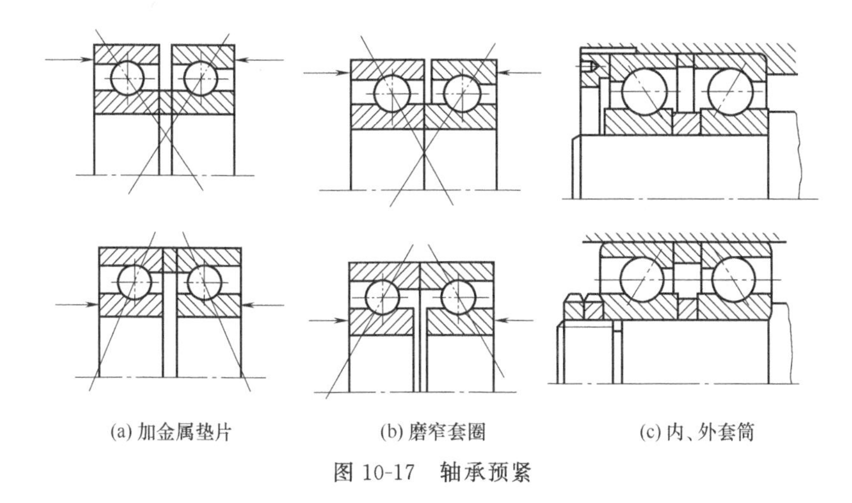

图 10-17　轴承预紧

10.4.3　滚动轴承组合的调整

10.4.3.1　轴承游隙的调整

轴承在装配时一般要留有适当的间隙，以利于轴承的正常运转。常用的调整方法有：

(1) 靠加减轴承盖与机座之间的垫片厚度进行调整，如图 10-14 (a)(右轴承盖) 所示。

(2) 利用螺钉通过轴承外圈压盖移动外圈位置进行调整，如图 10-14 (b) 所示，调整后，用螺母锁紧。

10.4.3.2　轴承组合位置的调整

轴承组合位置调整的目的是使轴上零件（如齿轮、蜗轮等）具有准确的工作位置，如图 10-18 (a) 锥齿轮传动，要求两个节锥顶点要重合，才能保证正确啮合。蜗杆传动，要求蜗轮的中间平面通过蜗杆的轴线，如图 10-18 (b) 所示。图 10-19 所示为圆锥齿轮组合位置的调整。轴向位置调整垫片用来调整圆锥齿轮轴的轴向位置。轴承游隙调整垫片用来调整轴承游隙。

笔记

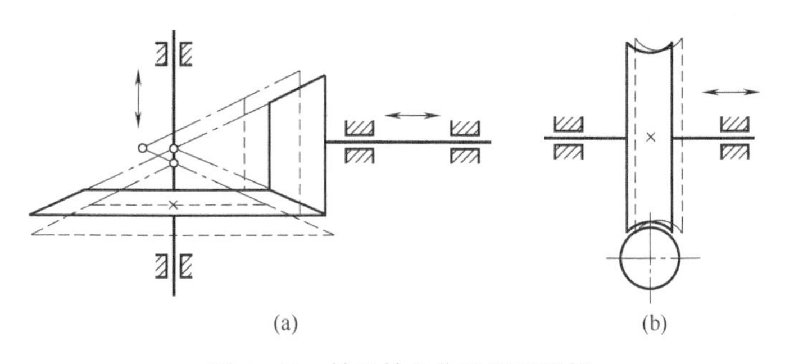

图 10-18　轴系轴向位置调整示例

10.4.4　滚动轴承的配合

滚动轴承的配合是指内圈与轴颈、外圈与座孔的配合，就是轴与孔之间的间隙大小。这些配合的松紧程度直接影响轴承间隙的大小，从而关系到轴承的运转精度和使用寿命。滚动轴承是标准件，轴承内孔与轴的配合采用基孔制，轴承外圈与轴承座孔的配合采用基轴制。

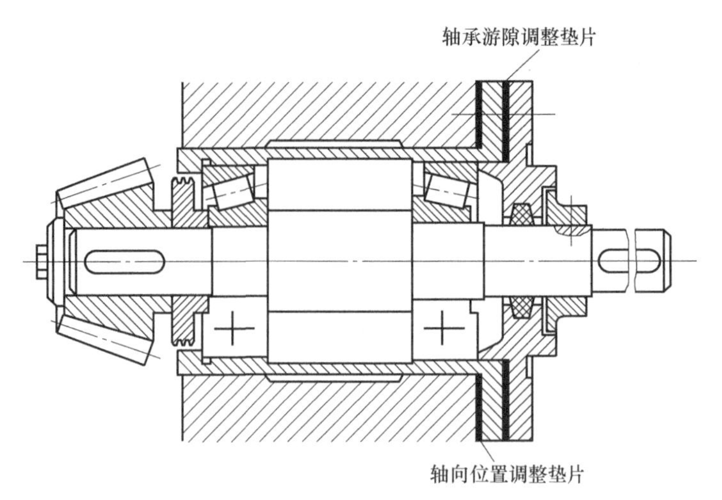

图 10-19 轴承组合位置的调整

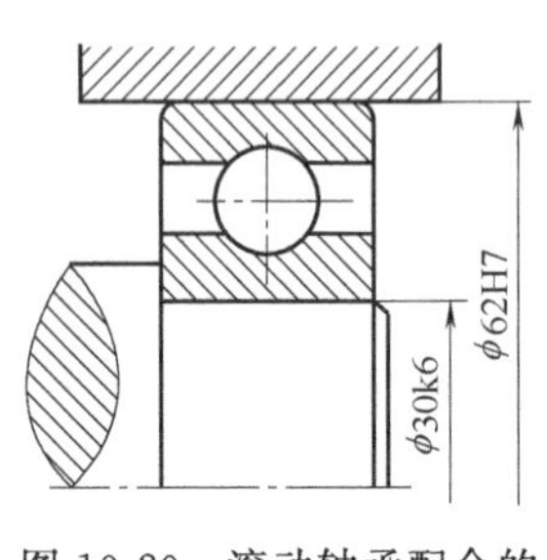

图 10-20 滚动轴承配合的标注方法

工作时，通常内圈随轴一起转动，与轴颈配合要紧些；而外圈不转动，与轴承座孔配合应松些。配合的松紧程度应根据轴承工作时的载荷大小、性质，转速高低等条件来确定。如在转速高、载荷大、冲击振动比较严重时应选择较紧的配合：要求旋转精度高的轴承配合也要选择紧一些的配合；游动支撑外圈与轴承孔的配合则应选择松一些。

轴常用 n6、m6、k6、js6 公差带，孔常用 J7、J6、H7、G7 公差带。

滚动轴承配合的标注方法如图 10-20 所示。

10.4.5 滚动轴承的装拆

笔记

在设计轴的结构时，需考虑滚动轴承的安装与拆卸问题。通常滚动轴承的装配方法是：对于小尺寸的轴承可采用压力机在内圈上加压将轴承压套到轴颈上或用手锤轻轻打入；大尺寸的轴承可放入油中加热至 80～120℃后进行热装。不论采用什么方法安装，都应使压力均匀地作用在轴承套圈上，不允许使滚动体受力。

滚动轴承的拆卸需要专用拆卸工具（见图 10-21）。为使拆卸工具的钩头钩住内圈，应对轴肩的高度加以限制。轴肩高度可查机械设计手册。

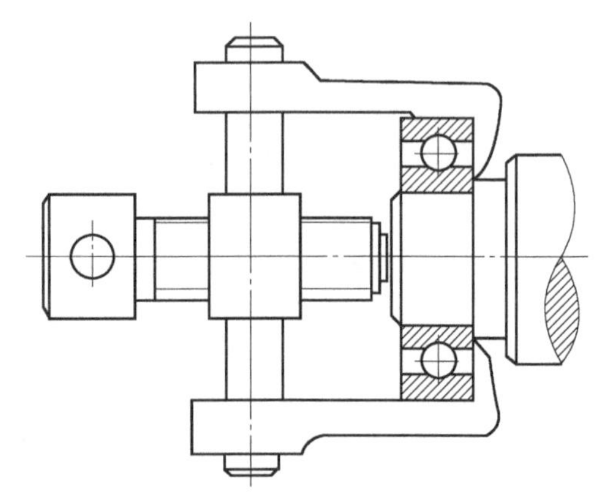
图 10-21 轴承的拆卸工具

10.5 滚动轴承的润滑与密封

润滑对于滚动轴承具有重要意义，不仅可以减少摩擦和磨损、提高效率、延长轴承使用寿命，还起着散热、减小接触应力、吸收振动和防止锈蚀等作用。为保证润滑剂的洁净和不外泄，还必须使用一定的密封方法和结构。

10.5.1 滚动轴承的润滑

为保证滚动轴承的正常运转，需对轴承采用的润滑剂和润滑方法进行合理选择。

10.5.1.1 润滑方法及特点

（1）脂润滑　一般速度较低的滚动轴承采用脂润滑。这种润滑方式润滑脂不易流失，便于密封，不易污染，使用周期长，但润滑脂填充量不得超过轴承空隙的 1/3～1/2，过多会引起轴承发热。

（2）油浴润滑　油浴润滑也称为浸油润滑，是把轴承局部浸入润滑油中，油面不应高于最低滚动体的中心。这种方式对润滑油的搅动阻力大，能量损失大，不适合高速。

（3）滴油润滑　滴油润滑是用油杯储油，靠油杯上的针阀调节油量，定量供应润滑油。供油量应适当控制，过多会引起油温升高。

（4）飞溅润滑　飞溅润滑是一般闭式齿轮传动装置中常用的轴承润滑方式。靠齿轮的转动把箱体油池中的油甩到轴承内，或经过箱壁上的沟槽把油引入到轴承中。

（5）喷油润滑　喷油润滑是用油泵将润滑油增压，通过油管和机体中特制的油孔，经喷嘴将油喷入轴承内。流过轴承的润滑油经过过滤、冷却后再循环使用。该润滑方式适用于高速、重载、要求润滑可靠的轴承。

（6）油雾润滑　油雾润滑是用经过过滤和脱水的压缩空气，经雾化器将油雾化并通入轴承。这种方法冷却效果较好，可节约润滑油，但油雾逸散在空气中，污染环境。

10.5.1.2 润滑剂的选择

采用脂润滑时，应根据工作温度、速度和工作环境进行选择。常用润滑脂及其特点见表 10-10。

表 10-10　滚动轴承常用润滑脂及其特点和应用

种类	特点	适用场合
钙基润滑脂	不溶于水、滴点低	温度较低（<70℃）、环境潮湿的场合
钠基润滑脂	耐高温、易溶于水	温度较低（<120℃）、环境干燥的场合
钙钠基润滑脂	滴点较高、略溶于水	温度较高（80～100℃）、环境较潮湿的场合
锂基润滑脂	滴点高，抗水性、低温使用性能好	重载、工作温度变化大（−20～120℃）、环境潮湿的场合

采用油润滑时，若速度高、温度低，则应选择黏度值低的润滑油。选择润滑油时可根据 dn 值和工作温度按图 10-22 选择润滑油应具有的黏度值，然后根据此黏度值从润滑油产品目录中选出相应的润滑油牌号。

滚动轴承使用的润滑剂和润滑方法的选用原则是使在场工作时建立一定厚度和一定面积的油膜，而且尽量减小摩擦功率损失。在实际工程中，通常以轴承内径 d 和转速 n 的乘积（dn）作为选择润滑方式的参考依据，选择时可参考表 10-11。

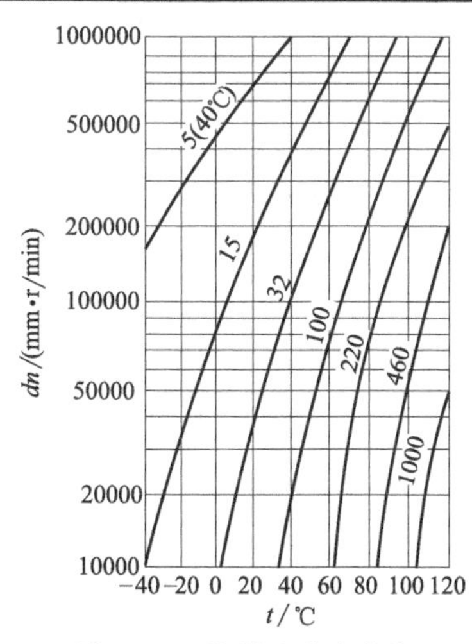

图 10-22　润滑油黏度曲线

10.5.1.3 润滑装置

采用脂润滑的滚动轴承可在装配时将润滑脂填入轴承中的部分空间，在轴承的适当部位设置油杯，定期补充润滑脂。常用油杯如图 10-23 所示。

表 10-11 脂润滑和油润滑的 *dn* 值界限（表值×10⁴） mm·r/min

轴承类型	脂润滑	油润滑			
		油浴	滴油	喷油（循环油）	油雾
深沟球轴承	16	25	40	60	>60
调心球轴承	16	25	40		
角接触球轴承	16	25	40	60	>60
圆柱滚子轴承	12	25	40	60	>60
圆锥滚子轴承	10	16	23	30	
调心滚子轴承	8	12		25	
推力球轴承	4	6	12	15	

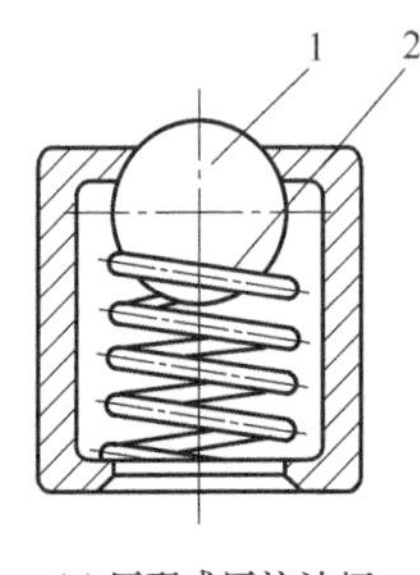

(a) 压配式压注油杯

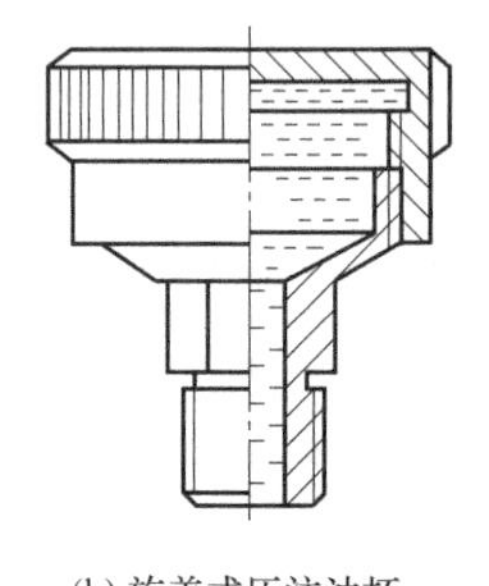

(b) 旋盖式压注油杯

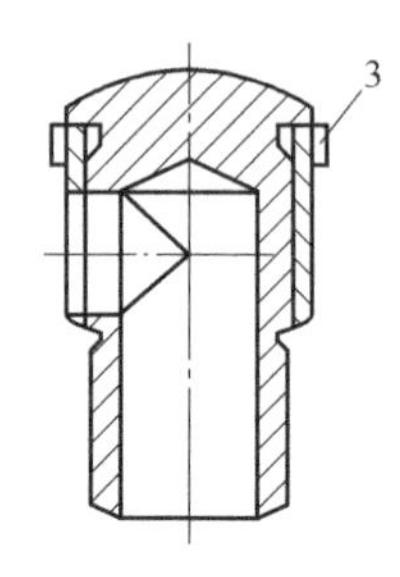

(c) 旋套式压注油杯

图 10-23 常用油杯

1—钢球；2—弹簧；3—旋套图

采用油润滑时可根据各种润滑方法及特点，正确选择合理的润滑方式。油润滑常用装置如图 10-24 所示。

笔记

10.5.2 滚动轴承的密封

轴承的密封装置是为了防止灰尘、水、酸气和其他杂物进入轴承，并阻止润滑剂流失而设置的。滚动轴承密封方法的选择与润滑剂的种类、工作环境、温度以及密封表面的圆周速度有关。密封装置可分为接触式及非接触式两大类。

10.5.2.1 接触式密封

(1) 毡圈密封 矩形断面的毡圈被安装在梯形槽内，它对轴产生一定的压力而起到密封作用 [图 10-25 (a)]。这种密封装置结构简单，便于安装、加工，但由于该密封装置的毡圈对轴的压紧力较小，故其使用寿命较短，密封效果较差，轴的粗糙度较高时，损坏加快。所以，该种密封方式要求环境清洁，轴的圆周速度不大于 4～5m/s，工作温度不超过 90℃。

(2) 密封圈密封 密封圈用皮革、塑料或耐油橡胶制成，有的具有金属骨架，有的没有骨架。密封圈是标准件 [图 10-25 (b)]。密封圈的断面可根据需要做成不同的形式，一般有 O 形、U 形、J 形等。若成对使用，既可防止润滑脂外泄，又可防止外部灰尘和水等杂质进入，具有较好的密封作用。该种密封方式主要用于轴的圆周速度大于 7m/s、工作温度范围为 40～1000℃的场合。

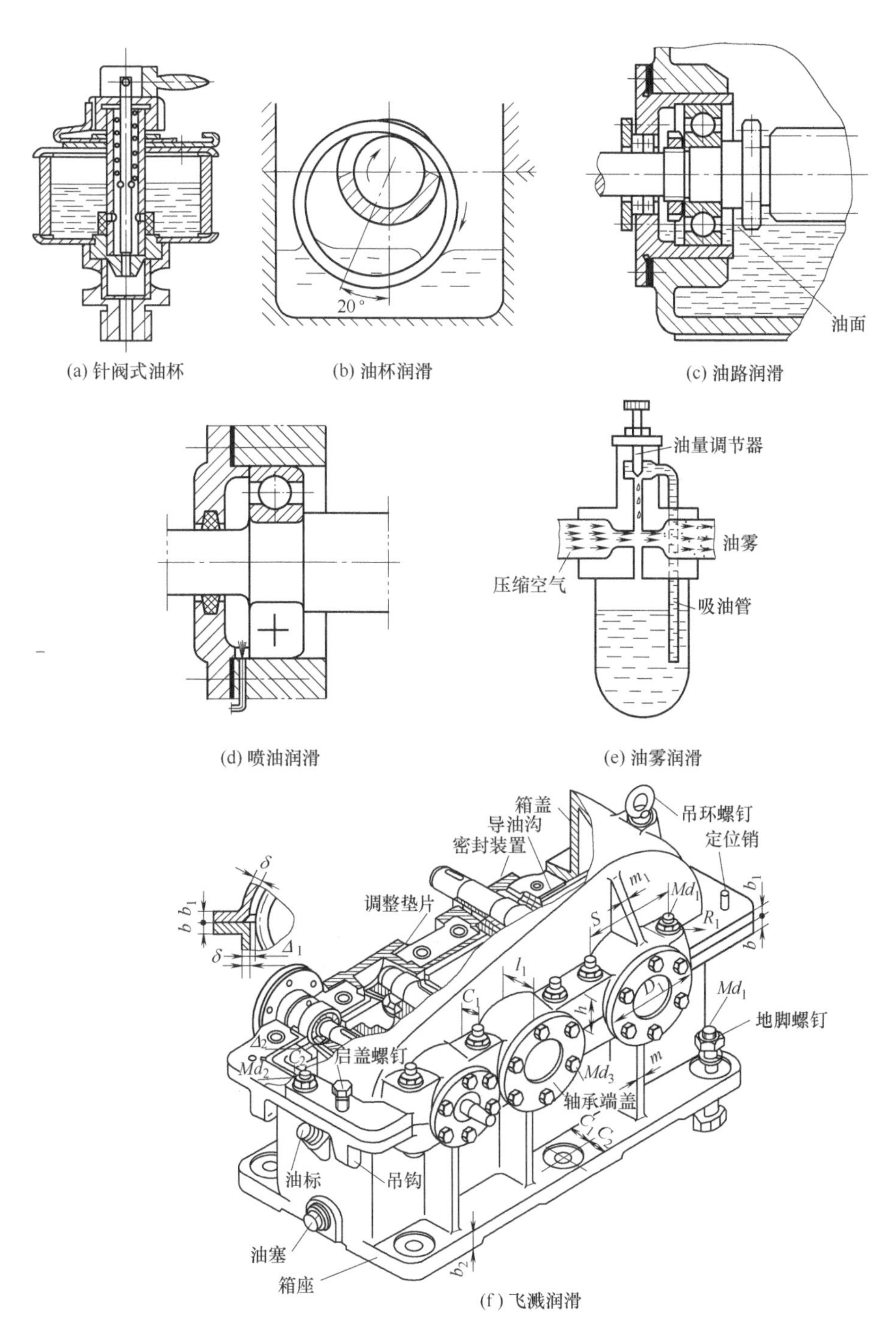

(a) 针阀式油杯 (b) 油杯润滑 (c) 油路润滑

(d) 喷油润滑 (e) 油雾润滑

(f) 飞溅润滑

图 10-24 常用油润滑装置

笔记

10.5.2.2 非接触式密封

（1）油沟密封 油沟是指做成端盖孔壁上的环形沟槽，轴承端盖孔与轴表面之间一般留有 0.1～0.3mm 的间隙。在油沟及间隙内填满润滑脂，可以起到密封作用。该种密封方式一般用于脂润滑轴承，如图 10-26（a）所示。

（2）迷宫式密封 这种密封是将旋转件与静止件之间的间隙做成迷宫（曲路）形式，并在间隙中充填润滑脂或润滑油以加强密封效果，分径向和轴向两种。如图 10-26（b）所示

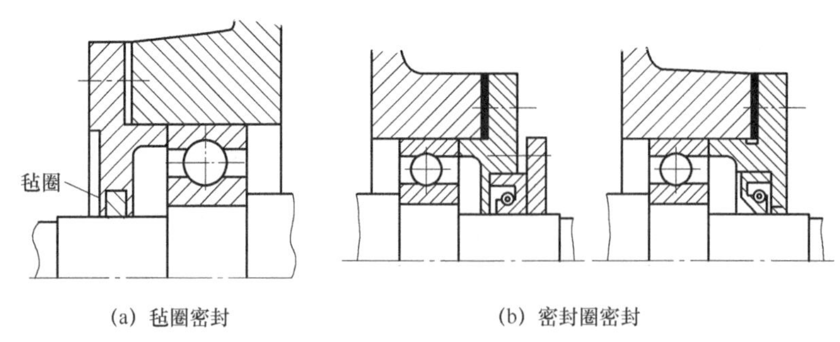

(a) 毡圈密封　　(b) 密封圈密封

图 10-25　接触式密封

为径向曲路，径向间隙 δ 不大于 0.1～0.2mm；如图 10-26（c）所示为轴向曲路，因考虑到轴受热后会伸长，间隙应取大些，一般取 1.5～2mm。该种密封装置具有很好的防潮和防尘效果，用于转速较高且箱体内压力不大的轴承润滑。

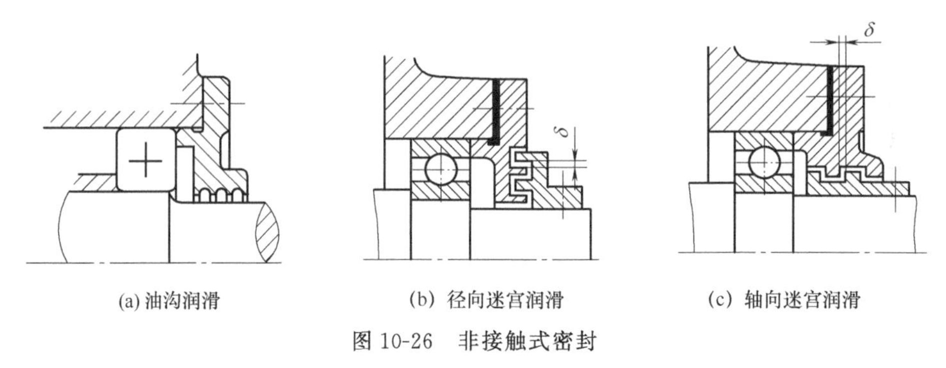

(a) 油沟润滑　　(b) 径向迷宫润滑　　(c) 轴向迷宫润滑

图 10-26　非接触式密封

10.5.2.3　组合密封

如图 10-27 所示为毛毡加迷宫组合密封的形式，适用于脂润滑或油润滑，该种密封装置可充分发挥各润滑的优点，提高密封效果。组合方式很多，不一一列举。

图 10-27　组合密封

10.6　滑动轴承简介

与滚动轴承一样，滑动轴承也要根据载荷的方向和性质设计成不同的类型和结构，以满足轴承的各种工作要求。

10.6.1　滑动轴承的类型和结构

滑动轴承按轴承所承受载荷的方向不同，可分为向心滑动轴承（或称径向滑动轴承）和推力滑动轴承。向心滑动轴承只能承受径向载荷，轴承上的反作用力与轴的中心线垂直；推力滑动轴承只能承受轴向载荷，轴承上的反作用力与轴的中心线方向一致。

滑动轴承按轴承结构不同，可分为整体式滑动轴承和剖分式滑动轴承。

滑动轴承按轴承与轴颈间的摩擦状态不同，可分为液体摩擦滑动轴承和非液体摩擦滑动轴承两类。根据工作时相对运动表面间油膜形成原理不同，液体摩擦滑动轴承又可分为液体动压滑动轴承和液体静压滑动轴承。

滑动轴承一般由轴承座、轴瓦（或轴套）、润滑装置和密封装置等部分组成。

10.6.1.1 向心滑动轴承

（1）整体式滑动轴承　整体式滑动轴承如图 10-28 所示。轴承座通常采用铸铁材料，轴套采用减摩材料制成并镶入轴承座中，轴套上开有油孔，可将润滑油输入至摩擦面上。这种轴承结构简单，但安装时要求轴或轴承做轴向移动，这在某些机器的结构上是不允许的。另外，整体式滑动轴承轴套磨损后轴承间隙难以调整，因此，多用于间歇工作或低速轻载的简单机械中。

整体式滑动轴承的结构比较简单，成本低，但无法调节轴颈和轴承孔间的间隙，当轴承磨损到一定程度后必须更换。此外，在装拆轴时，必须做轴向移动，很不方便，故多用于轻载、低速、间歇工作而不需要经常装拆的场合。

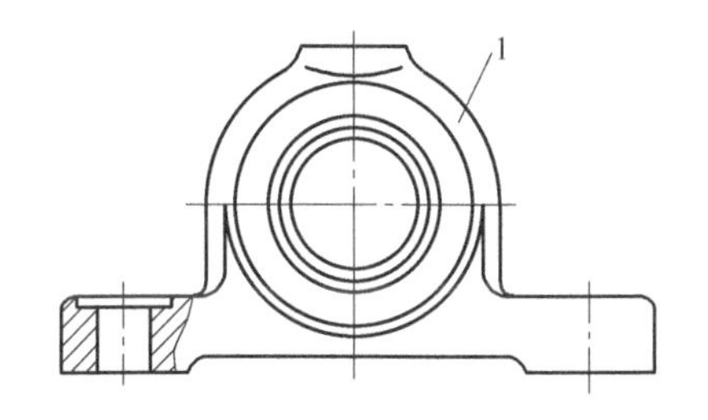

图 10-28　整体式滑动轴承

1—轴承座；2—轴瓦

笔记

（2）剖分式滑动轴承　剖分式滑动轴承如图 10-29 所示。轴承盖与轴承座的剖分面上设置有阶梯形定位止口，这样在安装时容易对中，并可承受剖分面方向的径向分力，保证连接螺栓不受横向载荷。当载荷垂直向下或略有偏斜时，轴承的中分面常为水平面。若载荷方向有较大偏斜，则轴承的剖分面可斜着布置，使剖分面垂直或接近垂直于载荷，如图 10-30 所示。

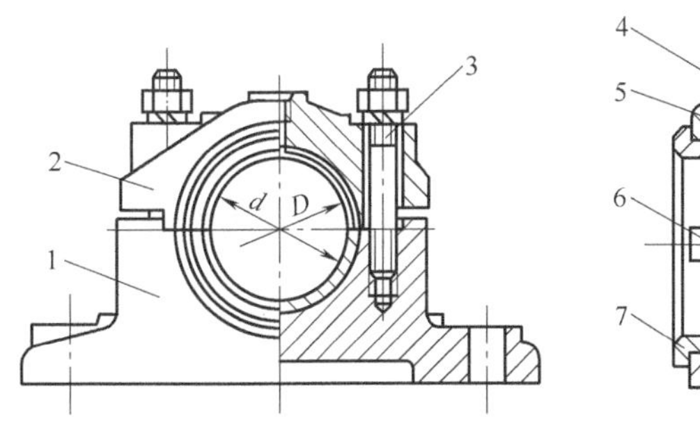

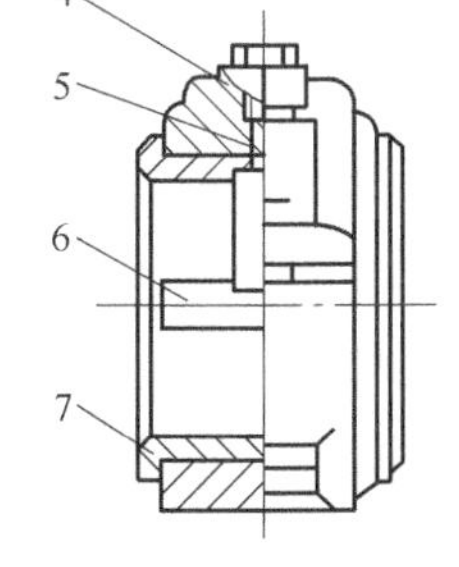

图 10-29　剖分式滑动轴承

1—轴承座；2—轴承盖；3—螺栓；4—螺纹孔；
5—油孔；6—油槽；7—剖分式轴瓦

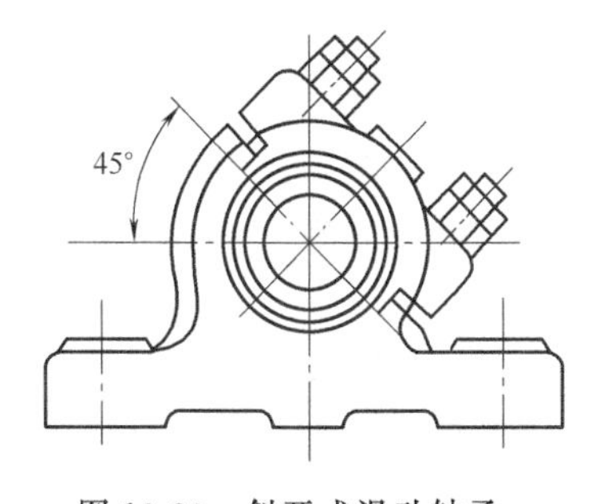

图 10-30　斜开式滑动轴承

剖分式滑动轴承装拆方便，并且轴瓦磨损后可通过适当减少剖分面处垫片的厚度来调整，故应用较为广泛。

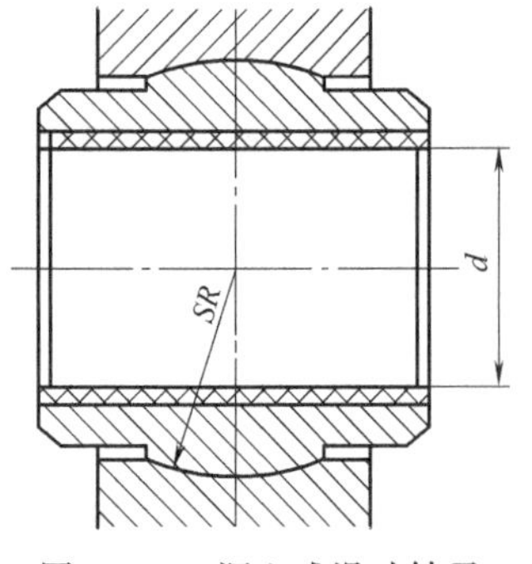

图 10-31 调心式滑动轴承

10.6.1.2 调心式滑动轴承

当轴承宽度 B 较大时（$B/d>1.5\sim2$，d 为轴承的直径），由于轴的变形、装配或工艺原因，会引起轴颈的偏斜，使轴承两端边缘与轴颈局部接触，这将导致轴承两端边缘急剧磨损。因此在这种情况下，应采用调心式滑动轴承，如图 10-31 所示。轴承外支承表面呈球面，球面的中心恰好在轴线上，轴承可绕球形配合面自动调整位置。这种结构承载能力较强。

动压滑动轴承

10.6.1.3 推力滑动轴承

推力滑动轴承可分为普通推力轴承和液体动压推力轴承。液体动压推力轴承性能好，但结构复杂。普通推力轴承工作时处于非液体摩擦状态，其结构如图 10-32 所示。普通推力轴承轴颈的结构形式如图 10-33 所示，有实心、空心、环形和多环形等。在轴承的止推面上按若干块扇形面积制出楔形，轴按一定方向转动时，就在止推面上形成动压油模。楔形倾角固定不变的称为固定式推力轴承，楔形倾角随载荷、转速的改变可自行调整的称为可倾式推力轴承。

笔记

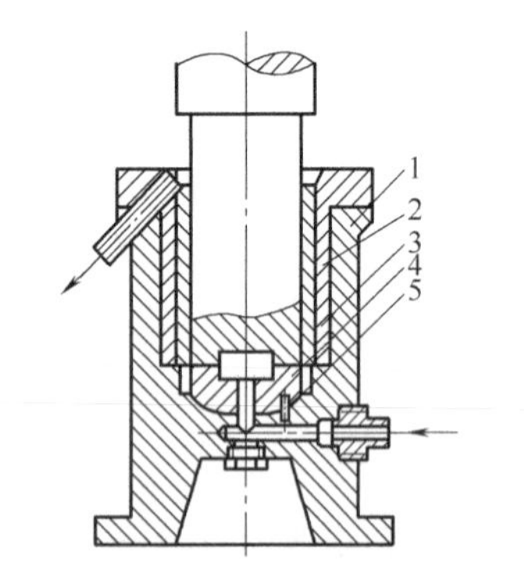

图 10-32 普通推力轴承
1—轴承座；2—套筒；3—向心轴瓦；4—止推轴瓦；5—销钉

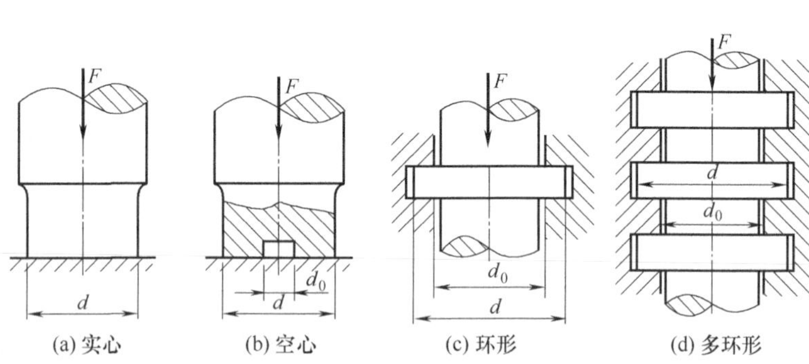

图 10-33 普通推力轴承轴颈的结构形式

10.6.2 轴瓦的结构和轴承材料

10.6.2.1 轴瓦的结构

轴瓦是指与轴颈直接接触的部分。轴瓦是滑动轴承中的重要零件，其结构设计是否合理对轴承性能影响很大。与滑动轴承的结构类型相对应，常用的轴瓦结构有整体式和剖分式两类。

整体式轴瓦又称为轴套。一般轴套上开有油孔和油沟以润滑［图 10-34 (a)］，粉末冶金制成的轴套一般不带油沟［图 10-34 (b)］。

剖分式滑动轴承一般采用剖分式轴瓦。剖分式轴瓦由上、下两个半瓦组成，剖分面上开有轴向油沟。图 10-35 所示为无轴承衬的剖分式轴瓦。为了改善轴瓦表面的摩擦性能，可在轴瓦内表面浇注一层轴承合金等减摩材料（称为轴承衬），厚度为 0.5～6mm。

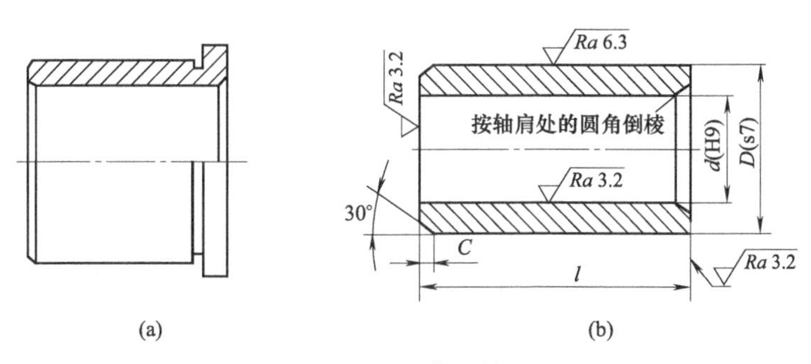

图 10-34 整体式轴瓦

为使轴承衬牢固地粘在轴瓦的内表面上，常在轴瓦上预制出各种形式的沟槽，如图 10-36 所示。图 10-36（a）、（b）用于钢制轴瓦，图 10-36（c）用于青铜轴瓦。

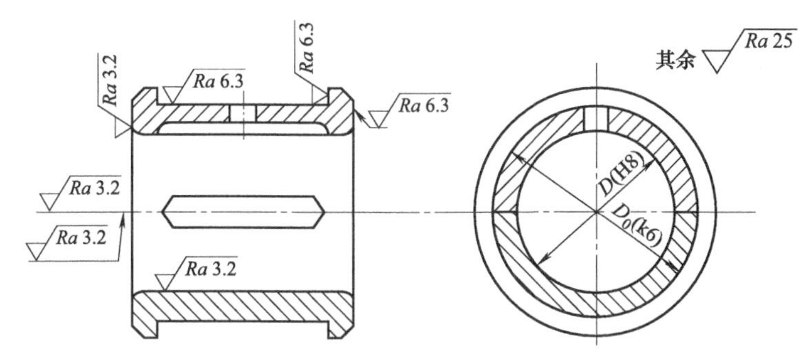

图 10-35 剖分式轴瓦

为了使润滑油能均匀流到整个工作表面上，轴瓦上要开出油沟，油沟和油孔应开在非承载区，以保证承载区油膜的连续性。油沟的分布形式如图 10-37 所示。为防止润滑油从油沟两端流失，纵向油沟长度要比轴瓦长度稍短，大致为轴瓦长度的 80％。

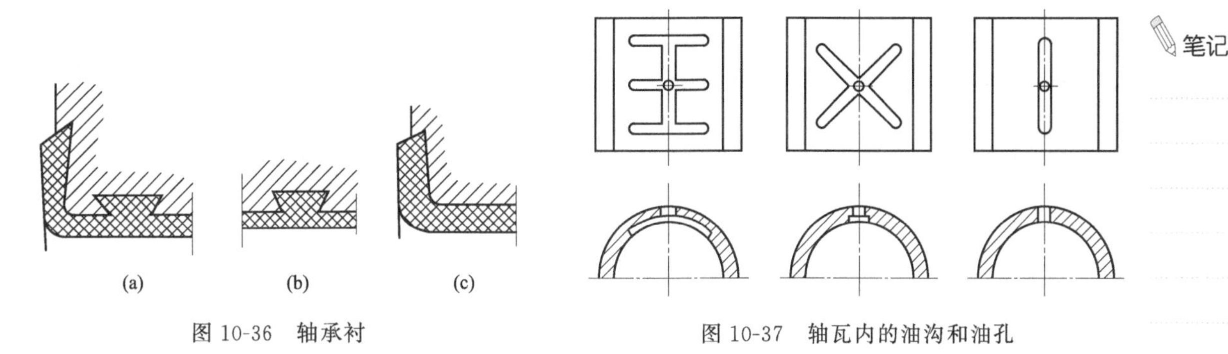

图 10-36 轴承衬

图 10-37 轴瓦内的油沟和油孔

笔记

10.6.2.2 滑动轴承材料

（1）对滑动轴承材料性能的要求 轴瓦和轴承衬材料直接影响轴承的性能，应根据使用要求、经济性要求合理选择。由于滑动轴承的主要失效形式是磨损、胶合，当强度不足时也可能出现疲劳破坏，因此，轴瓦和轴承衬材料应具备下述性能：

① 具有足够的抗冲击、抗压、抗疲劳强度。

② 具有良好的减摩性、耐磨性和磨合性。材料的摩擦阻力小，抗黏着磨损和磨粒磨损的性能好。

③ 具有良好的工艺性、导热性和耐腐蚀性。

④ 具有很好的顺应性和嵌藏性，具有补偿对中误差和其他几何误差及容纳污物和尘粒的能力。

(2) 常用的轴承材料

① 轴承合金（又称巴氏合金或白合金）

a. 锡锑轴承合金（ZSnSb11Cu6）：摩擦系数小、耐蚀性好、抗胶合能力强，但熔点低，机械强度较差，价格贵，常用于高速、重载的轴承。

b. 铅锑轴承合金（ZPbSb16Sn16Cu2）：性能同锡锑轴承合金，但性脆，用于中速、中载的轴承。

② 青铜　强度高，承载能力强，耐磨性和导热性能优良，缺点是塑性差，不易跑合。锡青铜（ZCuSn10Pb1）用于中速重载，铅青铜（ZCuSn5Pb5Zn5）用于中速中载，铝青铜（ZCuAl10Fe3）用于低速重载。

③ 其他材料　灰铸铁或耐磨铸铁可用于不重要或低速轻载的轴承，还有用粉末冶金法做成的轴承，以及用非金属材料（如橡胶、塑料）做成的轴承等。

常用轴承材料及性能列于表 10-12。

表 10-12　常用轴承材料的性能

材料	牌号	[p] /MPa	[v] /(m/s)	[pv] /(MPa·m/s)	备注
锡锑轴承合金	ZSnSb11Cu6	25	80	20	用于高速、重载的重要轴承，变载荷下易疲劳，价高
	ZSnSb8Cu4	20	60	15	
铅锑轴承合金	ZPbSb16Sn16Cu2	15	12	10	用于中速、中载轴承，不宜受显著冲击，可作为锡锑轴承合金的代用品
	ZCuSn5Pb5Zn5	5	6	5	
锡青铜	ZCuSn10Zn1	15	10	15	用于中速、重载及受变载荷的轴承
	ZCuSn10Pb1	5	3	10	用于中速、中载轴承
铅青铜	ZCuAl9Mn2	25	12	30	用于高速、重载轴承，能承受变载荷和冲击载荷
铝青铜	ZCuZn25Al6Fe3Mn3	15	4	12	最宜用于润滑充分的低速、重载轴承
黄铜	ZCuZn16Si4	12	2	10	用于低速、中载轴承
	ZCuZn38Mn2Pb2	10	1	10	
铝合金	20%铝锡合金	28～35	14		用于高速、中载轴承
铸铁	—	0.1～6	3～0.75	0.3～4.5	用于低速、轻载的不重要轴承，价廉

任务实施

根据任务导入要求，任务实施具体如下：

(1) 轴承预选　减速器输入轴主要承受径向载荷（$F_r>F_a$），转速相当高，所以选择深沟球轴承。根据轴颈直径 $d=35$mm 及水泵载荷特性，选用 6307 轴承，由于水泵属于一般通用机械，对轴承的精度和游隙无特殊要求。

(2) 校核轴承寿命　轴的两端用一对 6307 轴承支承，设支承 1 为游动端，支承 2 为固定端。则支承 1 不承受轴向载荷，轴上的轴向载荷由轴承 2 承受，即 $F_{a2}=F_A$。

① 按 6307 轴承查设计手册得 $C_0=19.2\text{kN}$，则

$$\frac{F_a}{C_0}=\frac{F_{a2}}{C_0}=\frac{740}{19200}=0.0385$$

根据此值查表 11-6，用插入法求得 $e=0.231$。

② 因 $F_{a2}/F_{r2}=740/1810=0.409>e$，根据 $F_a/C_0=0.0385$，查得 $Y=1.87$，$X=0.56$。

③ 计算当量动载荷

$$P_1=F_{r1}=1810\text{N}$$

$$P_2=XF_{r2}+YF_{a2}=0.56\times1810+1.87\times740=2397\ (\text{N})$$

按已知条件查表 10-5 得 $f_P=1.1$，查表 10-8 得 $f_t=1$，球轴承 $\varepsilon=3$，由式（10-7），得

$$C'=\frac{f_P P}{f_t}\left(\frac{n[L_h]}{16670}\right)^{\frac{1}{\varepsilon}}=\frac{1.1\times2397}{1}\times\left(\frac{2900\times5000}{16670}\right)^{\frac{1}{3}}=25170\ (\text{N})=25.17\ (\text{kN})$$

由设计手册查得 6307 轴承 $C=33.2\text{kN}>C'$，故该轴承合格。

项目练习

选择题

（1）下列四种型号的滚子轴承中，只能承受径向载荷的是（　　）。

A. 6208　　B. N208　　C. 30208　　D. 51208

（2）型号为 22125 滚动轴承的内径 d 应为（　　）mm。

A. 5　　B. 12　　C. 25　　D. 125

（3）如果转轴在载荷作用下弯曲较大或轴承座孔不能保证良好的同轴度，则宜选用类型代号为（　　）的轴承。

A. 1 或 2　　B. 3 或 7　　C. N 或 NU　　D. 6 或 NA

（4）滚动轴承最常见的失效形式是（　　）。

A. 疲劳点蚀和磨损　　B. 磨损和塑性变形

C. 疲劳点蚀和塑性变形

（5）滚动轴承内圈与轴的配合以及外圈与座孔的配合（　　）。

A. 全部采用基轴制　　B. 内圈与轴采用基轴制，外圈与座孔采用基孔制

C. 全部采用基孔制　　D. 外圈与座孔采用基轴制，内圈与轴采用基孔制

（6）在基本额定动载荷 C 作用下，滚动轴承的基本额定寿命 1×10^6r 时，其可靠度为（　　）。

A. 10%　　B. 80%　　C. 90%　　D. 99%

（7）某轴的两端拟采用相同型号的轴承，但根据受力计算出两端轴承的当量动载荷不一样，在进行轴承所需额定动载荷值计算时，应代入哪一个当量动载荷值？（　　）

A. 两值中的较大者　　B. 两值中的较小者

C. 两值的平均值

（8）为保证轴承内圈与轴肩端面接触良好，轴承的圆角半径 r 与轴肩处圆角半径 r_1 应满足（　　）的关系。

A. $r=r_1$　　B. $r>r_1$　　C. $r<r_1$　　D. $r\leqslant r_1$

(9) 跨距较大并承受较大径向载荷的起重机卷筒轴轴承应选用(　　)。

A. 深沟球轴承　　B. 圆锥滚子轴承

C. 调心滚子轴承　　D. 圆柱滚子轴承

(10) 下列各滚动轴承中，承受轴向载荷能力最强的是(　　)。

A. 5309　　B. 6309/P5　　C. 30309　　D. 6309

判断题

(1) 主要承受径向载荷，又要承受少量轴向载荷且转速较高时，宜选用深沟球轴承。(　　)

(2) 某斜齿轮减速器，工作转速较高，载荷平稳，齿轮的螺旋角在13°左右，选用3类轴承较为合适。(　　)

(3) 角接触球轴承所能承受轴向载荷的能力，主要取决于接触角的大小。(　　)

(4) 滚动轴承的外圈与轴承座孔的配合采用基轴制。(　　)

(5) 滚动轴承的寿命与滚动轴承的基本额定寿命是同一概念。(　　)

(6) 一批在同样载荷和同样工作条件下运转的同型号滚动轴承的寿命相同。(　　)

(7) 滚动轴承采用一端双向固定、一端游动支承方式，主要适用于工作温度变化较大的轴。(　　)

(8) 滚动轴承的当量动载荷是指轴承所受径向力与轴向力的代数和。(　　)

(9) 滚动轴承的基本额定动载荷值 C 越大，则轴承的承载能力越强。(　　)

(10) 滚动轴承采用两端单向固定支撑方式，主要适用于工作温度变化较大的轴。(　　)

简答题

(1) 什么是滚动轴承的额定寿命、额定动载荷和当量动载荷？

(2) 什么是滚动轴承的寿命和基本额定寿命？二者有何区别？

(3) 为什么角接触球轴承和圆锥滚子轴承常成对安装使用？在什么情况下采用正装？在什么情况下采用反装？

(4) 为什么角接触轴承通常要成对使用？

笔记

(5) 轴承常用的密封装置有哪些？各适用于什么场合？

(6) 滚动轴承失效的主要形式有哪些？计算准则是什么？

(7) 试通过查阅手册比较6008、6208、6308、6048轴承的内径 d、外径 D、宽度 B 和基本额定动载荷 C，并说明尺寸系列代号的意义。

(8) 为什么30000型和70000型轴承常成对使用？成对使用时，什么是正装与反装？试比较正装与反装的特点。

实作题

10-1 图示采用一对反装圆锥滚子轴承的小锥齿轮轴承组合结构。指出结构中的错误，加以改正。

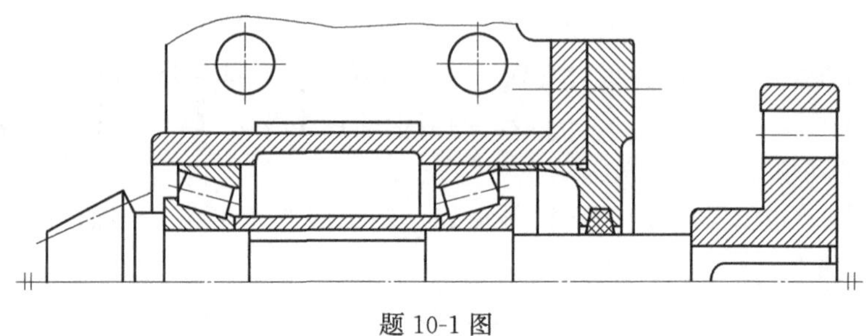

题10-1图

10-2　已知一对面对面安装的角接触球轴1和2的内部轴向力分别为：$F_{s1}=6000N$，$F_{s2}=3000N$；作用于轴上的轴向力$F_A=4000N$且其方向与轴承2的内部轴向力的方向相同。试计算两轴承的轴向载荷F_{a1}和F_{a2}。

10-3　一农用水泵，轴径$d=35mm$，转速$n=2900r/min$，两轴承径向载荷均为$F_r=1810N$，轴向载荷$F_A=740N$，要求轴承预期寿命$L_h'=6000h$。拟选用深沟球轴承，试选择轴承型号。

10-4　一轴承的两支承采用相同的深沟球轴承，已知轴颈均为$d=30mm$，其转速$n=730r/min$，各轴承所承受的径向载荷分别为$F_{r1}=1500N$、$F_{r2}=1200N$，载荷平稳，常温下工作，要求使用寿命$L_h \geqslant 10000h$。试选出此轴承型号。

10-5　如图所示为轴承部件受载示意图，齿轮轮齿上受到圆周力$F_{t2}=8100N$，径向力$F_{r2}=3050N$，轴向力$F_{a2}=2170N$，轴的跨距为130mm。轴承所受载荷平稳，转速$n=3000r/min$。设轴颈直径$d=30mm$，要求轴承预期寿命$L_h'=4500h$。试问选用70000型轴承是否可行。

10-6　如图所示的一对角接触球轴承，初选轴承型号为7211AC。已知轴承所受径向载荷$F_{r1}=3300N$、$F_{r2}=1000N$，轴向外载荷$F_A=900N$，转速$n=1750r/min$，运转中受中等冲击，工作温度正常，预期寿命$[L_h]=10000h$。试问所选择轴承型号是否恰当。

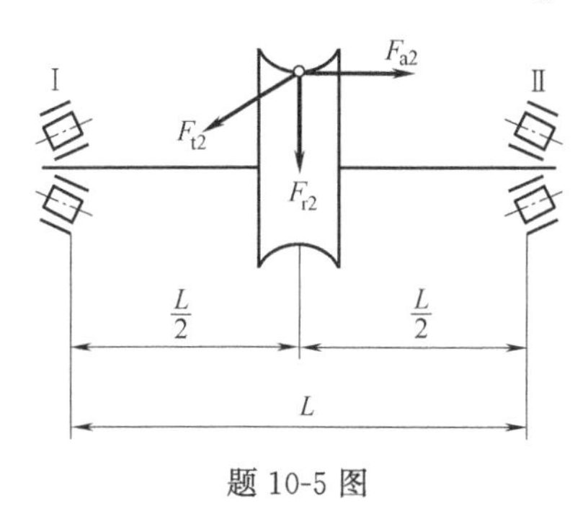

题10-5图

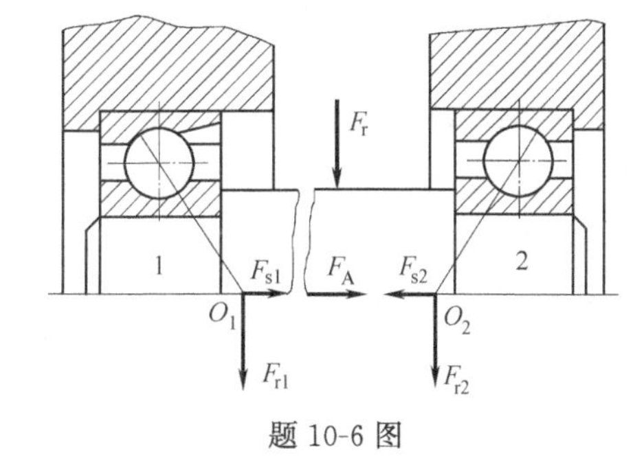

题10-6图

笔记

项目十一

轴的设计

知识目标

1. 了解轴的功用、分类、常用材料及热处理；
2. 熟悉轴的结构工艺性、轴上零件的定位和固定方法；
3. 掌握轴的结构设计方法和强度计算。

技能目标

1. 能够选用科学合理的方法实现轴上零件的轴向定位和周向固定；
2. 能够正确分析轴上的受力情况并进行强度计算。

任务导入

试完成图 11-1 所示带式输送机中一级斜齿圆柱齿轮减速器的低速轴的设计任务。设计条件：轴的转速 $n=80\text{r/min}$，传递功率 $P=3.15\text{kW}$。轴上齿轮的参数为：法面模数 $m_n=3\text{mm}$，螺旋角 $\beta=12°$，齿数 $z=94$，齿宽 $b=70\text{mm}$。

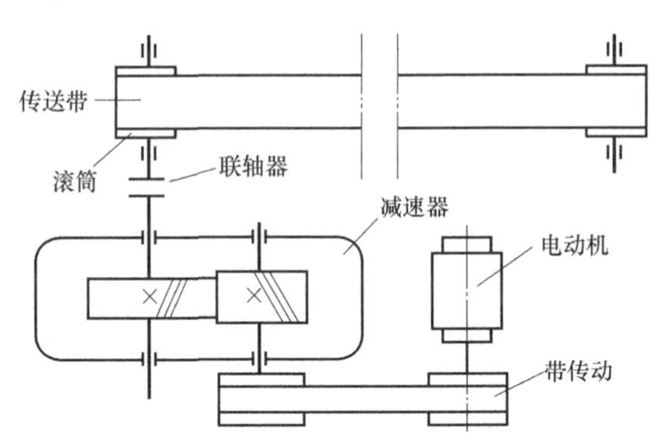

图 11-1　带式输送机机构运动简图

知识链接

11.1　轴的功用、分类和设计要求

11.1.1　轴的功用

轴是组成机器的重要零件之一，其主要功用是支承旋转零件（如齿轮、链轮、带轮等）

传递运动和转矩。它的结构和尺寸是由被支承的零件和支承它的轴承的结构和尺寸决定的。

11.1.2　轴的分类

轴的种类很多，可根据不同的分类原则对其进行讨论。

11.1.2.1　按受载情况分类

（1）心轴　只承受弯矩不传递转矩的轴称为心轴。心轴又分为固定心轴和转动心轴，如图 11-2（a）所示自行车前轮轴（固定心轴）和图 11-2（b）所示火车车轮轴（转动心轴）。

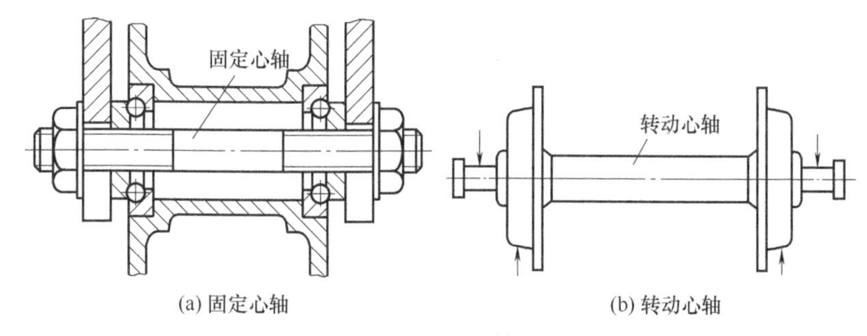

图 11-2　心轴

（2）传动轴　只承受转矩不承受弯矩的轴称为传动轴。如图 11-3 所示汽车变速箱与后桥之间的轴。

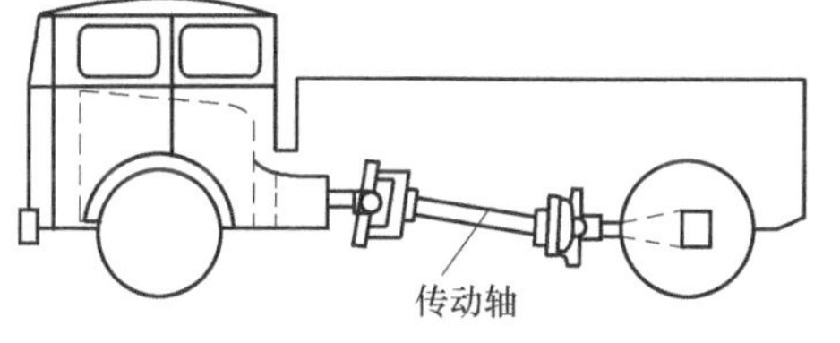

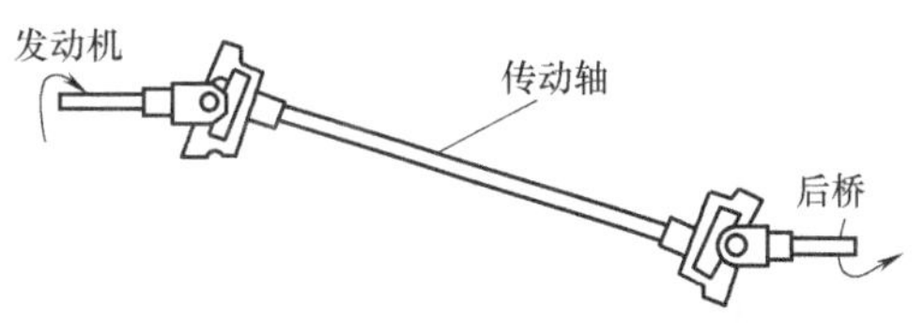

图 11-3　传动轴

笔记

（3）转轴　工作中同时承受弯矩和转矩的轴称为转轴，各类机械中最为常见，如齿轮减速器中的轴，如图 11-4 所示。

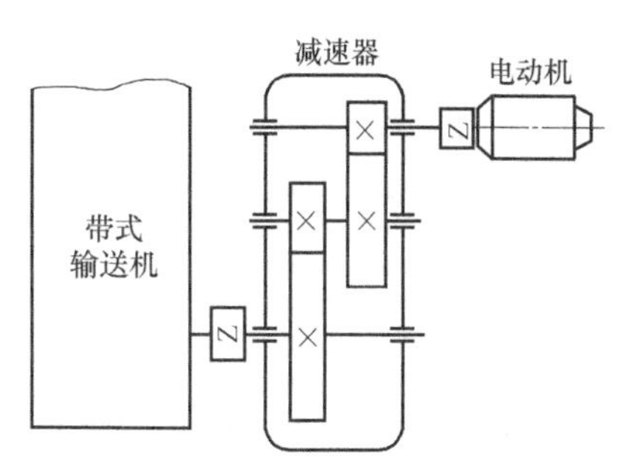

图 11-4　减速箱中的转轴

11.1.2.2　按其轴线形状分类

（1）直轴　轴线为一直线的轴称为直轴。直轴按其外形不同分为光轴［图 11-5（a）］和阶梯轴［图 11-5（b）］。光轴在组合机床、纺织机械和仪器仪表中用得较多。各段直径不等的直轴称为阶梯轴。由于阶梯轴上零件便于拆装和固定，又能使各轴段的强度相近，同时还能节省材料和减轻重量，所以在机械中的应用最普遍。

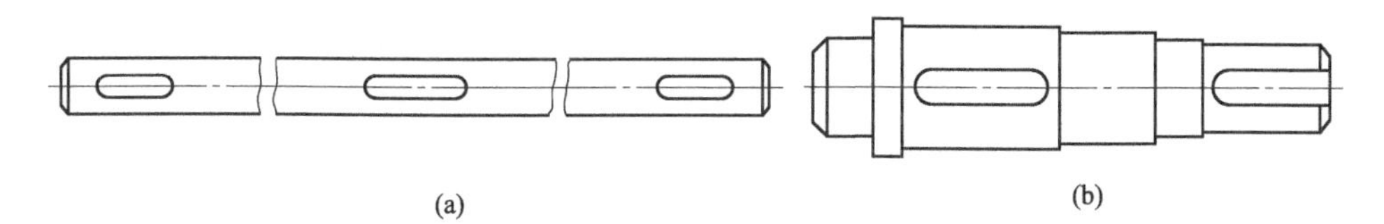

图 11-5　直轴

(2) 曲轴　轴线不为直线的轴称为曲轴，如图 11-6 所示。它主要用在需要将回转运动和往复运动进行相互转换的机械之中，如内燃机、冲床等，是往复运动机械中的专业零件。

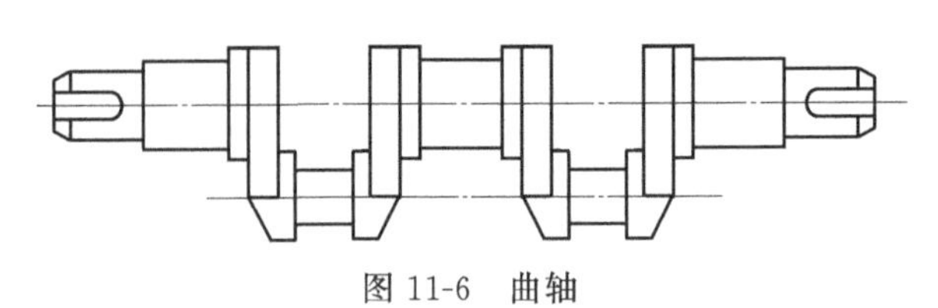

图 11-6　曲轴

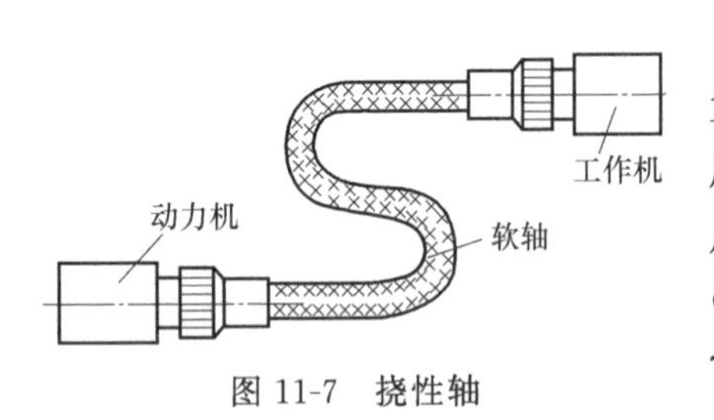

图 11-7　挠性轴

(3) 挠性轴　可以把回转运动灵活地传到任何位置的钢丝软轴，如图 11-7 所示。它是由多组钢丝分层卷绕而成的。它的主要特点是具有良好的挠性，常用于医疗器械、汽车里程表和电动的手持小型机具(如铰孔机等)的传动等。

11.1.2.3　按其内部形状分类

按内部形状，轴可分为空心轴和实心轴。若因为机器的需要，需减小质量，输送润滑油、切削液等，可将轴制成空心的形式，如图 11-8 所示为一空心轴。

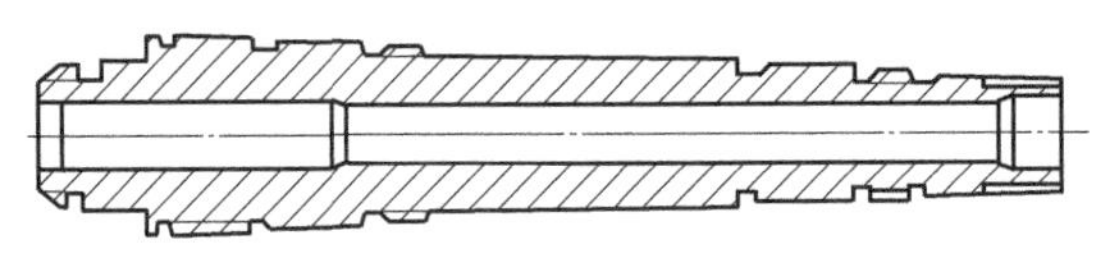

图 11-8　空心轴

11.1.3　轴的设计要求

笔记

轴的结构设计主要是根据工作要求并考虑制造工艺等因素，选用合适的材料，确定正确的结构形状和尺寸。为此，设计时应使轴具有足够的承载能力，即轴必须具有足够的强度和刚度，以保证轴能正常工作。同时要具有合理的形状，使轴上的零件能定位正确，固定可靠，易于装拆，加工方便，成本较低。

11.2　轴的材料

轴的失效多为疲劳破坏，所以轴对材料的要求是：具有足够的疲劳强度，对应力集中的敏感性小，具有足够的耐磨性，易于加工和热处理，价格合理。

(1) 碳素钢　在轴的材料中常用的有 30、35、40、45 和 50 等优质碳素钢，尤以 45 钢应用最为广泛。用优质碳素钢制造的轴，一般均应进行正火或调质处理，以改善材料的力学性能。不重要的或受力较小的轴，可用 Q235A、Q255A、Q275A 等普通碳素钢制造，一般不进行热处理。

(2) 合金钢　合金钢比碳素钢具有更好的力学性能和热处理性能，但对应力集中较敏感，价格也较贵，因此多用于重载、高温、要求尺寸小、重量轻、耐磨性好等特殊要求的场合。需要指出的是合金钢和碳素钢的弹性模量相差很小，因此在形状和尺寸相同的情况下，用合金钢来替代碳素钢不能提高轴的刚度。此外在设计合金钢轴时，必须注意从结构上减小应力集中和减小其表面粗糙度。

（3）球墨铸铁　球墨铸铁和高强度铸铁适用于形状复杂的轴或大型转轴。其优点是不需要锻压设备、价廉、吸振性好，对应力集中不敏感；缺点是冲击韧性低，铸造质量不易控制。

选择材料时，应考虑载荷的大小和性质、轴的重要性、轴的结构和加工工艺等因素。

轴的常用材料主要是碳素钢、合金钢和铸铁，其热处理及主要力学性能见表 11-1。

表 11-1　轴的常用材料及其力学性能

材料牌号	热处理类型	毛坯直径/mm	硬度(HBS)	抗拉强度 σ_b/MPa	屈服点 σ_s/MPa	应用说明
Q235～Q275				440～600	235～275	用于不重要的轴
35	正火	≤100	149～187	520	270	用于一般轴
	调质	≤100	156～207	560	300	
45	正火	≤100	170～217	600	300	用于强度高、韧性中等的较重要的轴
	调质	≤200	217～255	650	360	
40Cr	调质	25	≤207	1000	800	用于强度要求高、有强烈磨损而无很大冲击的重要轴
		≤100	241～286	750	550	
35SiMn	调质	25	≤229	900	750	可代替 40Cr，用于中、小型轴
		≤100	229～286	800	520	
42SiMn	调质	25	≤220	900	750	与 35SiMn 相同，但专供表面淬火之用
		≤100	229～286	800	520	
		>100～200	217～269	750	470	
40MnB	调质	25	≤207	1000	800	可代替 40Cr，用于小型轴
		≤200	241～286	750	500	
35CrMo	调质	25	≤229	1000	350	用于重载的轴
		≤100	207～269	750	550	
		>100～300		700	500	
QT600-2			229～302	600	420	用于发动机的曲轴和凸轮等

11.3　轴的结构设计

轴的结构设计应使轴上零件有准确的工作位置（定位）和牢固的固定；便于轴上零件装拆和调整（安装）；轴还应具有足够的强度和良好的加工工艺性等。轴的结构设计比较复杂，没有标准的固定模式，所以结构设计具有较大的灵活性和多样性。

11.3.1　轴的结构

为了便于装拆，一般的转轴均为中间大、两端小的阶梯轴，如图 11-9 所示为阶梯轴的典型结构。轴上各直径段的名称：安装传动零件的部分称为轴头（①、④段），轴被轴承所支承的部分称为轴颈（③、⑦段），连接轴头和轴颈的部分称为轴身（②、⑥段），用作轴上零件轴向定位的台阶部分称为轴肩，用作轴上零件轴向定位的环形部分称为轴环（⑤段）。

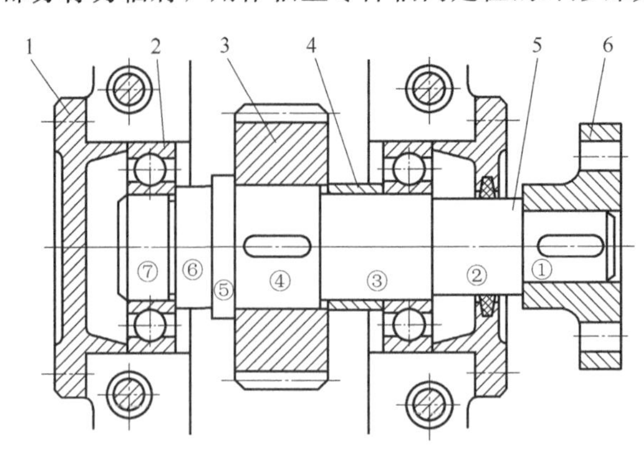

图 11-9　阶梯轴的典型结构

1—轴承端盖；2—轴承；3—齿轮；4—套筒；5—轴身；6—半联轴器

11.3.2　轴的结构设计

11.3.2.1　轴结构设计分析

轴的结构设计应满足：①轴和轴上零件要有准确、牢固的工作位置；②轴上零件装拆、调整方便；③轴应具有良好的制造工艺性等；④尽量避免应力集中。

为便于轴上零件的装拆和固定，通常将轴设计成阶梯形。图 11-10 所示为阶梯轴上零件的装拆图。图中表明，可依次把齿轮、套筒、右端滚动轴承、轴承盖、带轮和轴端挡圈从轴的右端装入，由于轴的各段直径不同，当零件往轴上装配时，既不擦伤配合表面，又使装配方便；左端滚动轴承从轴的左端装入。

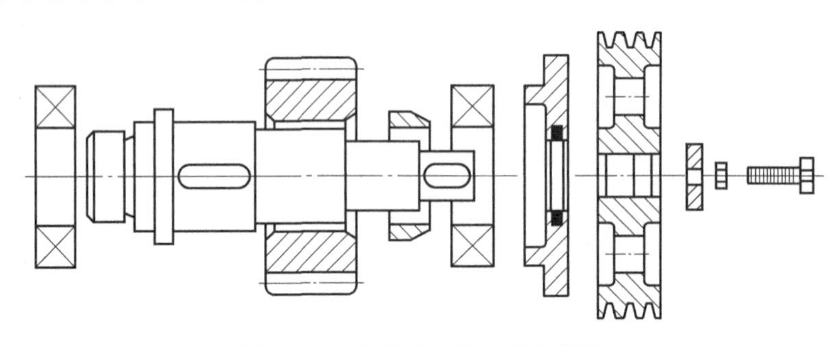

图 11-10　阶梯轴上零件的装拆图

轴的结构形式取决于轴上零件的装配方案。设计轴时应拟定几种不同的装配方案，以便进行比较与选择，以轴的结构简单，轴上零件少为佳。如图 11-11（a）所示为一单级圆柱齿轮减速器输入轴的结构形式，按此方案，圆柱齿轮、套筒、左端轴承及轴承端盖和带轮依次由轴的左端装配与拆卸；而图 11-11（b）所示为输入轴的另一装配方案。经分析比较，后者比前者多设一个轴向固定的套筒，使轴上零件增多，重量增大，同时也增加了装配难度，因此前一个方案较为合理。

11.3.2.2　轴结构设计步骤

轴结构的设计步骤如图 11-12 所示。

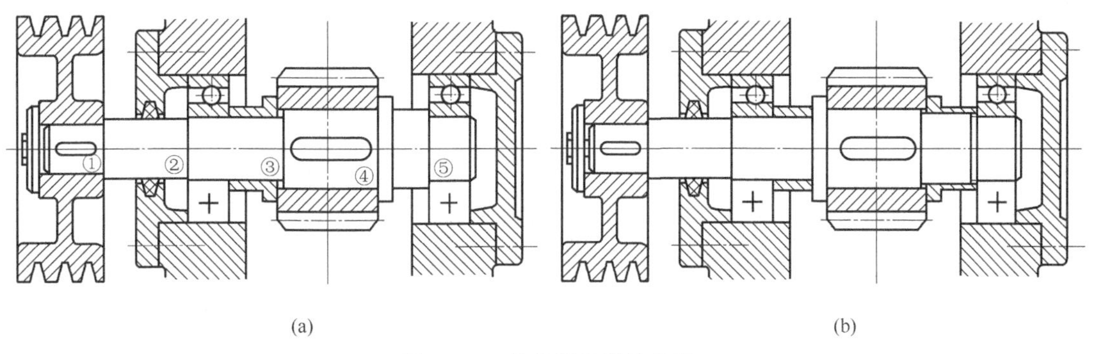

图 11-11　轴的结构设计分析

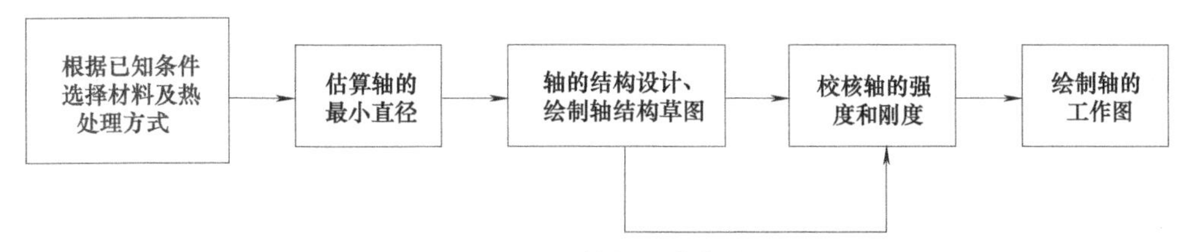

图 11-12　轴的设计步骤

11.3.3　轴上零件的固定

11.3.3.1　轴上零件的轴向固定

轴上零件的轴向定位及固定的方式常用轴肩、轴环、锁紧挡圈、套筒、圆螺母和止动垫圈、弹性挡圈、轴端挡圈等。其特点和应用见表 11-2。

表 11-2　轴上零件的轴向定位和固定方式

固定方式	结构简图	特点及应用
轴肩或轴环	I　b　h　d　轴肩　轴环　I放大　h　R　r　h　C　r　$h>R>r$　$h>C>r$	固定可靠，承受轴向力大，轴肩、轴环高度 h 应大于轴的圆角半径 R 和倒角高度 C，一般取 $h_{min} \geqslant (0.07 \sim 0.1)d$；但安装滚动轴承的轴肩、轴环高度 h 必须小于轴承内圈高度 h_1（由轴承标准查取）以便轴承的拆卸。轴环宽度 $b \approx 1.4h$。零件倒角 C_1 或圆角半径 R_1 的数值见表 11-3
套筒	套筒	简单可靠，简化了轴的结构且不削弱轴的强度。常用于轴上两个近距离零件间的相对固定，不宜用于高速转轴。为了使轴上零件与套筒紧紧贴合，轴头应较轮毂长度短 2～3mm

笔记

续表

固定方式	结构简图	特点及应用
圆螺母与止动垫圈	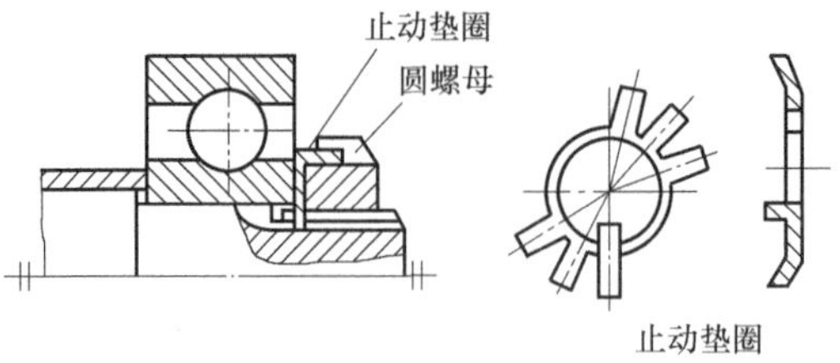 止动垫圈 圆螺母 止动垫圈	固定可靠，可承受较大的轴向力，能实现轴上零件的间隙调整。用于固定轴中部的零件时，可避免采用过长的套筒，以减小质量。但轴上须切制螺纹和退刀槽，应力集中较大，故常用于轴端零件固定。为减小对轴强度的削弱，常用细牙螺纹。为防止松动，须加止动垫圈或使用双螺母
弹性挡圈	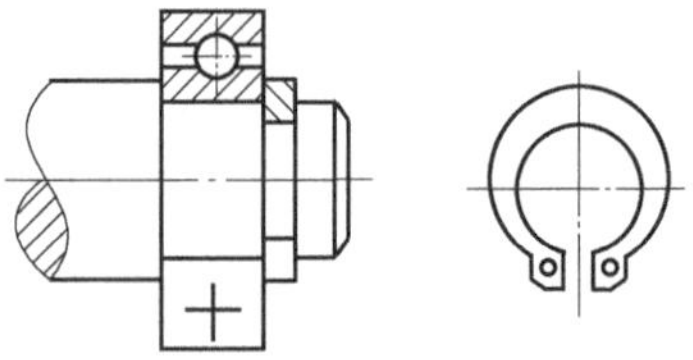	结构简单紧凑，装拆方便，但轴向承受力较小，且轴上切槽将引起应力集中。可靠性差，常用于轴承的轴向固定。轴用弹性挡圈的结构尺寸可查设计手册
紧定螺钉	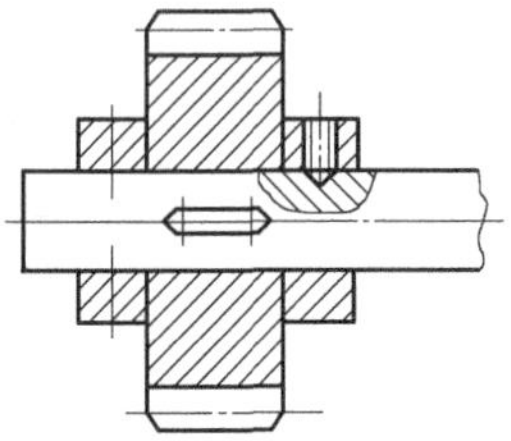	紧定螺钉与轴固定，结构简单，但不能承受大的轴向力。紧定螺钉适用于轴向力很小、转速很低或仅为防止偶然轴向滑移的场合。同时可起周向固定的作用
圆锥面和轴端挡圈	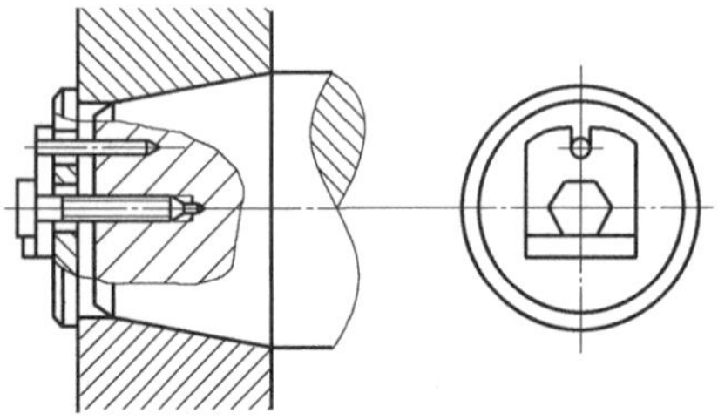	用圆锥面配合装拆方便，且可兼作周向固定，能消除轴和轮毂间的径向间隙，能承受冲击载荷。只用于轴端零件固定，常与轴端挡圈联合使用，实现零件的双向固定。轴端挡圈（又称压板）用于轴端零件的固定，工作可靠，能承受较大轴向力，应配合止动垫片等防松措施使用
销连接	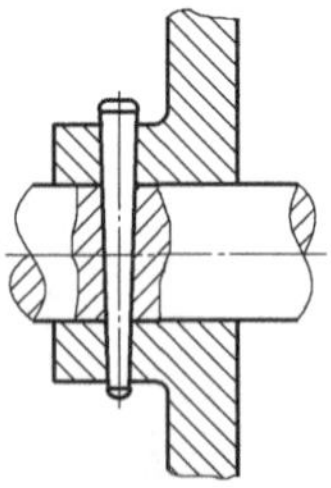	结构简单，但轴的应力集中较大。用于受力不大，同时需要轴向和周向固定的场合

笔记

表 11-3　零件倒角 C_1 或圆角半径 R_1　　mm

轴径 d	>10～18	>18～30	>30～50	>50～80	>80～100
R(轴)	0.8	1.0	1.6	2.0	2.5
C_1 或 R_1(孔)	1.6	2.0	3.0	4.0	5.0

11.3.3.2 轴上零件的周向固定

为了满足机器传递运动和转矩的要求，轴上零件除了需要轴向定位外，还必须有可靠的周向定位。常用的周向定位如图 11-13 所示。

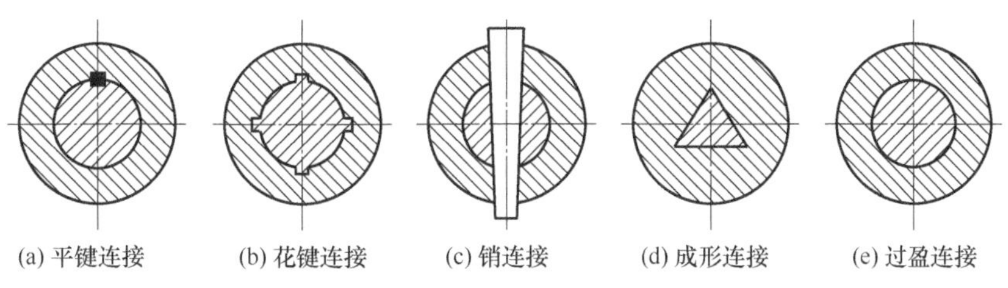

图 11-13 零件的周向定位

11.3.4 轴结构尺寸的确定

11.3.4.1 确定轴的各段直径

由于设计初期，轴的长度、支反力作用点和跨距等都是未知的，往往无法确定弯矩的大小和分布情况，因而还不能按轴所受的实际载荷来计算和确定轴的直径。此时，通常先根据轴所传递的转矩，按扭转强度来初步估算轴的直径。

$$\tau=\frac{T}{W_P}\approx\frac{9.55\times10^6\dfrac{P}{n}}{0.2d^3}\leqslant[\tau] \tag{11-1}$$

则轴的直径计算公式为

$$d\geqslant\sqrt[3]{\frac{9.55\times10^6 P}{0.2[\tau]n}}=\sqrt[3]{\frac{9.55\times10^6}{0.2[\tau]}}\sqrt[3]{\frac{P}{n}}=C\sqrt[3]{\frac{P}{n}} \tag{11-2}$$

式中 P——轴传递的功率，kW；

n——轴的转速，r/min；

C——计算常数，其值与轴的材料有关，可按表 11-4 确定；

$[\tau]$——轴材料许用扭转切应力，MPa。

表 11-4 常用轴材料的 $[\tau]$ 及 C 值

轴的材料	Q235,20	35	45	40Cr,35SiMn,42SiMn,38SiMnMo,20CrMnTi
C	160～135	135～118	118～107	107～98
$[\tau]$/MPa	12～20	20～30	30～40	40～52

注：1. 若弯矩相对转矩很小或只受转矩时，$[\tau]$ 取较大值，C 取小值；

2. 当用 Q235 及 35SiMn 钢时，C 取较大值，$[\tau]$ 取小值。

用以上方法计算出的轴径，只是纯扭转作用下的轴的强度计算，实际上多数轴都是转轴，这些轴的受力情况较复杂，这种计算方法不能正确反映轴的内部受力情况。但由于多数轴的结构是中间粗、两端细的形状，且轴的两端弯矩较小或为零，因此，用这种方法得出的轴的直径可以作为转轴的最小轴径，并在此基础上，按轴的两端细中间粗的原则，根据具体传动方案，布置轴上的零件，确定各轴段的尺寸。

确定各轴段的直径时，应注意下列几点：

（1）应考虑键槽对轴的强度削弱。例如算最小轴径时，若该处有一个键槽，则直径的计算值应加大3%～5%；若有两个键槽，则应加大7%～10%，然后圆整至标准值。

（2）轴上装配标准件处，其轴段直径必须符合标准件的标准直径系列值（如联轴器、滚动轴承、密封件等）。

（3）轴上车制螺纹部分的直径，必须符合外螺纹大径的标准系列值。

（4）与零件（如齿轮、带轮等）相配合的轴头直径，应采用按优先数系制定的标准尺寸（表11-5）。

（5）非配合轴段的直径，可不取标准值，但一般应取成整数。

表11-5 轴头标准直径（摘自GB/T 2822—2005） mm

10	11	12	14	16	18	20	22	25	28	30	32	36
40	45	50	56	60	63	71	75	80	85	90	95	100

11.3.4.2 确定轴的各段长度

根据各轴段处装配零件的宽度、相邻零件间的间距要求以及机器（或部件）总体布局要求等，可确定各轴段的长度。

确定轴的各段长度时，应注意以下几点：

（1）当零件需要轴向定位时，则该处轴段的长度应比所装零件的宽度（或长度）短2～3mm，以保证零件沿轴向可靠定位，如装齿轮、带轮和联轴器的轴段。

（2）装轴承处的轴段长度一般与轴承宽度相同。

（3）其余段的轴段长度可根据总体结构的要求（如零件间的相对位置、拆装要求、轴承间隙的调整等）在结构设计中确定。

11.3.5 轴的结构工艺性

笔记

轴的结构形状和尺寸应尽量满足加工、装配和维修的要求。为此，常采用以下措施：

（1）当某一轴段需车制螺纹或磨削加工时，应留有退刀槽[图11-14（a）]或砂轮越程槽[图11-14（b）]。

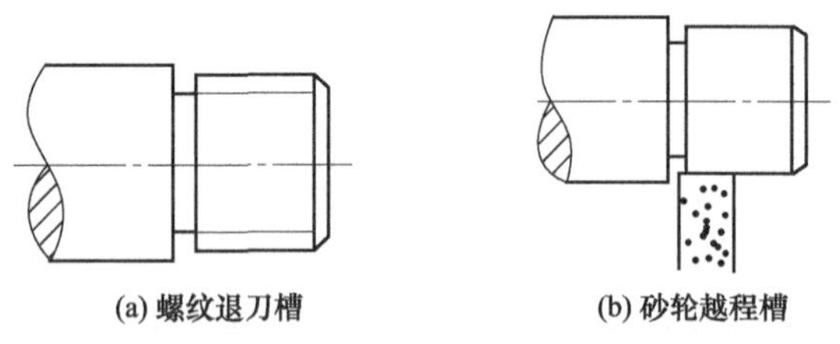

(a) 螺纹退刀槽 (b) 砂轮越程槽

图11-14 螺纹退刀槽和砂轮越程槽

（2）轴上所有键槽应沿轴的同一母线布置，如图11-15所示。

（3）为了便于轴上零件的装配和去除毛刺，轴端及轴肩一般均应制出45°的倒角。过盈配合轴段的装入端常加工出半锥角为30°的导向锥面，如图11-16所示。

（4）为了便于拆卸滚动轴承，轴肩高度h一般为轴承内圈高度的2/3。若因结构上的原因轴肩高度超出允许值时，可利用锥面过渡，如图11-16所示。

（5）为便于加工，应使轴上直径相近处的圆角、倒角、键槽和越程槽等尺寸一致。

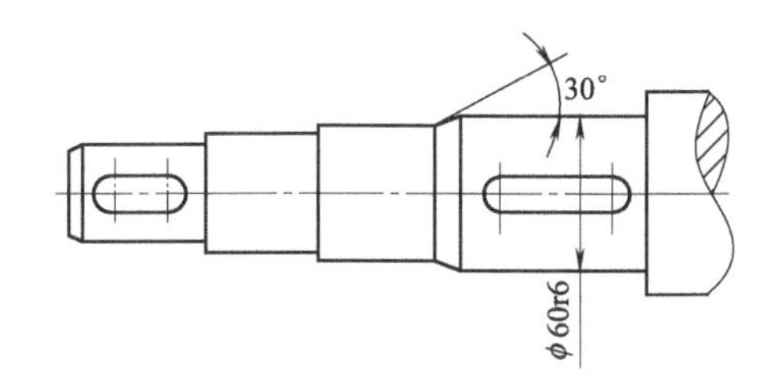

图 11-15　键槽沿轴的同一母线

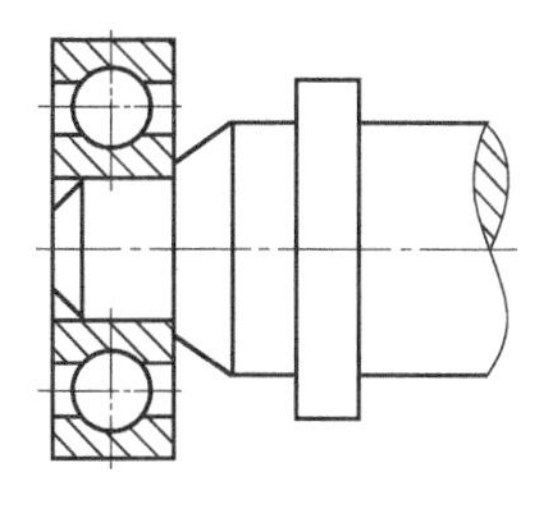

图 11-16　轴肩的锥面过渡

11.3.6　提高轴的疲劳强度

轴大多在变应力下工作，结构设计时应尽量减少应力集中，以提高轴的疲劳强度。

11.3.6.1　结构设计方面

零件截面发生突然变化的地方，都会产生应力集中的现象。因此，对阶梯轴来说，在截面尺寸变化处应采用圆角过渡，圆角半径不宜过小，并尽量避免在轴上（特别是应力大的部位）开横孔、切口和凹槽。必须开横孔时，孔边要倒圆角。在重要结构中，可采用卸荷槽 B［图 11-17（a）］、中间环［图 11-17（b）］或凹切圆槽［图 11-17（c）］，增大轴肩圆角半径，以减少局部应力。在轴与轴上零件的过盈配合处，在零件轮毂上开卸荷槽 B［图 11-17（d）］，也能减少过盈配合处的局部应力。

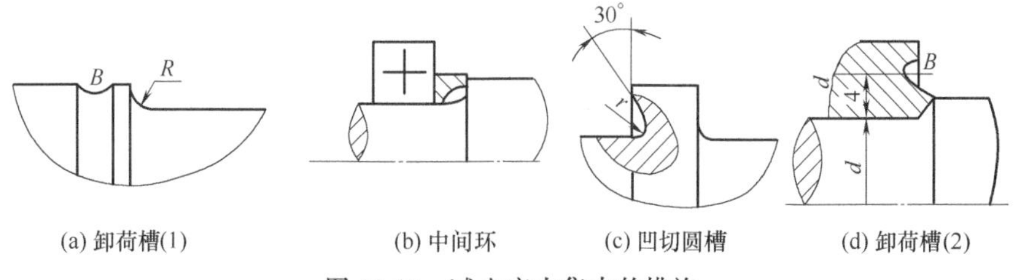

(a) 卸荷槽(1)　(b) 中间环　(c) 凹切圆槽　(d) 卸荷槽(2)

图 11-17　减少应力集中的措施

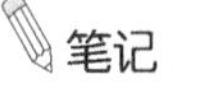

11.3.6.2　改善轴的表面品质

轴的表面质量对轴的疲劳强度有很大影响，改善轴的表面品质可提高轴的疲劳强度。

（1）降低轴的表面粗糙度，增大轴的表面状态系数，以发挥其抗疲劳的性能。

（2）进行轴的表面强化处理，如表面渗碳、液体碳氮共渗以及渗氮等化学处理，辗压、喷丸等强化处理，使材质表层产生压应力，避免产生疲劳裂纹，提高轴的承载能力。

11.3.6.3　合理受载

起同样作用的轴，采用不同的结构，其受载情况也不相同。应尽量从结构上考虑，使轴的受载合理。如图 11-18 所示，若把图（a）输入轮置于轴一端的结构，改为图（b）输入轮置于两输出轮之间的结构，则轴所受的最大转矩由 T_1+T_2 减小为 T_1（$T_1>T_2$）。

【例 11-1】 图 11-19 是一轴系部件的结构图，在轴的结构和零件固定方面存在一些不合理的地方，请在图上标出这些不合理的地方，并说明不合理的原因，最后画出正确的轴系部件的结构图。

解： 序号 1 处有三处不合理的地方：①联轴器应打通；②安装联轴器的轴段应有定位轴

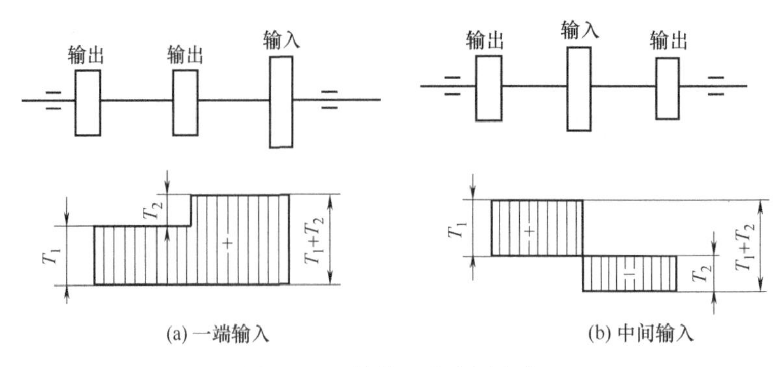

图 11-18　轴的两种布置方案

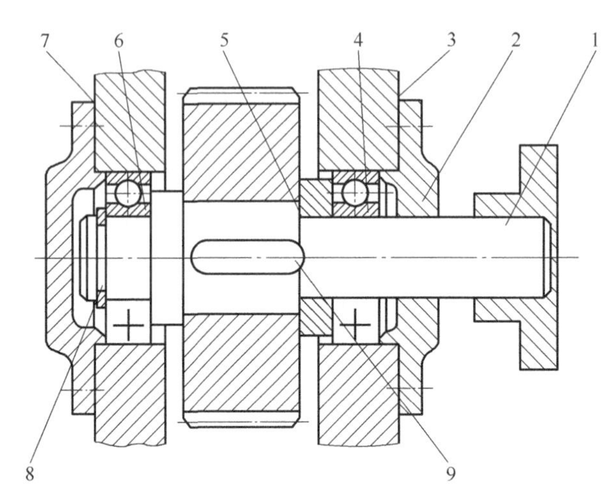

图 11-19　轴结构改错图

肩；③安装联轴器的轴段上应有键。

序号 2 处有三处不合理的地方：①轴承端盖和轴接触处应留有间隙；②轴承端盖和轴接触处应装有密封圈。

序号 3 处有两处不合理的地方：①安装轴承端盖的部位应高于整个箱体，以便加工；②箱体本身的剖面不应该画剖面线。

序号 4 处有一处不合理的地方：安装轴承的轴段应高于右边的轴段，形成一个轴肩，以便轴承的安装。

序号 5 处有两处不合理的地方：①安装齿轮的轴段长度应比齿轮的宽度短一点，以便齿轮更好地定位；②套筒直径太大，套筒的最大直径应小于轴承内圈的最小直径，以方便轴承的拆卸。

序号 6 处有两处不合理的地方：①定位轴肩太高，应留有拆卸轴承的空间；②安装轴承的轴段应留有砂轮越程槽。

序号 7 处有两处不合理的地方：①安装轴承端盖的部位应高于整个箱体，以便加工；②箱体本身的剖面不应该画剖面线。

序号 8 处的结构虽然可以用，但还能找到更好的结构，例如单向固定的结构。

序号 9 处有一处不合理的地方：键太长，键的长度应小于该轴段的长度。

正确的轴系部件的结构图如图 11-20 所示。

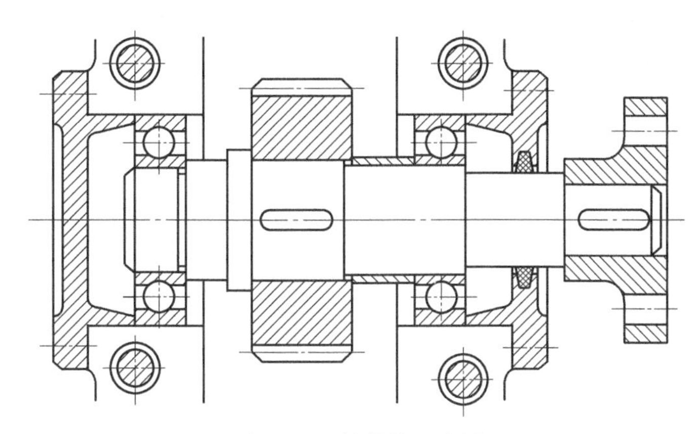

图 11-20　轴结构正确图

11.4　轴的强度计算

11.4.1　轴的计算简图

在机械设备中，轴的具体结构各不相同，受力情况也往往非常复杂，若按实际情况对轴进行受力分析，则非常烦琐。因此，在实际工程中对轴进行强度和刚度计算时，为了便于分析和计算，通常都要对轴的结构和载荷进行必要的简化，建立轴的合理简化力学模型，即轴的计算简图。

通常将轴简化为一置于铰链支座上的梁，轴和轴上零件的自重可忽略不计，轴上分布载荷按图 11-21 所示方法简化。

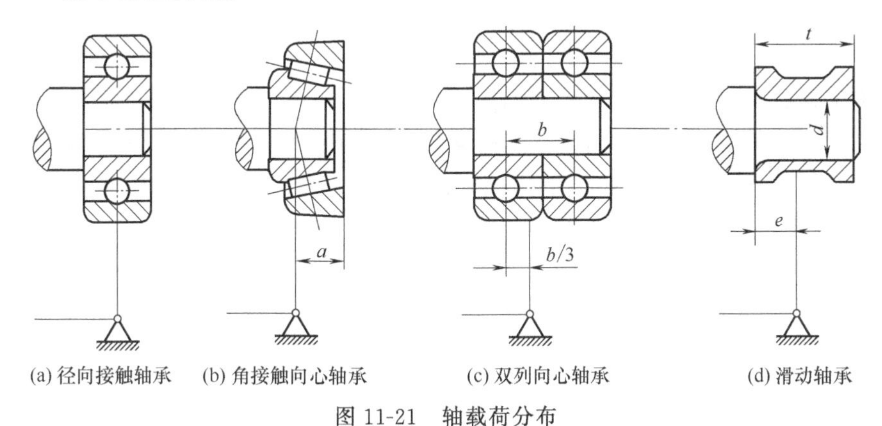

图 11-21　轴载荷分布

11.4.2　轴的强度计算

在轴的结构设计完成后，外载荷和轴的支点位置就可确定，轴各截面的弯矩即可算出，此时可用弯扭合成强度校核。对于钢制轴，应用材料力学第三强度理论可得

$$\sigma_b=\frac{M_e}{W}=\frac{\sqrt{M^2+(\alpha T)^2}}{0.1d^3}\leqslant[\sigma_b] \tag{11-3}$$

式中　M_e——当量弯矩，N・mm，$M_e=\sqrt{M^2+(\alpha T)^2}$；

α——折合系数（若为不变扭矩，则 $\alpha=0.3$；转矩为脉动循环，则 $\alpha\approx0.6$；对称循环的转矩，取 $\alpha=1$）；

T——转矩，N·mm；

M——合成弯矩，N·mm，$M=\sqrt{M_H^2+M_V^2}$，M_H 和 M_V 分别为水平面和垂直面的弯矩；

$[\sigma_b]$——轴材料的许用弯曲应力，MPa，见表 11-6。

计算轴的直径 d 时，可将式（11-2）写为

$$d\geqslant\sqrt[3]{\frac{M_e}{0.1[\sigma_b]}} \tag{11-4}$$

表 11-6　轴的许用弯曲应力

材料	σ_b	$[\sigma_b]_{+1}$	$[\sigma_b]_0$	$[\sigma_b]_{-1}$
	MPa			
碳素钢	400	130	70	40
	500	170	75	45
	600	200	95	55
	700	230	110	65
合金钢	800	270	130	75
	900	300	140	80
	1000	330	150	90
铸钢	400	100	50	30
	500	120	70	40

注：$[\sigma_b]_{+1}$、$[\sigma_b]_0$、$[\sigma_b]_{-1}$ 分别为材料在静应力、脉动循环应力和对称循环应力作用下的许用弯曲应力。

笔记

轴受载荷后会产生弹性变形，影响轴的刚度。在机械中，若轴的刚度不够，会影响机器的正常工作。如机床的主轴变形时，将会影响机床的加工精度；电动机转子轴的弯曲变形太大时，将使转子和定子的间隙改变而影响电动机性能。所以，轴必须有足够的刚度，必要时，须进行轴的刚度计算。具体计算参考有关资料。

【例 11-2】 设计如图 11-22 所示减速器的从动轴。已知：传递功率 $P=13\text{kW}$，从动轮转速 $n_2=220\text{r/min}$，齿轮分度圆直径 $d_2=269.1\text{mm}$，螺旋角 $\beta=9°59'12''$，法向压力角 $\alpha_n=20°$，齿轮宽度 $b=90\text{mm}$，采用 6211 深沟球轴承，载荷基本平稳，单向传动。

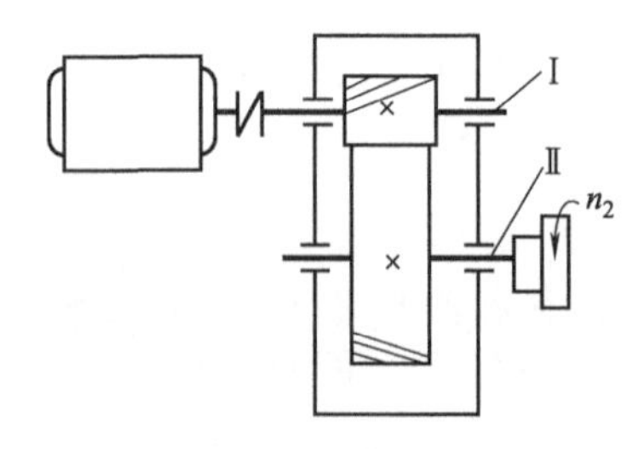

图 11-22　减速器

解： 将设计计算过程与结果列于下表。

计　算　与　说　明	结　果
(1)选择轴的材料，确定许用应力 因减速器为一般机械，无特殊要求，故选用 45 钢，正火处理。查表 11-1，取 $\sigma_b=600\text{MPa}$，查表 11-6 得 $[\sigma_b]_{-1}=55\text{MPa}$	$\sigma_b=600\text{MPa}$ $[\sigma_b]_{-1}=55\text{MPa}$
(2)按扭转强度初估轴的最小直径 查表 11-4，$C=115$，代入式(11-2)得 $d \geqslant C\sqrt[3]{\frac{P}{n}}=115\sqrt[3]{\frac{13}{220}}=44.8(\text{mm})$ 轴端装联轴器需开键槽，故应将轴径增大 5%，即 $d=44.8\times1.05=47.04(\text{mm})$。考虑补偿轴的位移，选用弹性柱销联轴器。由 n 和转矩 $T_c=KT=1.5\times9550\times10^3\times13/220=846477.27(\text{N}\cdot\text{mm})$ 查 GB/ T 5014—2003 选用 LX3 弹性柱销联轴器，标准孔径 $d=48\text{mm}$(查表得载荷系数 $K=1.5$)	联轴器规格：GB/T 5014—2003 LX3　48×82 $d=48\text{mm}$ $K=1.5$
(3)轴的结构设计 做轴的结构设计时，绘制轴的结构草图(图 11-23)和确定各部分尺寸应交替进行。 ①确定轴上零件的位置和固定方式 图 11-23　减速器的输出轴草图	

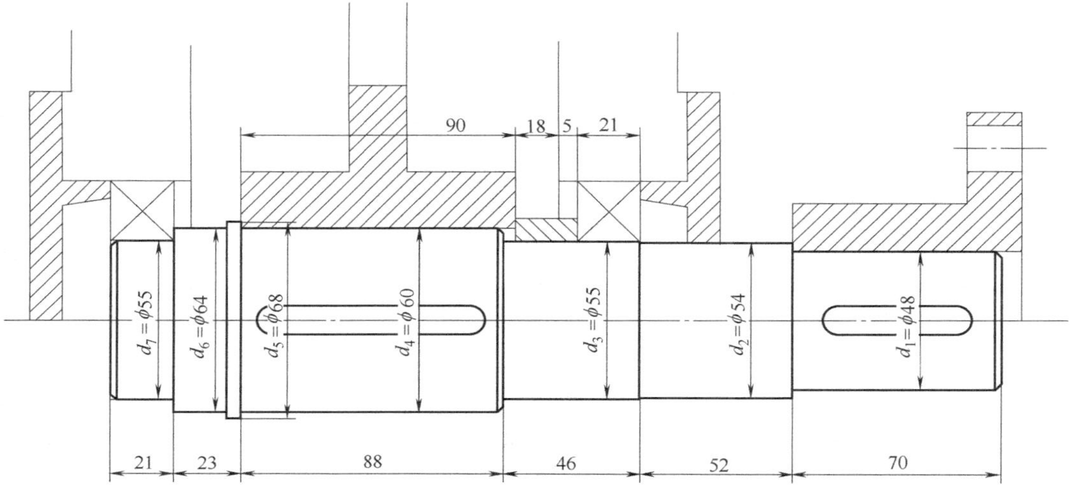

笔记

续表

计 算 与 说 明	结 果
斜齿轮传动有轴向力，故采用角接触球轴承。半联轴器左端用轴肩定位，依靠A型普通平键连接实现周向固定。齿轮布置在两轴承中间，左侧用轴环定位，右侧用套筒与轴承隔开并作轴向定位；齿轮和轴选用A型平键作周向固定；两端轴承选用过盈配合作周向固定；左轴承靠轴肩和轴承盖，右轴承靠套筒和轴承盖作轴向定位。 ②径向尺寸确定。 从轴段 $d_1=48$mm 开始，逐段选取相邻轴段的直径，如图11-23所示，d_2 起定位作用，定位轴肩高度 h_{min} 可在 $(0.07\sim0.1)d_1$ 范围内选取，故 $d_2=d_1+2h\geqslant48\times(1+2\times0.07)=53.76$mm，取 $d_2=54$mm，右轴颈直径按滚动轴承的标准取 $d_3=55$mm；装齿轮的轴头直径按非定位轴肩计算取 $d_4=60$mm；轴环高度 $h_{min}\geqslant(0.07\sim0.1)d_4$，取 $h=4$mm，故直径 $d_5=68$mm，宽度 $b\approx1.4h=5.6$mm，取 $b=7$mm；左轴颈直径 d_7 与右轴颈直径 d_3 相同，即 $d_7=d_3=55$mm；根据题意轴承型号为6211，由机械设计手册查得 $r_s=1.5$mm，考虑到轴承的装拆，按轴承的安装尺寸取 $d_6=64$mm。 ③轴向尺寸的确定。 与传动零件（如齿轮、带轮、联轴器等）相配合的轴段长度，一般略小于传动零件的轮毂宽度。根据齿轮宽度为90mm，取轴头长为88mm，以保证套筒与轮毂端面贴紧；6211轴承宽度由附表查得21mm，故左轴颈长亦取21mm，为使齿轮端面、轴承端面与箱体内壁均保持一定距离（图中分别取18mm和5mm），取套筒宽为23mm；轴穿过轴承盖部分的长度，根据箱体结构取52mm；轴外伸端长度根据联轴器尺寸取70mm。可得出两轴承的跨距为 $L=157$mm	$d_1=48$mm $d_2=54$mm $d_3=55$mm 轴承6211 $d_4=60$mm $d_5=68$mm $d_6=64$mm $d_7=55$mm
（4）按弯扭组合校核轴的强度 ①计算齿轮受力。 转矩 $T=9550\times10^6\dfrac{P}{n}=9550\times10^6\times\dfrac{13}{220}=564000(\text{N}\cdot\text{mm})$ 齿轮圆周力 $F_t=\dfrac{2T}{d_2}=\dfrac{2\times564000}{269.1}=4192(\text{N})$ 齿轮径向力 $F_r=F_t\dfrac{\tan\alpha_n}{\cos\beta}=4192\times\dfrac{\tan20^\circ}{\cos9^\circ59'12''}=1557(\text{N})$ 齿轮轴向力 $F_a=F_t\tan\beta=4192\times\tan9^\circ59'12''=739(\text{N})$ ②绘制轴的受力简图，如图11-24(a)所示。 ③计算支承反力[图11-24(b)、(c)]。 水平平面支承反力为 $F_{HA}=F_{HB}=\dfrac{F_t}{2}=\dfrac{4192}{2}=2096(\text{N})$	$T=564000\text{N}\cdot\text{mm}$ $F_t=4192$N $F_r=1557$N $F_a=739$N $R_{HA}=2096$N

续表

计　算　与　说　明	结　果
垂直平面支承反力	
$F_{VA}=\dfrac{F_r\times\dfrac{L}{2}-F_a\times\dfrac{d_2}{2}}{L}=\dfrac{1557\times\dfrac{157}{2}-739\times\dfrac{269.1}{2}}{157}\approx145(\mathrm{N})$	$R_{VA}=145\mathrm{N}$
$F_{VB}=F_r-F_{VA}=1557-145=1412(\mathrm{N})$	$R_{VB}=1412\mathrm{N}$
④绘制弯矩图。	
水平平面弯矩图[图 11-24(b)]。C 截面处的弯矩为	
$M_{HC}=F_{HA}\times\dfrac{L}{2}=2096\times\dfrac{157}{2}\approx164500(\mathrm{N\cdot mm})$	$M_{HC}=164500\mathrm{N\cdot mm}$
垂直平面弯矩图[图 11-24(c)]。C 截面偏左处的弯矩为	
$M'_{VC}=F_{VA}\times\dfrac{L}{2}=145\times\dfrac{157}{2}\approx11000(\mathrm{N\cdot mm})$	$M'_{VC}=11000\mathrm{N\cdot mm}$
C 截面偏右处的弯矩为	
$M''_{VC}=F_{VB}\times\dfrac{L}{2}=1412\times\dfrac{157}{2}\approx110800(\mathrm{N\cdot mm})$	$M''_{VC}=110800\mathrm{N\cdot mm}$
作合成弯矩图[图 11-24(d)]。C 截面偏左的合成弯矩为	
$M'_C=\sqrt{M_{HC}^2+(M'_{VC})^2}=\sqrt{164500^2+11000^2}\approx165000(\mathrm{N\cdot mm})$	$M'_C=165000\mathrm{N\cdot mm}$
C 截面偏右的合成弯矩为	
$M''_C=\sqrt{M_{HC}^2+(M''_{VC})^2}=\sqrt{164500^2+110800^2}\approx198000(\mathrm{N\cdot mm})$	$M''_C=198000\mathrm{N\cdot mm}$
⑤作转矩图[图 11-24(e)]。	
$T=564000\mathrm{N\cdot mm}$	
图 11-24	

笔记

续表

计 算 与 说 明	结 果
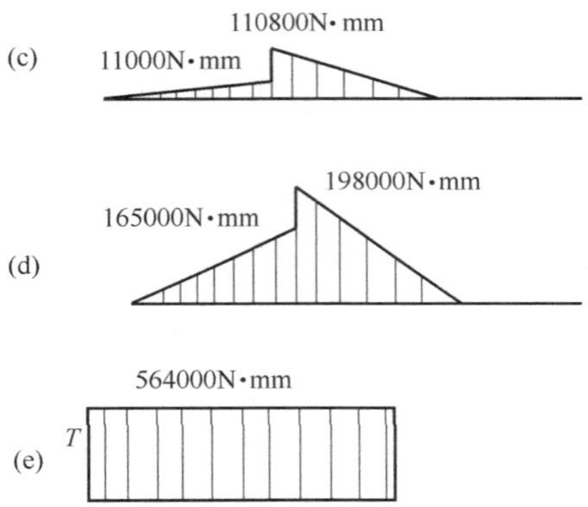 (c) 110800N·mm 11000N·mm (d) 198000N·mm 165000N·mm (e) 564000N·mm T 图 11-24 轴的受力和弯矩、转矩图 ⑥校核轴的强度。 轴在截面 C 处的弯矩和转矩最大，故为轴的危险截面，校核该截面直径。因是单向传动，转矩可认为按脉动循环变化，故取 $\alpha=0.6$，危险截面的最大当量弯矩为 $M_e=\sqrt{M''^2_C+(\alpha T)^2}=\sqrt{198000^2+(0.6\times564000)^2}\approx392000(\mathrm{N\cdot mm})$ 轴危险截面所需的直径为 $d_c\geqslant\sqrt[3]{\frac{M_e}{0.1[\alpha_b]_{-1}}}=\sqrt[3]{\frac{392000}{0.1\times55}}=41.5(\mathrm{mm})$ 考虑到该截面上开有键槽，故将轴径增大 5%，即 $d_c=41.5\times1.05=43.6<60\mathrm{mm}$。 结论：该轴强度足够。如所选轴承和键连接等经计算后确认寿命和强度均能满足，则该轴的结构无须修改 (5)绘制轴的零件工作图 如图 11-25 所示。	$M_e=392000\mathrm{N\cdot mm}$ $d_c=43.6\mathrm{mm}$ 该轴的强度足够

续表

计算与说明	结果
 技术要求 1.45钢正火硬度162～217HBS; 2.未注倒角1.5×45°; 3.未注圆角$R1$。 标题栏 图 11-25 轴的零件工作图	

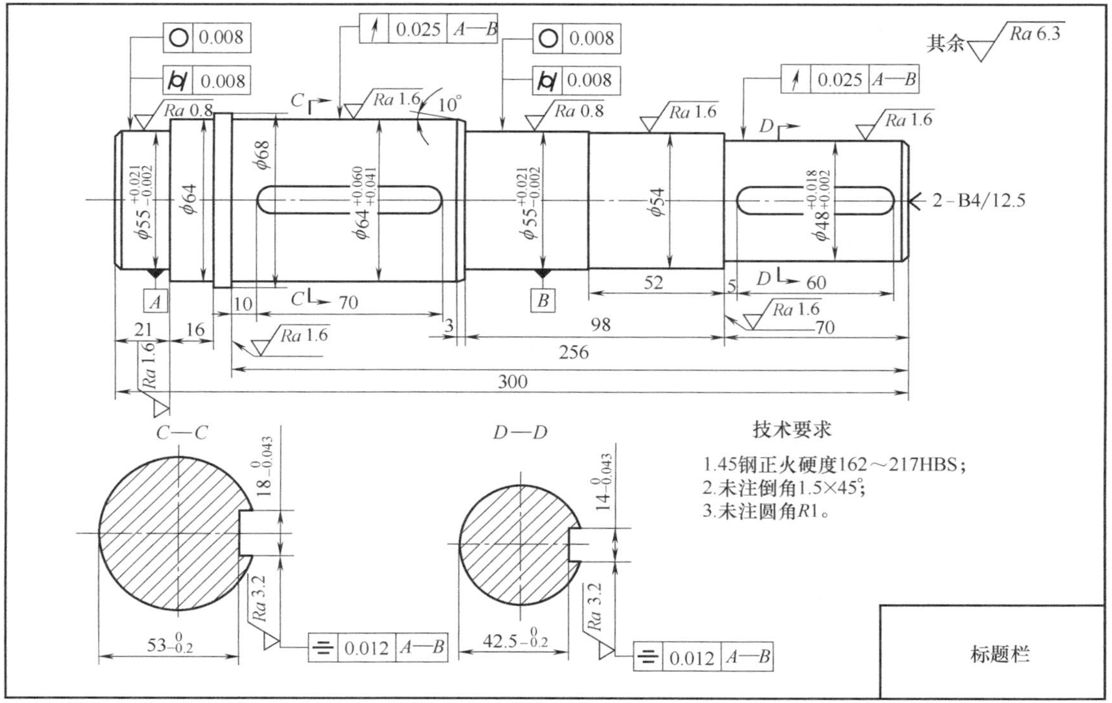

笔记

任务实施

根据任务导入要求，任务实施具体如下：

（1）选择轴的材料和热处理方法　减速器功率不大，又无特殊要求，故选最常用的45钢并做正火处理。由表11-1查得抗拉强度 $\sigma_b=600\text{MPa}$，许用弯曲应力 $[\sigma_b]_{-1}=55\text{MPa}$。

（2）初步估算轴的最小直径　安装联轴器处轴的直径为轴的最小直径 d_1。根据式（11-2），查表11-4得 $C=118\sim107$，于是得

$$d_1 \geqslant C\sqrt[3]{\frac{P}{n}}=(118\sim107)\times\sqrt[3]{\frac{3.15}{80}}=40.14\sim36.4\ (\text{mm})$$

考虑该轴段上有一键槽，轴颈应增大3%～5%，即

$$d_1=(40.14\sim36.4)\times(1.03\sim1.05)=42.15\sim37.49(\text{mm})$$

该任务中轴头安装弹性套柱销联轴器，故轴颈应取其孔径系列标准值，查机械设计手册，取 $d_1=40\text{mm}$。

（3）轴的结构设计

1）拟定轴上零件的装配方案　轴上的大部分零件，包括齿轮、挡油环（兼作套筒）、左端轴承和轴承端盖及联轴器依次从左端装配，仅右端轴承和轴承端盖由右端装配。

2）根据轴向定位的要求确定轴的各段直径和长度　根据轴的结构设计要求，轴的结构草图设计如图11-26所示。轴段①、②之间应有定位轴肩；轴段②、③及③、④之间应设置非定位轴肩以利于装配；轴段⑤为轴环。

笔记

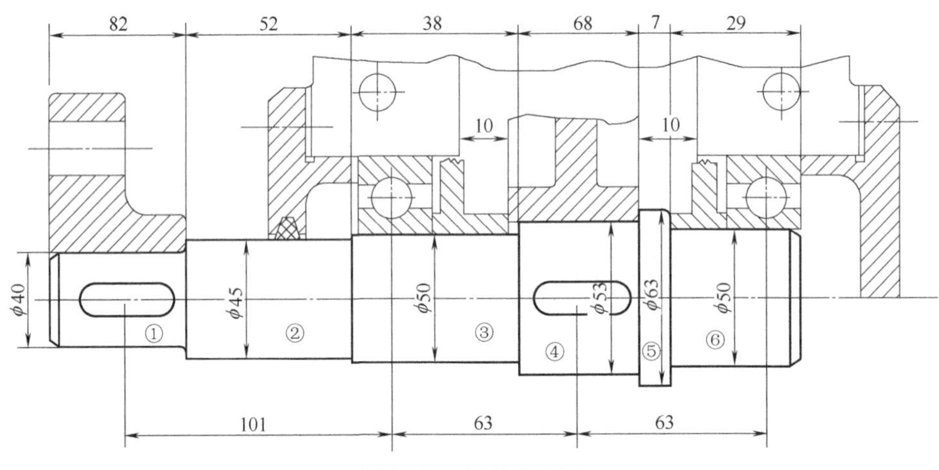

图11-26　轴结构草图

轴段①：由第（2）步已确定 $d_1=40\text{mm}$，查附表5，LT7弹性套柱销联轴器与轴配合部分的长度 $L_1=84\text{mm}$，为保证轴端挡圈压紧联轴器，l_1 应比 L_1 略小，故取 $l_1=82\text{mm}$。

轴段②：联轴器右端用轴肩定位，根据 $h=(0.07\sim0.1)d_1=2.8\sim4\text{mm}$，并考虑满足密封件的直径系列（见附表4）要求，取轴肩高 $h=2.5\text{mm}$，故 $d_2=d_1+2h=(40+2\times2.5)\text{mm}=45\text{mm}$。该段长度可根据结构和安装要求最后确定。

轴段③：这段轴径由滚动轴承的内径来决定。斜齿轮虽有轴向力但其值不大，所以选用结构简单、价格便宜的深沟球轴承。因为已确定 $d_2=45\text{mm}$，所以选6010型轴承（其宽度

B 为 16mm，内径为 50mm)，故取 $d_3=50\text{mm}$。左轴承用挡油环（兼作套筒）定位，根据轴承对安装尺寸的要求，挡油环左侧高度应取 3mm。

轴段③的长度 l_3 的确定如下：考虑箱体铸造误差，保证齿轮两侧端面与箱体内壁不相碰，齿轮端面至箱体内壁应有 10～15mm 的距离，本题取 10mm。为保证轴承含在箱体轴承座孔内，并考虑轴承的润滑［图示为脂润滑，为防止箱体内润滑油溅入轴承而带走润滑脂，应设挡油环（兼作套筒定位)］，为此轴承端面至箱体内壁应有 10～15mm 的距离，本题取 10mm（如为油润滑应取 3～5mm)，故挡油环的总宽度为 20mm。因此 $l_3=[16+20+(70-68)]\text{mm}=38\text{mm}$。

轴段②的长度 l_2：根据箱体箱盖的加工和安装要求，取箱体轴承座孔长度为 51mm，轴承端盖和箱体之间应有调整垫片，取其厚度为 2mm；轴承端盖厚度取 10mm；为了保证拆卸轴承端盖或松开端盖加润滑油及调整轴承时，联轴器不与轴承端盖连接螺钉相碰，联轴器右端面与端盖间应有 15～20mm 的间隙，本题取 15mm。

因此 $l_2=15+10+2+51+10+2-l_3=15+10+2+51+10+2-38=52$（mm）

轴段④：安装齿轮，此直径尽可能采用推荐的轴头标准系列值（见表 11-5)，但轴的尺寸不宜取得过大，取 $d_4=53\text{mm}$。该段长度应小于齿轮轮毂宽度，取 $l_4=68\text{mm}$。

轴段⑤：齿轮右端用轴环定位，根据 $h=(0.07\sim0.1)d_4=(0.07\sim0.1)\times53=(3.71\sim5.3)\text{mm}$，取 $h=5\text{mm}$，故轴环直径 $d_5=d_4+2h=(53+2\times5)\text{mm}=63\text{mm}$，轴环宽度一般为高度的 1.4 倍，取 $l_5=7\text{mm}$。

轴段⑥：取 $d_6=d_3=50\text{mm}$（同一轴的两端轴承常用同一尺寸，以便于保证轴承座孔的同轴度及轴承的购买、安装和维修)。因为是一级减速器，齿轮相对箱体对称布置，基于和轴段③同样的考虑，$l_6=(20+16-7)\text{mm}=29\text{mm}$。

深沟球轴承的支反力作用点在轴承的结构中心处。因此两支座之间的跨距 $L=(8+20+70+20+8)\text{mm}=126\text{mm}$，由此可进行轴和轴承等的计算。

(4) 轴的强度校核

1) 画轴的计算简图　由轴的结构草图（见图 11-26)，可确定出轴承支点跨距 $l_{BC}=l_{CD}=63\text{mm}$，悬臂 $l_{AB}=101\text{mm}$。

笔记

2) 计算轴上外力

$$T=9.55\times10^6\frac{P}{n}=9.55\times10^6\times\frac{3.15}{80}=376031.25\ (\text{N}\cdot\text{mm})$$

$$d=\frac{m_n z}{\cos\beta}=\frac{3\times94}{\cos12^\circ}=288.30\ (\text{mm})$$

$$F_t=\frac{2T}{d}=\frac{2\times376031.25}{288.30}=2608.61\ (\text{N})$$

$$F_r=F_t\frac{\tan\alpha_n}{\cos\beta}=2608.61\times\frac{\tan20^\circ}{\cos12^\circ}=970.67\ (\text{N})$$

$$F_a=F_t\tan\beta=2608.61\times\tan12^\circ=554.48\ (\text{N})$$

3) 求支反力　求水平面内支反力，并作出水平面内的弯矩 M_H 图，如图 11-27（c）所示。

$$F_{HB}=\frac{F_a\times\frac{d}{2}+F_r\times l_{CD}}{l_{BD}}=\frac{554.48\times\frac{288.3}{2}+970.67\times63}{126}=1119.69\ (\text{N})$$

$$F_{HD}=F_r-F_{HB}=970.67-1119.69=-149.02\ (\text{N})$$

$$M_{HC左}=F_{HB}l_{BC}=1119.69\times63=70540.47\ (\text{N}\cdot\text{mm})$$

$$M_{HC右}=F_{HD}l_{CD}=-149.02\times63=-9388.26\ (\text{N}\cdot\text{mm})$$

求垂直面内支反力，并作出垂直面内的弯矩 M_V 图，如图 11-27（e）所示。

$$F_{VB}=F_{VD}=\frac{F_t}{2}=\frac{2608.61}{2}=1304.31\ (\text{N})$$

$$M_{VC}=F_{VB}l_{BC}=1304.31\times63=82171.53\ (\text{N}\cdot\text{mm})$$

计算合成弯矩，作出合成弯矩 M 图，如图 11-27（f）所示。

$$M_{C左}=\sqrt{M_{HC左}^2+M_{VC}^2}=\sqrt{70540.47^2+82171.53^2}=108296.44\ (\text{N}\cdot\text{mm})$$

$$M_{C右}=\sqrt{M_{HC右}^2+M_{VC}^2}=\sqrt{(-9388.26)^2+82171.53^2}=82706.1\ (\text{N}\cdot\text{mm})$$

计算转矩并作出转矩 T 图，如图 11-27（g）所示。

$$T=376031.25\text{N}\cdot\text{mm}$$

计算当量弯矩：对于减速器而言，轴所承受的扭转切应力一般可按脉动循环变化考虑，故取修正系数 $\alpha=0.6$，则截面 C 的当量弯矩为

$$M_e=\sqrt{M_{C左}^2+(\alpha T)^2}=\sqrt{108296.44^2+(0.6\times376031.25)^2}=250263.74\ (\text{N}\cdot\text{mm})$$

校核轴的强度：由式（10-5）可得

$$\sigma_e=\frac{M_e}{W_z}=\frac{M_e}{0.1d_4^3}=\frac{250263.74}{0.1\times53^3}=16.81(\text{MPa})$$

因 $\sigma_e<[\sigma_b]_{-1}=55\text{MPa}$，故截面 C 的强度足够。

（5）绘制轴的零件工作图（略）

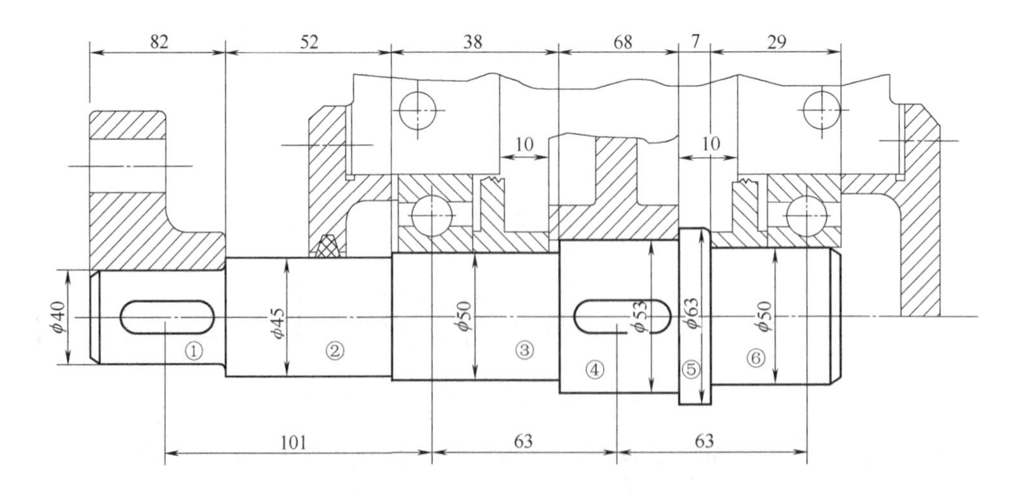

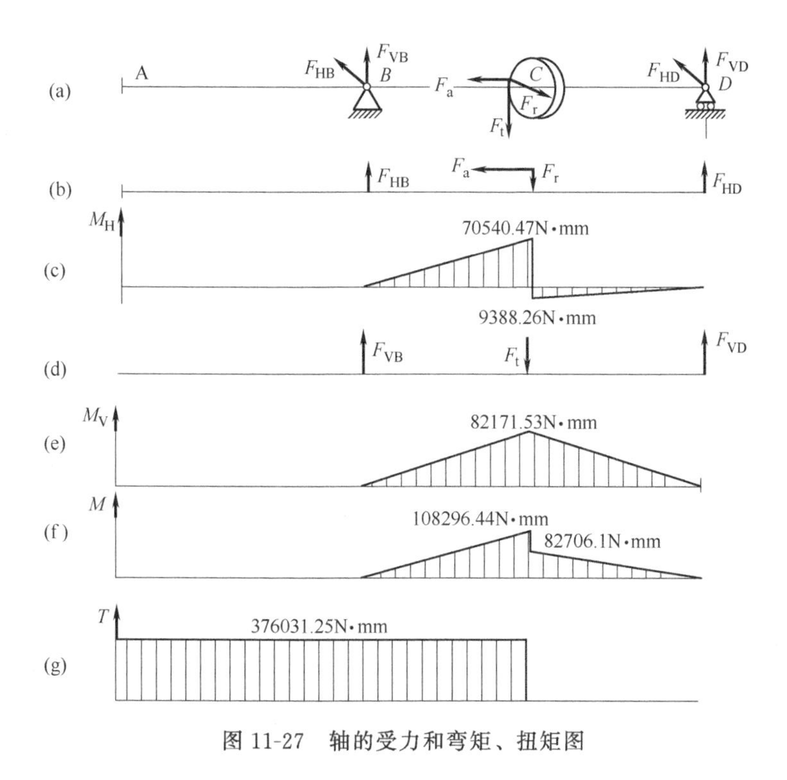

图 11-27　轴的受力和弯矩、扭矩图

项目练习

判断题

(1) 转轴指承受弯矩而不承受扭矩。 (　　)

(2) 轴上零件承受轴向力时，采用弹性挡圈来进行轴向固定。 (　　)

(3) 轴上零件在轴上的安装必须进行周向固定和轴向固定。 (　　)

(4) 轴肩、轴环、轴套等结构可对轴上零件进行轴向定位。 (　　)

(5) 为降低应力集中，轴上应制出退刀槽和越程槽等工艺结构。 (　　)

(6) 轴头的直径尺寸必须符合轴承内孔的直径标准系列。 (　　)

(7) 弹性挡圈与紧定螺钉定位，用于轴向力较小的场合。 (　　)

(8) 阶梯轴的截面尺寸变化处采用圆角过渡的目的是为了便于加工。 (　　)

(9) 计算得到轴颈尺寸，必须按标准系列圆整。 (　　)

(10) 为了保证轮毂在阶梯轴上的轴向固定可靠，轴头的长度必须大于轮毂的长度。 (　　)

选择题

(1) 工作时只传递转矩，不承受弯矩的轴称为（　　）。

A. 心轴　　B. 转轴　　C. 传动轴

(2) 轴与轴承配合的部位称为（　　）。

A. 轴头　　B. 轴颈　　C. 轴身　　D. 定心表面

(3) 对于承受载荷较大的重要轴，常用材料是（　　）。

A. HT200　　B. 40Cr 调质钢　　C. Q235A 钢

笔记

（4）轴的最小直径是按（　　）来初步计算的。

A. 弯曲强度　　B. 扭转强度　　C. 轴段上零件的孔径

（5）在齿轮减速器中，低速轴轴径一般比高速轴轴径（　　）。

A. 大　　B. 小　　C. 一样

（6）轴环的作用是（　　）。

A. 加工轴时的定位面　　B. 提高轴的强度

C. 使轴上零件获得轴向固定　　D. 提高轴的刚度

（7）当轴上零件要承受较大的轴向力时，采用（　　）定位较好。

A. 圆螺母　　B. 紧定螺钉　　C. 弹性挡圈

（8）增大轴在截面变化处的圆角半径的目的在于（　　）。

A. 便于零件的周向固定　　B. 降低应力集中，提高轴的疲劳强度

C. 便于轴的加工

（9）用轴端挡圈、轴套或圆螺母作为轴向固定时，轴头的长度应比零件的轮毂长度（　　）。

A. 短一些　　B. 长一些　　C. 一样

（10）轴端倒角是（　　）。

A. 为了装配方便　　B. 为了减小应力集中

C. 为了便于加工　　D. 为了轴上零件的定位

简答题

（1）轴按功用与所受载荷的不同分为哪三种？常见的轴大多属于哪一种？

（2）轴的结构设计应从哪几个方面考虑？

（3）制造轴的常用材料有几种？若轴的刚度不够，是否可采用高强度合金钢提高轴的刚度？为什么？

笔记

（4）轴上零件的周向固定有哪些方法？采用键固定时应注意什么？

（5）轴上零件的轴向固定有哪些方法？各有何特点？

（6）在齿轮减速器中，为什么低速轴的直径要比高速轴的直径大得多？

（7）在轴的弯扭合成强度校核中，α 表示什么？为什么要引入 α？

（8）常用提高轴的强度和刚度的措施有哪些？

实作题

11-1　图示为一机械传动装置，齿轮 2 空套在Ⅲ轴上，齿轮 1、3 均和轴用键连接，卷筒和齿轮 3 固联而和轴Ⅳ空套。试指出Ⅰ、Ⅱ、Ⅲ、Ⅳ轴各属于哪种类型的轴。

11-2　图示为减速器输出轴，齿轮用油润滑，轴承用脂润滑。指出其中的结构错误，并说明原因。

11-3　试设计图中直齿圆柱齿轮减速器的从动轴。已知传递的功率 $P=7.5\text{kW}$，大齿轮转速 $n_2=730\text{r/min}$，齿数 $z_2=50$，模数 $m=2\text{mm}$，齿宽 $b=60\text{mm}$，采用深沟球轴承，单向转动，轴的跨距为 120mm。

11-4　根据图中所示的尺寸，试确定轴承的内径、套筒的内径和外径、安装联轴器和齿轮处轴段的长度。

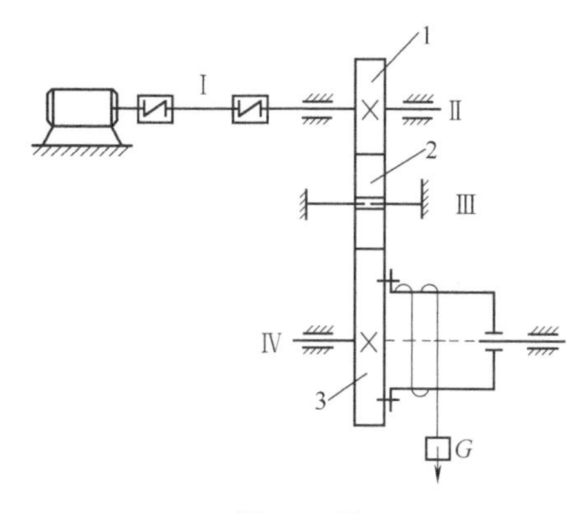

题 11-1 图

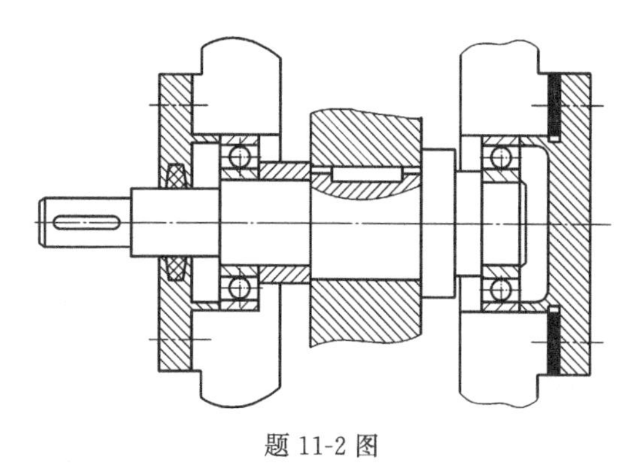

题 11-2 图

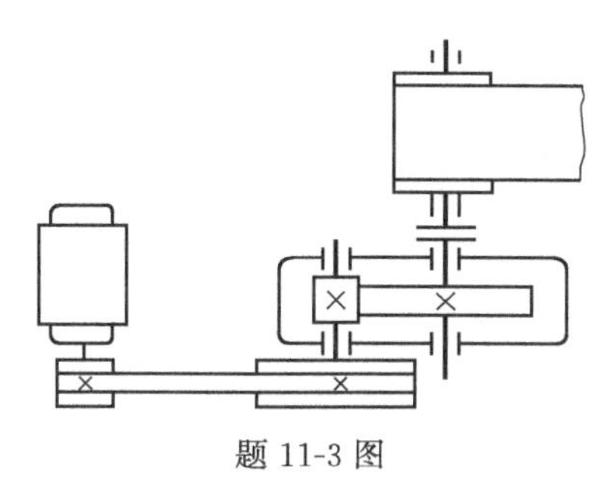

题 11-3 图

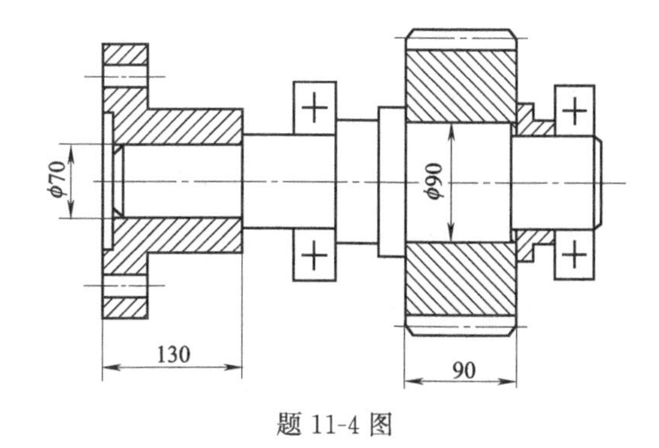

题 11-4 图

项目十二

弹　簧

知识目标

1. 了解弹簧功用、类型，弹簧的结构形式及应用；
2. 掌握弹簧的工作原理、材料及其制造。

技能目标

1. 能够根据机构（部件）的工作需要，选择合适的弹簧类型；
2. 能够计算圆柱螺旋弹簧的结构参数。

任务导入

如图 12-1 所示，完成如下任务：简述内燃机进、排气阀门控制中弹簧的应用。

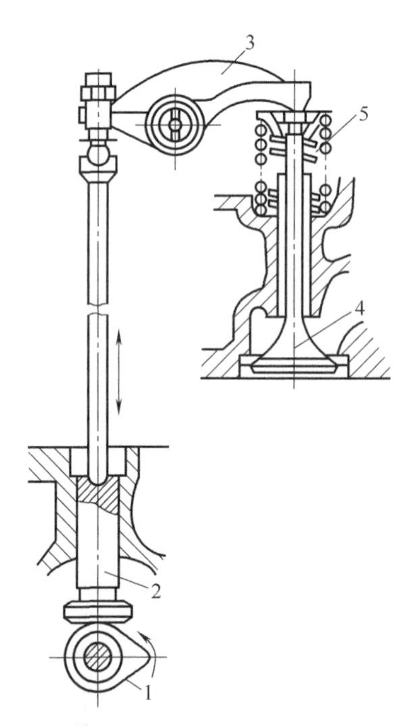

图 12-1　内燃机进、排气阀门控制机构

1—凸轮；2，3，4—杆；5—弹簧

弹簧是一种常用的弹性元件，广泛应用于各种机械设备、仪器、仪表和车辆之中。本章主要介绍圆柱螺旋弹簧。

知识链接

12.1 弹簧的功用和类型

12.1.1 弹簧的功用

弹簧受外力作用后能产生较大的弹性变形，因而能把机械功或动能转变为变形能，反之也能把变形能转变为机械功或动能。

弹簧的主要功用有：

(1) 缓和冲击和吸收振动　如车辆中的减振弹簧以及各种缓冲器用的弹簧等。

(2) 控制机构的运动或零件的位置　如内燃机的阀门弹簧，离合器、制动器的控制弹簧等。

(3) 储存能量　如钟表、仪器中的弹簧等。

(4) 测量力和力矩　如测力器和弹簧秤中的弹簧等。

(5) 改变机器的自振频率　如用于电动机和压缩机的弹性支座。

12.1.2 弹簧的类型

为了满足不同的工作要求，弹簧有各种不同的类型：

(1) 按照所承受的载荷不同，弹簧可分为拉伸弹簧、压缩弹簧、扭转弹簧和弯曲弹簧等四种；

(2) 按照形状的不同，弹簧可分为螺旋弹簧、碟形弹簧、环形弹簧、涡旋弹簧和板弹簧等；

(3) 按照使用材料的不同，弹簧可分为金属弹簧和非金属弹簧。

弹簧的类型、特点及应用见表12-1。

笔记

表12-1　弹簧的类型、特点及应用

类型	简　图	特点及应用	类型	简　图	特点及应用
圆柱螺旋压缩弹簧		承受压力，刚度稳定，结构简单，制作方便，应用最为广泛	碟形弹簧		承受压力，缓冲及减振能力强，常用于重型机械的缓冲和减振装置
圆柱螺旋扭转弹簧		承受转矩，主要用于各种装置中的压紧和蓄能	涡旋弹簧		承受转矩，能储存较大的能量，常用作仪器、钟表中的弹簧

续表

类型	简　图	特点及应用	类型	简　图	特点及应用
圆柱螺旋拉伸弹簧		承受拉力，刚度稳定，结构简单，制作方便，应用最为广泛	环形弹簧		承受压力，是目前最强的压缩、缓冲弹簧，常用于重型设备，如机车、锻压设备和机械中的缓冲装置
圆锥螺旋弹簧		承受压力，结构紧凑，稳定性好，防振能力较强，多用于承受大载荷和减振的场合	板弹簧		承受弯曲，变形大、吸振能力强，主要用于汽车、拖拉机和铁路车辆的悬挂装置

12.2 弹簧的材料和制造

12.2.1 弹簧常用材料

工作性质和条件对弹簧材料的要求是多方面的。为保证弹簧的变形始终在弹性范围内，弹簧材料必须具有较高的弹性极限；对于经常承受交变或冲击载荷的弹簧，其材料还应具有较高的疲劳极限和足够的韧性；为了便于弹簧的制造，材料还要具有良好的塑性和热处理性能等。

弹簧常用的材料有碳素弹簧钢、合金弹簧钢和有色金属合金等。选择弹簧材料时，应充分考虑弹簧的工作条件、功用、重要性和经济条件等因素。

笔记

(1) 碳素弹簧钢　含碳量在0.6%～0.9%，如65、70、85钢等碳素弹簧钢、合金弹簧钢。这类钢的价格便宜，供应充足，热处理后具有较高的强度、适宜的韧性和塑性，故应用最广。但它的弹性极限低，多次重复变形后易失去弹性，不适合在高于130℃的温度下工作；弹簧钢丝直径大于12mm时，不易淬透，只适用于制造小尺寸的弹簧。

(2) 合金弹簧钢　承受变载荷、冲击载荷或工作温度较高的弹簧，需采用合金弹簧钢，常用的有硅锰钢和铬钒钢等。其中锰弹簧钢（如65Mn）的淬透性好，强度较高；缺点是在热处理中有热脆倾向，且淬火后易产生裂纹，一般用于尺寸不大的弹簧。硅锰弹簧钢（如60Si2MnA）弹性极限较高，回火稳定性好，具有良好的力学性能，一般用于制造汽车、拖拉机的螺旋弹簧。铬钒钢（如50CrVA）的组织细化，强度和韧性高，耐疲劳和抗冲击性能良好，可在−40～210℃下可靠工作，缺点是价格高，多用于要求较高的场合。

(3) 有色金属合金　在潮湿、酸性或其他腐蚀性介质中工作的弹簧，宜采用有色金属合金，如硅青铜、锡青铜和铍青铜等。其缺点是不易热处理，力学性能较差。

选择弹簧材料时应充分考虑弹簧的工作条件（载荷大小及性质、工作温度和周围介质的情况）、功用及经济性等因素。一般应优先采用碳素弹簧钢丝。

12.2.2 弹簧的制造

圆柱螺旋弹簧的制造过程如下：①卷制；②钩环制造；③端部的制作与精加工；④热处

理；⑤工艺性试验等。重要的弹簧还要进行强压处理。

螺旋弹簧在大量生产时，卷制工作在自动卷簧机上进行；单件或小批量生产时，则常在卧式车床或手工旋绕器上把弹簧丝卷绕在芯棒上成型。卷制分冷卷和热卷两种。当弹簧丝直径小，通常在8～10mm以下时，或弹簧直径较大易于卷绕时，一般采用冷卷法；冷卷的弹簧多用经过预热处理的冷拉碳素弹簧钢丝。如果弹簧丝直径大于8mm，或弹簧丝直径虽然较小但弹簧直径也较小，或钢丝太硬，则需采用热卷法。不论采用冷卷或热卷，卷制后均应视其具体情况对弹簧的节距做必要的调整。

对于重要的压缩弹簧，应在专用磨床上磨平端面；对于拉伸弹簧，两端应制出挂钩。

冷卷后的弹簧不再淬火，可经过低温回火消除内应力；热卷后的弹簧则必须经过淬火和回火处理。弹簧制作完成后，要根据技术条件的规定，进行精度、冲击、疲劳等试验，以检验弹簧是否符合技术要求。

弹簧的疲劳强度和抗冲击强度在很大程度上取决于弹簧的表面状态，所以，弹簧的表面必须光洁，没有裂纹和伤痕等缺陷。表面脱碳会严重影响材料的疲劳强度和抗冲击性能。因此，脱碳层深度应符合技术条件的规定。对于重要的弹簧，还要进行工艺检测和冲击疲劳等试验。

为了提高弹簧的承载能力，在弹簧制成后，可再进行强压处理或喷丸处理等强化措施。强压处理是使弹簧在超过极限载荷下受载6～48h；喷丸处理是用一定的速度向弹簧喷射钢丸或铸铁丸。这两种强化处理都是使弹簧的表层产生塑性变形，保留有利的残余应力。由于残余应力的方向恰与工作应力相反，故在弹簧受载时可抵消部分工作应力。经强化处理的弹簧，不宜在较高温度（150～450℃）和长期振动及有腐蚀介质的场合工作。

12.3 圆柱螺旋弹簧

12.3.1 圆柱螺旋压缩弹簧

笔记

如图12-2所示，直径为d的弹簧丝，沿中径D旋绕，旋向为右旋（一般应采用右旋），螺旋升角为α。在自由状态下，高度为H_0，节距为t，各圈之间有适当的间距δ，以便弹簧在受压时有足够的变形空间，即在最大载荷作用下，各圈之间仍保留一定的间距δ_1，一般推荐$\delta_1=0.1d\geqslant0.2$mm。

弹簧的端部结构如图12-3所示，其中LⅠ型和LⅡ型弹簧两端各有0.75～1.75圈并紧

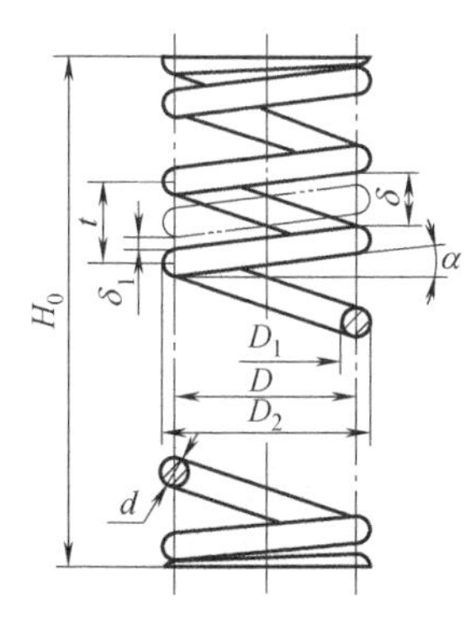

图12-2 压缩弹簧

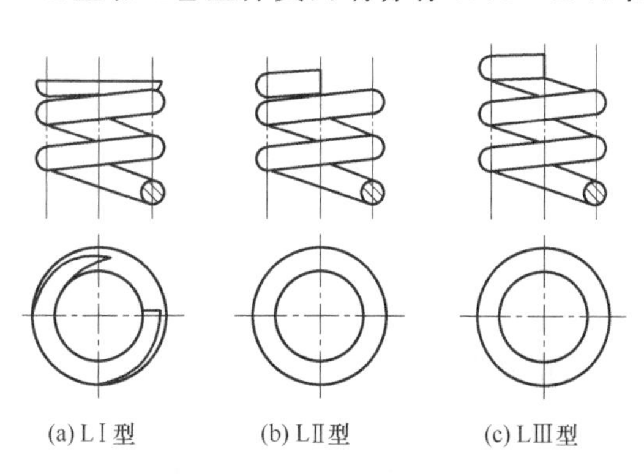

图12-3 压缩弹簧的端部结构

圈，此圈不参与变形，只起支承作用，称为支承圈。弹簧能参与变形的圈数称为有效圈数。在重要的场合下，应采用两端圈并紧并磨平的LⅠ型端部结构，以保证弹簧轴线与支承面垂直，从而使弹簧受压时不至于歪斜。磨平部分应不少于弹簧圆周长度的3/4，末端厚度约为$d/4$，一般端面的表面粗糙度值$Ra \leqslant 25\mu m$。

弹簧的总圈数n_1等于有效圈数n与支承圈数之和，即$n_1=n+n_2$。为了使弹簧具有稳定的工作性能，设计时应使弹簧的有效圈数$n \geqslant 2$，支撑圈的圈数一般取1、5、2、2.5，推荐总圈数为0.5的倍数。

12.3.2 圆柱螺旋拉伸弹簧

圆柱螺旋拉伸弹簧螺旋结构与圆柱螺旋压缩弹簧的基本相同，不同的是，在自由状态下，圆柱螺旋拉伸弹簧各圈相互并拢，即间距等于零。这类弹簧可分为无预应力和有预应力两种，前者的各圈虽然并紧，但相互间没有压紧力，故在自由状态下弹簧丝中没有预应力；而后者是在卷绕成型时，使弹簧丝绕其自身轴线扭转，制成弹簧的各圈之间具有一定压紧力，故在自由状态下弹簧丝中存在着一定的预应力。有预应力的拉伸弹簧主要用在要求弹簧轴向尺寸较小的场合。

为了便于安装和加载，圆柱螺旋拉伸弹簧端部制有挂钩，如图12-4所示。LⅠ、LⅡ型挂钩［见图12-4（a）、（b）］制造方便，应用很广，但加载时在挂钩根部的过渡圆角处会产生很大的弯曲应力，所以只适用于弹簧丝直径$d \leqslant 10$mm的弹簧。LⅦ、LⅧ型挂钩［见图12-4（c）、（d）］是另外装上去的活动钩，所以没有上述缺点，而且挂钩可以绕弹簧轴线转到任意方向，便于安装。LⅦ型挂钩伸出的长度在一定范围内还可调，故在受力较大的场合，最好采用LⅦ型挂钩，但其价格较贵。对于LⅠ、LⅡ型拉伸弹簧，总圈数等于有效圈数，即$n_1=n$。

笔记

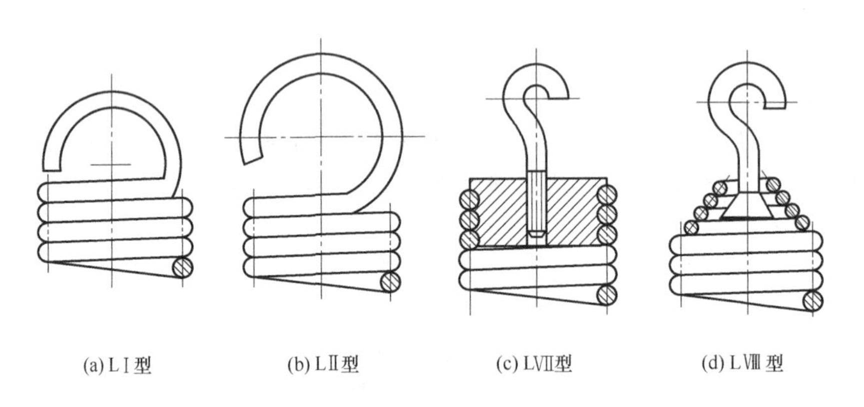
(a) LⅠ型　(b) LⅡ型　(c) LⅦ型　(d) LⅧ型

图12-4　拉伸弹簧的端部结构

12.3.3 圆柱螺旋弹簧的基本参数和几何尺寸

圆柱螺旋弹簧的结构如图12-2～图12-4所示。其主要参数有：弹簧丝直径d、外径D、内径D_1、中径D_2、工作圈数n、螺旋升角α、节距t、自由高度H_0和弹簧丝展开长度L等，如图12-2所示。圆柱螺旋弹簧的计算公式见表12-2。

表 12-2 圆柱螺旋弹簧的几何尺寸计算公式

名称及代号	压缩弹簧	拉伸弹簧
弹簧丝直径 d	由强度计算决定	
弹簧丝中径 D_2	$D_2=Cd$（C 为弹簧指数）	
弹簧外径 D	$D=D_2+d$	
弹簧内径 D_1	$D_1=D_2-d$	
弹簧指数 C	$C=D_2/d$　一般 $4\leqslant C\leqslant 16$	
工作圈数 n	由刚度计算决定	
支承圈数 n_2	1.5～2.5	0
总圈数 n_1	$n_1=n+n_2$	$n_1=n$
节距 t	$t=\pi D_2\tan\alpha(\alpha=1°\sim5°)$	$t=d$
螺旋升角 α	$\alpha=\arctan\dfrac{t}{\pi D_2}$，对压缩弹簧，推荐 $\alpha=1°\sim5°$	
自由高度 H_0	两端并紧、磨平 $H_0=nt+(n_2-0.5)d$ 两端并紧、不磨平 $H_0=nt+(n_2+1)d$	$H_0=nd+$挂钩尺寸
弹簧丝展开长度 L	$L=\dfrac{\pi D_2 n_1}{\cos\alpha}$	$L\approx\pi D_2 n+$挂钩展开长度

任务实施

根据任务导入要求，任务实施具体如下：

在此机构中，凸轮 1 的运动带动杆 2 的上下运动和杆 3 的摆动。杆 3 与杆 4 为高副接触，当杆 3 顺时针摆动时，推动杆 4 向下运动，这时的弹簧 5 受到压力作用，从而使气缸与大气相通，做吸气或者排气冲程；当杆 3 作逆时针摆动时，弹簧 5 依靠回弹力使杆 4 向上运动，一方面关闭气缸，一方面使杆 3 与杆 4 保持接触。

笔记

项目练习

简答题

(1) 金属弹簧按形状和承受载荷的不同，有哪些主要类型？哪种弹簧应用最广泛？

(2) 对制造弹簧的材料有哪些主要要求？常用金属材料有哪些？

(3) 圆柱螺旋弹簧的弹簧指数是如何计算的？弹簧指数的大小会有什么影响？

(4) 普通自行车上手闸、鞍座等处的弹簧各属于什么类型？其功用是什么？

(5) 圆柱螺旋弹簧的端部结构有何作用？

附录

附表 1　深沟球轴承（摘自 GB/T 276—2013）

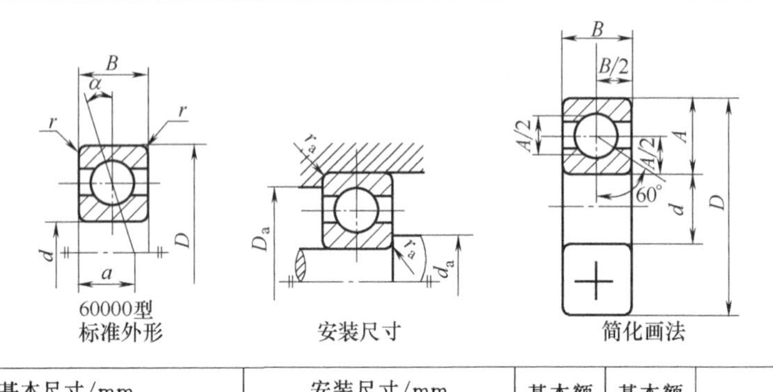

60000型
标准外形　　安装尺寸　　简化画法

轴承代号	基本尺寸/mm				安装尺寸/mm			基本额定动载荷 C_r	基本额定静载荷 C_{0r}	极限转速/(r/min)		原轴承代号
	d	D	B	r_{min}	d_{amax}	D_{amax}	r_{amax}	kN		脂润滑	油润滑	
6000	10	62	8	0.3	12.4	23.6	0.3	4.58	1.98	20000	28000	100
6001	12	28	8	0.3	14.4	25.6	0.3	5.10	2.38	19000	26000	101
6002	15	32	9	0.3	17.4	29.6	0.3	5.58	2.85	18000	24000	102
6004	17	35	10	0.3	19.4	32.6	0.3	6.00	3.25	17000	22000	103
6004	20	42	12	0.6	25	37	0.6	9.38	5.02	15000	19000	104
6005	25	47	12	0.6	30	42	0.6	10.0	5.85	13000	17000	105
6006	30	55	13	1	36	49	1	13.2	8.30	10000	14000	106
6007	35	62	14	1	41	56	1	16.2	10.5	9000	12000	107
6008	40	68	15	1	46	62	1	17.0	11.8	3500	11000	108
6009	45	75	16	1	51	69	1	21	14.8	8000	10000	109
6010	50	80	16	1	56	74	1	22.0	16.2	7000	9000	110
6011	55	90	18	1.1	62	83	1	30.2	21.8	6300	8000	111
6012	60	95	18	1.1	67	88	1	31.5	24.2	6000	7500	112
6013	65	100	18	1.1	72	93	1	32.0	24.8	5600	7000	113
6014	70	110	20	1.1	77	103	1	38.5	30.5	5300	6700	114
6015	75	115	20	1.1	82	108	1	40.2	33.2	5000	6300	115
6016	80	125	22	1.1	87	118	1	47.5	39.8	4800	6000	116
6017	85	130	22	1.1	92	123	1	50.8	42.8	4500	5600	117
6018	90	140	24	1.5	99	131	1.5	58.0	49.8	4300	5300	118
6019	95	145	24	1.5	104	136	1.5	57.8	50.0	4000	5000	119
6020	100	150	24	1.5	109	141	1.5	64.5	56.2	3800	4800	120
6200	10	30	9	0.6	15	25	0.6	5.10	2.38	19000	26000	200
6201	12	32	10	0.6	17	27	0.6	6.82	3.05	18000	24000	201
6202	15	35	11	0.6	20	30	0.6	7.65	3.72	17000	22000	202

笔记

续表

轴承代号	基本尺寸/mm				安装尺寸/mm			基本额定动载荷 C_r	基本额定静载荷 C_{0r}	极限转速/(r/min)		原轴承代号
	d	D	B	r_{min}	d_{amax}	D_{amax}	r_{amax}	kN		脂润滑	油润滑	
6203	17	40	12	0.6	22	35	0.6	9.58	4.78	16000	20000	203
6204	20	47	14	1	26	41	1	12.8	6.65	14000	18000	204
6205	25	52	15	1	31	46	1	14.0	7.88	12000	16000	205
6206	30	62	16	1	36	56	1	19.5	11.5	9500	13000	206
6207	35	72	17	1.1	42	65	1	25.5	15.2	8500	11000	207
6208	40	80	18	1.1	47	73	1	29.5	18.0	8000	10000	208
6209	45	85	19	1.1	52	78	1	31.5	20.5	7000	9000	209
6210	50	90	20	1.1	57	83	1	35.0	23.2	6700	8000	210
6211	55	100	21	1.5	64	91	1.5	43.2	29.2	6000	7500	211
6212	60	110	22	1.5	69	101	1.5	47.8	32.8	5600	7000	212
6213	65	120	23	1.5	74	111	1.5	57.2	40.0	5000	6300	213
6214	70	120	24	1.5	79	116	1.5	60.8	45.0	4800	6000	214
6215	75	130	25	1.5	84	121	1.5	66.0	49.5	4500	5600	215

附表 2 角接触球轴承（摘自 GB/T 292—2007）

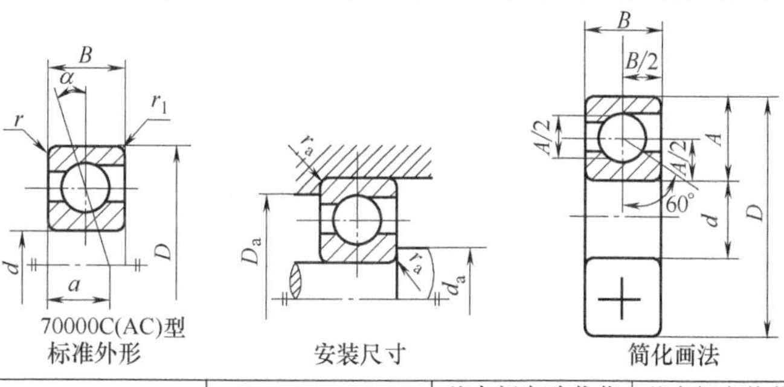

轴承型号		基本尺寸/mm			安装尺寸/mm			基本额定动载荷 C_r/kN		基本额定静载荷 C_{0r}/kN		极限转速/(r/min)	
		d	D	B	d_{amax}	D_{amax}	r_{amax}	70000 C 型	70000 AC 型	70000 C 型	70000 AC 型	脂润滑	油润滑
7204C	7204AC	20	47	14	26	41	1	11.2	10.8	7.46	7.00	13000	18000
7205C	7205AC	25	52	15	31	46	1	12.8	12.2	8.95	8.38	11000	16000
7206C	7206AC	30	62	16	36	56	1	17.8	16.8	12.8	12.2	9000	13000
7207C	7207AC	35	72	17	42	65	1	23.5	22.5	17.5	16.5	8000	11000
7208C	7208AC	40	80	18	47	73	1	26.8	25.8	20.5	19.2	7500	10000
7209C	7209AC	45	85	19	52	78	1	29.8	28.2	23.8	22.5	6700	9000
7210C	7210AC	50	90	20	57	83	1	32.8	31.5	26.8	25.2	6300	8500
7211C	7211AC	55	100	21	64	91	1.5	40.8	38.8	33.8	31.8	5600	7500
7212C	7212AC	60	110	22	69	101	1.5	44.8	42.8	37.8	35.5	5300	7000
7213C	7213AC	65	120	23	74	111	1.5	53.8	51.2	46.0	43.2	4800	6300
7214C	7214AC	70	125	24	79	116	1.5	56.0	53.2	49.2	46.2	4500	6700
7304C	7304AC	20	52	15	27	45	1	14.2	13.8	9.68	9.10	12000	17000
7305C	7305AC	25	62	17	32	55	1	21.5	20.8	15.8	14.8	9500	14000

续表

轴承型号		基本尺寸/mm			安装尺寸/mm			基本额定动载荷 C_r/kN		基本额定静载荷 C_{0r}/kN		极限转速/(r/min)	
		d	D	B	d_{amax}	D_{amax}	r_{amax}	70000 C型	70000 AC型	70000 C型	70000 AC型	脂润滑	油润滑
7306C	7306AC	30	72	19	37	65	1	26.2	25.2	19.8	18.5	8500	1200
7307C	7307AC	35	80	21	44	71	1.5	34.2	32.8	26.8	24.8	7500	10000
7308C	7308AC	40	90	23	49	81	1.5	40.2	38.5	32.3	30.5	6700	9000
7309C	7309AC	45	100	25	54	91	1.5	49.2	47.5	39.8	37.2	6000	8000
7310C	7310AC	50	110	27	60	100	2	58.5	55.5	47.2	44.5	5600	7500
7311C	7311AC	55	120	29	65	110	2	70.5	67.2	60.5	56.8	5000	6700
7312C	7312AC	60	130	31	72	118	2.1	80.5	77.8	70.2	65.8	4800	6300
7313C	7313AC	65	140	33	77	128	2.1	91.5	89.8	80.5	75.5	4300	5600
7314C	7314AC	70	150	35	82	138	2.1	102	98.5	91.5	86.0	4000	5300
7406AC		30	90	23	39	81	1		42.5		32.2	7500	10000
7407AC		35	100	25	44	91	1.5		53.8		42.5	6300	8500
7408AC		40	110	27	50	100	2		62.0		49.5	6000	8000
7409AC		45	120	29	55	110	2		66.8		52.8	5300	700
7410AC		50	130	31	62	118	2.1		76.5		64.2	5000	6700
7412AC		60	150	35	72	138	2.1		102		90.8	4300	5600
7414AC		70	180	42	84	166	2.5		125		125	3600	48000
7416AC		80	200	48	94	186	2.5		152		162	3200	4300
7418AC		90	215	54	108	197	3		178		205	2800	3600

附表3　毡圈油封及槽（摘自JB/ZQ 4606—1997）　　mm

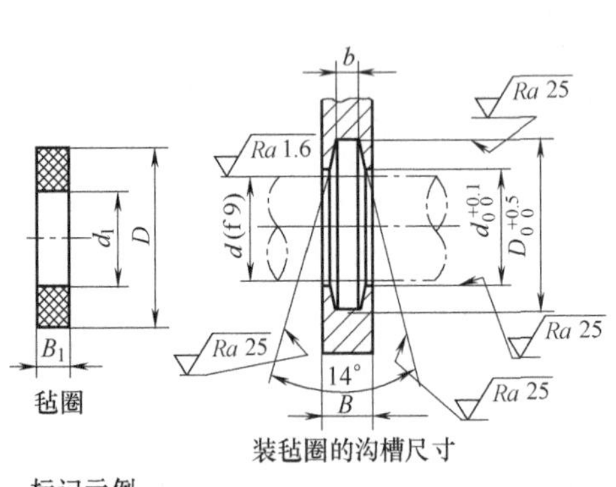

标记示例：
毡圈 40 JB/ZQ 4606—1997
(d=40mm 的毡圈)

轴径 d	毡圈			槽				
	D	d_1	B_1	D_0	d_0	b	B_{min} 钢	B_{min} 铸铁
15	29	14	6	28	16	5	10	12
20	33	19		32	21			
25	39	24	7	38	26	6	12	15
30	45	29		44	31			
35	49	34		48	36			
40	53	39		52	41			
45	61	44	8	60	46	7		
50	69	49		68	51			
55	74	53		72	56			
60	80	58		78	61			
65	84	63		82	66			
70	90	68		88	71			
75	94	73		92	77			
80	102	78	9	100	82	8	15	18
85	107	83		105	87			
90	112	88		110	92			
95	117	93	10	115	97			
100	122	98		120	102			

笔记

附表 4　凸缘联轴器（摘自 GB/T 5843—2003）

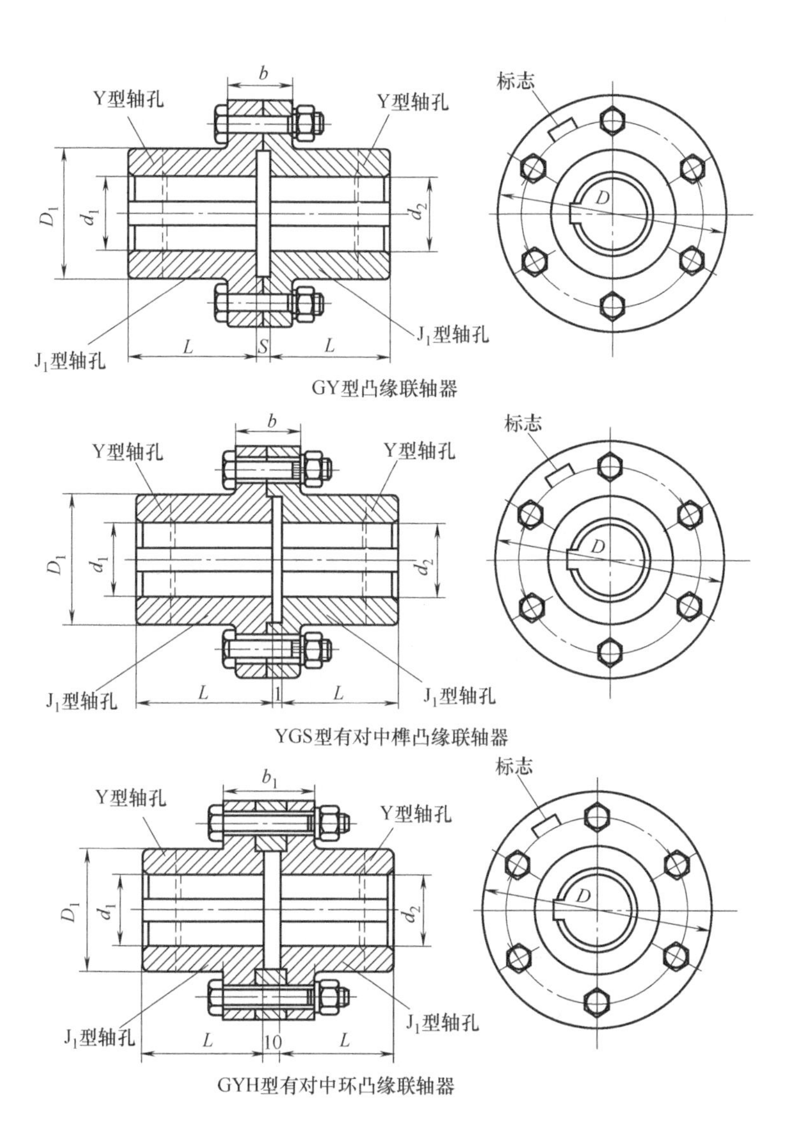

GY型凸缘联轴器

YGS型有对中榫凸缘联轴器

GYH型有对中环凸缘联轴器

笔记

型号	公称转矩 T_N/N·mm	许用转速[n] /(r/min)	轴孔直径 d_1,d_2/mm	轴孔长度 L/mm		D/mm	D_1/mm	b/mm	b_1/mm	S/mm	转动惯量 J/kg·m^2	质量 m/kg
				Y 型	J_1 型							
GY1 GYS1 GYH1	25	12000	12	32	27	80	30	26	42	6	0.0008	1.16
			14									
			16	42	30							
			18									
			19									

续表

型号	公称转矩 T_N/N·mm	许用转速[n]/(r/min)	轴孔直径 d_1,d_2/mm	轴孔长度 L/mm		D/mm	D_1/mm	b/mm	b_1/mm	S/mm	转动惯量 J/kg·m²	质量 m/kg
				Y 型	J_1 型							
GY2 GYS2 GYH2	63	10000	16	42	30	90	40	28	44	6	0.0015	1.72
			18									
			19									
			20	52	38							
			22									
			24									
			25	62	44							
GY3 GYS3 GYH3	112	9500	20	52	38	100	45	30	46	6	0.0025	2.38
			22									
			24									
			25	62	44							
			28									
GY4 GYS4 GYH4	224	9000	25	62	44	105	55	32	48	6	0.003	3.15
			28									
			30	82	60							
			32									
			35									
GY5 GYS5 GYH5	400	8000	30	82	60	120	68	36	52	8	0.007	5.43
			32									
			35									
			38									
			40	112	84							
			42									
GY6 GYS6 GYH6	900	6800	38	82	60	140	80	40	56	8	0.015	7.59
			40	112	84							
			42									
			45									
			48									
			50									
GY7 GYS7 GYH7	1600	6000	48	112	84	160	100	40	56	8	0.031	13.1
			50									
			55									
			56									
			60	142	107							
			63									

笔记

附表 5 弹性套柱销联轴器（摘自 GB/T 4323—2017）

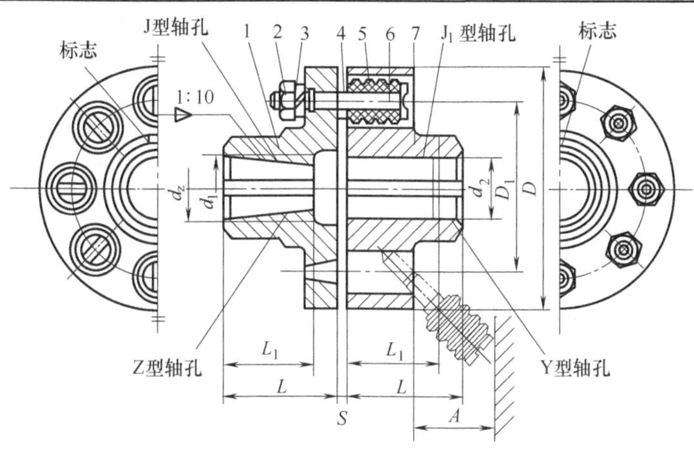

1,7—半联轴器；2—螺母；3—弹簧垫圈；4—挡圈；5—弹性套；6—柱销

型号	公称转矩 T_N/N·mm	许用转速 [n]/(r/min)	轴孔直径 d_1,d_2,d_z/mm	轴孔长度/mm Y型 L	J、Z型 L_1	J、Z型 L	D /mm	D_1 /mm	S /mm	A /mm	转动惯量 /kg·m^2	质量/kg
LT1	16	8800	10,11	22	25	22	71	22	3	18	0.0004	0.7
			12,14	27	32	27						
LT2	25	7600	12,14	27	32	27	80	30	3	18	0.001	1.0
			16,18,19	30	42	30						
LT3	63	6300	16,18,19	30	42	30	95	35	4	35	0.002	2.2
			20,22	38	52	38						
LT4	100	5700	20,22,24	38	52	38	106	42	4	35	0.004	3.2
			25,28	44	62	44						
LT5	224	4600	25,28	44	62	44	130	56	5	45	0.011	5.5
			30,32,35	60	82	60						
LT6	335	3800	32,35,38	60	82	60	160	71	5	45	0.026	9.6
			40,42	84	112	84						
LT7	560	3600	40,42,45,48	84	112	84	190	80	5	45	0.06	15.7
LT8	1120	3000	40,42,45,48,50,55	84	112	84	224	95	6	65	0.13	24.0
			60,63,65	107	142	107						
LT9	1600	2850	50,55	84	112	84	250	110	6	65	0.20	31.0
			60,63,65,70	107	142	107						
LT10	3150	2300	63,65,70,75	107	142	107	315	150	8	80	0.64	60.2
			80,85,90,95	132	172	132						
LT11	6300	1800	80,85,90,95	132	172	132	400	190	10	100	2.06	114
			100,110	167	212	167						
LT12	12500	1450	100,110,120,125	167	212	167	475	220	12	130	5.00	212
			130	202	252	202						
LT13	22400	1150	120,125	167	212	167	600	280	14	180	16.0	416
			130,140,150	202	252	202						
			160,170	242	302	242						

注：1. 转动惯量和质量是按 Y 型最大轴孔长度、最小轴孔直径计算的数据；

2. 轴孔型式组合为：Y/Y、J/Y、Z/Y。

附表 6 弹性柱销联轴器（摘自 GB/T 5014—2017）

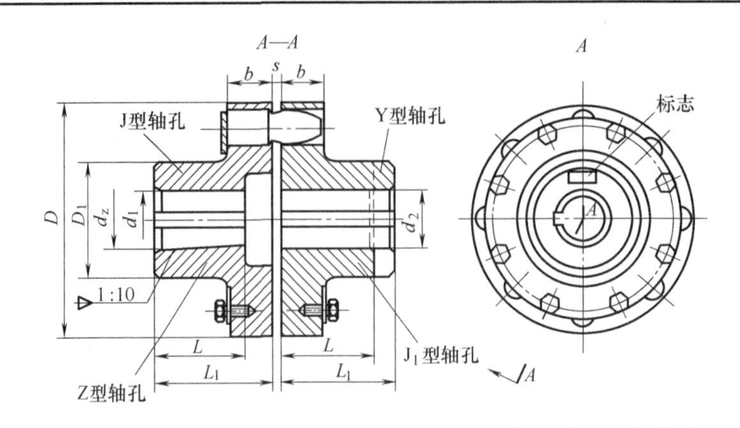

型号	公称转矩 T_N/N·mm	许用转速 $[n]$/(r/min)	轴孔直径 d_1、d_2、d_z/mm	轴孔长度 L/mm Y型			D/mm	D_1/mm	b/mm	s/mm	转动惯量 J/kg·m^2	质量 m/kg
				Y型 L	J、J_1、Z型 L	J、J_1、Z型 L_1						
LX1	250	8500	12、14	32	27		90	40	20	2.5	0.002	2
			16、18、19	42	30	42						
			20、22、24	52	38	52						
LX2	560	6300	20、22、24	52	38	52	120	55	28	2.5	0.009	5
			25、28	62	44	62						
			30、32、35	82	60	82						
LX3	1250	4750	30、32、35、38	82	60	82	160	75	36	2.5	0.026	8
			40、42、45、48	112	84	112						
LX4	2500	3870	40、42、45、48、50、55、56	112	84	112	195	100	45	3	0.109	22
			60、63	142	107	142						
LX5	3150	3450	50、55、56	112	84	112	220	120	45	3	0.191	30
			60、63、65、70、71、75	142	107	142						
LX6	6300	2720	60、63、65、70、71、75	142	107	142	280	140	56	4	0.543	53
			80、85	172	132	172						
LX7	11200	2360	70、71、75	142	107	142	320	170	56	4	1.314	98
			80、85、90、95	172	132	172						
			100、110	212	167	212						
LX8	16000	2120	80、85、90、95	172	132	172	360	200	56	5	2.023	119
			100、110、120、125	212	167	212						

笔记

参考文献

［1］ 杨可桢，程光蕴，李仲生．机械设计基础．6版．北京：高等教育出版社，2013.

［2］ 陈立德．机械设计基础．北京：高等教育出版社，2008.

［3］ 濮良贵，纪名刚．机械设计．8版．北京：高等教育出版社，2006.

［4］ 周瑞强，吴洁，朱颜．机械设计基础．沈阳：东北大学出版社，2018.

［5］ 周家泽．机械基础．3版．西安：西安电子科技大学出版社，2015.

［6］ 王少岩，罗玉福．机械设计基础．4版．大连：大连理工大学出版社，2011.

［7］ 孙桓，陈作模，葛文杰．机械原理．8版．北京：高等教育出版社，2013.

［8］ 胡家秀．机械设计基础．3版．北京：机械工业出版社，2017.

［9］ 孙建东，李春书．机械设计基础．北京：清华大学出版社，2007.

［10］ 段维华．机械设计基础．北京：电子工业出版社，2011.

［11］ 朱东华，樊智敏．机械设计基础．北京：机械工业出版社，2003.

［12］ 秦伟．机械设计基础．北京：机械工业出版社，2004.

［13］ 徐锦康．机械设计手册．北京：高等教育出版社，2002.

［14］ 崔正昀．机械设计基础．天津：天津大学出版社，2000.

［15］ 刘桂丽，厉佐葵．机械设计与实践．2版．成都：电子科技大学出版社，2019.